普通高等院校土木工程专业“十三五”规划教材
国家应用型创新人才培养系列精品教材

土木工程测量

主　编　酒正纲　郁　雯　温婉丽
副主编　郭卫彤　邱利军　倪家明　郭炳军

中国建材工业出版社
北　京

图书在版编目（CIP）数据

土木工程测量/酒正纲，郁雯，温婉丽主编．--北京：中国建材工业出版社，2020.7（2024.8重印）
普通高等院校土木工程专业“十三五”规划教材 国家应用型创新人才培养系列精品教材
ISBN 978-7-5160-2305-1

Ⅰ.①土… Ⅱ.①酒… ②郁… ③温… Ⅲ.①土木工程—工程测量—高等学校—教材 Ⅳ.①TU198

中国版本图书馆CIP数据核字（2018）第140544号

内容简介

本书以点位的确定为中心，以数字化测量为主线，以测绘新概念、新技术、新仪器为重点进行叙述。明确非测绘专业测量学课程的特点，试求建立由浅入深、先易后难、循序渐进的教材体系，同时又力求符合实际应用。

本书的主要内容包括：测量学基础、水准测量、角度测量、距离测量与直线定向、测量误差的基本知识、控制测量、地形图的基本知识、地形图测绘、地形图的应用、施工测量的基本工作、民用与工业建筑中的施工测量、道路工程测量、建筑物变形观测和竣工总平面图的编绘、3S技术简介，并附有测量实验和实习指导。

本书适合作为本科院校土木类专业的教材，也可供相关专业工程技术人员参考。

土木工程测量
TUMU GONGCHENG CELIANG
主　编　酒正纲　郁　雯　温婉丽
副主编　郭卫彤　邱利军　倪家明　郭炳军

出版发行：中国建材工业出版社
地　　址：北京市西城区白纸坊东街2号院6号楼
邮　　编：100054
经　　销：全国各地新华书店
印　　刷：北京印刷集团有限责任公司
开　　本：787mm×1092mm　1/16
印　　张：17.75
字　　数：420千字
版　　次：2020年7月第1版
印　　次：2024年8月第5次
定　　价：69.80元

本社网址：www.jccbs.com，微信公众号：zgjcgycbs

本书如有印装质量问题，由我社事业发展中心负责调换，联系电话：（010）63567692

前　言

随着测绘科学技术的发展，工程测量技术已经实现了测量数据采集和处理的数字化、自动化。为更好地服务新形势下的经济建设，本教材中对GPS技术、GIS技术和RS技术等新技术，以及新型的测量仪器和设备，如全站仪、电子经纬仪、数字水准仪等内容做了详细介绍，使土木建筑类专业的学生在了解当前测绘科学发展现状的基础上，能更好地结合专业的要求，拓宽视野，开拓思路，更好地应用测绘新技术为其专业服务。

随着计算机技术的发展，现代测绘科学的技术和理论正在积极地被开发应用，为了更好地让学生了解测绘科学技术的发展，本教材在新技术介绍的基础上，对传统的测绘方法也进行了详细的介绍，结合教学和工程应用，达到教学改革的目的。

本教材以点位的确定为中心，以数字化测量为主线，以测绘新概念、新技术、新仪器为重点进行叙述；明确非测绘专业测量学课程的特点，试求建立由浅入深、先易后难、循序渐进的教材体系，同时又力求符合实际应用。本教材的主要内容包括：测量学基础、水准测量、角度测量、距离测量与直线定向、测量误差的基本知识、控制测量、地形图的基本知识、地形图测绘、地形图的应用、施工测量的基本工作、民用与工业建筑中的施工测量、道路工程测量、建筑物变形观测和竣工总平面图的编绘、3S技术简介，并附有测量实验和实习指导。

本教材由酒正纲担任第一主编，负责全书的统稿及审核工作，并编写了第1章和第9章的部分内容；由郁雯担任第二主编，编写了第2章、第3章和第13章的内容；由温婉丽担任第三主编，编写了第6章和第10章的内容。由郭卫彤、邱利军、倪家明和郭炳军担任副主编；郭卫彤编写了第4章和附录部分的内容；邱利军编写了第12章和第14章的部分内容；倪家明编写了第7章、第8章和第9章的部分内容；郭炳军编写了第11章的内容。参编人员有李艳芳（负责第7章的部分编写任务）、景胜强（负责第5章的编写任务）、张波（负责第12章的部分编写任务）、张京奎（负责第14章的部分编写任务）、李岩松（负责第9章的部分编写任务）、郑莹（负责第8章的部分编写任务）、尹建国（负责第10章的部分编写任务）、李新锋（负责第6章的部分编写任务）。

本教材在编写过程中得到了实验室任淑萍老师的大力支持，在此表示深深的谢意。由于编者的水平有限，书中难免出现错误，敬请读者指正。

编　者

2020年6月

目　　录

第1章 绪 论

1.1 测绘学简介

1.1.1 测绘学的主要研究内容

测绘学主要研究地球的形状、大小，地球重力场以及测量地球表面自然形态和人工设施的几何形状及其空间位置，并结合某些社会信息和自然信息，编写全球和局部地区各种比例尺的地形图和专题地图的理论和技术的学科，是地球科学的重要组成部分。随着测绘科学技术的不断发展，以全球定位系统（GPS）、地理信息系统（GIS）、遥感技术（RS）为代表的测绘新技术迅猛发展和应用，测绘学的产品已由传统的纸质地图转变为数字化的“4D”（数字高程模型DEM，数字正射影像DOM，数字栅格地图DRG，数字线划地图DLG）产品；并且在网络技术的支撑下，成为国家空间数据基础设施（NSDI）的基础，增强了数据的共享性，为相关领域的研究工作及国民经济建设的各行业、各部门应用地理信息带来了巨大的方便。

测绘学研究内容包括测定和测设两个部分。测定是指使用测量仪器和工具，通过测量和计算，得到一系列的数据成果，再根据数据成果把地球表面的地形缩绘成地形图，供经济建设、规划设计、科学研究和国防建设使用。测设是指把图纸上规划设计好的建筑物、构筑物的位置利用测量仪器和工具在地面上标定出来，作为施工的依据。

1.1.2 测绘学科的分类

按照测绘学科研究范围和对象的不同，产生了很多分支学科，主要有以下几个分支学科：大地测量学、普通测量学、工程测量学、摄影测量与遥感技术、海洋测量学和地图制图学、地理信息系统等。

大地测量学：主要是研究地球的形状及大小、地球重力场、地球板块的运动、地球表面点的几何位置及其变化的学科。它的基本任务是建立高精度的地面控制网及重力水准网，不但为各类工程施工测量及摄影测量提供依据，而且为地形测图及海洋测绘提供控制基础，同时也为研究地球形状及大小、地球重力场及其分布、地球动力学研究、地壳形变及地震预测提供精确的地理位置。

普通测量学：是研究地球表面较小区域内测绘工作的基本理论、技术、方法和应用的学科，是测量学的基础。其主要工作内容有图根控制网的建立、地形图的测绘及一般工程的施工测量。

工程测量学：主要是研究在工程施工中勘察设计、建筑施工、竣工验收、生产运营、变形监测和灾害预报等方面的测绘理论与技术方法。

摄影测量与遥感技术：主要是研究利用摄影或遥感技术获取被测物体之间内在的几何和物理关系，并进行分析、处理和解译，以确定被测物体的形状、大小和空间位置的理论和方法。

海洋测量学：以海洋水体及海底地形为对象，研究海洋定位，测定海面及海底地形、海洋重力及磁力等自然及社会信息的地理分布，并编制成各种海图的理论与技术的学科。

地图制图学：研究地图的基本理论、地图制作技术和地图应用的综合性学科。

地理信息系统：GIS是由计算机硬软件、地理数据和用户组成，通过对地理数据的采集、输入、存储、操作和分析，生成并输出各种地理数据，从而为工程设计、土地利用、资源管理、城市管理、环境监测、管理决策等应用服务的计算机系统。

1.1.3 土木工程测量的任务

土木工程测量学是测绘学的一个组成部分。它包括土木工程在道路、桥梁、环境和水利等工程的勘察设计、施工建设和运营管理阶段所进行的各种测量工作，其主要任务和作用有：

1. 测绘大比例尺地形图

把工程建设区域内各种地物的地理位置和几何形状以及各种不同的地貌类型，依照规定的符号和比例尺绘制成图，并把建筑工程所需的数据用图表示出来，为规划设计提供各种比例尺的地形图和测绘资料。在工程设计阶段，应用地形图进行总体规划和设计。

2. 施工放样和竣工测量

在工程施工阶段，将图纸上设计好的建筑物、构筑物的平面位置和高程按要求测设于实地，以此作为施工的依据；在施工过程中，要进行土方开挖、基础及主体的施工测量，并应经常对施工和安装工作进行检验、校核，以保证工程各项建设指标符合设计要求；竣工后，还要进行竣工测量，测绘竣工图，为日后扩建和维修提供技术资料。

3. 建（构）筑物变形观测

对于重要的建筑物和构筑物，在施工和运营期间，应定期进行变形观测，以了解建筑物和构筑物的变形规律，监视其施工和运营的安全性。

综上，在工程建设的各个阶段都需要进行相关的测量工作，并且测量的精度和速度直接影响到整个工程的质量和进度。

1.1.4 土木工程测量的学习目的和任务

学习土木工程测量学需要掌握测绘学的基础知识及理论，具有使用常规测量仪器的基本技能；在学习大比例尺测图的基本原理、方法及技能的基础上，掌握利用各种测量技术进行传统测图和数字测图的整个过程，并能利用测绘学的基本理论、方法及技能对测量数据进行正确处理；掌握基本的施工测量方法及过程，不但能在一般工程建设规划、设计和施工中正确使用测绘成果，并且能使用测量仪器进行一般工程的施工放样工作。

由于土木工程测量学是一门综合性极强的实践性课程，要求学生在掌握基本理论及方法的基础上，具备动手操作各种测量仪器的技能。因此，在教学过程中，除了课堂讲授外，必须安排一定量的实习及实验课程，以便巩固和深化所学知识，这对掌握土木工程测量的基本理论及技能，建立控制测量和地形图测绘的完整概念是十分有效的，同时也是掌握利用各种现代测绘仪器进行数字地形图测绘的必要过程。通过实习可以培养学生分析问题和解决问题的能力，并为利用所学理论知识与技能解决相关问题打下坚实的基础。

1.2 地球的形状和大小

测量工作是在地球自然表面上进行的，而地球自然表面的形状非常复杂，有高山、丘陵、平原、河谷、湖泊及海洋等各种不同的地貌形态，世界上最高的山峰珠穆朗玛峰高达8844.43m，最低的太平洋西部的马里亚纳海沟深11034m，但这些距离与地球的平均半径（约6371km）相比是微不足道的。而且地球表面海洋面积约为71%，陆地面积仅占29%。因此，可以把地球形状看成是被海水包围的球体，假设是一个静止的海水面向大陆和岛屿延伸所形成的封闭的曲面，这个静止的海平面称为水准面。水准面有很多个，其中与平均海水面重合的一个水准面称为大地水准面，也是测量工作的基准面。大地水准面所包围的地球体为大地体。

由于地球的自转，地球上任一点都受到离心力和地心引力的作用，这两个力的合力称为重力。重力的作用线称为铅垂线，也是测量工作的基准线。

由于地球内部物质分布的不均匀性，这将使大地水准面成为略有起伏而极不规则的曲面，又因水准面处处与重力方向垂直，使得地面上各点的铅垂线方向产生不规则的变化。如图1-1所示，大地水准面不能用数学公式来表达。因此，为方便使用，通常用一个形状大小非常接近于大地水准面，并且可以用规则的数学公式表达的几何形体来代替地球椭球体（图1-2）作为测量计算的基准面，即参考椭球体，我国常用的旋转椭球体参数值见表1-1。

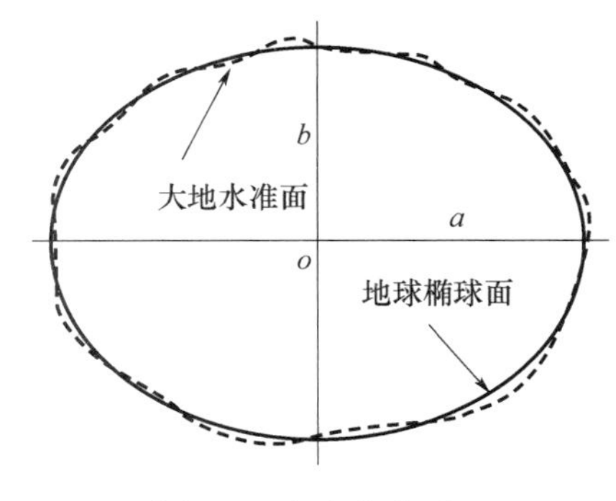

图1-1 大地水准面

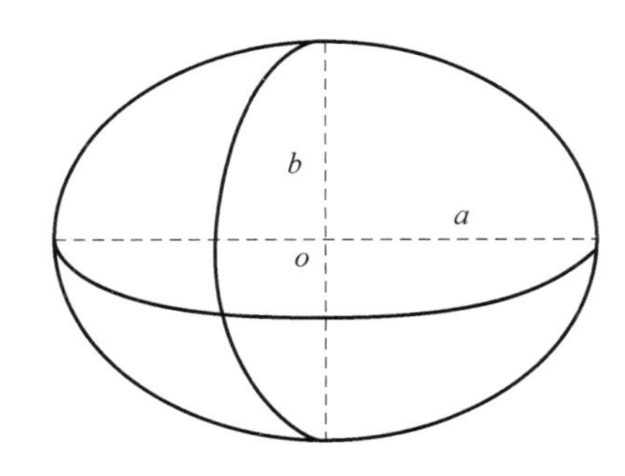

图1-2 参考椭球体

表1-1 我国常用的旋转椭球体的参数值

坐标系名称	椭球体名称	长半轴 a（m）	扁率 α	推算年代和国家
1954北京坐标系	克拉索夫斯基	6378245	1：298.3	1940年苏联
1980西安坐标系	IUGG-75	6378140	1：298.257	1979年国际大地测量与地球物理联合会
2000国家地心坐标系	CGCS2000	6378137	1：298.257222101	

1.3 地面点位的确定

测量工作的基本任务之一就是确定地面点的位置。在测量工作中，通常采用地面点在基准面上的投影位置及该点沿投影方向到基准面即椭球体面的距离来表示。

1.3.1 地面点的坐标

在测绘工作中，常用的坐标系有地理坐标系和平面直角坐标系两种。

1. 地理坐标系

以经度和纬度来表示地面点位置的球面坐标系统，称为地理坐标系。地理坐标系分为如下两种：

（1）天文地理坐标系

天文地理坐标又称为天文坐标，表示地面点在大地水准面上的位置，即是以大地水准面和铅垂线为基准建立起来的坐标系，用天文经度 λ、天文纬度 φ 和正高 $H_{正}$ 来表示地面点的位置，它们是用天文测量的方法实地测得的。

如图 1-3 所示，N、S 分别是地球的北极和南极，NS 称为地轴。包含地轴的平面称为子午面；子午面与地球表面的交线称为子午线；通过原格林尼治天文台的子午面称为首子午面。过地面上任意一点 P 的子午面与首子午面的夹角 λ，称为点 P 的天文经度。由首子午面向东量取称为东经，向西量取称为西经，其取值范围为 0°～180°。

通过地心且垂直于地轴的平面称为赤道面。过 P 点的铅垂线与赤道面的夹角 φ，称为点 P 的天文纬度。由赤道面向北量取称为北纬，向南量取称为南纬，其取值范围为 0°～90°。

某点的正高是该点沿铅垂线至大地水准面的距离。

地面上每一点都有与之对应的天文坐标。

（2）大地地理坐标系

大地地理坐标系是以地球椭球的起始大地子午面和大地赤道面以及椭球体面为起算面和基准面而建立起来的空间坐标系。由于地球椭球有参考椭球与总椭球之分，故大地地理坐标系又相应地分为参心大地地理坐标系和地心大地地理坐标系。

（a）参心大地地理坐标系

大地地理坐标又称为大地坐标，表示地面点在参考椭球面上的位置，即是以参考椭球面及其球面法线为基准建立起来的坐标系，用大地经度（L）、大地纬度（B）和大地高（H）来表示地面点的位置，它是利用地面上的实测数据推算出来的。地形图上的经纬度一般都是以大地坐标来表示的。

如图 1-4 所示，过 P 点的大地子午面和首子午面所夹的两面角称为 P 点的大地经度 L；过 P 点的法线与赤道面的夹角称为 P 点的大地纬度 B；过 P 点沿椭球面法线到椭球面的距离称为 P 点的大地高程 H。因此 P 点的大地坐标为（L，B，H）。

我国目前常用的大地坐标系统有“1954 北京坐标系”和“1980 西安坐标系”。如表 1-1 所示，1954 北京坐标系是中华人民共和国成立初期采用前苏联的克拉索夫斯基椭球体建立的。该坐标系的大地原点在前苏联，我国是利用在东北边境的三个大地点和前苏联大地网联测后推算出来的坐标，作为我国天文大地网的起算数据，再通过天文大地网坐标计算，推算出北京某点的坐标，命名为“1954 北京坐标系”。该坐标系在我国的经济建设和国防建设中发挥了重要的作用，但因其是采用局部平差，存在点位精度不高等问题。

为了克服 1954 北京坐标系的问题，我国于 1978 年至 1984 年对原天文大地网重新进行了整体平差，并在 1984 年 6 月通过技术鉴定，建立了 1980 国家大地坐标系即 1980 西安坐标系，该坐标系采用 IUGG-75 椭球，大地原点选在陕西省泾阳县永乐镇，椭球面与我国境内的大地水准面密合最佳，平差后的精度明显提高，并为精化地心坐标提供了条件。

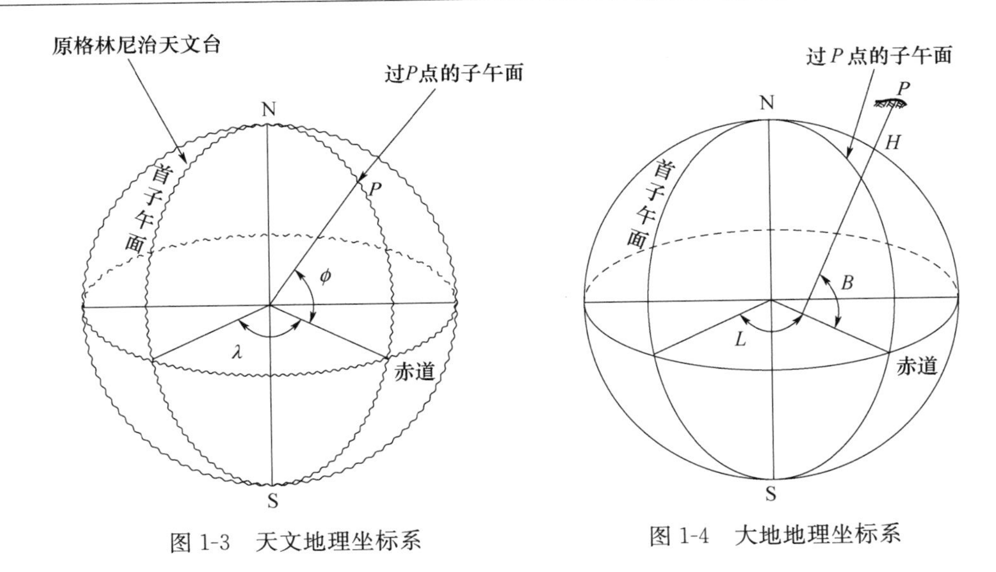

图 1-3　天文地理坐标系　　图 1-4　大地地理坐标系

（b）地心大地地理坐标系

以地球质心或几何中心为原点的坐标系称为地心坐标系。国际地球参考框架（ITRF）是国际地球参考系统（ITRS）的具体实现。目前，ITRF 为国际公认的应用范围最广泛、精度最高的地心坐标框架。我们国家采用的地心大地地理坐标系是 2000 国家地心坐标系。2000 国家大地控制网是定义在 ITRS 2000 地心坐标系统中的区域性地心坐标框架。2000 地心坐标系的建立应满足以下四个条件：①原点位于整个地球（包括海洋和大气）的质心；②尺度是广义的相对论意义下某一局部地球框架内的尺度；③定向为国际时间局测定的某一历元的协议地级和零子午线，称为地球定向参数（EOP）；④定向随时间的演变满足地壳无整体运动的约束条件。2000 地心坐标系可以和“1954 北京坐标系”“1980 西安坐标系”相互转换。在我国，自 2008 年 7 月 1 日以后新产生的各类测绘成果均要求采用 2000 国家地心坐标系（即 2000 大地坐标系统）。

2. 平面直角坐标系

地理坐标是球面坐标，不便于直接进行各种计算，尤其是在小区域范围的研究和测量工作中。在工程建设的规划、设计与施工中，研究区域范围均较小，则宜在平面上进行各种计算，为此，需要选择适当的投影方法将球面上的点在平面上表达出来。我国常用到的小地区的平面投影方法有：由高斯-克吕格投影方法所产生的高斯平面直角坐标系和独立平面直角坐标系。

（1）高斯平面直角坐标系

采用横切椭球投影即高斯-克吕格投影方法建立的平面坐标系称为高斯-克吕格直角坐标系，简称为高斯平面直角坐标系。

如图 1-5 所示，高斯投影首先将地球假想为圆球，设想把地球放在一个横置的等径圆柱内，使圆柱的轴心通过圆球的中心，让地球上某 6°带的中央子午线与圆柱面相切。在球面图形与柱面图形保持等角的条件下，将该 6°带球面上的图形投影到圆柱面上，然后将圆柱体沿着通过南、北极的母线切开并展到平面上。

投影后展开如图 1-6 所示，中央子午线与赤道成为相互垂直的直线，且中央子午线长度保持不变。除中央子午线外，其余子午线投影后均向中央子午线弯曲，并且对称于中央子午线和赤道，收敛于两极，距中央子午线越远，投影变形也越大。取投影后的中央子午线为坐标纵轴，即 x 轴；赤道为坐标横轴，即 y 轴，两轴的交点为坐标原点 O，组成高斯平面直角坐标系。在坐标系内，规定 x 轴向北为正，y 轴向东为正，坐标象限按顺时针编号，直线方向从北方向开始顺时针定义，以保证三角函数计算公式在测量计算中能方便使用（如图 1-7所示）。

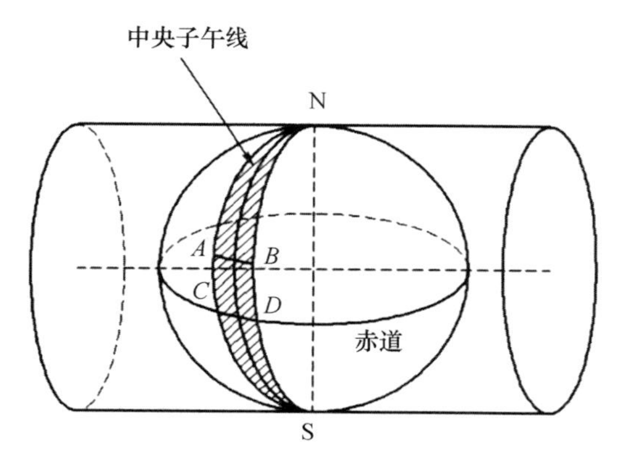

图 1-5　高斯投影过程

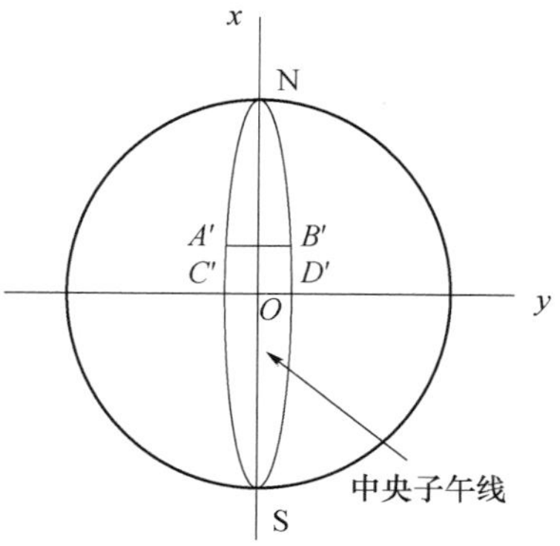

图 1-6　高斯投影结果

高斯投影方法是按一定的经度差（6°或 3°）将地球椭球沿经线划分成若干带，然后将每一个分带投影展开到平面上。其中 6°分带是从首子午线开始，每经差 6°划分为一带，自西向东将整个地球划分成 60 个带。带号从首子午线开始为 1 号带，自西向东用阿拉伯数字依次编写。位于各带中央的子午线称为中央子午线，则第一带中央子午线的经度为 3°，任意一带的中央子午线经度为：

$$\lambda_0 = 6N - 3 \tag{1-1}$$

式中，N 为 6°分带的带号；λ_0为中央子午线的经度。

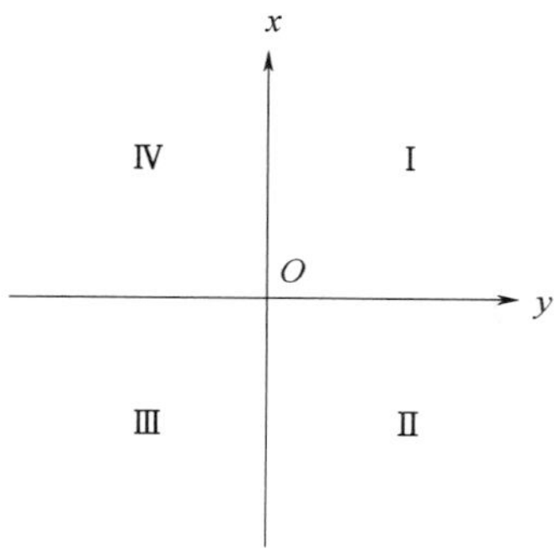

图 1-7　高斯平面直角坐标系

当要求投影变形更小时，采用 3°带投影。如图 1-8 所示，上半部分是 6°分带，下半部分是 3°分带；其中 3°分带是从 1°30′开始，按经差 3°划分为一带，全球共分为 120 带。每带中央子午线经度 λ'_0 与带号 n 的关系式为：

$$\lambda'_0 = 3n \tag{1-2}$$

我国领土南起北纬 4°，北至北纬 54°，西由东经 74°起，东至东经 135°，东西横跨 11 个 6°带，21 个 3°带。

分析投影后的坐标系可知，因我国位于地球的北半球，x 坐标值均为正值，y 坐标值则有正负之分，为了避免 y 坐标出现负值，将 x 轴向西平移 500km，这样，虽解决了 y 坐标的负值问题，但每个投影带内均会有相同的坐标值出现，为了唯一地确定点所在的位置，则需在每点的 y 坐标值前冠以带号，如图 1-9 所示 A、B 两点，其自然坐标值为 $y_A = +153601\text{m}$，$y_B = -252760\text{m}$；纵坐标轴西移 500km 后，$y_A = +653601\text{m}$，$y_B = +247240\text{m}$；因 A、B 两点均位于 6°分带的第 20 带，则有 $y_A = 20653601\text{m}$，$y_B = 20247240\text{m}$。

（2）独立平面直角坐标系

在测区范围较小，半径不大于 10km 的范围内，都可以用测区中心点的切平面代替大地水准面，地面点在投影面上的位置则可用平面直角坐标来确定。

一般将独立平面直角坐标系的原点选在测区的西南方向之外，以确保测区内每一点的坐标均为正值，如图1-10所示。其中，坐标系的原点可以是假定坐标值，也可以是高斯平面直角坐标值。同于高斯平面直角坐标系，规定 x 轴向北为正，y 轴向东为正，坐标象限按顺时针编号。

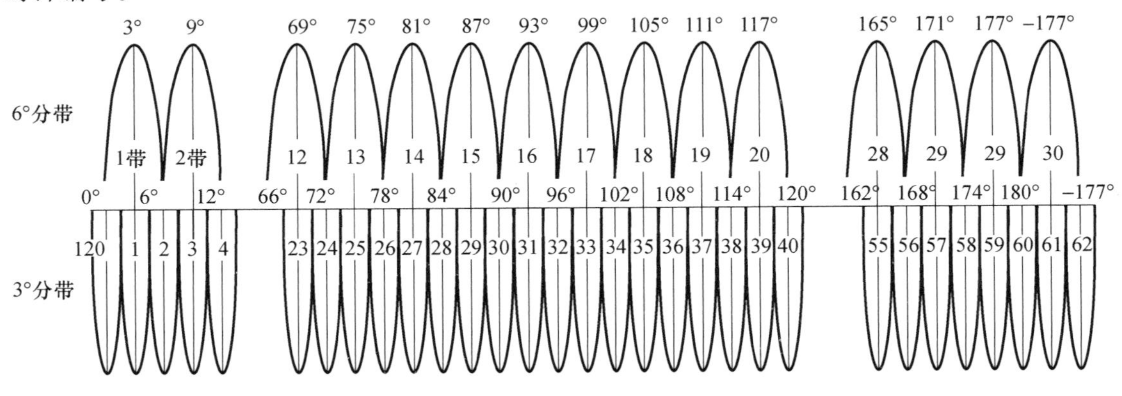

图1-8 高斯投影分带

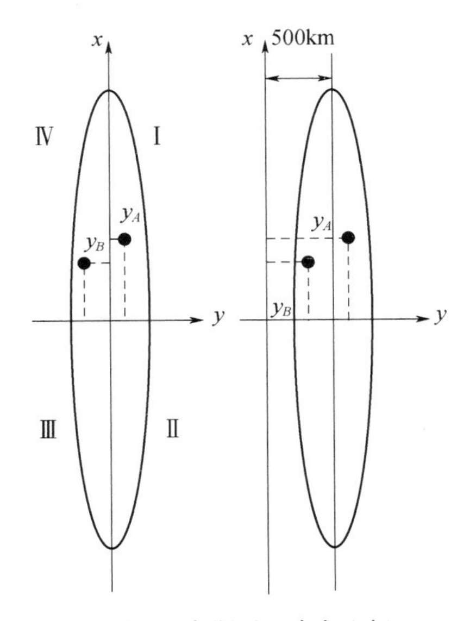

图1-9 高斯平面直角坐标

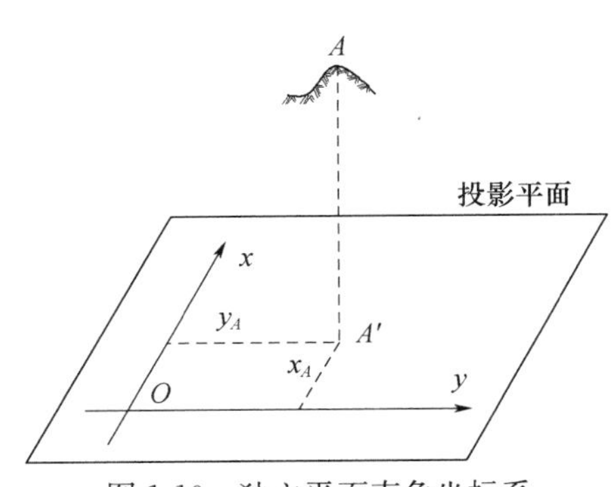

图1-10 独立平面直角坐标系

1.3.2 地面点的高程

虽然地面点的坐标可用地理坐标或平面直角坐标来确定，但还是无法确切地表示地球表面上一点的位置。这是由于地球表面高低起伏的地表形态，因此还需确定点位的高度。

地面任一点到其高度起算面的垂直距离称为高程。高度起算面亦称高程基准面，如图1-11所示。若选用的高程基准面不同，所对应的高程亦不同。某点沿铅垂线方向到大地水准面的距离称为该点的绝对高程或海拔高。地面上 A、B 两点的绝对高程分别为 H_A、H_B，到任一假定水准面的铅垂距离，称为该点的相对高程，分别用 H'_A、H'_B表示。地面上两点的高程之差，称为高差或比高。高差是相对的，具有方向性，有正负之分，如图 1-11所示，A 点到 B 点的高差为负，则 B 点到 A 点的高差为正。即：

$$h_{AB} = H_B - H_A = H'_B - H'_A \tag{1-3}$$

$$h_{BA} = H_A - H_B = H'_A - H'_B \tag{1-4}$$

则有

$$h_{AB} = - h_{BA} \tag{1-5}$$

为了建立全国统一的高程系统，采用平均海水面多年验潮资料，求出黄海海平面的高度（即大地水准面）作为高程起算的基准面。为了方便使用，在验潮站附近设立了水准原点，并于 1950—1956 年通过 7 年的验潮资料推算出了青岛水准原点的高程 72.289m，作为全国高程的起算点，以该点作为基准的高程系统，称为“1956 年黄海高程系”。于 1952—1979 年通过 27 年的验潮资料确定了青岛水准原点的高程为 72.2604m，称为“1985 国家高程基准”，并于 1987 年 5 月开始采用该基准作为全国统一的高程基准。

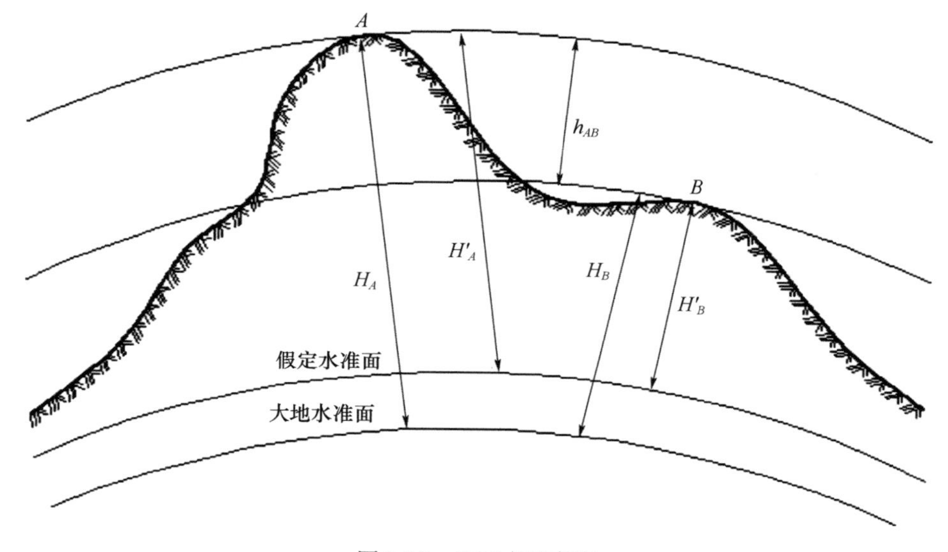

图 1-11　地面点的高程

1.4　用水平面代替水准面的限度

由于水准面是一个曲面，曲面上的图形投影到平面上，总会产生一些变形。实际测量工作中，在一定的测量精度下，当测区范围较小时，可用水平面代替水准面，如图 1-12 所示，将较小一部分的地球表面上的点直接投影到水平面上来确定其空间位置，这样做简化了很多的测量和计算工作，但也为测量结果带来一定的误差，因此需要分析其误差允许的范围，以确保用平面代替曲面的测量精度。以下讨论中，将地球看作圆球，取其半径为 6371km。如图 1-12 所示，在测区中部选一点 A，沿铅垂线方向投影到大地水准面

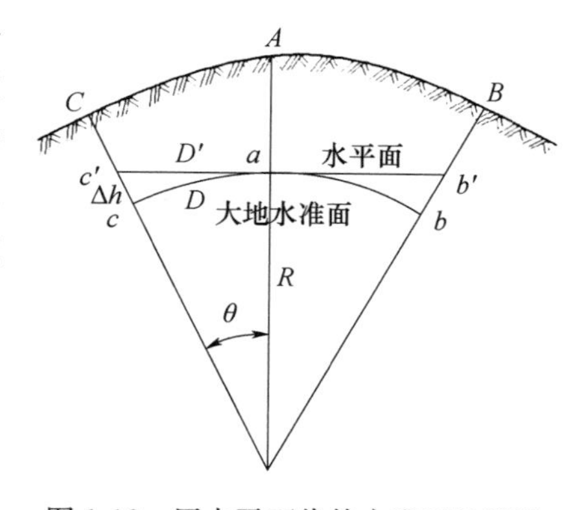

图 1-12　用水平面代替水准面的限度

上的点 a，过 a 作切平面即水平面，则地面上的 B、C 两点投影到大地水准面上为 b 和 c，投影到水平面上分别为 b' 和 c'。以下分别对用水平面代替水准面的限度从水平距离、水平角和高程三个方面分别讨论。

1.4.1 对水平距离的影响

如图 1-12 所示，ac 的弧长为 D，ac' 长为 D'，球面半径为 R，D 所对的圆心角为 θ，则以水平长度 D' 代替弧长 D 所产生的误差为：

$$\Delta D = D' - D = R\tan\theta - R\theta = R(\tan\theta - \theta) \tag{1-6}$$

将 $\tan\theta$ 用级数展开为：

$$\tan\theta = \theta + \frac{1}{3}\theta^3 + \frac{5}{12}\theta^5 + \cdots$$

因 θ 角很小，只取前两项代入式（1-6）得：

$$\Delta D = R\left(\theta + \frac{1}{3}\theta^3 - \theta\right) = \frac{1}{3}R\theta^3$$

考虑到 $\theta \approx \dfrac{D}{R}$，则有：

$$\Delta D = \frac{D^3}{3R^2}$$

变式后为：

$$\frac{\Delta D}{D} = \frac{D^2}{3R^2} \tag{1-7}$$

取 R=6371km，以不同的 D 值代入式（1-7）得到用水平面代替水准面时所产生的距离误差和相对误差，详见表 1-2。

表 1-2 用水平面代替水准面对水平距离的影响

D（km）	ΔD（cm）	$\Delta D/D$
1	0.00	—
5	0.10	1/487 万
10	0.82	1/122 万
20	6.57	1/30.4 万
50	102.65	1/4.9 万
60	177.38	1/3.4 万

由表 1-2 分析可知，当距离为 10km 时，以水平面代替水准面所产生的距离误差为 0.82cm，相对误差为 1/122 万。这样小的误差，完全能够满足精密测距的要求。所以，在半径为 10km 的范围内，以水平面代替水准面所产生的距离误差可忽略不计。

1.4.2 对水平角的影响

从图 1-13 结合球面三角分析可知，球面上三角形内角之和比平面上相应三角形之和会多出一个球面角超，其值可用多边形面积求得，即：

$$\varepsilon=\frac{P}{R^2}\rho'' \tag{1-8}$$

式中，ε 为球面角超，s；P 为球面多边形的面积，km^2；ρ''值为 206265″；R 为地球半径，取值为 6371km。

以球面上的不同面积值代入式（1-8），求出的球面角超见表 1-3。

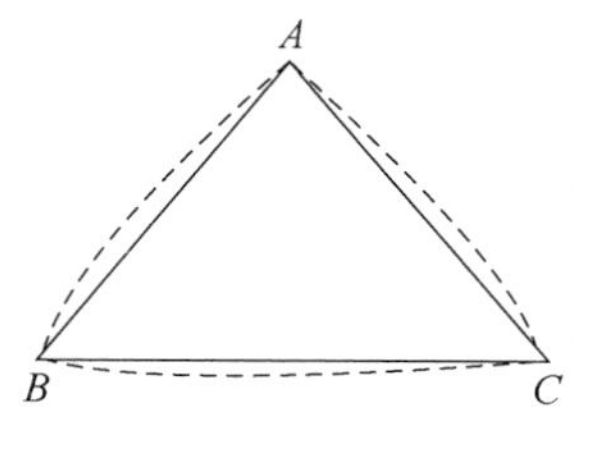

图 1-13　球面角超

表 1-3　用水平面代替水准面对水平角的影响

球面面积（km²）	ε（″）	球面面积（km²）	ε（″）
10	0.05	100	0.51
50	0.25	500	2.54

计算结果表明，当测区面积在 100km² 时，用水平面代替水准面对水平角的影响仅为 0.51″，这在普通测量工作中是可以忽略不计的。

1.4.3　对高程的影响

如图 1-12 所示，用水平面代替水准面后所产生的高程差为：$\Delta h = Cc - Cc'$。分析图 1-12 得：

$$(R+\Delta h)^2 = R^2 + D'^2$$

推算后得：

$$\Delta h = \frac{D'^2}{2R+\Delta h}$$

在分析用水平面代替水准面对距离的影响中已得知，D'和 D 相差很小，可用 D 代替 D'，同时 Δh 与 $2R$ 相比也可忽略不计，则有：

$$\Delta h = \frac{D^2}{2R} \tag{1-9}$$

取 R=6371km，以不同的 D 值代入式（1-9）可得以水平面代替水准面时对高程的影响，见表 1-4。

表 1-4　用水平面代替水准面对高程的影响

D（m）	50	100	200	300	500	1000
Δh（mm）	0.2	0.8	3.1	7.1	19.6	78.5

计算结果表明，用水平面代替水准面，在距离为 200m 时，对高程的影响就有 3.1mm，所以地球曲率对高程影响很大。因此，在高程测量中，即使距离很短也应顾及地球曲率的影响。

1.5　测量工作概述

1.5.1　测量工作的基本内容

在实际的测量工作中，除了可利用全站仪或是 GPS 直接测量获得点位的坐标和高程，还可测出待定点和已知点之间的几何位置关系，然后推算出待定点的坐标和高程。

如图 1-14 所示，A、B 为已知点，C 为待定点，三点在投影平面上的点分别是 a 、b 、c 。在 $\triangle abc$ 中，只要根据实际条件测出需要的边长和角值（即水平角和水平距离）则可推算出 C 点的坐标。欲求 C 点的高程，则要测出高差 h_{AC} 或 h_{BC} ，然后推算出 C 点高程。所以某点坐标的主要测量工作是测量水平距离、水平角和高差。

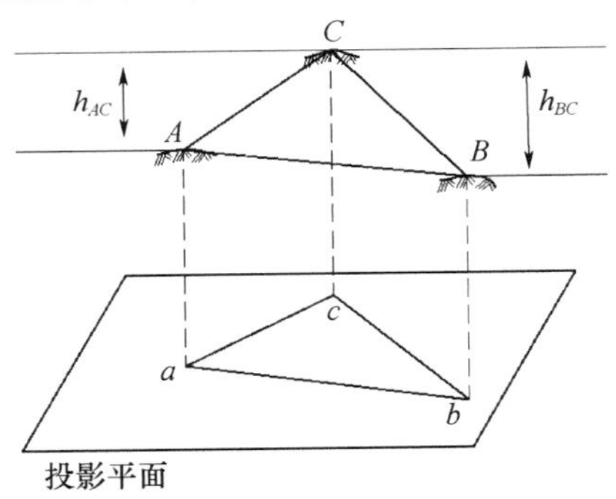

图 1-14　测量工作的基本内容

1.5.2　测量工作的基本原则

地球自然表面高低起伏，形状极其复杂，习惯上将其分为地物和地貌两大类。而测量工作的主要目的是按规定要求测定地物、地貌的相对位置或绝对位置，并按一定的投影方式和比例用规定的文字和符号将其转绘于图纸上，形成地形图。这就需要测定许多特征点（也称碎部点）的平面位置和高程。若从某一点出发，依次逐点进行测量，虽然最后也能将整个测区的地物、地貌的位置测定出来，但由于在整个测量过程中不可避免地产生一些误差，这样再经一点一点传递积累，最终必将使误差不断增大，从而导致十分严重的后果。因此，在实际测量过程中必须遵循“从整体到局部，先控制后碎部，从高级到低级”全面控制的基本原则，即先在测区范围内选择一些有控制意义的点即控制点，把它们的平面位置和高程精确地测定出来，并作为下一步测量工作的依据，然后根据这些控制点测定出附近的碎部点。这种测量方法既可以减少误差的积累，也可以在若干个控制点上同时进行测量工作，加快工作进度，提高作业效率。

此外，测量工作还必须注意检核，防止发生错误，避免错误的结果对后续测量工作的影响。因此，“前一步工作未检核合格不得进行下一步的测量工作”。

思考题与习题

1. 测绘学的研究对象是什么？
2. 测定和测设有什么区别？
3. 为什么选择大地水准面和铅垂线作为外业测量工作的基准面和基准线？
4. 测量工作中所用的高斯平面直角坐标系和数学上的笛卡尔坐标系有什么异同点？
5. 已知地球上某点的经度为 105.3°，试求该点所在的 6°带和 3°带的带号和对应的中央子午线的经度。
6. 已知我国某点在高斯平面直角坐标系中的坐标为 $x=4523125\text{m}$，$y=38675854\text{m}$，试

判断该点位于3°分带的第几带？该带的中央子午线经度是多少？该点位于中央子午线的哪一侧？在高斯投影平面中，该点距中央子午线和赤道的距离约为多少？

7. 什么是绝对高程？什么是相对高程？两点之间的绝对高程差和相对高程差是否相同？并画简图说明。

8. 已知 $H_A=705.321\text{m}$，$H_B=708.156\text{m}$，试求 h_{AB} 和 h_{BA} 。

9. 试作图分析用水平面代替大地水准面对水平距离、水平角和高程分别有什么影响？并说明在什么条件下可以忽略这些影响。

10. 测量工作的基本内容有哪些？测量工作的基本原则是什么？

第 2 章　普通水准测量

测定地面点高程的工作，称为高程测量。高程测量是测量的基本工作之一。高程测量按所使用的仪器和施测方法的不同，可以分为水准测量、三角高程测量、GPS 高程测量和气压高程测量。水准测量是高程测量中最基本的和精度较高的一种测量方法，它广泛地应用于国家高程控制测量、工程勘测和施工测量中。本章主要介绍水准测量原理；水准测量仪器的构造、使用以及检验与校正的方法；普通水准测量的方法及成果计算。

2.1　水准测量原理

水准测量的原理是利用水准仪提供的水平视线，读取竖立于两个点上的水准尺的读数，来测定两点间的高差，再根据已知点高程计算待定点高程。

如图 2-1 所示，在地面上有 A、B 两点，水准测量的前进方向为 A 点到 B 点，设 A 点的高程为 H_A，欲测定 B 点的高程 H_B，在 A、B 两点之间安置一台能够提供水平视线的仪器——水准仪，A、B 两点上各竖立一根有刻划的尺子——水准尺。称 A 点为后视点，其水准尺读数 a 为后视读数；称 B 点为前视点，其水准尺读数 b 为前视读数。因此，两点间的高差为：

$$h_{AB} = \text{后视读数} - \text{前视读数} = a - b \tag{2-1}$$

如果后视读数大于前视读数，则高差为正，则 B 点比 A 点高；如果后视读数小于前视读数，则高差为负，表示 B 点比 A 点低。

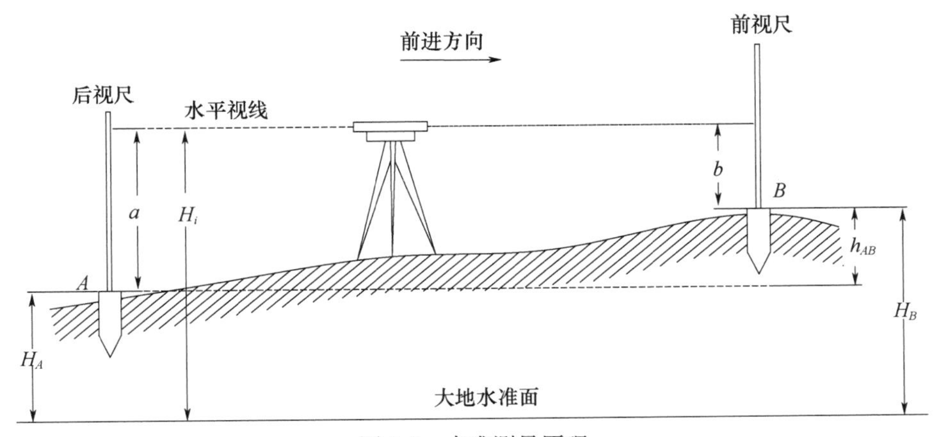

图 2-1　水准测量原理

则 B 点的高程为：

$$H_B = H_A + h_{AB} \tag{2-2}$$

上述利用高差计算未知点高程的方法称为高差法。

B 点高程也可以通过水准仪的视线高程 H_i 计算，即

$$H_i = H_A + a \tag{2-3}$$

$$H_B = H_i - b \tag{2-4}$$

由式（2-2）根据高差推算高程，称为高差法；由式（2-3）和式（2-4）利用视线高程推算高程，称为视线高法。

当安置一次仪器要求出几个点的高程时，视线高法比高差法方便。

2.2 水准测量的仪器和工具

水准测量所使用的仪器为水准仪，工具有水准尺和尺垫。

水准仪按仪器的精度可分为 DS_{05}、DS_1、DS_3、DS_{10} 四个等级。“D”和“S”分别为“大地测量”和“水准仪”汉语拼音的第一个字母；数字代表仪器的测量精度，即每千米往返测得高差中数的偶然中误差分别为±0.5mm，±1mm，±3mm，±10mm。在土木工程测量中，最常用的是 DS_3 微倾式水准仪。因此本章着重介绍这种型号的仪器。

2.2.1 DS_3 微倾式水准仪的构造

水准仪的主要作用是提供一条水平视线，并能照准水准尺进行读数。通过调整水准仪管水准器气泡居中获得水平视线的水准仪称为微倾式水准仪，通过补偿器获得水平视线读数的水准仪称为自动安平水准仪，本节将着重介绍微倾式水准仪的构造。

图 2-2 所示的是国产的 DS_3 微倾式水准仪。它主要由望远镜、水准器、基座三部分组成。

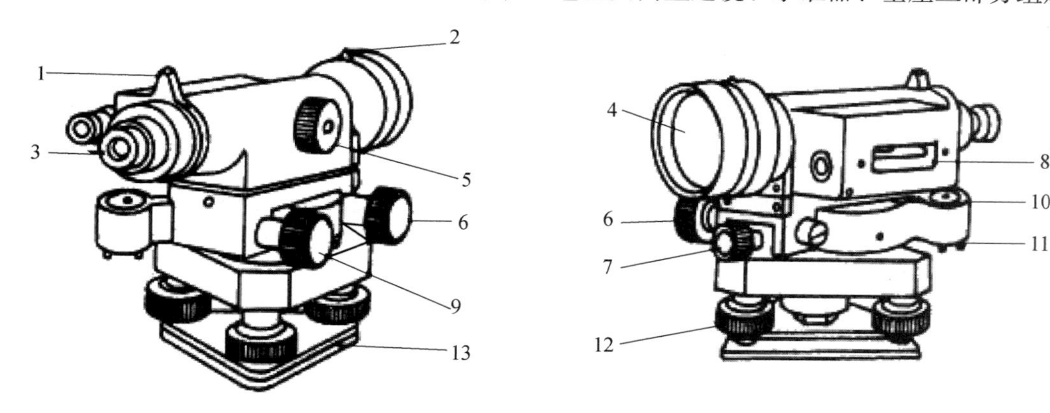

图 2-2　DS_3 微倾式水准仪的构造

1—照门；2—准星；3—目镜；4—物镜；5—物镜对光螺旋；6—微动螺旋；7—制动螺旋；8—管水准器；9—微倾螺旋；10—圆水准器；11—校正螺丝；12—脚螺旋；13—底板

1. 望远镜

图 2-3 是 DS_3 微倾式水准仪望远镜的构造图，主要由物镜、目镜、调焦透镜和十字丝分划板等组成。

物镜和目镜多采用复合透镜组。物镜的作用是和调焦透镜一起将远处的目标在十字丝分划板上形成缩小而明亮的实像，目镜的作用是将物镜所成的实像与十字丝一起放大成虚像。

十字丝分划板是一块刻有分化线的透明薄平板玻璃片。分划板上互相垂直的两条长丝称

为十字丝。纵丝亦称竖丝，横丝亦称中丝。上、下两条对称的短丝称为视距丝，用于测量距离。操作时利用十字丝交叉点和中丝瞄准目标和读取水准尺上的读数。

十字丝交叉点与物镜光心的连线，称为望远镜的视准轴或视线（图 2-3 中的 $C—C$）。延长视准轴并使其水平，即得水准测量中所需的水平视线。

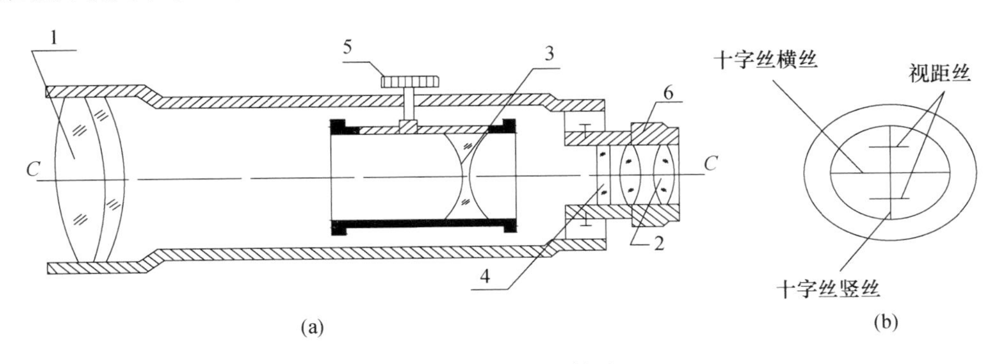

图 2-3　望远镜的构造

（a）望远镜；（b）十字丝分划板

1—物镜；2—目镜；3—物镜调焦透镜；4—十字丝分划板；5—物镜调焦螺旋；6—目镜调焦螺旋

2. 水准器

水准器是用来判断水准仪安置是否正确的重要部件，是一种整平装置。水准器有管水准器和圆水准器两种。管水准器用来指示视准轴是否水平，圆水准器用来指示仪器竖轴是否竖直。

（1）圆水准器

如图 2-4 所示，圆水准器顶面的内壁是球面，其中有圆形分划圈，圆圈的中心为水准器的零点。通过零点的球面法线为圆水准器轴线，当圆水准器气泡居中时，该轴线处于竖直位置。此时，水准仪竖轴应与该轴线平行。当气泡不居中时，气泡中心偏离零点 2mm，轴线所倾斜的角值称为圆水准器分划值，一般为 8′～10′。圆水准器的功能是用于仪器的粗略整平。

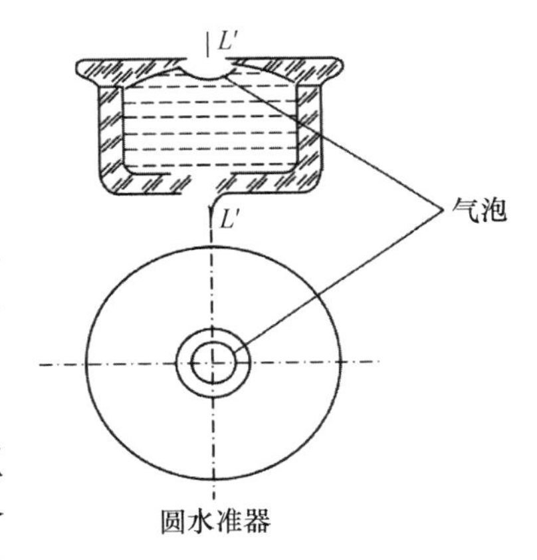

图 2-4　圆水准器

（2）管水准器

管水准器又称水准管，是把纵向内壁磨成圆弧形（圆弧半径一般为 7～20m）的玻璃管，管内装有酒精和乙醚的混合液，加热融封冷却后留有一个近于真空的气泡，如图 2-5（a）所示。由于气泡较液体轻，故恒处于管内最高位置。

水准管上一般刻有 2mm 间隔的分划线，分划线的对称中点 O 称为水准管零点。通过零点作水准管圆弧的纵切线，称为水准管轴。当水准管的气泡中点与水准管零点重合时，称为气泡居中，这时水准管轴处于水平位置，否则水准管轴处于倾斜位置。水准管圆弧 2mm 所对的圆心角 τ 称为水准管分划值，如图 2-5（b）所示。

$$\tau = \frac{2}{R}\rho'' \tag{2-5}$$

式中，ρ 为 1rad 相应的秒值，ρ'' 为 206265″；R 为水准管圆弧半径，mm。

水准管圆弧半径愈大，分划值就越小，则水准管灵敏度就越高，也就是仪器的精度越高。DS 3微倾式水准仪的水准管分划值为 20″，记作 20″/2mm。由于水准管的精度较高，所以用于仪器的精确整平。

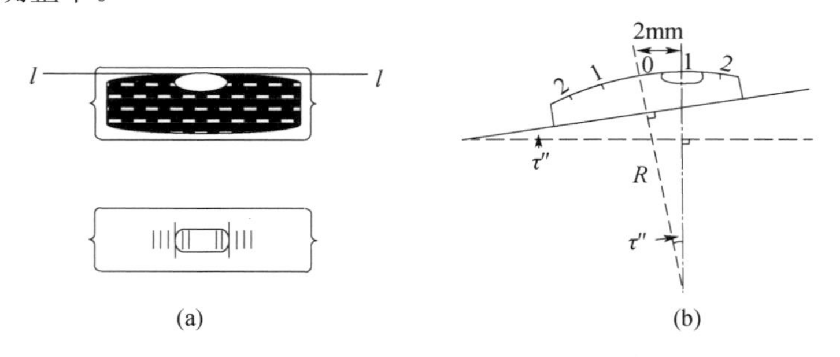

图 2-5　管水准器

（a）管水准器；（b）管水准器分划值

为了提高水准管气泡居中的精度，DS 3微倾式水准仪多采用水准管系统，通过符合棱镜的反射作用，使气泡两端的影像反映在望远镜旁的符合气泡观察窗中。由观察窗看气泡两端的半像吻合与否，来判断气泡是否居中，如图 2-6 所示。若两半气泡像吻合，说明气泡居中，此时水准管轴处于水平位置。若成错开状态，则表示气泡不居中，这时，应转动目镜下方右侧的微倾螺旋，使气泡的像吻合。

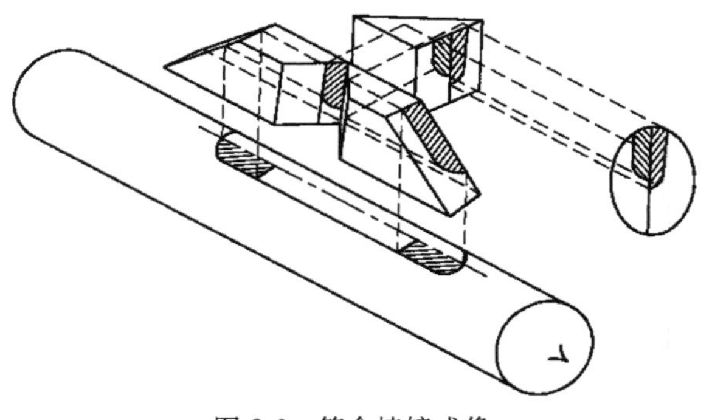

图 2-6　符合棱镜成像

3. 基座

基座主要由轴座、脚螺旋、底板和三角压板构成（图 2-2），其作用是支撑仪器的上部，即将仪器的竖轴插入轴座内旋转。脚螺旋用于调整圆水准器气泡居中。底板通过连接螺旋与下部三脚架连接。

2.2.2　水准尺和尺垫

水准尺是水准测量中用于读数的标尺。常用的水准尺有塔尺和双面水准尺两种。通常双面水准尺用干燥的优质木材制成；塔尺用铝合金或玻璃钢材料制成。

如图 2-7（a）所示，塔尺由两节或三节套接而成，可以伸缩，长度有 3m 和 5m 两种。塔尺一般为双面刻划，尺底为零刻划，尺面刻划为黑白格相间，每格宽度为 1cm 或 0.5cm，分米处有数字注记，数字上方加红点表示米数。由于塔尺接头处存在误差，因此，塔尺仅用于等外水准测量和一般工程施工测量中。

如图 2-7（b）所示，双面水准尺长度为 3m，双面均有刻划，最小分划值为 1cm，分米处有数字注记。其中一面为黑白格相间刻划（称为黑面尺），尺底为零刻划；另一面为红白相间（称为红面尺），尺底不为零，而是一常数。双面尺一般成对生产和使用，一根尺常数为 4.687m，另一根尺为 4.787m。利用红黑面尺的零点差可对水准测量中的读数进行检核。双面水准尺用于三、四等水准测量中。

尺垫是由生铁铸造而成，一般为三角形，上部中央有一凸起的半圆球体，下部有三个支脚，如图 2-8 所示。尺垫仪在转点处竖立水准尺时使用。使用时，将尺垫支脚牢固地踩入地下，水准尺立于半球顶上，以保证尺底高度不变。

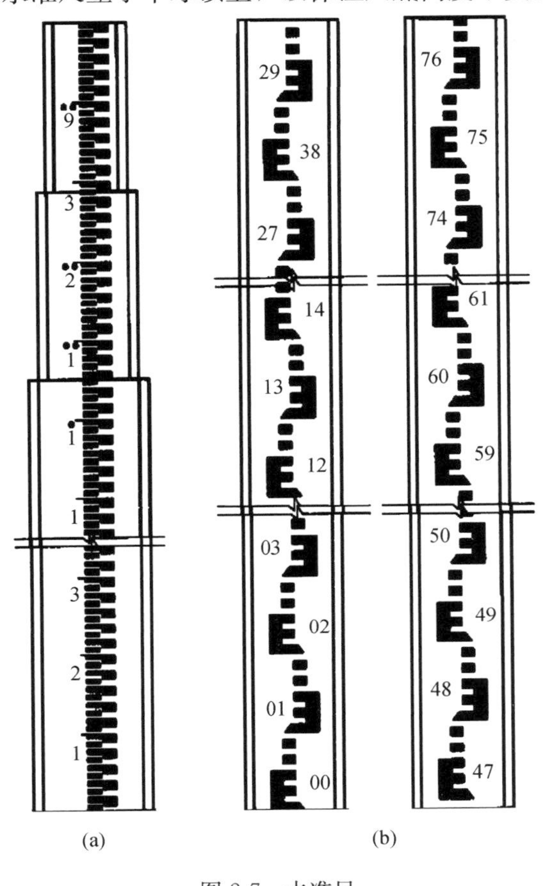

图 2-7　水准尺

（a）塔尺；（b）双面尺

图 2-8　尺垫

2.3　水准仪的使用

DS 3 微倾式水准仪的使用包括安置仪器、粗略整平、瞄准水准尺、精确整平和读数。

2.3.1　安置仪器

打开三脚架并使其高度适中，用目估法使架头大致水平，检查三脚架腿是否安置稳固，脚架伸缩螺旋是否拧紧，然后打开仪器箱取出水准仪，用连接螺旋将水准仪固连在三脚架头上。

2.3.2　粗略整平

粗略整平是借助圆水准器的气泡居中，使仪器竖轴大致铅直，从而使视准轴粗略水平。利用脚螺旋使圆水准器气泡居中的操作步骤（图 2-9），气泡未居中而位于 a 处，则先按图上箭头所指的方向两手相对转动脚螺旋①和②，使气泡移到 b 的位置。再转动脚螺旋③，即可使气泡居中。在整平的过程中，气泡移动的方向与左手大拇指转动脚螺旋的方向一致。

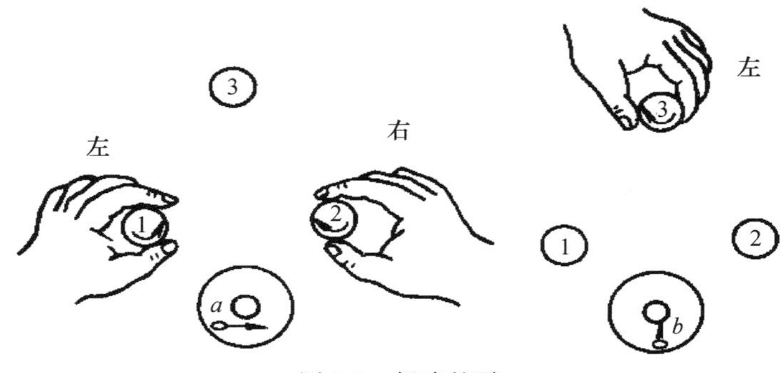

图 2-9　粗略整平

2.3.3　瞄准水准尺

首先进行目镜调焦，即把望远镜对着明亮的背景，转动目镜调焦螺旋，使十字丝清晰。转动望远镜，使照门和准星的连线对准水准尺，拧紧制动螺旋，转动物镜调焦螺旋，使水准尺成像清晰。然后转动水平微动螺旋，使十字丝竖丝照准水准尺边缘或中央。

当眼睛在目镜端上下微微移动时，若发现十字丝的横丝在水准尺上的位置随之变动，这种现象称为视差。产生视差的原因是水准尺成像的平面和十字丝平面不重合。视差的存在将会影响读数的准确性，应加以消除。消除的方法是再仔细地进行物镜调焦、目镜调焦，直到眼睛上下移动时读数不变为止。

2.3.4　精确整平

眼睛通过望远镜左边的符合水准器观察窗观察水准管气泡，用右手缓慢而均匀地转动微倾螺旋，使气泡两端的像吻合，如图 2-10 所示。

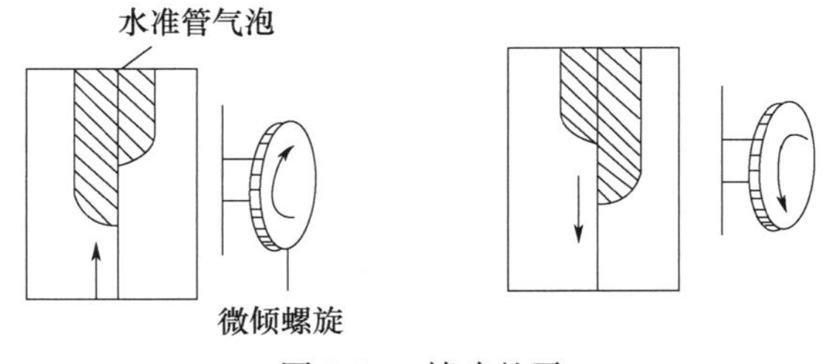

图 2-10　精确整平

2.3.5　读数

水准管气泡居中时，应立即根据中丝在尺上的读数，先估读毫米数，然后报出全部读数，如图 2-11 所示，读数为 1.536。现在的水准仪多采用倒像望远镜，因此读数时应从小往大，即从上往下读。

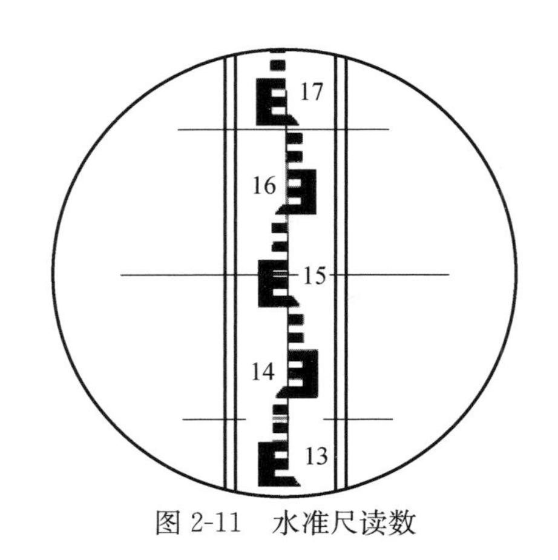

图 2-11　水准尺读数

精平和读数虽是两项不同的操作步骤，但在水准测量的实施过程中，把两项操作视为一个整体。即精平后再读数，读数后还要检查水准管气泡是否符合，只有这样，才能取得正确的结果。

2.4　水准测量的外业

2.4.1　水准点

为了统一全国的高程系统，满足各种比例尺测图、各项工程建设以及科学研究的需要，测绘部门在全国各地埋设了许多固定的测量标志，并用水准测量的方法测定了它们的高程，这些标志称为水准点（Bench Mark），简记为 BM。水准点有永久性和临时性两种。国家等级水准点如图 2-12 所示，一般用石料或钢筋混凝土制成，深埋在地面冻结线以下，在标石的顶面设有用不锈钢或其他不易锈蚀的材料制成的半球状标志。半球状标志顶点表示水准点的点位。有些水准点也可设置在稳定的墙脚上，称为墙上水准点，如图 2-13 所示。

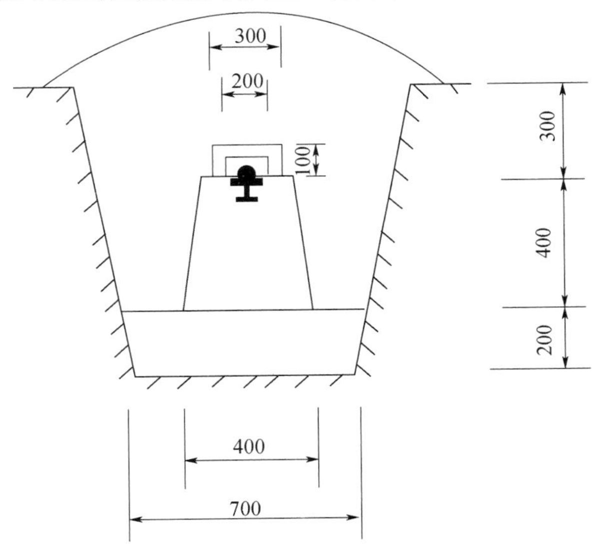

图 2-12　国家等级水准点（单位：mm）

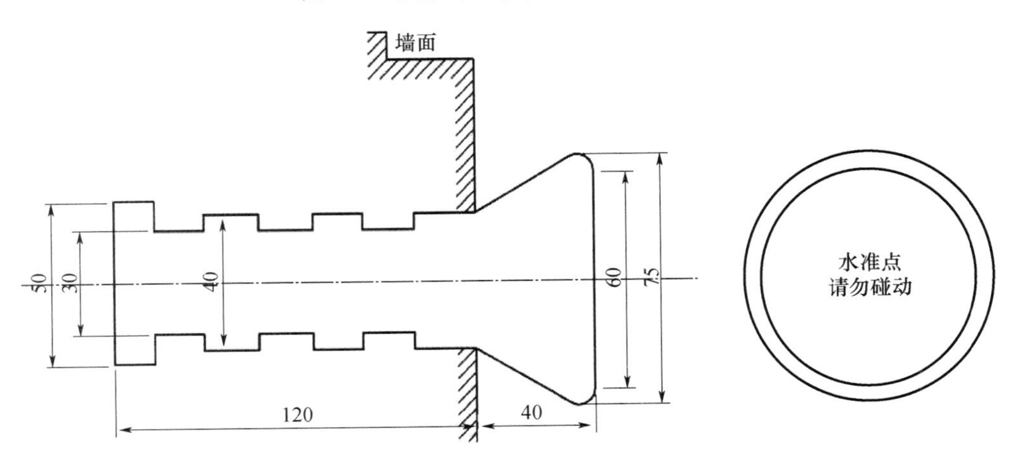

图 2-13　墙上水准点（单位：mm）

建筑工地上的永久性水准点一般用混凝土或钢筋混凝土制成，顶部嵌入半球状金属标志，其形式如图 2-14（a）所示。临时性水准点可用地面上凸出的坚硬岩石，或将大木桩打入地下，桩顶钉以半球形铁钉，如图 2-14（b）所示。

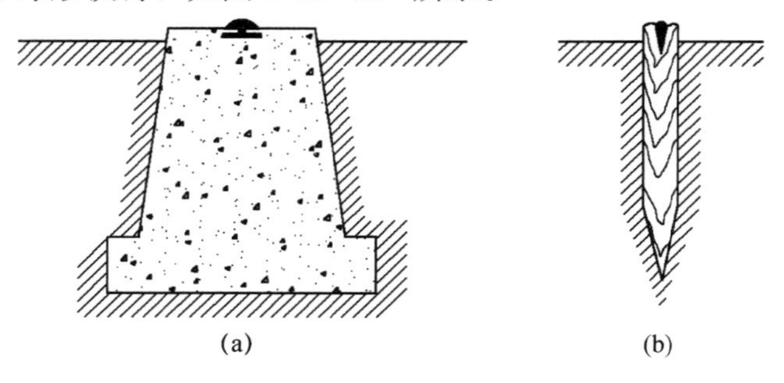

图 2-14　临时性水准点（单位：mm）

埋设好水准点后，应绘出能标记水准点位置的草图，在图上要注明水准点编号和高程，称为“点之记”，以便日后寻找和使用水准点。水准点编号前通常加 *BM*，作为水准点的代号。

2.4.2　水准测量的方法

当欲测高程点距水准点较远或高差很大时，就需要连续多次安置仪器测出两点的高差。如图 2-15 所示，水准点 A 的高程为 H_A 为 54.206m，现拟测量 B 点的高程，其观测步骤如下：

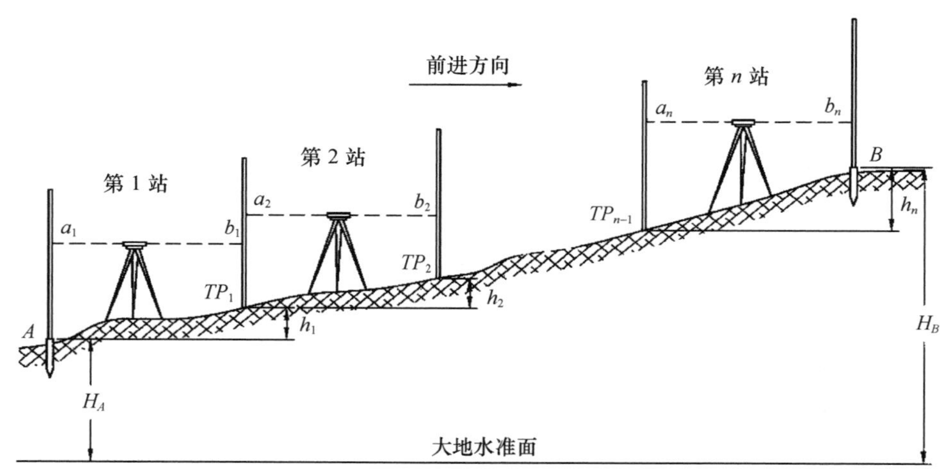

图 2-15　连续水准测量

在离 A 点 100～200m 处选定点 TP_1，在 A、TP_1 两点上分别立水准尺，在距 A 和 TP_1 等距离的地方安置水准仪，将仪器粗略整平，后视 A 点上的水准尺，精平后读数得 1.928m；旋转望远镜，前视 TP_1 点上的水准尺，得前视读数 0.829m，后视读数减前视读数得高差 1.099m。此为一个测站上的工作。观测记录与计算见表 2-1。

点 TP_1 上的水准尺不动，把 A 点上的水准尺移到点 TP_2，仪器安置在点 TP_1 和点 TP_2 之间，进行观测和计算，依此法一直测到 B 点。

显然，每安置一次仪器，便测得一个高差，即

$$h_1 = a_1 - b_1$$
$$h_2 = a_2 - b_2$$
$$\vdots$$
$$h_n = a_n - b_n$$

将各式相加，得

$$h_{AB} = \sum_{i=1}^{n} h_i = \sum_{i=1}^{n} a_i - \sum_{i=1}^{n} b_i$$

则 B 点高程为

$$H_B = H_A + h_{AB} \tag{2-6}$$

由上述可知，在观测过程中，点 TP_1、TP_2、…、TP_{n-1} 仅起传递高程的作用，这些点称为转点（Turning Point），常用 TP 表示。

表 2-1　水准测量手簿

日　期＿＿＿＿　仪　器＿＿＿＿　观　测＿＿＿＿
天　气＿＿＿＿　地　点＿＿＿＿　记　录＿＿＿＿

测站	点号	后视读数（m）	前视读数（m）	高差（m）	备注
1	A	1.928		1.099	已知水准点 H_A=54.206m
	TP_1		0.829		
2	TP_1	2.372		1.693	
	TP_2		0.679		
3	TP_2	2.268		1.150	
	TP_3		1.118		
4	TP_3	1.437		−0.895	
	TP_4		2.332		
5	TP_4	1.435		−0.973	
	B		2.408		
	$\sum$	9.440	7.366	2.074	h_{AB} = 2.074m
计算检核	$\sum_{i=1}^{n} a_i - \sum_{i=1}^{n} b_i = 9.440 - 7.366 = 2.074$				H_B=56.280m

2.4.3　水准测量的成果检核

1. 计算检核

式（2-6）表明，B 点对于 A 点的高差等于各转点之间高差的代数和，也等于各测站后视读数之和减去前视读数之和，因此，此式可作为计算的检核，如表 2-1 所示。

$$\sum h = 2.074\text{m}$$

$$\sum a - \sum b = 9.440 - 7.366 = 2.074\text{m}$$

这说明高差计算是正确的。

终点 B 的高程 H_B 减去 A 点的高程 H_A，也等于 $\sum h$，即：

$$H_B - H_A = \sum h$$

在表 2-1 中为：

$$56.280-54.206=2.074\text{m}$$

这说明高程计算是正确的。计算检核只能检查计算是否正确，并不能检核观测和记录时是否产生错误。

2. 测站检核

在进行连续水准测量时，如果任何一个测站的后视读数或前视读数有错误，都将影响所测高差的正确性。因此为了能及时发现观测中的错误，在每一测站，通常采用变动仪器高法或双面尺法进行多次观测，以检核高差测量中可能发生的错误，这种检核称测站检核。

（1）变动仪器高法

在每一测站上，用两次不同仪器高度的水平视线（改变仪器高度应在 10cm 以上）来测定相邻两点间的高差，理论上两次测得的高差应相等。如果两次高差观测值不相等，对图根水准测量，其差的绝对值应小于 6mm，则认为符合要求，取其平均值作为最后结果，否则应重测，表 2-2 给出了一段水准路线用变动仪器高法进行水准测量的记录格式。

表 2-2　水准测量记录（变动仪器高法）

测站	点号	水准尺读数（m）		高差（m）	平均高差（m）	高程（m）	备注
		后视	前视				
1	BM_A	1.134				56.020	
		1.011					
	TP_1		1.677	−0.543	(0.000)		
			1.554	−0.543	−0.543		
2	TP_1	1.444					
		1.624					
	TP_2		1.324	+0.120	(+0.004)		
			1.508	+0.116	+0.118		
3	TP_2	1.822					
		1.710					
	TP_3		0.876	+0.946	(0.000)		
			0.764	+0.946	+0.946		
4	TP_3	1.820					
		1.923					
	TP_4		1.435	+0.385	(+0.002)		
			1.540	+0.383	+0.384		
5	TP_4	1.422					
		1.604					
	BM_B		1.308	+0.114	(+0.002)	57.040	
			1.488	+0.116	+0.115		
计算检核	Σ	15.514	13.474	2.040	1.020		

（2）双面尺法

仪器的高度不变，而对立在前视点和后视点上的水准尺分别用黑面和红面各进行一次读数，测得两次高差，相互进行检核。若同一水准尺红面和黑面读数（加常数后）之差，不超过 3mm，且两次高差之差，又未超过 5mm，则取其平均值作为该测站观测高差。否则，需要检查原因，重新观测。

3. 路线检核

在水准测量的实施过程中，进行测站检核只能检核一个测站上是否存在错误或误差是否超限。对于一条水准路线来说，测站检核还不足以说明所求水准点的高程精度是否符合要求。由于温度、风力、大气折射和水准尺下沉等外界条件引起的误差，尺子倾斜和估读误差，以及水准仪本身的误差等，虽然在一个测站上反映不很明显，但随着测站数的增多使误差积累，有时也会超过规定的限差。因此，还须进行整个水准路线的成果检核，以保证测量成果满足使用要求。路线检核检核方法有如下几种：

（1）附合水准路线

如图 2-16（a）所示，附合水准路线是从已知高程的水准点 BM_A 出发，最后附合到另一已知水准点 BM_B 点上。在附合水准路线中，各测段高差的代数和应等于两个已知点之间的已知高差。如果不相等，两者之差称为高差闭合差（f_h），其值不应超过容许值。否则，就不符合要求，须进行重测。

（2）闭合水准路线

如图 2-16（b）所示，闭合水准路线是从已知高程的水准点 BM_A 出发，沿环线进行水准测量，测定 1、2、3、4 等待定点的高程，最后回到原水准点 BM_A 上。在闭合水准路线中，路线上各相邻点之间高差的代数和应等于零。如果不等于零，便产生高差闭合差（f_h），其大小不应超过容许值。

（3）支水准路线

如图 2-16（c）所示，支水准路线是从已知高程的水准点 BM_A 出发，最后既不附合到其他水准点上，也不自行闭合。支水准路线应进行往返观测，以资检核。

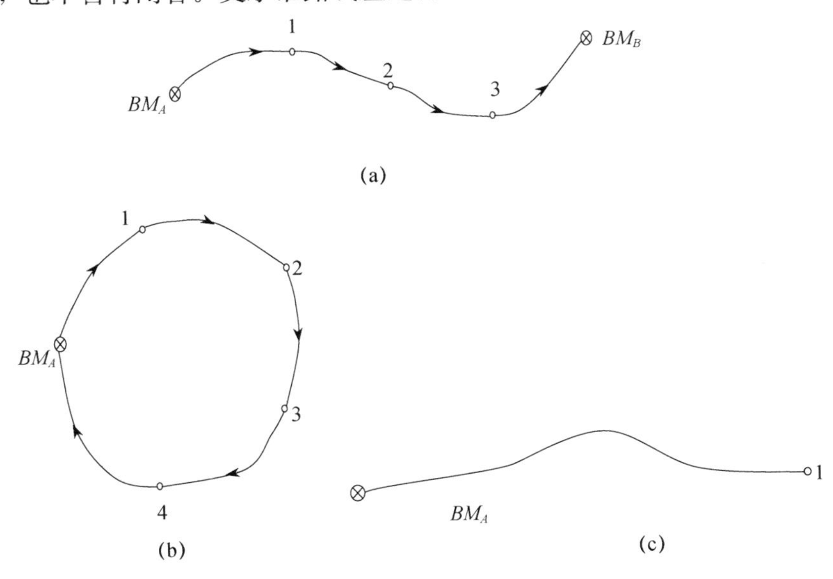

图 2-16　水准路线

（a）附合水准路线；（b）闭合水准路线；（c）支水准路线

2.5 水准测量的内业

进行水准测量成果计算时，要先检查野外观测手簿，计算各点间高差，经检核无误，则根据野外观测高差计算高差闭合差，若闭合差符合规定的精度要求，则调整闭合差，最后计算各点的高程。以上工作，称为水准测量的内业。

高差闭合差的容许值视水准测量的精度等级而定。对于等外水准测量而言，高差闭合差的容许值 $f_{h_{容}}$ 规定为：

$$\left.\begin{aligned} &\text{山地} \quad f_{h_{容}} = \pm 12\sqrt{n}\ \text{mm} \\ &\text{平地} \quad f_{h_{容}} = \pm 40\sqrt{L}\ \text{mm} \end{aligned}\right\} \tag{2-7}$$

式中，L 为水准路线长度，单位 km；n 为测站数。

2.5.1 闭合水准路线成果计算

如图 2-17 所示，已知水准点 BM_A 的高程为 50.674m，B、C、D 为待测水准点。表2-3为闭合水准路线成果计算表。

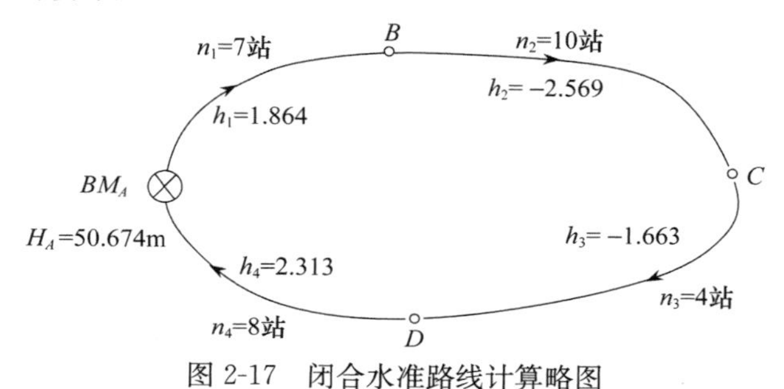

图 2-17 闭合水准路线计算略图

1. 填写已知数据和观测数据

按观测路线依次将点名、测站数、实测高差和已知高程填入计算表中。

2. 计算高差闭合差及其容许值

$$f_h = \sum h_{测} = -0.055\text{m} = -55\text{mm}$$

$$f_{h_{容}} = \pm 12\sqrt{29}\,\text{mm} = \pm 65\text{mm}$$

$|f_h| < |f_{h_{容}}|$，满足规范要求，则可进行下一步计算，若超限，则需检查原因，如有需要，则重测。

3. 高差闭合差调整

高差闭合差的调整是按与边长或测站数成正比例且反符号计算各测段的高差改正数，然后计算各测段改正后高差。高差改正数的计算公式为：

$$v_i = \frac{-f_h}{n} \times n_i \qquad v_i = \frac{-f_h}{L} \times L_i \tag{2-8}$$

式中，n 测站总数；n_i 为第 i 测段的测站数；L 为路线总长度；L_i 为第 i 测段的路线长度。例如，第一测段的高差改正数为：

$$v_1 = -\frac{-55}{29} \times 7\text{mm} = +13\text{mm}$$

表 2-3　闭合水准路线成果计算表

测段	测点	测站数	实测高差（m）	改正数（mm）	改正后的高差（m）	高程（m）	备注
	BM_A					50.674	
A—B		7	1.864	13	1.877		
	B					52.551	
B—C		10	−2.569	19	−2.550		
	C					50.001	
C—D		4	−1.663	8	−1.655		
	D					48.346	
D—A		8	2.313	15	2.328		
	A					50.674	
$\sum$		29	−0.055	55	0		
辅助计算	$f_h=\sum h_{测}=-55\text{mm}$　$f_{h_{容}}=\pm 12\sqrt{29}\text{mm}=\pm 65\text{mm}$ $\lvert f_h\rvert<\lvert f_{h_{容}}\rvert$，成果合格 $\frac{-f_h}{\sum n}=1.9\text{mm}$						

4. 计算各点高程

从已知点（BM_A）高程开始，依次加各测段的改正后高差，即可得各待测点高程。最后推算出已知点的高程，若与已知点高程相等，则说明计算正确，计算完毕。

2.5.2　附合水准路线成果计算

如图 2-18 所示，已知水准点 BM_A 的高程为 58.863m，BM_B 的高程为 59.485m，1、2、3 为待测水准点。表 2-4 为水准测量成果计算表。

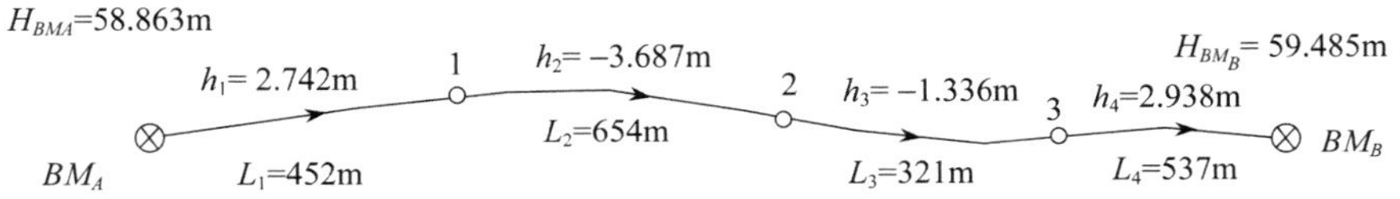

图 2-18　附合水准路线计算略图

表 2-4　附合水准路线成果计算表

测段	测点	距离 L（m）	实测高差（m）	改正数（mm）	改正后的高差（m）	高程（m）	备注
	BM_A					58.863	
A—1		452	2.742	−8	2.734		
	1					61.597	
1—2		654	−3.687	−12	−3.699		
	2					57.898	
2—3		321	−1.336	−6	−1.342		
	3					56.556	
3—B		537	2.938	−9	2.929		
	BM_B					59.485	
$\sum$		1964	0.657	−35	0.622		
辅助计算	$f_h=\sum h_{测}-(H_{终}-H_{始})=0.657-(59.485-58.863)=35\text{mm}$ $f_{h_{容}}=\pm 40\sqrt{1.964}\text{mm}=\pm 56\text{mm}$　$\frac{-f_h}{\sum l}=-17.8\text{mm}$						

附合水准路线的高差闭合差：

$$f_h = \sum h_{测} - (H_{终} - H_{始}) = 0.657 - (59.485 - 58.863) = 35\text{mm}$$

其计算步骤、闭合差的容许值及调整、各点的高程计算与闭合水准路线相同。

2.5.3 支水准路线成果计算

如图 2-19 所示，已知水准点 A 的高程为 86.785m，往、返测站共 16 站。高差闭合差为：

$$f_h = h_{往} + h_{返} = -1.375 + 1.396 = 0.021\text{m}$$

闭合差容许值为：

$$f_{h_{容}} = \pm 12\sqrt{n} = \pm 12\sqrt{16} = \pm 48\text{mm}$$

$|f_h| < |f_{h_{容}}|$，说明符合等外水准测量的要求。经检核符合精度要求后，可取往测和返测高差绝对值的平均值作为 A—1 两点间的高差，其符号与往测高差符号相同，即：

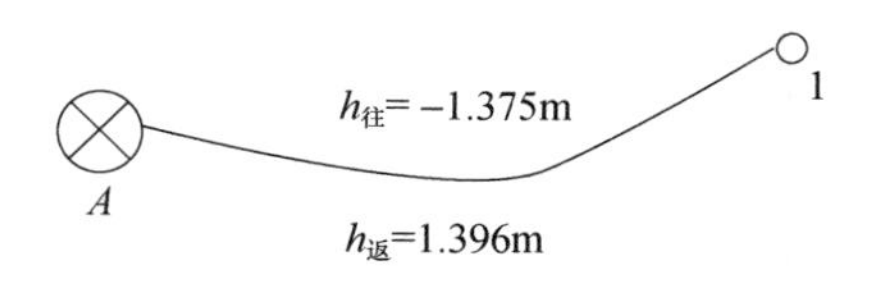

图 2-19　支水准路线计算略图

$$h_{A-1} = \frac{-1.375 - 1.396}{2} = -1.386\text{m}$$

$$H_1 = 86.785 - 1.386 = 85.399\text{m}$$

2.6　水准仪

2.6.1 水准仪应满足的几何条件

如图 2-20 所示，DS 3微倾式水准仪有四条轴线，即望远镜的视准轴 CC、水准管轴 LL、圆水准器轴 $L'L'$、仪器的竖轴 VV。

根据水准测量原理，水准仪必须提供一条水平视线，才能正确地测定地面两点间的高差。视线是否水平，是根据水准管气泡是否居中来判断的。因此，水准仪必须满足视准轴平行于水准管轴（$CC /\!/ LL$）这一条件。其次，为了加快用微倾螺旋精确整平的过程，以及保证水平视线的高度基本不变，精平前则要求仪器竖轴处于竖直位置。竖轴的竖直是借助圆水准器气泡居中，即圆水准器轴竖直来实现的。所以，水准仪还应满足圆水准器轴平行于仪器竖轴（$L'L' /\!/ VV$）。当仪器整平后，竖轴就竖直了，此时十字丝横丝应该水平，用十字丝的任何部位在水准尺上截取的读数都相同。因此，还要求十字丝横丝与仪器竖轴垂直。这些条件在仪器出厂时经检验都是满足的，但是由于长期使用和运输中的震动等原因，可能使各部位螺钉松动，各轴线间的关系产生变化。因此，在正式作业之前，必须对所使用的仪器进行检验与校正。

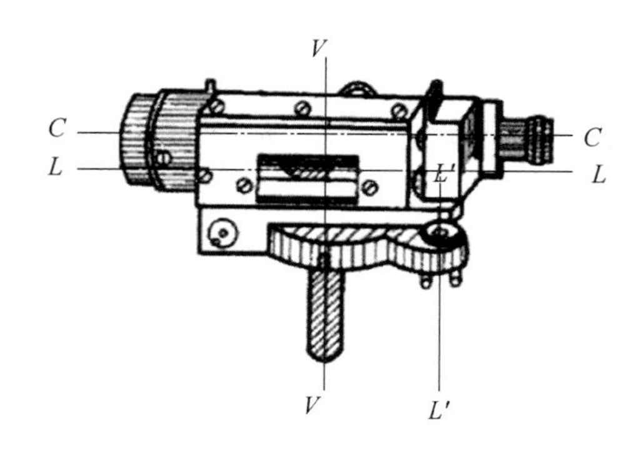

图 2-20　水准仪轴线图

2.6.2　水准仪的检验与校正

1. 圆水准器的检验与校正

（1）检验

首先用脚螺旋使圆水准器气泡居中，此时圆水准器轴 $L'L'$ 处于竖直位置。如图 2-21（a）所示，若仪器竖轴 VV 与 $L'L'$ 不平行，且交角为 δ，则竖轴与竖直位置便偏差 δ 角。将仪器绕竖轴 VV 旋转 180°，如图 2-21（b）所示，此时位于竖轴左边的圆水准器轴 $L'L'$ 不但不竖直，而且与铅垂线的交角为 2δ，显然气泡不居中。说明仪器不满足 $L'L'$ //VV 的几何条件，则需要校正。

（2）校正

圆水准器校正结构如图 2-22 所示，首先稍松位于圆水准器下面中间部位的紧固螺钉，然后调整其周围的三个校正螺钉，使气泡向居中位置移动偏离量的一半，如图 2-23（a）所示，此时，圆水准器轴与竖轴平行。然后用脚螺旋整平，使圆水准器气泡居中，竖轴 VV 就与圆水准器轴 $L'L'$ 同时处于竖直位置，如图 2-23（b）所示。校正工作一般需反复进行，直至仪器旋转到任何位置时圆水准器气泡均居中为止，最后应注意旋紧紧固螺钉。

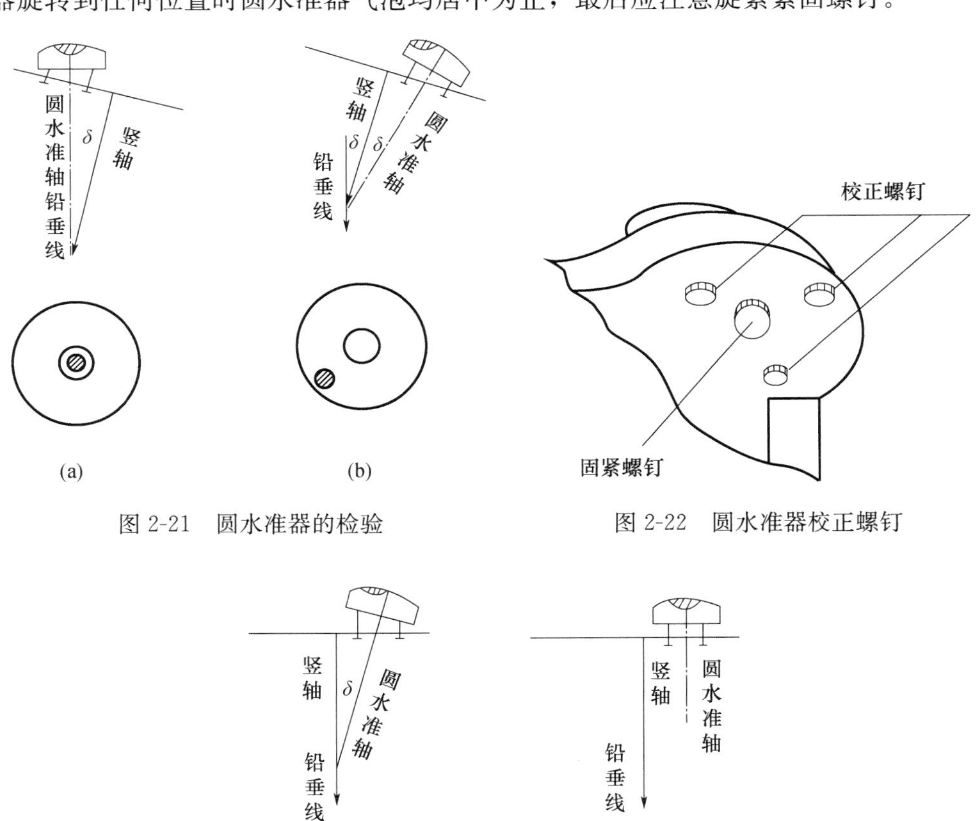

图 2-21　圆水准器的检验

图 2-22　圆水准器校正螺钉

图 2-23　圆水准器的校正

2. 十字丝横丝垂直于竖轴的检验与校正

（1）检验

首先安置好仪器，用十字丝横丝一端对准一个明显的点状目标 P，如图 2-24（a）所示。然后固定制动螺旋，转动水平微动螺旋。如果目标点 P 沿横丝移动，如图 2-24（b）所示，则说明横丝垂直于竖轴 VV，不需要校正。否则，如图 2-24（c）所示，则需要校正。

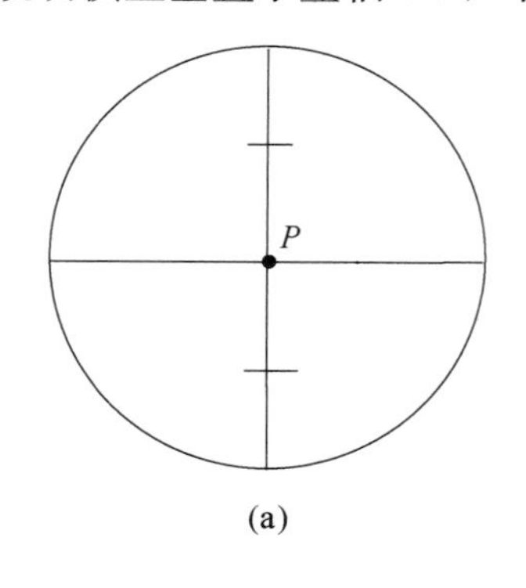

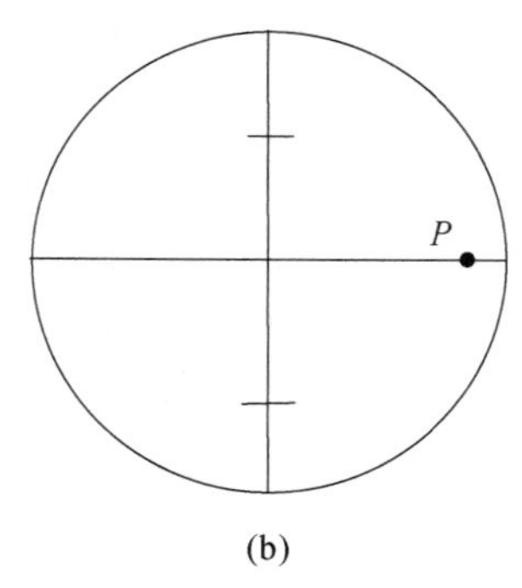

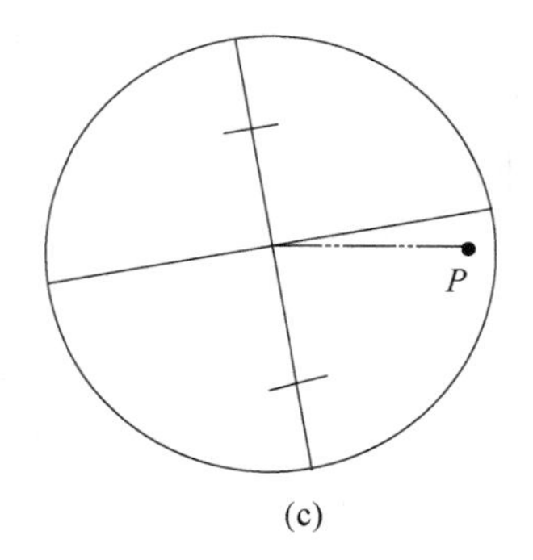

图 2-24　十字丝检校方法

（2）校正

校正方法因十字丝分划板装置的形式不同而异。大部分仪器可直接用螺丝刀松开分划板座相邻两颗固定螺钉，如图 2-25 所示，转动分划板座，改正偏离量的一半，即满足条件。也有的仪器需要卸下目镜处的外罩，再用螺丝刀松开分划板座的固定螺钉，拨正分划板座即可。

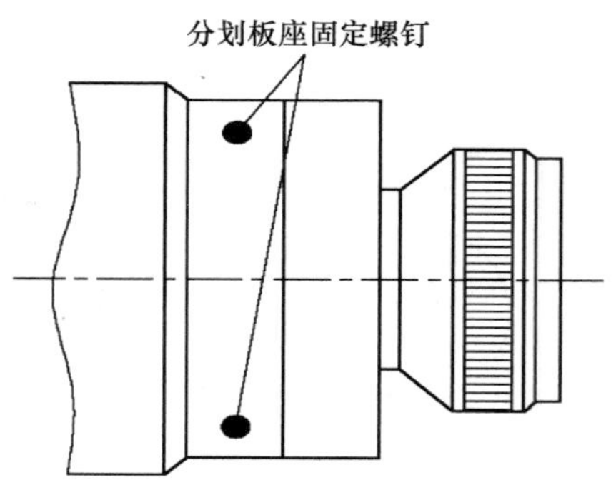

图 2-25　十字丝检分划板座固定螺钉

3. 水准管轴平行于视准轴

（1）检验

检验场地的安排如图 2-26 所示，在 C 处安置水准仪，从仪器向两侧各量约 40m（即 $S_1=S_2\approx 40$m），定出等距离的 A、B 两点，打木桩或放置尺垫标志之。

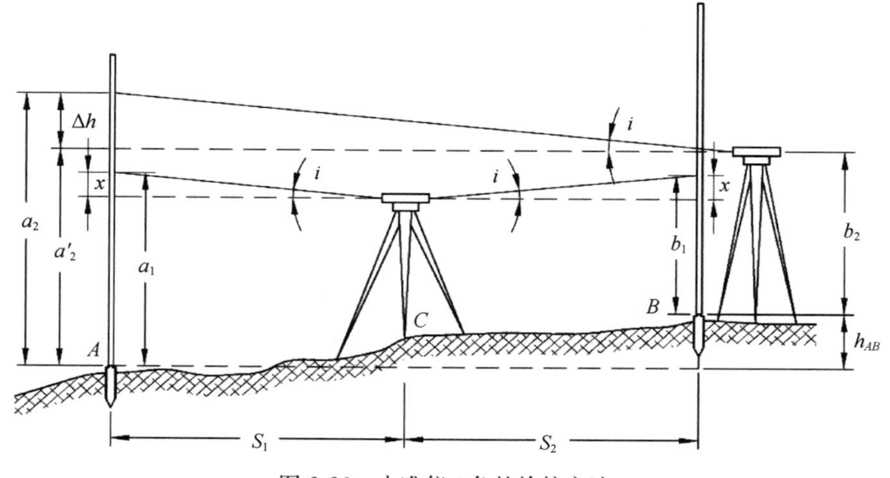

图 2-26　水准仪 i 角的检校方法

① 在 C 处精确测定 A、B 两点的高差。需进行测站检核，若两次测出的高差之差不超过 3mm，则取其平均值 h_{AB} 作为最后结果。由于距离相等，两轴不平行的误差 x 可在高差计算中消除，故所得高差值不受视准轴误差的影响。

② 安置仪器于 B 点附近，离 B 点约 3m，精平后读得 B 点水准尺上的读数为 b_2，因仪器离 B 点很近，两轴不平行引起的读数误差可忽略不计。故根据 b_2 和 A、B 两点的正确高差 h_{AB}。算出 A 点尺上应有读数为

$$a'_2 = b_2 + h_{AB} \tag{2-9}$$

然后，瞄准 A 点水准尺，读出水平视线读数 a_2，如果 a'_2 与 a_2 相等，则说明两轴平行。否则存在 i 角，其值为

$$i = \frac{\Delta h}{D_{AB}}\rho'' \tag{2-10}$$

式中，$\Delta h = a_2 - a'_2$；$\rho'' = 206265''$。

对于 DS 3 微倾式水准仪，i 角值不得大于 $20''$，如果超限，则需要校正。

（2）校正

转动微倾螺旋使中丝对准 B 点尺上正确读数 b'_2，此时视准轴处于水平位置，但水准管气泡必然偏离中心。为了使水准管轴也处于水平位置，达到视准轴平行于水准管轴的目的，可用拨针拨松水准管一端的左、右两个校正螺钉，再拨动上、下两个校正螺钉，使气泡的两个半像符合。校正完毕再旋紧四个螺钉，如图 2-27 所示。

这项检验校正要反复进行，直至 i 角误差小于 $20''$为止。

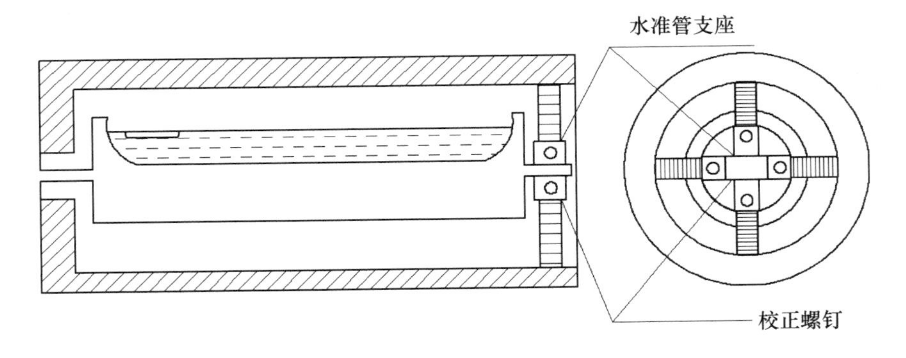

图 2-27　水准仪管校正螺钉

2.7　水准测量的误差分析

水准测量误差包括仪器误差、观测误差和外界条件的影响三个方面。在水准测量作业中，应根据产生误差的原因，采取相应措施，尽量减少或消除其影响。

2.7.1　仪器误差

1. 仪器校正后的残余误差

水准管轴与视准轴不平行，虽经校正但仍然存在残余误差。这种误差多属系统性误差，若观测时使前、后视距离相等，便可消除或减弱此项误差的影响。

2. 水准尺误差

水准尺刻划不准确、尺长变化、尺身弯曲及底部零点磨损等，都会直接影响水准测量的精度。因此对水准尺要进行检定，凡刻划达不到精度要求及弯曲变形的水准尺，均不能使用。对于尺底的零点差，可在一水准测段中设置偶数测站的方法消除其对高差的影响。

2.7.2 观测误差

1. 水准管气泡居中误差

设水准管分划值为 τ''，居中误差一般为 $\pm 0.15\tau''$，采用符合式水准器时，气泡居中精度可提高一倍，故由气泡居中误差引起的读数误差为：

$$m_\tau = \frac{0.15\tau''}{2\rho''}D \tag{2-11}$$

式中，D 为水准仪到水准尺的距离；ρ'' 为 206265″。

2. 读数误差

在水准尺上估读毫米数的误差，与人眼分辨能力、望远镜放大倍率以及视线长度有关，通常按式（2-12）计算：

$$m_v = \frac{60''}{V} \times \frac{D}{\rho''} \tag{2-12}$$

式中，V 为望远镜放大倍率；60″为人眼的极限分辨能力；ρ'' 为 206265″。

3. 视差影响

当存在视差时，由于十字丝平面与水准尺影像不重合，若眼睛位置不同，便读出不同的读数，而产生读数误差。因此，观测时要仔细调焦，严格消除视差。

4. 水准尺倾斜误差

水准尺倾斜会使读数增大，其误差大小与尺倾斜的角度和在尺上的读数大小有关。如水准尺倾斜 3°30′，视线在水准尺上 1m 处读数时，将产生 2mm 的误差，若读数或倾斜角增大，误差也增大。因此，为了减少这种误差的影响，要认真扶尺，尽可能保持尺上水准气泡居中，将水准尺立直立稳。

2.7.3 外界条件的影响

1. 仪器下沉

仪器安置在土质松软的地面时，在观测过程中会产生仪器下沉现象，致使视线降低，从而引起高差误差。若采用“后、前、前、后”的观测程序，可减弱其影响。此外，仪器尽量安置在坚实地面，并将脚架踏实。

2. 尺垫下沉

如果转点选在土质松软的地面，尺垫受水准尺的撞击及重压后也会下沉，将使下一站后视读数增加，也将引起高差误差。采用往返观测的方法，取成果的中数，可以减少其影响。所以转点也应选在坚实地面并将尺垫踏实。

3. 地球曲率及大气折光的影响

如图 2-28 所示，用水平视线代替大地水准面在尺上读数产生的误差为 c：

$$c = \frac{D^2}{2R} \tag{2-13}$$

式中，D 为仪器到水准尺的距离；R 为地球半径，取 6371km。

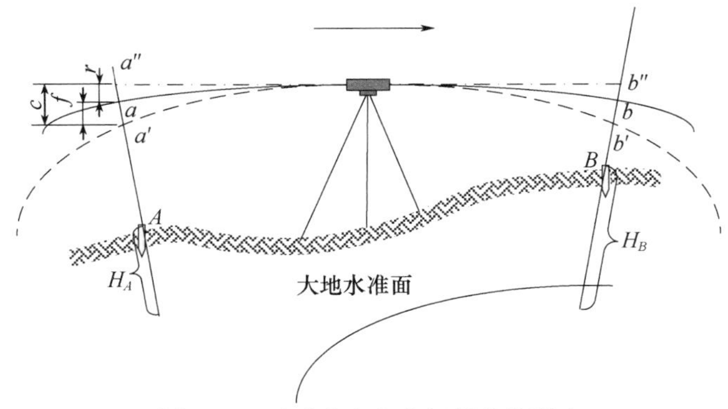

图 2-28　地球曲率和大气折光的影响

实际上，由于大气折光影响，视线并非是水平的，而是一条曲线，曲线的半径约为地球半径的 7 倍，其折光量的大小对水准尺读数产生的影响为：

$$\gamma = \frac{D^2}{2 \times 7R} \tag{2-14}$$

折光影响与地球曲率影响之和为：

$$f = c - \gamma = 0.43\frac{D^2}{R} \tag{2-15}$$

若前后视距离 D 相等，由公式（2-15）计算的 f 值则相等，地球曲率与大气折光的影响在计算高差中被相互抵消。所以，在水准测量中，前后视距离尽量相等。同时要控制视线高出地面一定距离，在坡度较大的地面观测应适当缩短视线长度。此外，还应选择良好的观测时间，尽量避免在不利的气象条件下进行作业。

4. 温度的影响

温度的变化会引起大气折光的变化，而且当烈日照射水准管时，水准管和管内的液体温度升高，气泡移向温度高的一端，从而影响仪器水平，产生气泡居中误差。因此水准测量时，应撑伞遮阳，防止阳光直接照射仪器。

2.8　其他水准仪简介

2.8.1　精密水准仪

精密水准仪主要用于国家一、二等水准测量和高精度的工程测量中，如大型建筑物的施工测量，以及建筑物的沉降观测、大型精密设备安装等测量工作。

精密水准仪的构造与 DS3 微倾式水准仪基本相同，也是由望远镜、水准器和基座三部分组成，如图 2-29 所示。精密水准仪的主要特征是：望远镜光学性能好，即望远镜的照准精度高、亮度大、望远镜的放大率不小于 40 倍；符合水准器的灵敏度高，水准管分划值不大于 10″/2mm；装有能直接读 0.1mm 的光学测微器，并配有一副温度膨胀系数很小的精密水准尺。此外，为了使仪器架设坚固稳定，脚架采用伸缩式。

精密水准仪的光学测微器是由平行玻璃板、测微尺、传动杆、测微轮等部件组成。图 2-30是其工作原理示意图，平行玻璃板 P 装在望远镜物镜前，其旋转轴 A 与平行玻璃板的两个平面相平行，并与望远镜的视准轴正交。平行玻璃板通过传动杆与测微尺相连。测微尺上有 100 个分格，它与标尺上1个分格（1cm或0.5cm）相对应，所以测微时能直接读到0.1mm（或0.05mm）。当转动测微螺旋时，传动杆推动平行玻璃板前后倾斜，视线通过平行玻璃板产生平行移动，移动的数值可由测微尺直接读出。图2-29所示是国产DS1水准仪，光学测微器最小读数为0.05mm。

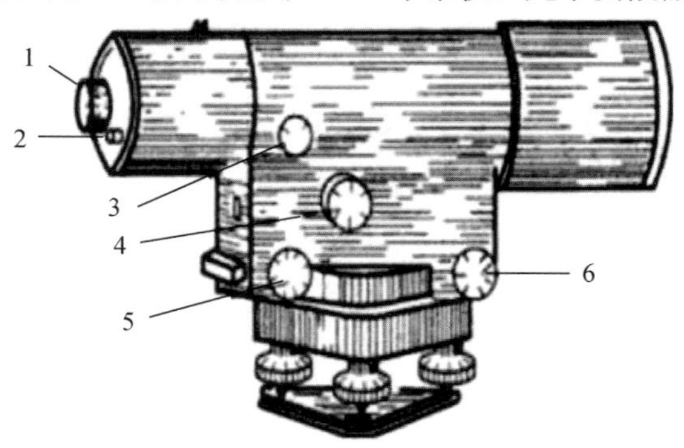

图2-29　精密水准仪

1—目镜；2—测微尺读数目镜；3—物镜调焦螺旋；4—测微轮；5—微倾螺旋；6—微动螺旋

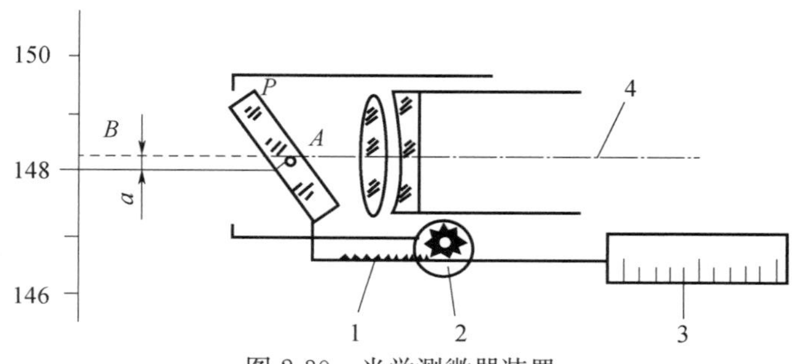

图2-30　光学测微器装置

1—传动杆；2—测微轮；3—测微分化尺；4—视准轴

图2-31所示是与DS1精密水准仪配套的精密水准尺。该尺全长3m，在木质尺身的槽内，装有膨胀系数极小的因瓦合金带，带的下端固定，上端用弹簧拉紧，以保证带的平直和不受尺身伸缩变形的影响。因瓦合金带分左、右两排分划，每排的最小分划值均为10mm，彼此错开5mm，于是把两排的分划合在一起便成为左、右交替形式的分划，分划值为5mm。合金带的右边从0～5注记米数，左边注记分米数，大三角形标志对准分米分划线，小三角形标志对准5cm分划线。注记的数值为实际长度的2倍，即水准尺上的实际长度等于尺面读数的1/2。所以，用此水准尺进行测量作业时，须将观测高差除以2才是实际高差。

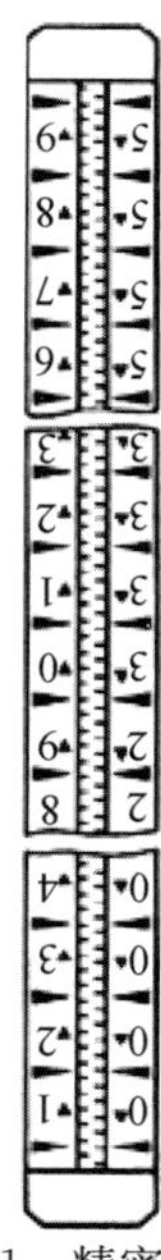

图2-31　精密水准尺

精密水准仪的使用方法与一般DS3微倾式水准仪基本相同，不同之处是精密水准仪是采用光学测微器测出不足一个分格的数值。作业时，先转动微倾螺旋，使望远镜视场左侧的符合水准管气泡两端的影像精确符合（图2-32），这时视线水平。再转动测微轮，使十字丝上楔形丝精确地夹住整分划，读取该分划线读数，图2-32中为1.97m，再从目镜右下方的测微尺读数窗内读取测微尺读数，图中为 1.50mm。水准尺的全读数等于楔形丝所夹分划线的读数与测微尺读数之和，即 1.97150m。实际读数为全部读数的一半，即 0.98575m。

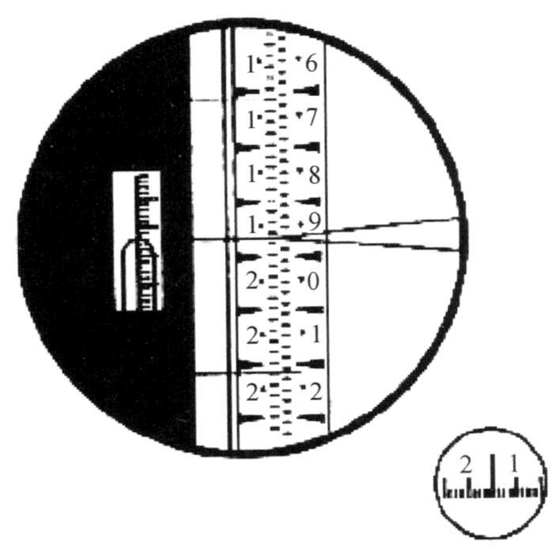

图 2-32　精密水准尺读数

2.8.2　自动安平水准仪

自动安平水准仪不用符合水准器和微倾螺旋，只用圆水准器进行粗略整平，然后借助自动补偿器自动地把视准轴置平，读出视线水平的读数。如图 2-33 所示，当圆水准器气泡居中后，虽然视准轴仍存在一个倾角 α（一般倾斜度不大），但通过物镜光心的水平光线经补偿器后仍能通过十字丝交叉点，这样十字丝交叉点上读得的便是视线水平时应该得到的读数。因此，使用自动安平水准仪可以大大缩短水准测量的工作时间。同时，由于水准仪整置不当、地面有微小的震动或脚架的不规则下沉等原因致使视线不水平，也可以由补偿器迅速调整而得到正确的读数，从而提高了水准测量的精度。

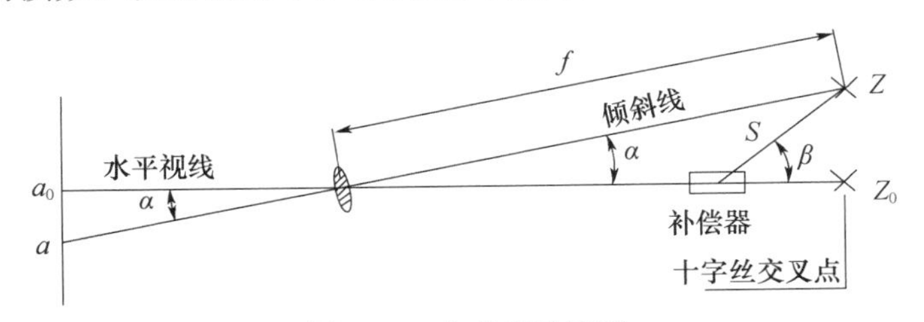

图 2-33　自动安平原理

图 2-34 所示为国产 DSZ3-1 型自动安平水准仪，采用的是悬吊式补偿器。补偿器安装在调焦透镜与十字丝分划板之间。屋脊棱镜固定在补偿器支架上，支架通过紧固螺丝与望远镜镜筒相连；起补偿作用的两个直角棱镜，通过两对交叉金属丝悬吊在支架上，可在一定的范围内摆动。在其下方设有空气阻力器，作用是让摆动的补偿棱镜迅速地稳定下来。

补偿原理如图 2-35 所示，当视准轴倾斜 α，设直角棱镜也随之倾斜（图中虚线位置），水平光线进入直角棱镜后，在补偿器中沿虚线行进，因未经补偿，所以不通过十字丝中心 Z 而通过 A。实际上直角棱镜在重力作用下并不产生倾斜，而处于图中实线位置，水平光线进入补偿器后，则沿着实线所示方向行进，最后偏离虚线 β 角，从而使水平光线恰好通过十字丝中心 Z，达到补偿的目的。

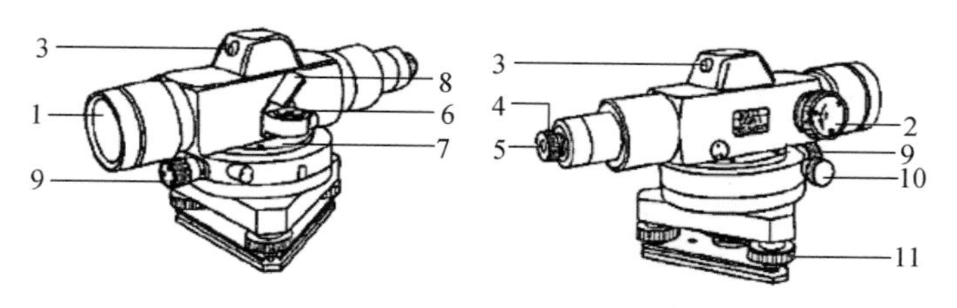

图 2-34　DZS3-1 型自动安平水准仪

1—物镜；2—物镜调焦螺旋；3—粗瞄器；4—目镜调焦螺旋；
5—目镜；6—圆水准器；7—圆水准器校正螺丝；8—圆水准器反光镜；
9—制动螺旋；10—微动螺旋；11—脚螺旋

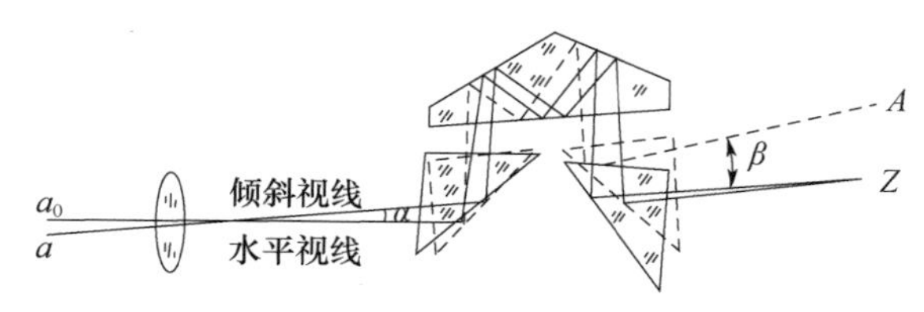

图 2-35　补偿器结构

思考题与习题

1. 设 A 点为后视点，B 点为前视点，已知 A 点高程为 67.563m。当后视读数为 0.876m，前视读数为 1.456m 时，问 A、B 两点的高差是多少？B 点比 A 点高还是低？B 点的高程是多少？并绘图说明。

2. 何谓视准轴？何谓视差？产生视差的原因是什么？怎样消除视差？

3. 水准仪上的圆水准器和管水准器各起什么作用？

4. 转点在水准测量中起什么作用？

5. 水准测量时，前、后视距离相等可消除哪些误差？

6. 将图 2-36 中的观测数据填入水准测量手簿表 2-5 中，计算出各点的高差及 B 点的高程，并进行计算检核。

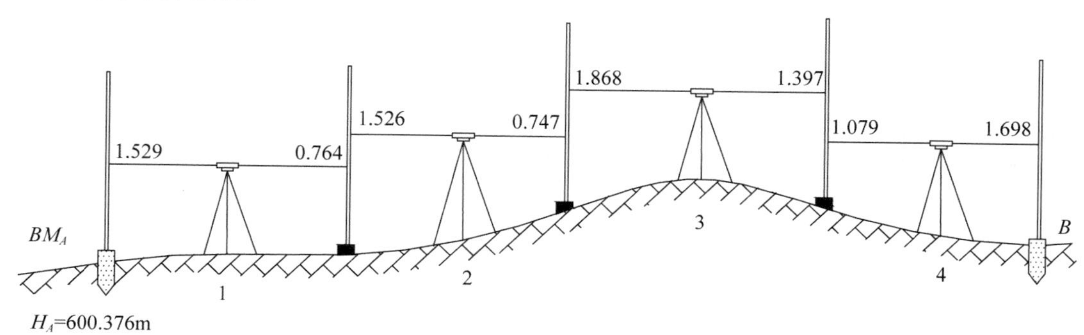

图 2-36　题 6 图

表 2-5　水准测量手簿

测站	点号	后视读数（m）	前视读数（m）	高差（m）		B 点的高程（m）	备注
				+	−		
1	BM_A						
	TP_1						
2	TP_1						
	TP_2						
3	TP_2						
	TP_3						
4	TP_3						
	B						
计算检核							

7. 调整表 2-6 中附合水准路线等外水准观测成果，并求出各点高程。

表 2-6　附合水准测量的成果计算

测段	测点	测站数	实测高差（m）	改正数（mm）	改正后的高差（m）	高程（m）	备注
	BM_A					57.967	
A—1		7	+4.363				
	1						
1—2		3	+2.413				
	2						
2—3		4	−3.121				
	3						
3—4		5	+1.263				
	4						
4—5		6	+2.716				
	5						
5—B		8	−3.715				
	B					61.819	
辅助计算							

8. 调整图 2-37 所示的闭合水准路线的观测成果，并求出各点的高程。

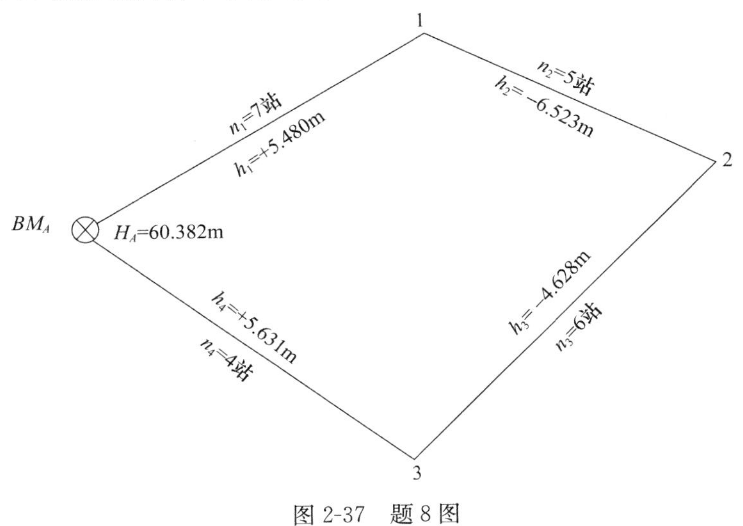

图 2-37　题 8 图

9. 图 2-38 所示为支水准路线，设已知水准点 A 的高程为 50.643m，由 A 点往测至 1 点的高差为－3.456m，由 1 点返测至 A 点的高差为＋3.478m。A、1 两点间的水准路线长度约为 1.8km，试计算高差闭合差、高差容许闭合差及 1 点的高程。

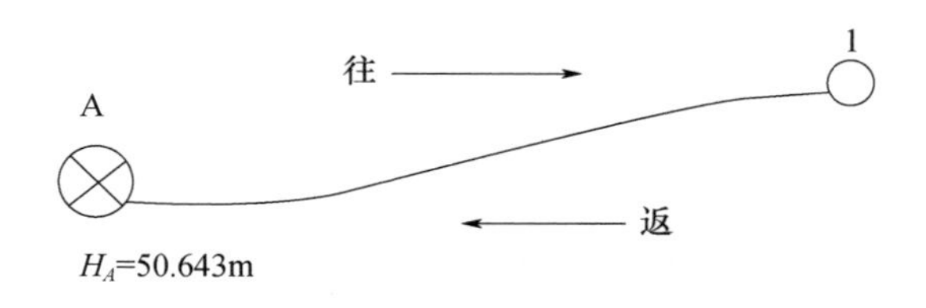

图 2-38　题 9 图

10. DS 3 微倾式水准仪有哪些轴线？它们之间应满足什么条件？

11. 设 A、B 两点相距 80m，水准仪安置在中点 C，测得 A 点尺上读数 a_1＝1.321m，B 点尺上读数 b_1＝1.117m；仪器搬至 B 点附近，又得 B 点尺上读数 b_2＝1.466m，A 点尺上读数 a_2＝1.695m。试问水准管轴是否平行于视准轴？如不平行，应如何校正？

第 3 章　角度测量

角度测量是测量的三项基本工作之一，它包括水平角测量和竖直角测量。水平角测量用于确定点的平面位置，竖直角测量用于确定两点间的高差或将倾斜距离转化为水平距离。

3.1　角度测量原理

3.1.1　水平角的概念及测量原理

地面上两相交方向线垂直投影在水平面上的夹角称为水平角，通常用 β 表示。如图 3-1 所示，设 A、B、C 为地面上任意三点，将这三点沿铅垂线方向投影到水平面 P 上，得相应的 a、b、c 三点，水平面上 ab 与 ac 两条直线的夹角 β，即为地面上的 AB 与 AC 两个方向线之间的水平角。由图 3-1 可见，水平角 β 即为通过 AB 与 AC 两个铅垂面和水平面 P 的交线 ab 与 ac 的夹角。如果过 A 点的铅垂线 Oa 上任一点作一水平面，则它和这两个铅垂面的交线所夹的角也一定等于水平角 β。

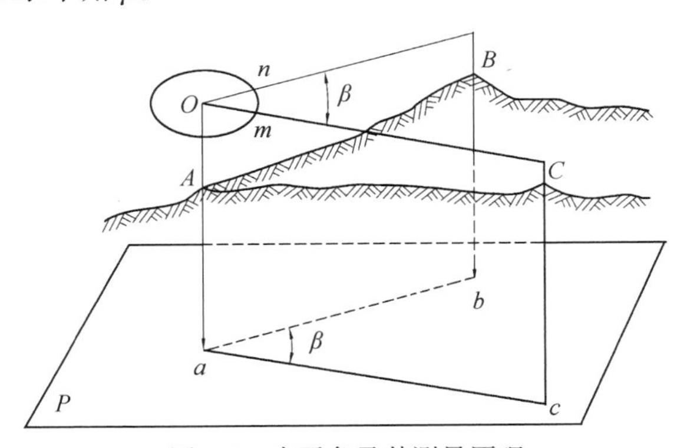

图 3-1　水平角及其测量原理

因此，在 A 点铅垂线上 O 点处水平放置一个有刻划的圆盘（称为水平度盘），圆盘的圆心与 O 点重合，并使圆盘处于水平状态，圆盘上设有可以绕圆心转动的望远镜，它不仅能在水平面内转动，以照准不同方向的目标，也能上下转动，以照准不同高度的目标，并且上下转动时视线保持在同一铅垂面内。当望远镜照准地面点 B 时，构成 OB 的铅垂面，在圆盘上可读一数为 n，当望远镜再照准地面点 C 时，构成 OC 的铅垂面，在圆盘上又可读一数为 m，则这两个方向线所夹的水平角

$$\beta = \text{右目标读数 } m - \text{左目标读数 } n \tag{3-1}$$

这样就可以获得地面上任意三点间构成的水平角的大小，其取值范围为 0°～360°。

3.1.2 竖直角的概念与测量原理

在同一铅垂面内，照准方向线与水平线的夹角称为竖直角，通常用 α 表示。照准方向线在水平线之上时称为仰角，角值为正值，取值范围为 0°～+90°；照准方向线在水平线之下时称为俯角，角值为负值，取值范围为−90°～0°。

如图 3-2 所示，在过包含 A、B、C 的铅垂面的 A 点处，放置一个铅垂的圆盘（称为竖直度盘），圆盘上有刻划。当照准 B 点时，其方向线 AB 与水平线 AO 在圆盘上的夹角，即为 AB 方向线的竖直角（$+\alpha$）。同理，当照准 C 点时，其方向线 AC 与水平线 AO 在圆盘上的夹角，即为 AC 方向线的竖直角（$-\alpha$）。

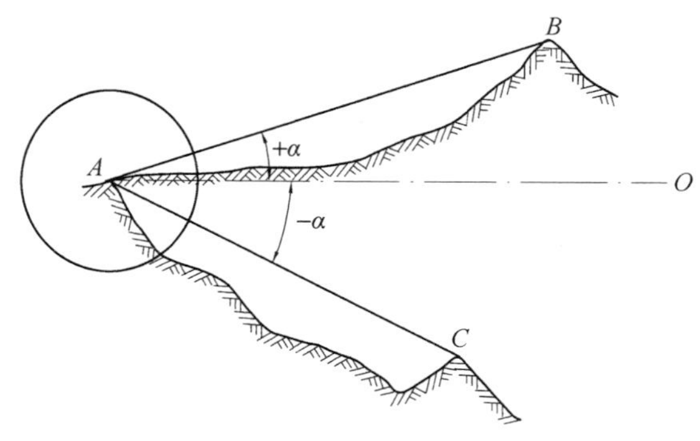

图 3-2　竖直角及其测量原理

3.2　DJ6 级光学经纬仪

角度测量的仪器是经纬仪。经纬仪是根据水平角、竖直角测量原理制成的测角仪器。根据读数系统的不同，经纬仪可分为游标经纬仪、光学经纬仪及电子经纬仪。游标经纬仪采用金属圆盘及游标读数设备，其体积大、密封性差，目前已被光学经纬仪所取代。光学经纬仪采用光学玻璃度盘及测微器读数设备，它质量轻，稳定性好，读数精度高，使用方便。电子经纬仪采用光电扫描度盘和角—码转换读数设备，测角精度高，自动显示角度值，与光电测距仪结合，使测量工作自动记录、计算和存储，越来越多地应用于建筑施工测量与测设之中。

国产光学经纬仪按其精度分为 DJ07、DJ1、DJ2、DJ6、DJ15 及 DJ60 等不同等级。其中“D”和“J”分别为“大地测量仪器”和“经纬仪”汉语拼音的第一个字母，数字表示该仪器所能达到的精度指标。如 DJ6 表示水平方向测量一测回的方向中误差范围为±6″的经纬仪。国外生产的经纬仪可依其所能达到的精度纳入相应级别，如 T2、DKM2、Theo010 等可视为 DJ2；T1、DKM1、Theo030 等可视为 DJ6。

3.2.1 DJ6 级光学经纬仪的构造

图 3-3 所示为 DJ6 级光学经纬仪的外形，它的基本构造可分为照准部、水平度盘和基座三个部分。

1. 照准部

照准部是指水平度盘以上能绕竖轴转动的部分。这一部分主要包括望远镜、竖直度盘、照准部水准管、圆水准器、光学光路系统、测微器等。这一部分装在底部有竖轴的 U 形支架上，其中望远镜、竖直度盘和横（水平）轴是连在一起并安装在支架上，当望远镜上下转动时，竖直度盘也随之转动；当望远镜绕竖轴水平方向转动时，可在水平度盘上读取刻划读数。望远镜无论上下、水平方向转动都可借助于各自的制动螺旋和微动螺旋固定在任何一个部位。读数设备包括读数显微镜、测微器以及光路中一系列光学棱镜和透镜。仪器的竖轴处在管状轴套内，可使整个照准部绕仪器竖轴做水平转动。为了控制照准部水平方向的转动，设有照准部制动螺旋（制紧手轮）和微动螺旋（微动手轮）。圆水准器用于粗略整平仪器；管水准器用于精确整平仪器。光学对点器用于调节仪器使水平度盘中心与地面点处在同一铅垂线上。

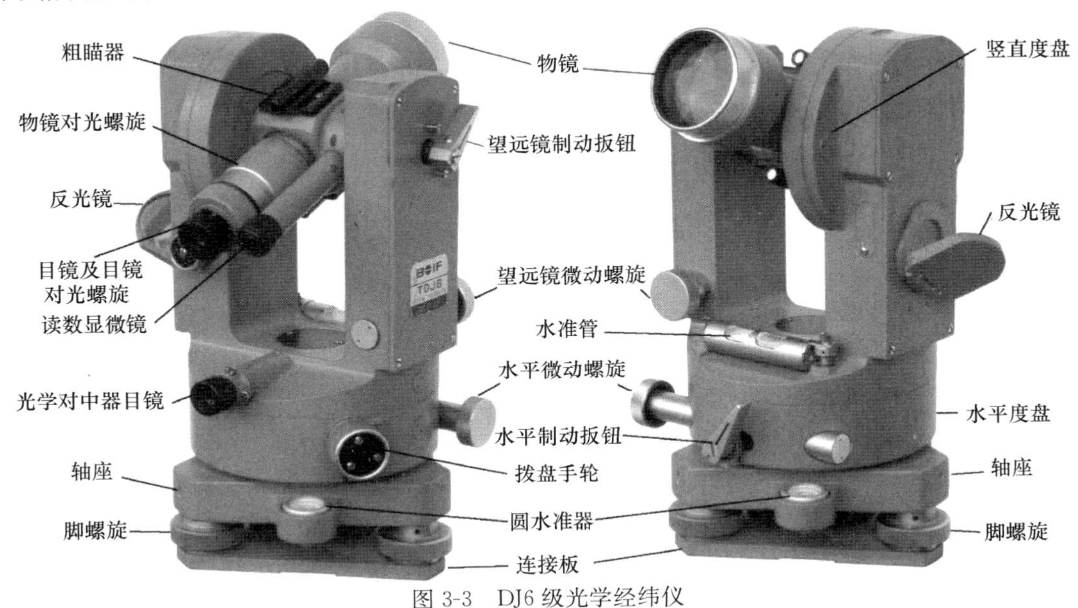

图 3-3　DJ6 级光学经纬仪

2. 水平度盘

水平度盘是用玻璃制成的有精确刻划的圆盘，按顺时针方向由 0°～360°进行刻划。

水平度盘可根据测角的需要，使用水平度盘读数变换手轮（也称为拨盘手轮）来改变度盘上的读数位置。按下拨盘手轮，可使水平度盘与照准部扣合，转动照准部时，水平度盘一起转动而读数不变。弹起拨盘手轮，可使水平度盘与照准部分离，转动照准部可读取水平度盘上不同方向的读数。瞄准一个目标方向后，采用拨盘手轮可任意设置水平度盘的读数。

3. 基座

基座用来支承整个仪器，并借助中心螺旋使经纬仪与脚架结合。其上有三个脚螺旋，用来整平仪器。竖轴轴套与基座固连在一起。轴座连接螺旋拧紧后，可将照准部固定在基座上，使用仪器时，切勿松动该螺旋，以免照准部与基座分离而坠落。

3.2.2　DJ6 级光学经纬仪的读数方法

光学经纬仪的水平度盘和竖直度盘都是玻璃制成的，整个圆周为 360°，一般每隔 1°（或 30′）有一刻划线，在整度分划线上标有注记。度盘分划线通过一系列的棱镜和透镜，成像于望远镜旁的读数显微镜内，观测者通过显微镜读取度盘读数。图 3-4 为 DJ6 光学经纬仪读数系统光路图。各种光学经纬仪因读数设备不同，读数方法也不一样，对于 DJ6 光学经纬仪，常用的有分微尺测微器和单平板玻璃测微器两种读数方法。

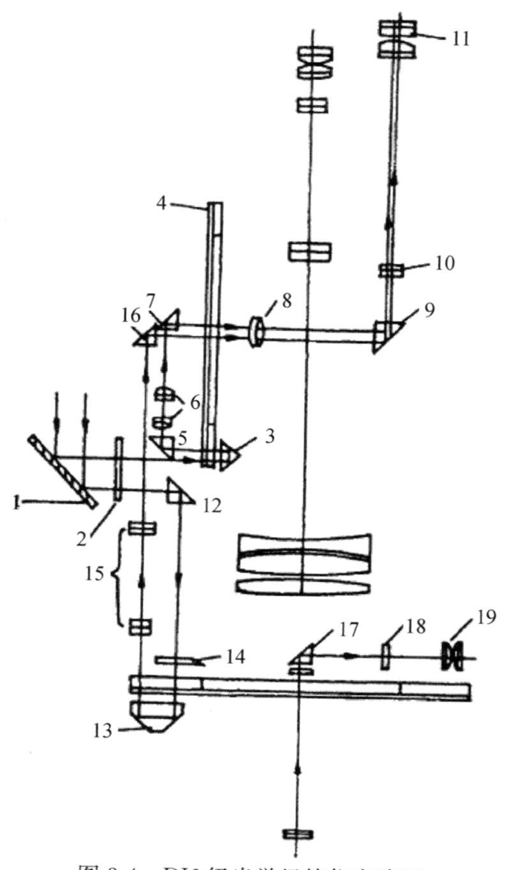

图 3-4 DJ6 级光学经纬仪光路图

1—反光镜；2—进光窗；3—照明棱镜；4—竖盘；5—照准棱镜；6—竖盘显微物镜组；
7—竖盘转像棱镜；8—读数窗；9—转像棱镜；10—读数显微镜目镜组 1；
11—读数显微镜目镜组 2；12—照明棱镜；13—照明棱镜；14—度盘；15—水平度盘；
16—转像棱镜；17—望远镜；18—调焦透镜；19—十字丝分划板

1. 分微尺测微器读数

分微尺测微器的结构简单，读数方便，具有一定的读数精度，DJ6 级光学经纬仪就采用这种装置。这类仪器的度盘分划值为 1°，按顺时针方向注记。其读数设备是由一系列光学零件所组成的光学系统。图 3-4 所示是 DJ6 级光学经纬仪的光路。外来光线分为两路：一路是竖盘光路，另一路是水平度盘光路。竖盘光路的光线经过反光镜 1，进光窗 2，照明棱镜 3，将竖盘 4 的分划线照亮。照准棱镜 5 与竖盘显微镜物镜组 6、竖盘转像棱镜 7 相配合，使竖盘分划线成像在读数窗 8 的分划面上。分划面上刻有分微尺。转像棱镜 9 把读数窗影像反映到读数显微镜中，以便读数。水平度盘光路的光线经反光镜 1，进光窗 2，进入照明棱镜 12、13 把水平度盘 14 照亮。水平度盘显微镜物镜组 15 和转像棱镜 16 相配合，使水平度盘的分划线也成像在读数窗的分划面上，并与测微尺一起，送入读数显微镜中。

如图 3-5 所示，在读数显微镜中可以看到两个读数窗：注有“—”（或“H”、“水平”）的是水平度盘读数窗；注有“⊥”（或“V”、“竖直”）的是竖直度盘读数窗。每个读数窗上刻有分成 60 个小格的分微尺，其长度等于度盘间隔 1°的两分划线之间的影像宽度，因此分微尺上 1 小格的分划值为 1′，可估读到 0.1′。

读数时，先读出位于分微尺 60 小格区间内的度盘分划线的度注记值，再以度盘分划线为指标，在分微尺上读取不足 1°的分数，并估读秒数（秒数只能是 6 的整数倍）。在图 3-5 中，水平度盘的读数为 117°02′00″，竖直度盘读数为 90°36′06″。

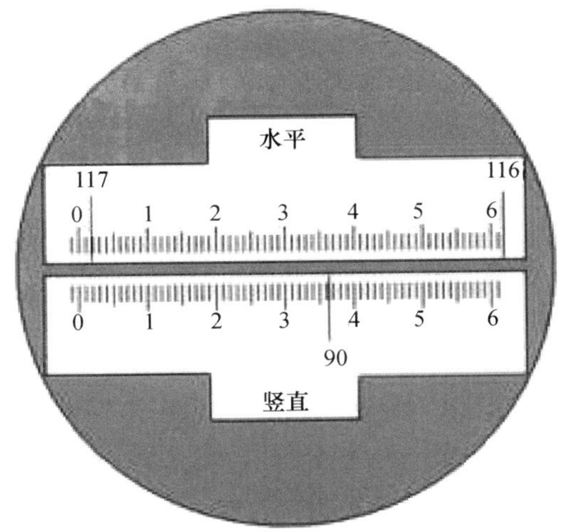

图 3-5　分微尺测微器读数

2. **单平板玻璃测微器读数**

单平板玻璃测微器的构造是将一块平板玻璃与测微尺连接在一起，由竖盘支架上的测微轮来操纵。转动测微轮，单平板玻璃与测微尺绕轴同步转动。当平板玻璃底面垂直于光线时，如图 3-6（a）所示，读数窗中双指标线的读数是 92°＋α，测微尺上单指标线读数为 15′；转动测微轮，使平板玻璃倾斜一个角度，光线通过平板玻璃后发生平移如图 3-6（b)所示，当 92°分划线移到正好被夹在双指标线中间时，可以从测微尺上读出移动 α 之后的读数为 23′28″。

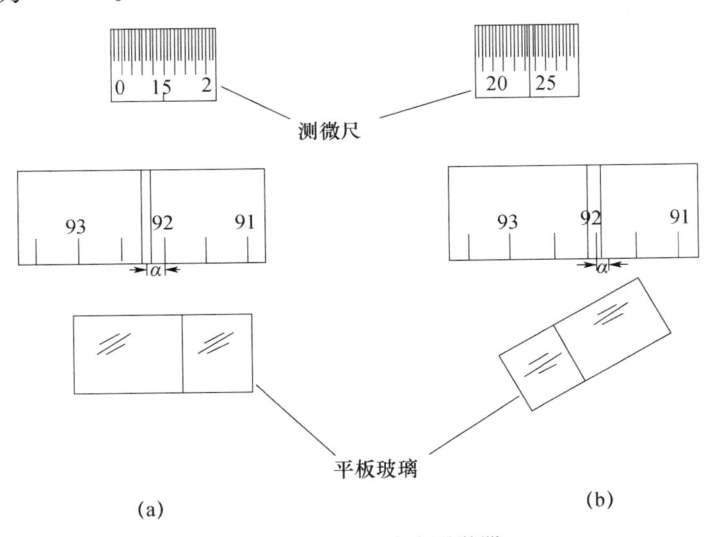

图 3-6　单平板玻璃测微器

图 3-7 所示为单平板玻璃测微器读数窗的影像，下窗为水平度盘影像，中窗为竖直度盘影像，上窗为测微尺影像。度盘最小分划值为 30′，对应测微尺为 30 大格，1 大格又分为 3 小格。因此测微尺上每 1 大格为 1′，每 1 小格为 20″，估读至 0.1 小格（2″）。读数时转动测微轮，使度盘某一分划线精确地夹在双指标线中央，先读出度盘分划线上的读数，再在测微尺上依指标线读出 30′以下的余数，两者相加即为读数结果。图 3-7（a）中，水平度盘读数为 92°＋17′30″＝92°17′30″；图 3-7（b）中，竖盘读数为 4°30′＋12′30″＝4°42′30″。

无论哪种读数方式的仪器，读数前均应认清度盘在读数窗中的位置，并正确判读度盘和测微尺的最小分化值。

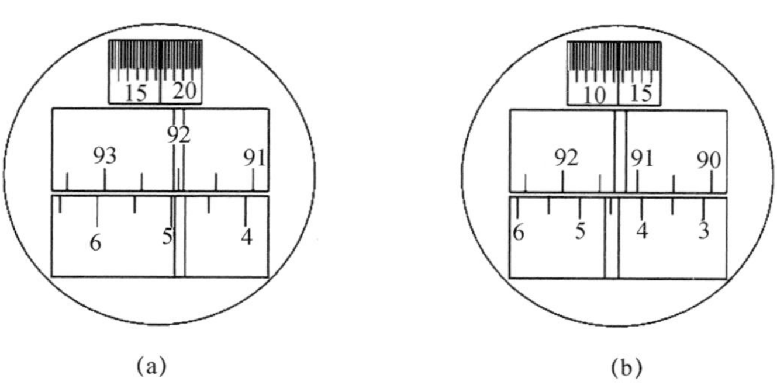

图 3-7 单平板玻璃测微器读数

3.3 经纬仪的使用

经纬仪的使用包括对中、整平、瞄准、读数和置数。对中的目的是使仪器中心与测站点的标志中心在同一铅垂线上。整平的目的是使仪器的竖轴垂直，即水平度盘处于水平位置。

3.3.1 经纬仪的安置

1. 对中

对中时，先将三脚架张开，使其高度适中，架头大致水平，架在测站上。在连接螺旋下方挂上垂球，移动脚架使垂球尖基本对准测站点，将三脚架各架腿踩紧使之稳固。然后装上经纬仪，旋上连接螺旋（不必紧固），双手扶基座，在架头上移动仪器，使垂球尖准确地对准测站点，再将连接螺旋旋紧。用垂球对中时，悬挂垂球的线长要调节合适，对中误差一般小于 3mm。在有风天气，使用垂球困难或要求精确对中时，应使用光学对中器。

光学对中器的对中误差一般不大于 1mm。光学对中器设在照准部或基座上，用它对准地面点时，仪器的竖轴必须竖直。因此，应先目估或悬挂垂球大致对中，然后整平仪器，旋转光学对中器的目镜使分划板的刻划圈清晰，再推进或拉出对中器的目镜管，使地面点标志成像清晰，然后在架头上平移仪器（尽量做到不使基座转动）直到地面标志中心与对中器的刻划圈中心重合，最后旋紧连接螺旋。这时要检查照准部水准管气泡是否居中，如有偏离，要再次整平，然后检查对中情况，反复进行调整。

如果使用架腿可以伸缩的三脚架，也可不用垂球初步对中。先目估三脚架头大致水平，且三脚架中心大致对准地面标志中心，踏紧一条架腿，双手分别握住另两条架腿稍离地面前后左右摆动，眼睛看对中器的望远镜，直至分划圈中心对准地面标志中心为止，放下两架腿并踏紧。调节架腿使气泡基本居中，然后用脚螺旋精确整平。检查地面标志是否位于对中器分划圈中心，如不居中，可稍旋松连接螺旋，在架头上移动仪器，使其精确对中。

2. 整平

整平是利用基座上三个脚螺旋使照准部水准管气泡居中，从而使竖轴竖直和水平度盘水平。

整平时，先转动照准部，使照准部水准管与任一对脚螺旋的连线平行，两手同时向内或向外转动这两个脚螺旋，如图 3-8（a）所示，使水准管气泡居中。气泡运动方向与左手大拇指运动方向一致。将照准部旋转 90°，如图 3-8（b）所示，使水准管与两脚螺旋连线垂直，转动第三个脚螺旋，使水准管气泡居中。然后将照准部转回原位置，检查气泡是否仍然居中。若不居中，则按以上步骤反复进行，直到照准部转至任意位置气泡皆居中为止。整平误差，即整平后气泡的偏离量，最大不应超过一格。

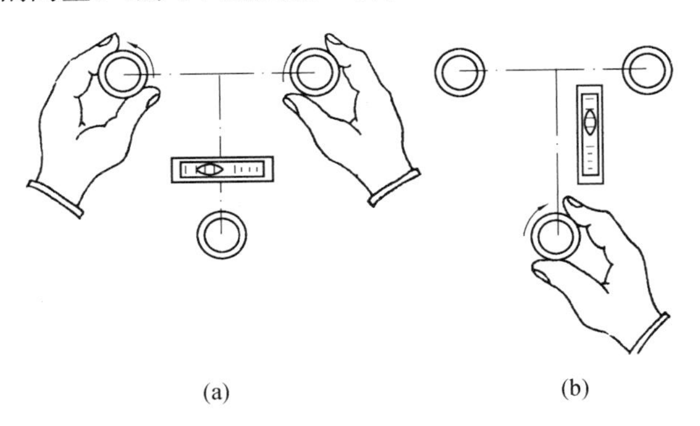

(a)　　(b)

图 3-8　经纬仪整平

3.3.2　瞄准

先松开望远镜制动螺旋和水平制动螺旋，将望远镜指向天空，调节目镜使十字丝清晰，然后通过望远镜上的瞄准器瞄准目标，使目标成像在望远镜视场中近于中央部位。旋紧望远镜制动螺旋和水平制动螺旋。转动物镜对光螺旋，使目标成像清晰并注意消除视差。最后，用望远镜微动螺旋和水平微动螺旋精确瞄准目标。瞄准目标时，应尽量瞄准目标底部，使用竖丝的中间部分平分或双丝夹住目标，如图 3-9 所示。

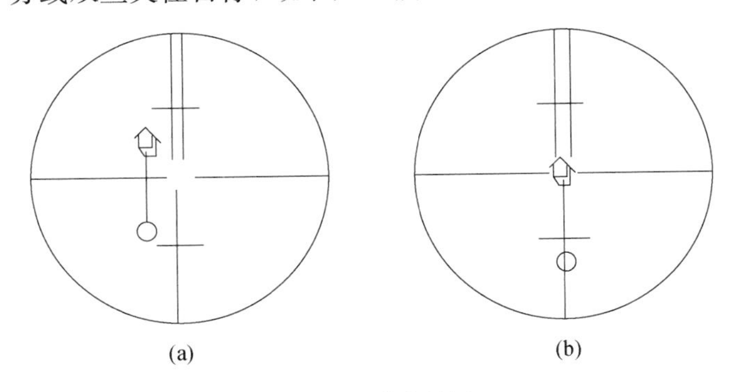

(a)　　(b)

图 3-9　瞄准目标

3.3.3　读数和置数

1. 读数

读数指的是读出照准方向的度盘和测微尺数字（读数）。读数时，先打开经纬仪上的反光镜并对读数显微镜目镜进行调焦，使度盘和测微尺影像清晰，然后按测微装置类型和前述的读数方法读数。

2. 置数

置数的目的是在照准目标时，将水平度盘的读数设置为所需的读数。

置数的方法是借助于经纬仪上的水平度盘读数变换手轮（拨盘手轮）完成的，其方法是：先用盘左（竖直度盘位于望远镜左侧，也称为正镜；反之为盘右）精确照准目标，调节水平度盘读数变换手轮，使水平度盘读数为所需的读数，即可开始观测。

3.4 水平角测量

水平角的观测方法一般根据目标的多少而定，常用的方法有测回法和方向观测法。

3.4.1 测回法

此法适合于观测由两个目标所构成的水平角。如图 3-10 所示，A、O、B 分别为地面上的三点，欲测定 OA 与 OB 所构成的水平角，其操作步骤如下：

（1）将经纬仪安置在测站点 O，对中、整平。

（2）将经纬仪置于盘左位置，瞄准目标 A，读取读数 $a_{左}$，顺时针旋转照准部，瞄准目标 B，并读取读数 $b_{左}$，以上称为上半测回。上半测回的角值 $\beta_{左}=b_{左}-a_{左}$。

图 3-10 测回法测水平角

（3）倒转望远镜成盘右位置，瞄准目标 B，读取读数 $b_{右}$，按逆时针方向旋转照准部，照准目标 A，读取读数 $a_{右}$，以上称为下半测回。下半测回角值 $\beta_{右}=b_{右}-a_{右}$。上、下半测回构成一个测回。对于 DJ 6 光学经纬仪，若上、下半测回角度之差 $\beta_{左}-\beta_{右}\leqslant\pm 40''$，则取 $\beta_{左}$、$\beta_{右}$ 的平均值作为该测回角值；否则应重测。

测回法测角的记录和计算见表 3-1。

表 3-1 测回法观测手簿

测站	盘位	目标	读数 (° ′ ″)	半测回角值 (° ′ ″)	一测回角值 (° ′ ″)	各测回平均角值 (° ′ ″)	备注
O（第一测回）	左	A	0 03 18	97 16 18	97 16 15	97 16 12	
		B	97 19 36				
	右	A	180 03 24	97 16 12			
		B	277 19 36				
O（第二测回）	左	A	90 02 06	97 16 06	97 16 09		
		B	187 18 12				
	右	A	270 02 12	97 16 12			
		B	7 18 24				

当测角精度要求较高时，往往要观测几个测回，为了减少度盘分划误差的影响，各测回间应根据测回数 n，按 $180°/n$ 变换水平度盘位置。例如，要观测三个测回，则第一测回的起始方向读数可安置在略大于 0°处；第二测回起始方向读数应安置在 $180°/3=60°$处，第三测回则 120°。

3.4.2　方向观测法（全圆观测法）

此法适用于在一个测站需要观测多个角度，即观测方向在三个或三个以上时。

如图3-11所示，O为测站点，A、B、C、D为四个目标点，欲测定各方向之间的水平角，操作步骤如下：

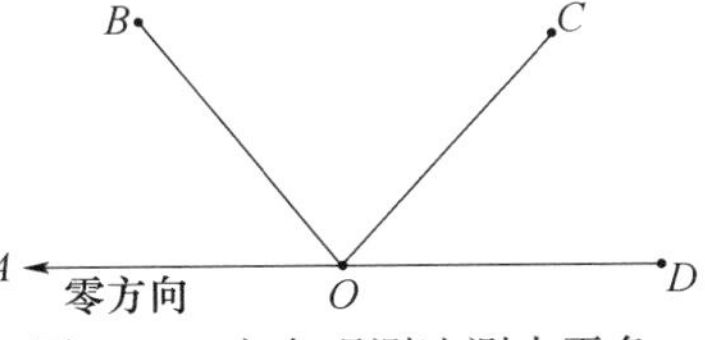

图3-11　方向观测法测水平角

1. 测站观测

（1）将经纬仪安置于测站点O，对中、整平。

（2）用盘左位置选定一距离较远、目标明显的点A作为起始方向（零方向），将水平度盘读数调至略大于0°，并读取此时的读数；松开水平制动螺旋，顺时针方向依次照准B、C、D三个目标点，并读数；最后再次瞄准起始点A，称为归零，并读数。以上为上半测回。两次瞄准A点的读数之差称为“归零差”。对于不同精度等级的仪器，限差要求不同，见表3-2。

表3-2　方向观测法的各项限差

经纬仪型号	半测回归零差	一测回内$2c$互差	同一方向值各测回互差
DJ2	8″	13″	9″
DJ6	18″	—	24″

（3）取盘右位置瞄准起始目标A，并读数。然后按逆时针方向依次照准D、C、B、A各目标，并读数。以上称为下半测回，其归零差仍应满足表3-2的规定要求。

上、下半测回构成一个测回，在同一测回内不能第二次改变水平度盘的位置。当精度要求较高，需测多个测回时，各测回间应按$180°/n$配置度盘起始目标的读数。

2. 记录计算

如表3-3所示，盘左各目标的读数按从上往下的顺序记录，盘右各目标读数按从下往上的顺序记录。

（1）计算归零差

对于起始目标，分别计算盘左两次瞄准的读数差和盘右两次瞄准的读数差Δ，并计入表3-3中。

（2）计算两倍照准误差$2c$值

理论上，相同方向的盘左/盘右观测值应该相差180°，如果不是，其偏差值称为$2c$，计算公式为

$$2c=\text{盘左读数}-(\text{盘右读数}\pm180°) \tag{3-2}$$

式（3-2）中，盘右读数大于180°时取“－”号，小于180°取“＋”号，计算结果填入表3-3中第6栏。

（3）计算各方向的平均读数

$$\text{平均读数}=[\text{盘左读数}+(\text{盘右读数}\pm180°)]/2 \tag{3-3}$$

使用式（3-3）计算时，最后的平均读数为换算到盘左读数的平均值，也即盘右读数通过加或减180°后，应基本等于盘左读数，计算结果填入表3-3中第7栏。起始方向有两个平均值，应将此两数值再次平均，所得的值作为起始方向的方向值，填入第7栏上方并括以括号，如本例中（0°02′06″）和（90°03′32″）。

（4）计算归零后的方向值

将各方向的平均读数减去起始目标的平均读数，即得归零后的方向值。计算结果填入

表 3-3中第 8 栏，起始方向的归零值为零。

（5）计算各测回归零后方向值的平均值

最后结果填入表 3-3 中第 9 栏。在取平均值之前，应计算同一方向归零后的方向值各测回的互差有无超限，如果超限，则应重测。

（6）计算水平角

相邻方向值之差，即为两相邻方向所夹的水平角，计算结果填入表 3-2 中第 10 栏。

方向观测法有三项限差要求，若任何一项限差超限，则应重测。

表 3-3　方向观测法记录与计算手簿

测站	测回数	目标	读数		2c	平均读数	归零后方向值	各测回归零方向值的平均值	角值
			盘左	盘右					
			° ′ ″	° ′ ″	″	° ′ ″	° ′ ″	° ′ ″	° ′ ″
1	2	3	4	5	6	7	8	9	10
						(0 02 06)			
		A	0 02 06	180 02 00	+6	0 02 03	0 00 00	0 00 00	
		B	51 15 42	231 15 30	+12	51 15 36	51 13 30	51 13 28	51 13 28
0	1	C	131 54 12	311 54 00	+12	131 54 06	131 52 00	131 52 02	80 38 34
		D	182 02 24	02 02 24	0	182 02 24	182 00 18	182 00 22	50 08 20
		A	0 02 12	180 02 06	+6	0 02 09			
		Δ	+6	+6					
						(90 03 32)			
		A	90 03 30	270 03 24	+6	90 03 27	0 00 00		
		B	141 17 00	321 16 54	+6	141 16 57	51 13 25		
0	2	C	221 55 42	41 55 30	+12	221 55 36	131 52 04		
		D	272 04 00	92 03 54	+6	272 03 57	182 00 25		
		A	90 03 36	270 03 36	0	90 03 36			
		Δ	+6	+12					

3.5　竖直角测量

3.5.1　竖直度盘的构造

经纬仪竖直度盘部分主要由竖盘、竖盘指标、竖盘指标水准管和竖盘指标水准管微动螺旋组成。竖直度盘垂直于望远镜横轴，且固定在横轴的一端，随望远镜的上下转动而转动。在竖盘中心的下方装有反映读数指标线的棱镜，它与竖盘指标水准管连在一起，不随望远镜转动，只能通过调节指标水准管微动螺旋，使棱镜和指标水准管一起做微小转动。当指标水准管气泡居中时，棱镜反映的读数指标线处于正确位置，如图 3-12 所示。

竖盘的注记形式有天顶式注记和高度式注记两类。所谓天顶式注记就是假想望远镜指向天顶时，竖盘读数指标指示的读数为 0°或 180°；与此相对应的高度式注记是假想望远镜指向天顶时，读数为 90°或 270°。在天顶式和高度式注记中，由于度盘的刻划顺序不同，又可分为顺时针和逆时针两种形式，如图 3-12 所示，近代生产的经纬仪多为顺时针注记。

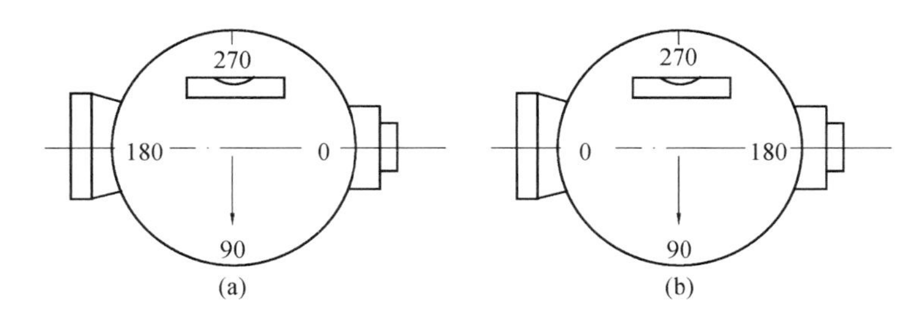

图 3-12　竖直度盘

3.5.2　竖直角观测与计算

1. 竖直角计算公式

由于竖盘注记形式不同，竖直角计算的公式也不一样。利用经纬仪测量竖直角之前应先正确判定竖直角的计算公式，才能算出正确的竖直角值。现以天顶式顺时针注记的竖盘为例，来推导竖直角计算的基本公式。

如图 3-13 所示，当望远镜视线水平，竖盘指标水准管气泡居中时，读数指标处于正确位置，竖盘读数正好为一常数 90°或 270°。

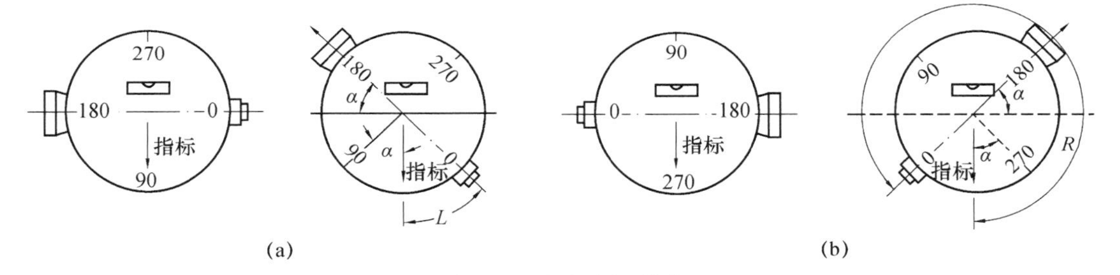

图 3-13　竖盘注记形式

在图 3-13（a）中，盘左位置，视线水平时竖盘读数为 90°。当望远镜往上仰时，读数减小，倾斜视线与水平视线所构成的竖直角为 α。若视线倾斜时，读数指标指向的读数为 L，则盘左位置的竖直角为：

$$\alpha_L = 90° - L \tag{3-4}$$

在图 3-13（b）中，盘右位置，视线水平时竖盘读数为 270°。当望远镜往上仰时，读数增大，若视线上仰时的读数为 R，则盘右位置的竖直角为：

$$\alpha_R = R - 270° \tag{3-5}$$

对于同一目标，由于观测中存在误差，以及仪器本身和外界条件的影响，盘左、盘右所获得的竖直角 α_L 和 α_R 不完全相等，应取盘左、盘右的平均值作为竖直角的结果，即：

$$\alpha = \frac{1}{2}(\alpha_L + \alpha_R) \tag{3-6}$$

$$\alpha = \frac{1}{2}[(R - L) - 180°] \tag{3-7}$$

上式同样适用于俯角的情况。

根据上述公式的推导，推广到其他注记形式的竖盘，可得竖直角计算公式的通用判别法。

（1）当望远镜视线往上仰，竖盘读数逐渐增加时，则竖直角的计算公式为：

$$\alpha = \text{瞄准目标时的读数} - \text{视线水平时的常数} \tag{3-8}$$

（2）当望远镜视线往上仰，竖盘读数逐渐减小时，则竖直角的计算公式为：

$$\alpha = \text{视线水平时的常数} - \text{瞄准目标时的读数} \tag{3-9}$$

在用式（3-8）和式（3-9）计算竖直角时，对于不同注记形式的竖盘，应正确判读视线水平时的常数，且同一仪器盘左、盘右的常数差为 180°。

2. 竖直角的观测、记录与计算

（1）竖直角观测

① 在测站点上安置仪器，正确判定竖直角的计算公式。

② 盘左位置瞄准目标，使十字丝中横丝切目标于某一位置，调节竖盘指标水准管微动螺旋，使气泡居中，读取竖盘读数 L。

③ 盘右位置瞄准原目标，使竖盘指标水准管气泡居中后，读取竖盘读数 R。

以上盘左、盘右观测构成一个竖直角测回。

（2）记录与计算

将各观测数据及时填入表 3-4 的竖直角观测手簿中，并按式（3-4）和式（3-5）分别计算半测回竖直角，再按式（3-6）和式（3-7）计算出一测回竖直角。

表 3-4　竖直角观测手簿

测站	目标	竖盘位置	竖盘读数	半测回竖直角	指标差	一测回竖直角	备注
1	2	3	4	5	6	7	
O	M	左	81°18′42″	+8°41′18″	6″	+8°41′24″	270 180 0 指标 90
		右	278°41′30″	+8°41′30″			
	N	左	124°03′30″	−34°03′30″	12″	−34°03′18″	
		右	235°56′54″	−34°03′06″			

3. 竖盘读数指标差

上述竖直角计算公式是在望远镜视线水平、指标水准管气泡居中、指标处于正确位置（即正好指向 90°或 270°）条件下推导出来的。而实际上这个条件往往不能满足，即视线水平、指标水准管气泡居中时，指标所处的位置与正确位置相差一个小角度 x，该角值称为竖盘指标差，如图 3-14 所示，当指标偏离位置与注记方向相同时，x 为正；反之，则 x 为负。图 3-14 中，x 为负。若仪器存在竖盘指标差，则竖直角的计算公式与式（3-4）和式（3-5）有所不同。

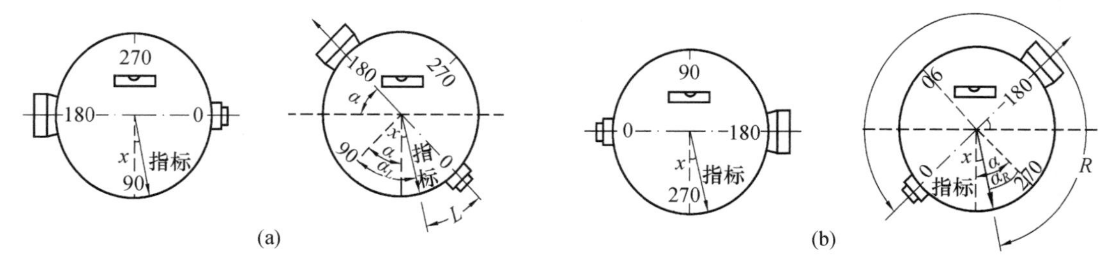

图 3-14　竖盘指标差

如图 3-14（a）所示，盘左位置，望远镜往上仰，读数减小，若视线倾斜时的竖盘读数为 L，则正确的竖直角为：

$$\alpha = 90° - L - x = \alpha_L - x \tag{3-10}$$

如图 3-14（b）所示，盘右时竖直角公式为

$$\alpha = R - 270^\circ + x = \alpha_R + x \tag{3-11}$$

将式（3-10）与式（3-11）两式联立求解可得：

$$\alpha = \frac{1}{2}(\alpha_L + \alpha_R) \tag{3-12}$$

$$x = \frac{1}{2}(\alpha_R - \alpha_L) \tag{3-13}$$

或

$$x = \frac{1}{2}(L + R - 360^\circ) \tag{3-14}$$

式（3-12）与无指标差时竖直角的计算公式（3-6）完全相同，即通过盘左、盘右竖直角取平均值，可以消除竖盘指标差的影响，获得正确的竖直角。

指标差互差可以反映观测成果的质量。对于 DJ6 级光学经纬仪，规范规定，同一测站上不同目标的指标差互差或同方向各测回指标差互差，不超过 25″。当允许半测回测定竖直角时，可先测定指标差，然后按式（3-10）或式（3-11）计算竖直角。

观测竖直角时，为使指标处于正确位置，每次读数都需要将竖盘指标水准管的气泡调至居中，这很不方便，所以有些光学经纬仪采用竖盘指标自动归零装置，当经纬仪整平后，竖盘指标自动居于正确位置，这样就简化了操作程序。

3.6　经纬仪

3.6.1　经纬仪应满足的几何条件

如图 3-15 所示，经纬仪的主要轴线有：照准部水准管轴 LL、仪器的旋转轴（即竖轴）VV、望远镜视准轴 CC、望远镜的旋转轴（即横轴）HH。各轴线之间应满足的几何条件有：照准部水准管轴应垂直于仪器竖轴，即 $LL \perp VV$；望远镜十字丝竖丝应垂直于仪器横轴 HH；望远镜视准轴应垂直于仪器横轴，即 $CC \perp HH$；仪器横轴应垂直于仪器竖轴，即 $HH \perp VV$。除此之外，经纬仪一般还应满足竖盘指标差为零，以及光学对点器的光学垂线与仪器竖轴重合等条件。

仪器在出厂时，以上各条件一般都满足，但由于在搬运或长期使用过程中的震动、碰撞等原因，各项条件往往会发生变化。因此，在使用仪器作业前，必须对仪器进行检验与校正，即使新仪器也不例外。

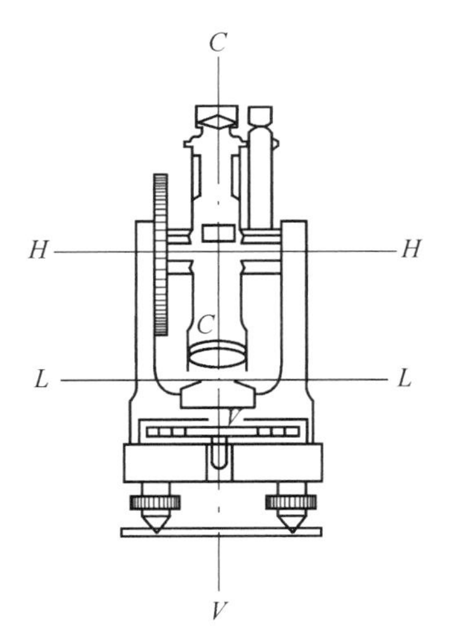

图 3-15　经纬仪的主要轴线

3.6.2　经纬仪的检验与校正

1. 照准部水准管轴应垂直于竖轴的检验与校正

(1) 检验

将仪器大致整平，使水准管平行于任意两个脚螺旋的连线，然后转动这两个脚螺旋，使水准管气泡居中。转动照准部 180°，若气泡仍然居中，则说明该条件已经满足；否则，需要校正。

（2）校正

如图 3-16（a）所示，竖轴与水准管轴不垂直，偏离了 α 角。当仪器绕竖轴旋转 180°后，竖轴不垂直于水准管轴的偏角为 2α，如图 3-16（b）所示。角 2α 的大小由气泡偏离的格数来度量。校正时，转动脚螺旋，使气泡退回偏离中心位置的一半，即图 3-16（c）的位置，再用校正针调节水准管一端的校正螺钉（先松一个，再旋紧另一个），使气泡居中，如图 3-16（d）所示。

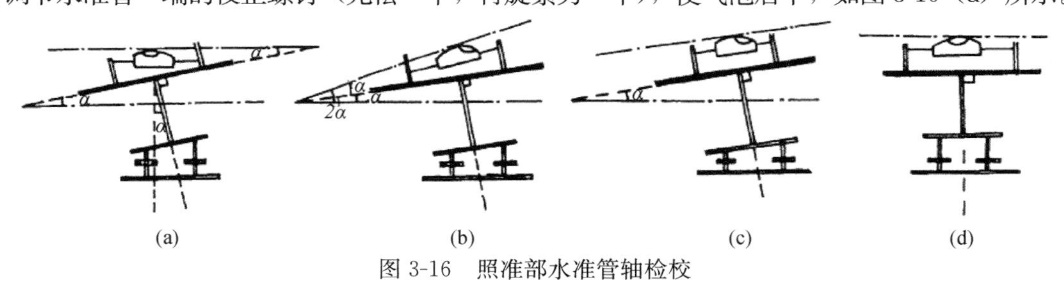

图 3-16　照准部水准管轴检校

此项检校比较精细，需反复进行，直至仪器旋转到任意方向，气泡仍然居中，或偏离不超过一个分划格为止。

对于有圆水准器的经纬仪，可在水准管气泡校正完毕后，严格整平仪器，若圆水准器气泡不居中，则可调节圆水准器的校正螺钉，使气泡居中。也可按水准仪检校中圆水准器气泡的检校方法进行检校。

2. 十字丝的竖丝垂直于横轴的检验与校正

（1）检验

仪器整平后，用十字丝竖丝的上端或下端精确对准远处一明显的目标点，固定水平制动螺旋和望远镜制动螺旋，用望远镜微动螺旋使望远镜上下做微小俯仰，如果目标点始终在竖丝上移动，说明条件满足。否则，需要校正，如图 3-17 所示。

（2）校正

旋开目镜处十字丝分划板座的护盖，稍微放松十字丝固定螺钉，慢慢转动十字丝环，直至望远镜上下俯仰时竖丝与点状目标始终重合为止，如图 3-18 所示，最后拧紧各固定螺丝，并旋上护盖。

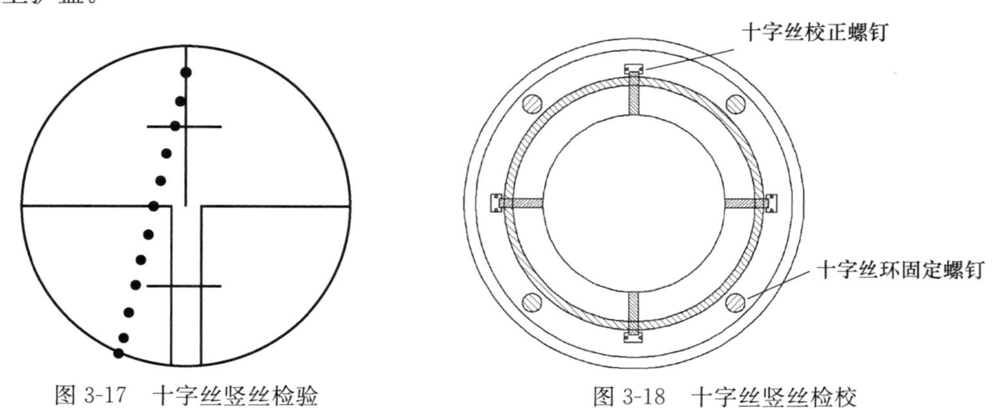

图 3-17　十字丝竖丝检验　　图 3-18　十字丝竖丝检校

3. 视准轴垂直于横轴的检验与校正

（1）检验

检验 DJ6 级经纬仪，常用四分之一法。选择一平坦场地，如图 3-19 所示，A、B 两点相距 60～100m，安置仪器于中点 O，在 A 点立一标志，在 B 点横置一根刻有毫米分划的小尺，使尺子与 OB 垂直。标志、尺子应大致与仪器同高。盘左瞄准 A 点，纵转望远镜在 B 点尺上读数 B_1，盘右再瞄准 A 点，纵转望远镜，又在小尺上读数 B_2。若 B_1 与 B_2 重合，则条件满足。由图可见，$\angle B_1OB_2=4c$，由此算得：

$$c=\frac{\overline{B_1B_2}}{4D}\rho'' \tag{3-15}$$

式中，D 为 O 点至小尺的水平距离，若 $c>60''$，则需要校正，$\rho''=206265''$。

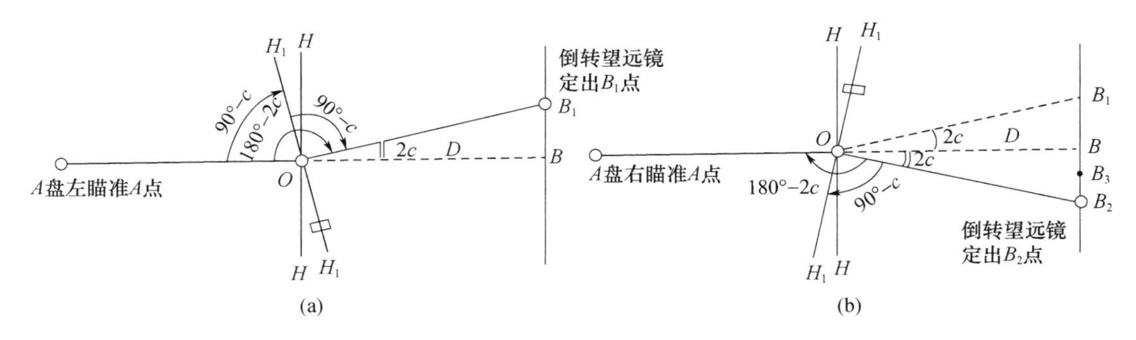

图 3-19　视准轴误差检校

（2）校正

在尺上定出一点 B_3，使 $\overline{B_2B_3}=\frac{1}{4}\overline{B_1B_2}$，此时，$\angle B_3OB_2=c$。用拨针拨动十字丝环的校正螺钉，使十字丝交点对准 B_3 点。反复检校，直至 c 值不超过 $\pm1'$。

4. 横轴垂直于竖轴的检验与校正

（1）检验

在距墙壁 15～30m 处安置经纬仪，在墙面上设置一明显的目标点 P，如图 3-20 所示，要求望远镜瞄准 P 点时的仰角在 30°以上。盘左位置瞄准 A 点，固定照准部，调整竖盘指标水准管气泡居中后，读取竖盘读数 L，然后放平望远镜，照准墙上与仪器同高的一点 a_1，做出标志。盘右位置同样瞄准 A 点，读得竖盘读数 R，放平望远镜后在墙上与仪器同高处得出另一点 a_2，也做出标志。若 a_1、a_2 两点重合，说明条件满足。也可用带毫米刻划的横尺代替与望远镜同高时的墙上标志。若 a_1、a_2 两点不重合，则需要校正。

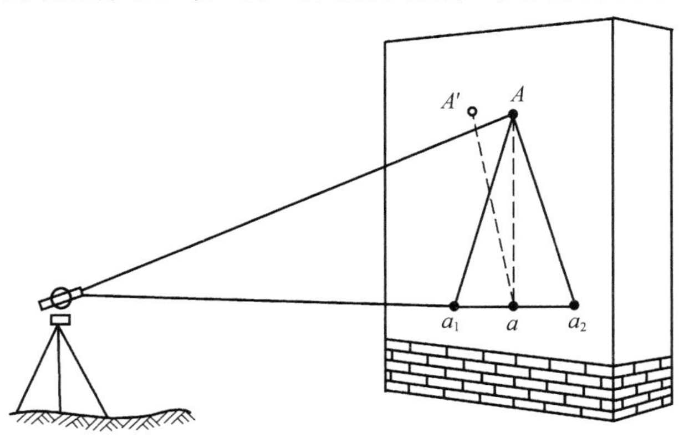

图 3-20　横轴误差检校

（2）校正

如图 3-20 所示，在墙上定出 a_1a_2的中点 a。调节水平微动螺旋使望远镜瞄准 a 点，再将望远镜往上仰，此时，十字丝交点必定偏离 A 点而瞄准 A'点。校正横轴一端支架上的偏心环，使横轴的一端升高或降低，移动十字丝交点位置，并精确照准 A 点。横轴不垂直于竖轴所构成的倾斜角 i 可通过式（3-16）计算：

$$i=\frac{\Delta\cot\alpha}{2D}\rho'' \tag{3-16}$$

式中，α 为 A 点的竖直角；D 为仪器至 A 点的水平距离；Δ 为 P_1P_2的间距。

反复检校，直至 i 角值不大于 $1'$。

由于近代光学经纬仪的制造工艺能确保横轴与竖轴垂直，且将横轴密封起来，故使用仪器时，一般只进行检验，如 i 值超过规定的范围，应由仪器维修人员进行修理。

5. 竖盘指标差的检验与校正

（1）检验

在地面上安置好经纬仪，用盘左、盘右分别瞄准同一目标，正确读取竖盘读数 L 和 R，并按式（3-12）和式（3-13）或式（3-14）分别计算竖直角 α 和指标差 x。当 x 值超过规定值时，应加以校正。

（2）校正

以盘右位置照准原目标，调节竖直度盘水准管微动螺旋，使指标对准正确读数，此时气泡不居中。用校正针改正竖直度盘水准管的校正螺钉使气泡居中，此项须反复进行，直至指标差在$\pm1'$以内。

6. 光学对中器的检验与校正

（1）检验

安置经纬仪于三脚架上，整平仪器，在仪器下方地面上放一块画有“十”字的硬纸板。移动纸板，使对中器的刻划圈中心对准“十”字影像，然后旋转照准部 180°，如刻划圈中心不对准“十”字中心，则需进行校正。

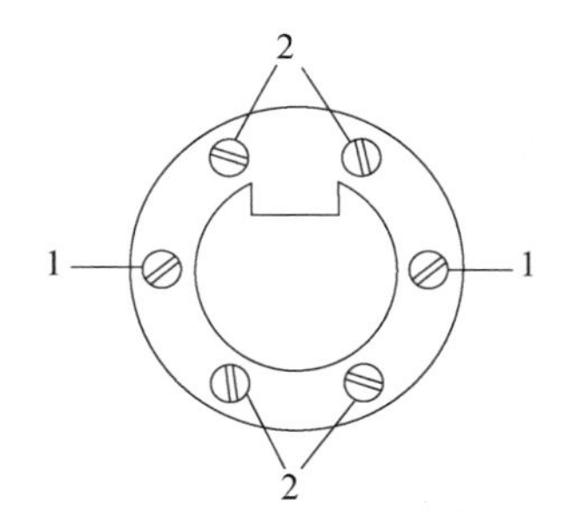

图 3-21　光学对中器检校

（2）校正

光学对中器上的校正螺钉随仪器的型号而异，有些是校正转向棱镜座，有些是校正分划板。图 3-21 是位于照准部支架间的圆形护盖下的校正螺钉，松开护盖上的两颗固定螺钉，取下护盖即可看见。调节校正螺钉 1 可使分划圈中心左右移动，调节校正螺钉 2 可使分划圈中心前后移动，直至分划圈中心与地面点的影像重合为止。

3.7　水平角测量的误差分析

水平角观测存在许多误差，主要有仪器误差、观测误差，以及外界条件的影响。研究这些误差的成因及性质从而找出削弱其影响的方法，以提高水平角观测成果的质量，是测量工作的一个重要内容。

3.7.1 仪器误差

仪器误差一方面来自生产厂家在制造仪器时的度盘偏心差、度盘刻划不均匀误差、水平度盘与竖轴的不完全垂直误差等；另一方面来自在使用仪器之前的检验与校正的不完善，遗留下来的残余误差。

1. 视准轴不垂直于横轴的误差

尽管仪器进行了检校，但校正不可能绝对完善，总是存在一定的残余误差。在观测过程中，通过盘左、盘右两个位置观测取平均值，可以消除此项误差的影响。

2. 横轴不垂直于竖轴的误差

与视准轴不垂直于横轴的误差一样，横轴不垂直于竖轴的误差通过盘左、盘右观测取平均值，可以消除此项误差的影响。

3. 竖轴倾斜误差

由于水准管轴应垂直于仪器竖轴的校正不完善而引起竖轴倾斜误差。此项误差不能用盘左盘右取平均值的方法来消除。这种残余误差的影响与视线竖直角的正切成正比。因此，在山区进行测量时，应特别注意水准管轴垂直于竖轴的检校。在观测过程中，应特别注意仪器的整平。

4. 度盘偏心差

照准部旋转中心与水平度盘分划中心不重合，使读数指标所指的读数含有误差，称为度盘偏心差，如图 3-22 所示。

采用对径分划符合读数可以消除度盘偏心差的影响。对于单指标读数的仪器，可通过盘左、盘右取平均值的方法来消除此项误差的影响。

如图 3-22 所示，由于 O 与 O' 不重合，当盘左瞄准某目标时，经纬仪一侧的水平度盘读数 I'（实线箭头读数）比无偏心时的读数 I（虚线箭头读数）大一个小角度 x。在盘右位置，仍瞄准该目标时，实线箭头读数 II' 比无偏心时的虚线箭头读数 II 小一个同样大小的 x 小角度。因此，若盘左盘右观测同一目标时，读数相差不是 180°，就可能存在照准部偏心误差，取盘左盘右读数的平均值，可取消其影响。

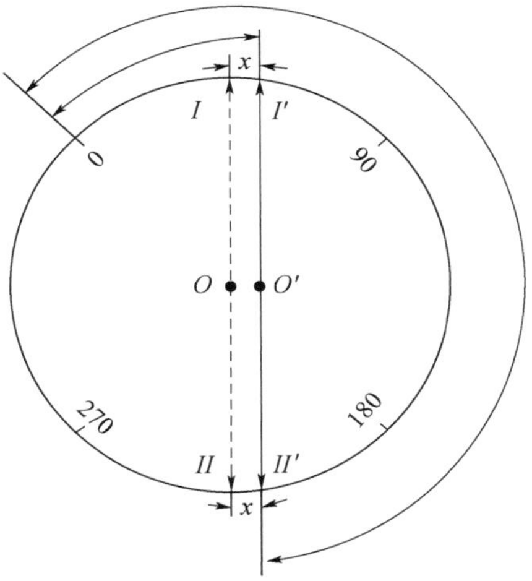

图 3-22　度盘偏心差

5. 度盘刻划误差

度盘的刻划总是或多或少存在误差。在观测水平角时，多个测回之间按一定方式变换度盘起始位置的读数，可以有效地削弱度盘刻划误差的影响。

3.7.2 观测误差

1. 仪器对中误差

观测水平角时，对中不准确，使得仪器中心与测站点的标志中心不在同一铅垂线上即是对中误差，也称测站偏心。如图 3-23 所示，设 C 点为测站点，A、B 为两目标点。由于仪器存在对中误差，仪器中心偏至 C'，设偏离量 CC' 为 e，β 为无对中误差时的实测角度。设 $\angle AC'C$ 为 θ，测站 C 至 A、B 的距离分别为 S_1、S_2。由于对中误差所引起的角度偏差为：

$$\Delta\beta=\beta-\beta'=\varepsilon_1+\varepsilon_2$$

而

$$\varepsilon_1\approx\frac{e\sin\theta}{S_1}\rho''$$

$$\varepsilon_2\approx\frac{e\sin(\beta'-\theta)}{S_2}\rho''$$

则

$$\Delta\beta=e\rho''\left[\frac{\sin\theta}{S_1}+\frac{\sin(\beta'-\theta)}{S_2}\right] \tag{3-17}$$

由上式可知，仪器对中误差对水平角观测的影响与下列因素有关：

（1）与偏心距 e 成正比，e 越大，$\Delta\beta$ 越大；

（2）与边长成反比，边越短，误差越大；

（3）与水平角的大小有关，θ、$\beta'-\theta$ 越接近 90°，误差越大。

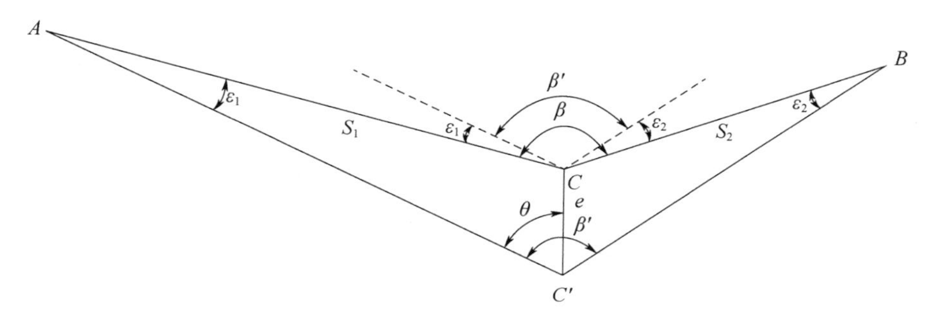

图 3-23　仪器对中误差

2. 目标偏心误差

当照准的目标与其地面标志中心不在一条铅垂线上时，两点位置的差异称目标偏心或照准点偏心。如图 3-24 所示，O 为测站点，A、B 为目标点。若立在 A 点的标杆是倾斜的，在水平角观测中，如瞄准标杆的顶部，则投影位置由 A 偏离至 A'，产生偏心距 e，所引起的角度误差为：

$$\Delta\beta=\beta-\beta'=\frac{e\rho''}{S}\sin\theta \tag{3-18}$$

由式（3-18）可知，$\Delta\beta$ 与偏心距 e 成正比，与距离 S 成反比。偏心距的方向直接影响 $\Delta\beta$ 的大小，当 $\theta=90°$时，$\Delta\beta$ 最大。

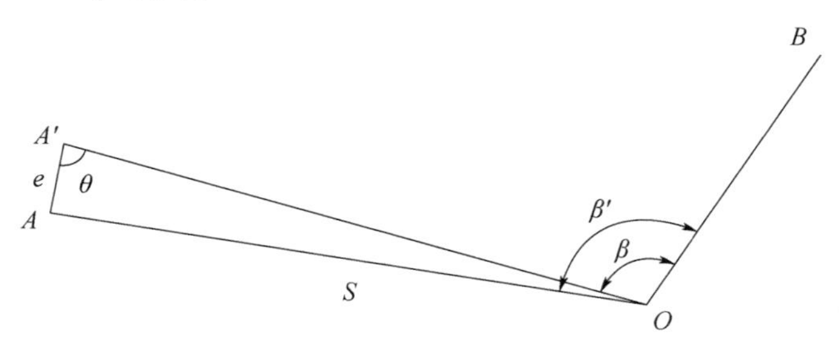

图 3-24　目标偏心误差

目标偏心差对水平角的影响不能忽视。尤其是当目标较近时，影响更大。因此，在树立标杆或其他照准标志时，应立在通过测点的铅垂线上。观测时，望远镜应尽量瞄准目标的底部。当目标较近时，可在测站点上悬吊垂球线作为照准目标，以减少目标偏心对角度的影响。

3. 仪器整平误差

水平角观测时必须保持水平度盘水平、竖轴竖直。若气泡不居中，导致竖轴倾斜而引起的角度误差，不能通过改变观测方法来消除。因此，在观测过程中，应特别注意仪器的整平，在同一测回内，若气泡偏离超过两格，应重新整平仪器，并重新观测该测回。

4. 照准误差

望远镜照准误差一般用式（3-19）计算：

$$m_v = \pm \frac{60''}{v} \tag{3-19}$$

式中，v为望远镜的放大倍率。

照准误差除了取决于望远镜的放大倍率外，还与人眼的分辨能力，目标的形状、大小、颜色、亮度和清晰度等有关。因此，在水平角观测时，除适当选择经纬仪外，还应尽量选择适宜的标志、有利的气候条件和观测时间，以削弱照准误差的影响。

5. 读数误差

读数误差与读数设备、照明情况和观测者的经验有关，其主要取决于读数设备。一般认为，对于DJ6级经纬仪最大估读误差不超过$\pm 6''$，对于DJ2级经纬仪一般不超过$\pm 1''$，但如果照明情况不佳，显微镜的目镜未调好焦距或观测者技术不够熟练，估读误差可能远远超过上述数值。

3.7.3 外界条件的影响

在观测水平角时如遇大风，仪器则不稳定。地面的辐射热也会导致大气的不稳定，大气的透明度会影响照准目标的精确度，气温的骤冷骤热会影响仪器的正常状态，地面的坚实程度又影响仪器的稳定性等，这些外界因素都会影响观测的精度。然而，这些不利因素又不可能完全避免，所以在工作中尽量选择有利的外界条件，避开不利因素，削减这些不利因素的影响。

3.8 其他经纬仪简介

3.8.1 DJ2级光学经纬仪

图3-25所示为DJ2级光学经纬仪的外形，各部件的名称如图所示。DJ2级光学经纬仪的结构与DJ6级光学经纬仪相比，除了望远镜的放大倍率较大、照准部水准管的灵敏度较高、度盘分划值较小外，主要表现在读数设备的不同。

DJ2级光学经纬仪中采用对径分划线影像符合的读数设备。它将度盘上相对180°的分划线，经过一系列棱镜和透镜的反射与折射，同时显现在读数显微镜中，并分别位于一条横线的上、下方。如图3-26（a）所示，下方为分划线重合窗；上方读数窗中上面的数字为整数值，凸出的小方框中所注数字为整 10′数；左下方为测微尺的读数窗。

测微尺刻划有 600 个小格，每格为 1″，可估读至 0.1″，全程测微范围为 10′。测微尺读数窗中左边注记数字为分，右边注记为整 10″数。观测时读数方法如下：

（1）转动测微轮，使分划线重合窗中上、下分划线重合，如图 3-26（a）所示。

（2）在读数窗中读出度数。

（3）在小方框中读出整 10′数。

（4）在测微尺读数窗中读出分、秒数。

（5）将以上读数相加为度盘读数。

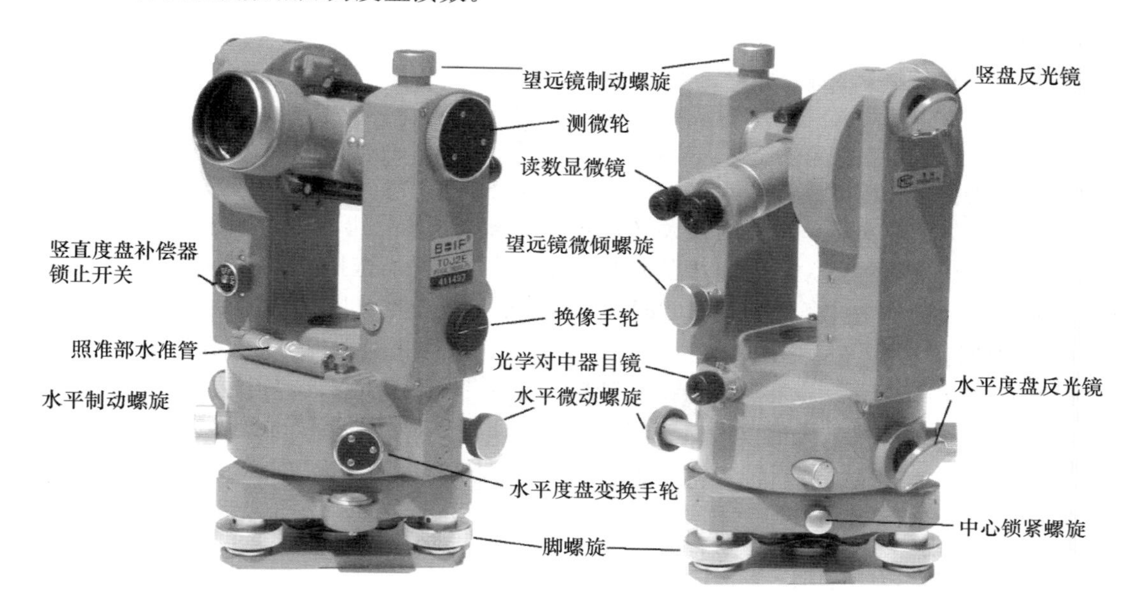

图 3-25　DJ2 级光学经纬仪

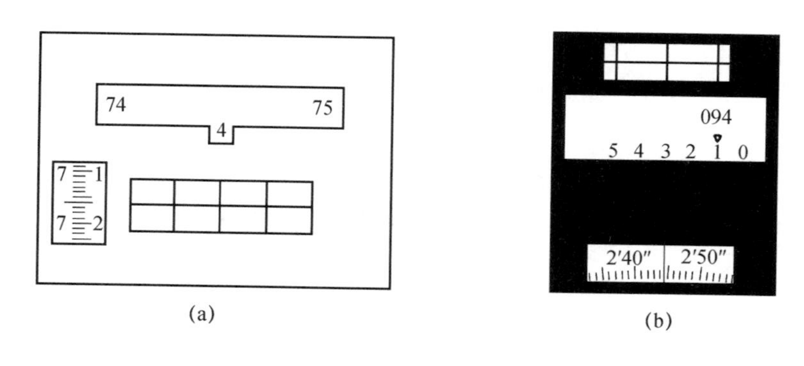

(a)　　(b)

图 3-26　DJ2 级光学经纬仪读数窗

图 3-26（a）中读数为 74°47′16.0″。

如图 3-26（b）所示为其他类型的 DJ2 级光学经纬仪的读数窗，当度盘的正、倒像分划线重合后，10′数由中间小窗（或由符号“▽”指出）直接读取，不足 10′的读数从测微窗读取。图 3-26（b）所示读数为 94°12′44.6″。

3.8.2 电子经纬仪

电子经纬仪与光学经纬仪的根本区别在于它用微机控制的电子测角系统代替光学读数系统，其主要特点是：

(1) 使用电子测角系统，能将测量结果自动显示出来，实现了读数的自动化和数字化。

(2) 采用积木式结构，可和光电测距仪组合成全站型电子速测仪，配合适当的接口，可将电子手簿记录的数据输入计算机，以进行数据处理和绘图。

图 3-27 为南方测绘公司生产的 ET-02 电子经纬仪，各部件的名称见图中注记。ET-02 一测回方向观测中误差为±2″，最小显示角度为 1″，竖盘指标自动归零补偿采用液体电子传感补偿器。仪器可与南方测绘、拓普康、徕卡、索佳、常州大地等公司生产的光电测距仪及电子手簿连接，组成速测全站仪，完成野外数据的自动采集。

仪器使用 NiMH 高能可充电电池，一块充满电的电池可供仪器连续使用 8～10h；设有双面操作面板，每个操作面板都有完全相同的一个显示窗和 7 个功能键，便于正、倒镜观测；望远镜的十字丝分划板和显示窗均有照明光源，以便于在黑暗环境中作业。

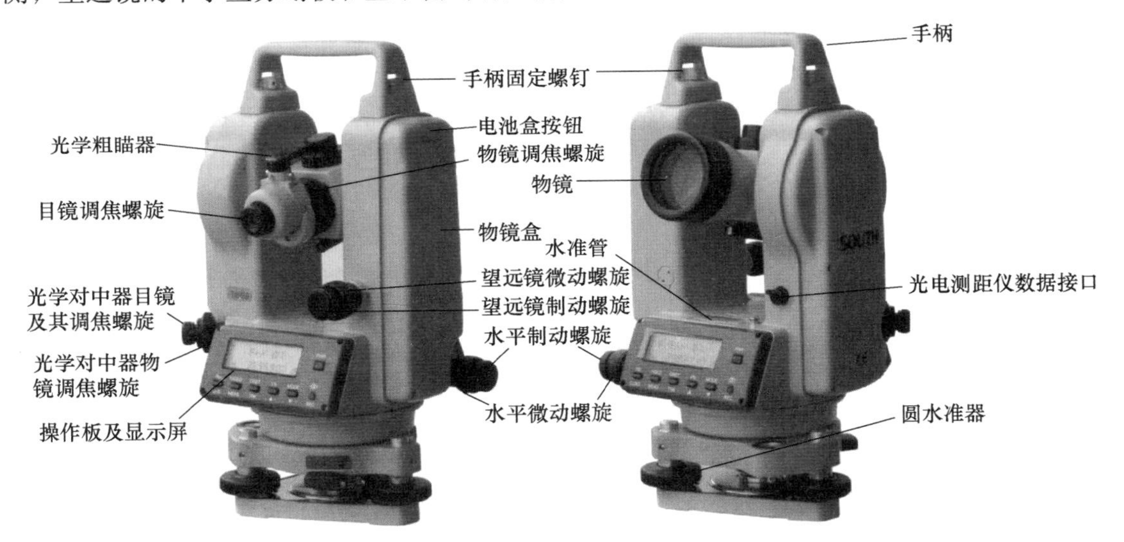

图 3-27 ET-02 电子经纬仪

下面着重介绍 ET-02 电子经纬仪操作面板（图 3-28）上各个键的功能和仪器设置的方法。

1. 键盘功能

仪器操作面板如图 3-28 所示，右边的PWR键为电源开关键。当仪器处于关机状态时，按下PWR键 2 秒后可打开仪器电源；当仪器处于开机状态时，按下PWR键 2 秒后可关闭仪器电源。在测站安置好仪器，打开仪器电源，显示窗字符“HR”的右边显示的为当前视线方向的水平度盘读数；显示窗字符“V”的右边将显示“OSET”字符，它提示用户应指示竖盘指标归零。向上或向下转动望远镜，当视准轴通过水平视线位置时，显示窗字符“V”右边的字符“OSET”将变成当前视准轴方向的竖盘读数值，即可开始角度测量。

除电源开关键PWR外，其余 6 个键都具有两种功能，一般情况下，仪器执行按键上方注记文字的第一功能（测角操作）；如先按MODE键，再按其余各键，为执行按键下方注记文字的第二功能（测距操作）。下面只介绍第一功能键的操作。

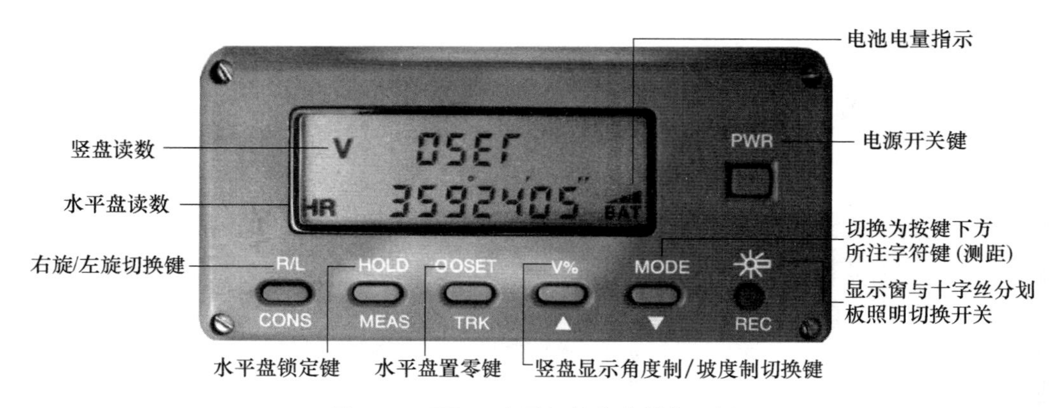

图 3-28 ET-02 电子经纬仪的操作面板

R/L键：显示右旋/左旋水平角选择键，按R/L键，可使仪器在右旋和左旋之间切换。右旋是仪器向右旋转时，水平度盘读数增加，等价于水平度盘为顺时针注记；左旋是仪器向左旋转时，水平度盘读数增加，等价于水平度盘为逆时针注记。打开电源，仪器自动处于右旋状态，此时，显示窗水平度盘读数前的字符为“HR”，表示右旋；按R/L键，仪器处于左旋，显示窗水平度盘读数前的字符为“HL”，表示左旋。

HOLD键：水平度盘读数锁定键。连续按HOLD键两次，当前的水平度盘读数被锁定，此时转动照准部，水平度盘读数值保持不变，再按一次HOLD键为解除锁定。该功能可将所照准目标方向的水平度盘读数配置为已知角度值，操作方法是，转动照准部，当水平度盘读数接近已知角度值时旋紧水平制动螺旋，转动水平微动螺旋，使水平度盘读数精确地等于已知角度值；连续按HOLD键两次，锁定水平度盘读数；精确照准目标后，按HOLD键解除锁定即完成水平度盘配置操作。

OSET键：水平度盘置零键。连续按OSET键两次，当前视线方向的水平度盘读数被置为0°00′00″。

V%键：竖直角以角度制显示或以斜率百分比显示切换键。按V%键，可使显示窗“V”字符后的竖直角以角度制显示或以斜率百分比显示。

例如，当竖盘读数以角度制显示，盘左位置的竖盘读数为 87°48′25″时，按V%键后的竖盘读数应为 3.83%，转换公式为 $\tan\alpha = \tan(90° - 87°48'25'') = 3.83\%$。

☼键：显示窗与十字丝分划板照明切换开关。照明灯关闭时，按☼键为打开照明灯；再按一次☼键，关闭照明灯。打开照明灯后 10s 内如没有进行任何按键操作，仪器自动关闭照明灯，以节省电源。

2. 仪器设置

ET-02 电子经纬仪可设置的内容如下：

（1）角度测量单位：360°，400gon，640mil（出厂设置为 360°）。

（2）竖直角零方向的位置：天顶为零方向或水平为零方向（出厂设置为天顶零方向）。

（3）自动关机时间：30 分钟或 10 分钟（出厂设置为 30 分钟）。

（4）角度最小显示单位：1″或 5″（出厂设置为 1″）。

（5）竖盘指标零点补偿：自动补偿或不补偿（出厂设置为自动补偿）。

（6）水平度盘读数经过 0°、90°、180°、270°时蜂鸣或不蜂鸣（出厂设置为蜂鸣）。

（7）选择与不同类型的测距仪连接（出厂设置为与南方测绘公司的 ND3000 红外测距仪连接）。

若用户要修改上述仪器设置内容，可在关机状态，按住CONS键不放，再按住PWR键 2 秒时间打开电源开关，至三声蜂鸣后松开CONS键，仪器进入初始设置模式所示。

按MEAS键或TRK键可使闪烁光标向左或向右移动到要更改的数字位，按▲键或▼键可使闪烁数字在 0 与 1 间变化，根据需要完成设置后，按CONS键确认，即可退出设置状态，返回正常测角状态。

3. 角度测量

由于 ET-02 是采用光栅度盘测角系统，当转动仪器照准部时，即自动开始测角，所以，观测员精确照准目标后，显示窗将自动显示当前视线方向的水平度盘和竖盘读数，不需要再按任何键，仪器操作非常简单。

思考题与习题

1. 什么是水平角？什么是竖直角？经纬仪为什么既能测出水平角又能测出竖直角？

2. 经纬仪由几大部分组成？经纬仪的制动螺旋和微动螺旋各有何作用？如何正确使用微动螺旋？

3. 观测水平角时，对中与整平的目的分别是什么？试述光学经纬仪对中和整平的方法。

4. 观测水平角时，要使起始方向的水平度盘读数对准 0°00′00″或略大于 0°，应怎样操作？

5. 简述测回法观测水平角的操作步骤。

6. 简述方向法观测水平角的操作步骤。

7. 经纬仪有哪些主要轴线？各轴线之间应满足什么几何条件？为什么？

8. 水平角度测量时，盘左盘右分别观测取平均值的办法可以消除哪些误差？

9. 什么是竖直角？观测水平角和竖直角有哪些相同点和不同点？

10. 整理表 3-5 中测回法观测水平角的记录手簿。

表 3-5　水平角观测记录手簿

测　站	竖盘盘位	目　标	水平度盘读　数 (°　′　″)	半测回角值 (°　′　″)	一测回角值 (°　′　″)	各测回平均角值 (°　′　″)	备注
O（第一测回）	左	1	0　00　06				
		2	78　48　54				
	右	1	180　00　36				
		2	258　49　06				
O（第二测回）	左	1	90　00　12				
		2	168　49　06				
	右	1	270　00　30				
		2	348　49　12				

11. 整理表 3-6 中方向观测法观测水平角的记录手簿。

表 3-6　方向观测法记录与计算手簿

测站	测回数	目标	读数		2c	平均读数	归零后方向值	各测回归零方向值的平均值	角值
			盘左	盘右					
			(° ′ ″)	(° ′ ″)	(″)	(° ′ ″)	(° ′ ″)	(° ′ ″)	(° ′ ″)
1	2	3	4	5	6	7	8	9	10
O	1	A	0 00 42	180 01 24					
		B	76 25 36	256 26 30					
		C	128 48 06	308 48 54					
		D	290 56 24	110 57 00					
		A	0 00 54	180 01 30					
		Δ							
O	2	A	90 01 30	270 02 06					
		B	166 26 30	346 27 12					
		C	218 49 00	38 49 42					
		D	20 57 06	200 57 54					
		A	90 01 30	270 02 12					
		Δ							

12. 整理表 3-7 中竖直角观测手簿。

表 3-7　竖直角观测记录手簿

测站	目标	竖盘位置	竖盘读数 (° ′ ″)	半测回竖直角 (° ′ ″)	指标差 (″)	一测回竖直角 (° ′ ″)	备　注
O	1	左	72　18　18				270 180 0 90 竖盘顺时针注记
		右	287　42　00				
	2	左	96　32　48				
		右	263　27　30				

13. 电子经纬仪的主要特点是什么？它与光学经纬仪的区别在哪里？

第 4 章　距离测量与直线定向

测量地面上两点间的水平距离是测量的基本工作之一。所谓两点间的水平距离是指该两点投影到水平面上的距离。如果测量的是倾斜距离，还必须改算为水平距离。根据不同的精度要求，应采用不同的仪器和方法，最常用的有钢尺量距、视距测量以及全站仪量距；直线定向是确定该直线的方向，本章介绍了三种标准方向以及方位角、象限角的概念，正反坐标方位角的关系，坐标方位角与象限角的关系以及坐标方位角的推算。

4.1　钢尺量距

4.1.1　量距的工具

钢尺又称钢卷尺，其长度有 20m、30m 和 50m 等数种，卷放在圆形盒内或金属架上。钢尺的基本分划为厘米和毫米，厘米分划的钢尺在起点处 1 分米内有毫米分划，毫米分划的钢尺整个尺长内都有毫米分划。尺子的起点称为零点，由于零点位置不同，钢尺分为端点尺和刻线尺如图 4-1 所示。

量距的辅助工具有标杆、测钎、垂球等，如图 4-2 所示。标杆的作用是标定直线的方向，测钎用来标志尺段起、终点的位置和记录所量得的尺段数量。

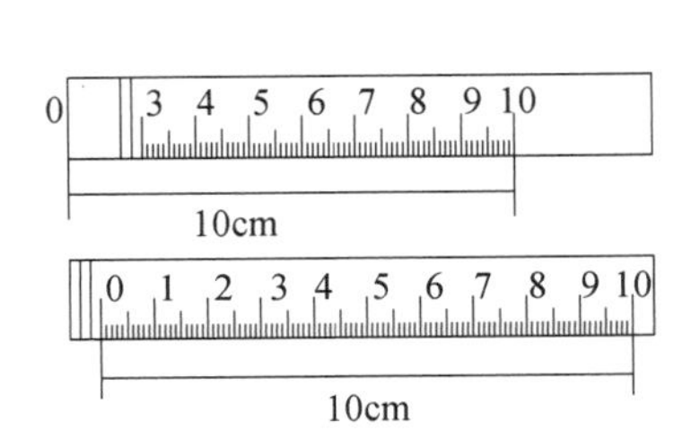

图 4-1　端点尺和刻线尺

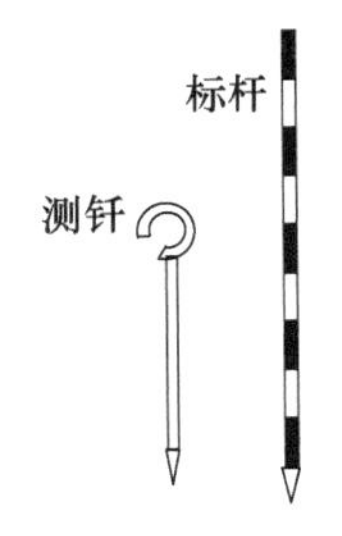

图 4-2　测钎和标杆

4.1.2　直线定线

当地面上点与点之间距离比较远时，用钢尺一次无法完成测量工作，此时可以在两点连线之间标定若干点，这个过程称为直线定线。一般情况下，直线定线可以通过以下两种方法来完成。

1. 目估定线

如图 4-3 所示，A、B 两点相互通视，现需要在直线 AB 上标定出 1、2 等点。具体操作方法如下：先将标杆竖立于 A、B 点上，甲站在 A 点标杆后约 1m 处，乙在直线 AB 之间听从甲的指挥，直到甲沿着直线 AB 方向可以看到乙所持标杆与 A、B 两点处的标杆在同一直线上为止，这样依次由远到近标定出 AB 之间的其他点位。

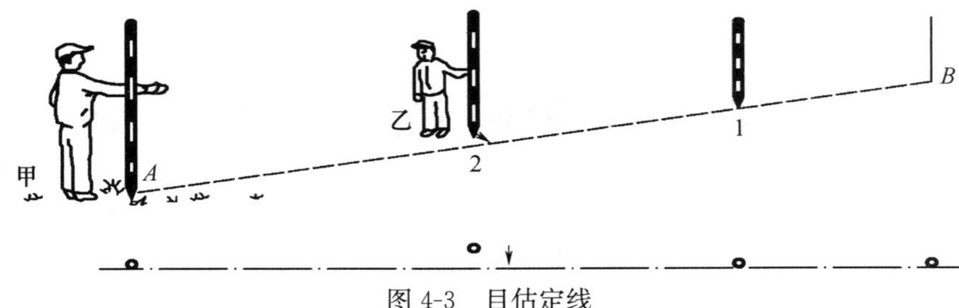

图 4-3　目估定线

2. 经纬仪定线

将经纬仪架设在 A 点上，瞄准 B 点，然后固定照准部，指挥 AB 之间的持杆人移动标杆。当经纬仪望远镜的十字丝竖丝上出现标杆的影像时，标杆的位置就是我们要标定的点位。当定线比较精密时，标杆可以用测钎或垂球线代替。

4.1.3　钢尺量距的一般方法

丈量工作一般由三人协同作业，他们分别担任前尺员、后尺员及记录人员。随着地势情况的变化，距离丈量方法也有所不同。

1. 平坦地面的丈量方法

在平坦地面上可以直接丈量任意两点之间的水平距离。在标定出直线后，可以将直线分为若干段，然后分段丈量。如图 4-4 所示，后尺员（甲）手持钢尺的零端站立在 A 处，前尺员乙持钢尺的末端携带测钎沿丈量方向前行，行至一整尺处停下，然后，两人将尺拉紧伸直，随即后尺员以零点对准 A 点，前尺员在尺的末端处垂直插下一测钎，定出点 1，即量得第一整尺段。接着，前、后尺员将尺举起前行，用同样的方法，继续向前量第二、第三……整尺段。最后丈量到 B 点，量取不足一整尺的距离 q，则 A、B 之间的水平距离用 D 表示为：

$$D = nl + q \tag{4-1}$$

式中，n 为整尺段数；l 为钢尺长度；q 为不足一整尺的余长。

图 4-4　平坦地面的丈量

为了防止丈量错误和提高丈量的精度，一般要求往返各测一次。返测时要重新定线丈量，当精度满足规范要求时，取往返距离的平均值作为量距的结果。量距的精度用相对误差 K 来衡量。通常把 K 的表达式化成分子为 1 的分数形式，分母越大，说明精度越高。

$$K = \frac{|D_{往} - D_{返}|}{D_{平均}} = \frac{1}{\dfrac{D_{平均}}{|D_{往} - D_{返}|}} \tag{4-2}$$

式中，$D_{往}$ 为往测距离；$D_{返}$ 为返测距离；$D_{平均}$ 为往返观测的平均值。

【例 4-1】 AB 的往测距离为 175.367m，返测距离为 175.319m，距离平均值为 175.343m，则其相对误差为

【解】

$$K=\frac{|175.367-175.319|}{175.343}\approx\frac{1}{3700}$$

在计算相对误差时，一般将分子化为 1、分母凑成整百数的形式，并且用它来衡量量距结果的精度。分母越大，精度越高，反之精度越低。当计算的相对误差满足要求时，取往返丈量的平均值作为该段的距离。通常情况下，在平坦地区钢尺量距的相对误差不应高于 1/3000；在量距不方便区域，相对误差也不应高于 1/1000。

2. 倾斜地面的丈量方法

（1）平量法

当倾斜地面地势起伏不大时，可将钢尺水平拉直丈量，如图 4-5 所示。尺子的水平情况可由第三人在尺子侧旁适当位置用目估判定。一般使尺子一端靠地，另一端用垂球线紧靠尺子的某分划，使垂球自由下坠，其尖端在地面上击出的印子作为该分划的水平投影位置。各测段丈量结果总和即为 AB 水平距离。

（2）斜量法

如图 4-6 所示，当地面坡度较大时，可以直接量出 AB 的斜距 L，测量出 AB 两点间的高差 h，则 AB 间的水平距离为：

$$D=\sqrt{L^2-h^2} \tag{4-3}$$

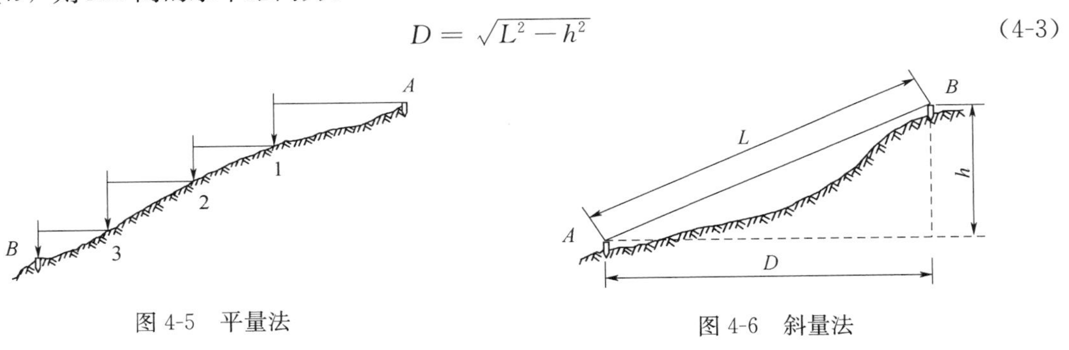

图 4-5　平量法　　图 4-6　斜量法

4.1.4　钢尺的检定

由于制造误差、拉力不同及温度的影响，使钢尺尺面注记的名义长度和实际长度往往不相等。用这样的尺子量距会使丈量结果包含一定的差值，因此，要测得准确的距离，除了要掌握好量距的方法外，还必须进行钢尺检定。

1. 尺长方程式

经过检定的钢尺，其长度可用尺长方程式表示。它的一般形式为：

$$l_t=l_0+\Delta l+\alpha l_0(t-t_0) \tag{4-4}$$

式中，l_t 为钢尺在温度 t 时的实际长度；l_0 为钢尺的名义长度；Δl 为尺长改正数，即钢尺在 $t=t_0$ 时的整尺长改正数；α 为钢尺的线膨胀系数，取 $\alpha=1.25\times10^{-5}$；t 为钢尺量距时的温度；t_0 为检定钢尺时的温度 20℃。

此式未考虑拉力对尺长的影响。因此，量距时作用于钢尺上的拉力应与检定时的拉力相同。对于 30m 和 50m 的钢尺，通常拉力为 100N 和 150N。

2. 钢尺的检定方法

可将被检定的钢尺与已有尺长方程式的标准钢尺相比较。两根钢尺并排放在平坦地面上，都施加标准拉力，把两根钢尺的末端对齐，在零分划处读出两尺的差数，这样就可以根据标准尺的尺长方程式来确定被检定钢尺的尺长方程式。

【例 4-2】 已知 1 号钢尺的尺长方程式为：

$$l_{t1} = 30\text{m} + 0.002\text{m} + 1.25 \times 10^{-5} \times 30 \times (t - 20℃)\text{m}$$

被检定的 2 号钢尺名义长度是 30m，两尺末端对齐时，1 号钢尺零分划线对准 2 号钢尺的 0.005m 处，试确定 2 号钢尺的尺长方程式。

【解】 根据比较结果可得出：

$$l_{t2} = l_{t1} + 0.005\text{m}$$

将 1 号钢尺尺长方程式代入上式得：

$$l_{t2} = 30\text{m} + 0.002\text{m} + 1.25 \times 10^{-5} \times 30 \times (t - 20℃)\text{m} + 0.005\text{m}$$

则 2 号钢尺的尺长方程式为：

$$l_{t2} = 30\text{m} + 0.007\text{m} + 1.25 \times 10^{-5} \times 30 \times (t - 20℃)\text{m}$$

4.1.5 成果整理

假设量取的是倾斜距离 L，需要对 L 进行尺长、温度和倾斜三项改正。地面倾斜坡度不同时，可分段进行改正；地面倾斜坡度基本一致时，可按整条边的长度进行改正。

1. 尺长改正

$$\Delta l_d = L \frac{\Delta l}{l_0} \tag{4-5}$$

2. 温度改正

$$\Delta l_t = L\alpha (t - t_0) \tag{4-6}$$

3. 倾斜改正

$$\Delta l_h = -\frac{h^2}{2L} \tag{4-7}$$

经过各项改正后的水平距离为：

$$D = L + \Delta l_d + \Delta l_t + \Delta l_h \tag{4-8}$$

但是由于高精度电子仪器的使用，钢尺精密量距的使用已经越来越少了。

【例 4-3】 使用尺长方程式为 $l_t = 30\text{m} - 0.002\text{m} + 1.25 \times 10^{-5} \times 30 \times (t - 20℃)\text{m}$ 的钢尺，往返丈量 A、B 两点间的距离，用水准仪测得两点的高差 h=1.68m，往测时量得长度为 214.542m，平均温度为 24.5℃，返测时量得长度为 214.532m，平均温度为 24.8℃，试求经过各项改正后 AB 的水平距离。

【解】 计算过程见表 4-1。

表 4-1 钢尺精密量距计算表

线段	距离(m)	温度(℃)	高差(m)	尺长改正(m)	温度改正	倾斜改正	水平距离	备注
A-B	214.542	24.5	1.68	−0.0143	0.0121	−0.0066	214.533	相对误差 K=1/23800 平均值 D=214.528m
B-A	214.532	24.8	−1.68	−0.0143	0.0129	−0.0066	214.524	

4.1.6　钢尺量距的误差与注意事项

1. 钢尺量距的误差

（1）尺长误差

钢尺的名义长度与实际长度不符产生尺长误差。尺长误差属于系统误差，有累积性的，距离越长，误差越大。因此，新购的钢尺应经过检定，以便进行尺长改正。

（2）温度误差

钢尺丈量时的温度和标准温度不一致，会产生温度误差。因此，精度要求高时要进行温度改正。

（3）人为误差

主要有拉力误差、钢尺倾斜和垂曲误差、定线误差以及丈量误差。丈量时要施加标准的拉力，钢尺两端要保持水平中间不能有下垂；严格定线认真操作以减小丈量误差。

2. 钢尺量距的注意事项

① 钢尺易氧化生锈，收工时应立即用软布擦去钢尺上的泥土和水珠，涂上机油以防生锈。

② 钢尺易折断，在行人和车辆多的地区量距时，严防钢尺被车辆压过而折断。当钢尺出现卷曲时，切不可用力硬拉，应按顺时针方向收卷钢尺。

③ 不可将钢尺沿地面拖拉，以免磨损尺面刻划。

4.2　视距测量

视距测量是根据几何光学原理测距的一种方法。视距测量精度可达 1/300～1/200，由于操作简便，不受地形起伏限制，可同时测定距离和高差，所以被广泛用于测距精度要求不高的地形图测绘当中。

4.2.1　视距测量原理

1. 视准轴水平时的距离与高差公式

如图 4-7 所示，在 A 点安置经纬仪，B 点竖立视距尺，并使望远镜视线水平（使竖直角为零，即竖直度盘读数为 90°或 270°），瞄准 B 点的视距尺，此时视线与视距尺垂直。对于倒像望远镜，下丝在视距尺上读数为 a，上丝在视距尺上读数为 b，下、上丝读数之差称为视距间隔 l（$l=a-b$）。若十字丝分划板上的两根视距丝之间的距离是 p，f 为望远镜物镜焦距，δ 为物镜中心到仪器中心的距离，根据相似三角形的关系，得到 A、B 两点间水平距离为：

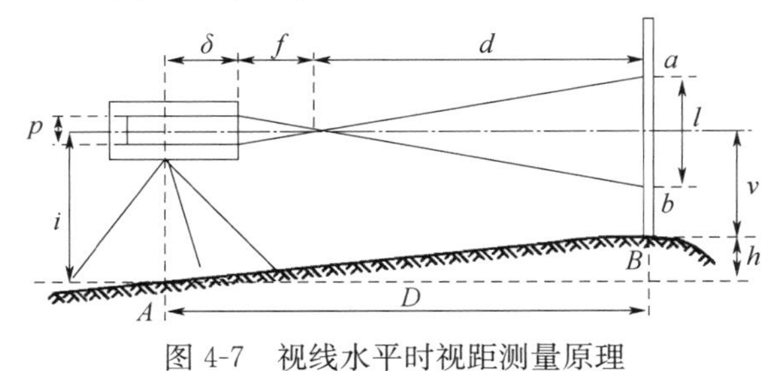

图 4-7　视线水平时视距测量原理

$$D=\delta+f+d=\delta+f+\frac{f}{p}\cdot l$$

令
$$C=\delta+f\text{，}K=\frac{f}{p}\text{ 则}$$

$$D=kl+C \tag{4-9}$$

式中，K、C 分别为视距乘常数和视距加常数。设计制造仪器时，通常使 $K=100$，C 接近于零。因此，视准轴水平时的视距计算公式为：

$$D=kl=100l \tag{4-10}$$

若仪器高用 i 表示，十字丝中丝读数用 v 表示，则由图 4-7 所示，A、B 两点间高差为

$$h=i-v \tag{4-11}$$

2. 视准轴倾斜时的距离与高差公式

在地面起伏较大的地区测量时，必须使经纬仪的视准轴倾斜才能读取尺的间隔，如图 4-8所示。由于视准轴不垂直于视距尺，不能使用式（4-10）和式（4-11）。如果能将尺间隔 l（$l=a-b$），转换成与视准轴垂直的尺间隔 l'（$l'=a'-b'$），就可按式（4-10）计算倾斜距离 L，根据 L 和竖直角 α 算出水平距离 D 和高差 h。

$$l'=l\cos\alpha$$

根据式（4-10）得倾斜距离为：

$$L=kl'=kl\cos\alpha$$

视线倾斜时的水平距离为：

$$D=L\cos\alpha=kl\cos^2\alpha \tag{4-12}$$

由图 4-8 可知，测站到立尺点的高差为：

$$\begin{aligned}h&=D\tan\alpha+i-v=L\sin\alpha+i-v\\&=kl\cos\alpha\sin\alpha+i-v=\frac{1}{2}kl\sin2\alpha+i-v\end{aligned} \tag{4-13}$$

【例 4-4】 如图 4-8 所示，在 A 点量取经纬仪高度 $i=1.500\text{m}$，望远镜照准 B 点视距尺的中丝、上丝、下丝读数分别为 $v=1.400\text{m}$，$b=1.262\text{m}$，$a=2.548\text{m}$，经纬仪观测竖直角 $\alpha=+14°42'$，试求 A、B 的水平距离和高差。

【解】 尺间隔 $L=a-b=2.548-1.262=1.286\text{m}$

水平距离 $D=kl\cos^2\alpha=100\times1.286\times\cos^2(14°42')=120.319\text{m}$

高差 $h=D\tan\alpha+i-v=121.86\times\tan14°42'+1.500-1.400=31.665\text{m}$

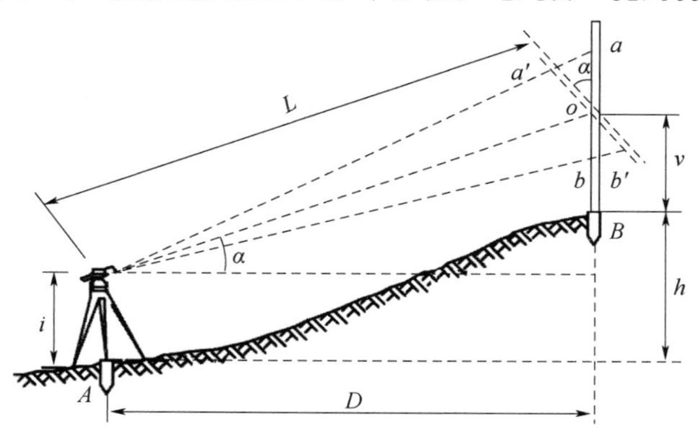

图 4-8　视线倾斜时视距测量原理

4.2.2　视距测量的误差及注意事项

1. 读数误差

视距间隔 l 由上、下视距丝在标尺上读数相减而得，由于视距常数 $K=100$，所以视距丝的读数误差将扩大 100 倍地影响所测距离，即读数误差如为 1mm，则影响距离为 0.1m。所以，在标尺上读数前，必须消除视差，读数时应十分仔细。

2. 标尺不竖直误差

标尺立得不竖直对距离的影响与标尺倾斜度和竖直角有关，且当尺面沿测线前后倾斜时容易被观测员忽略。为减小标尺不竖直误差的影响，应选用安装圆水准器的标尺。

3. 外界条件的影响

外界条件的影响主要有大气折光、空气对流，使标尺成像不稳定，风力过大使尺子抖动等。因此，应尽可能使仪器视线高出地面 1m 以上，并选择合适的天气作业。

4.3　全站仪及其使用

4.3.1　全站仪的基本功能

全站型电子速测仪（简称全站仪）是集测角、测距和常用测量软件功能于一体，由微处理机控制，自动测距、测角，自动归算水平距离、高差、坐标增量等，同时还可以自动显示、记录、存储和数据输出的一种智能型测绘仪器。

全站仪集光电、计算机、微电子通信、精密机械加工等高精尖技术于一体，可方便、高效、可靠地完成多种工程测量工作，是目前测量工作中使用频率最高的仪器之一，具有常规测量仪器无法比拟的优点，是新一代综合性勘察测绘仪器。与普通测绘仪器相比，全站仪具有如下基本功能：

（1）具有普通仪器（如经纬仪）的全部功能。

（2）能在数秒内测定距离、坐标值，测量方式分为精测、粗测、跟踪三种，可任选其中一种。

（3）角度、距离、坐标的测量结果在液晶屏幕上自动显示，不需要人工读数、计算，测量速度快、效率高。

（4）测距时仪器可自动进行气象改正。

（5）系统参数可根据需要进行设置、更改。

（6）菜单式操作，可进行人机对话。提示语言有中文、英文等。

（7）内存大，一般可存储几千个点的测量数据，能充分满足野外测量需要。

（8）数据可录入电子手簿，并输入计算机进行处理。

（9）仪器内置多种测量应用程序，可根据实际测量工作需要，随时调用。

全站仪作为一种现代大地测量仪器，它的主要特点是同时具备电子经纬仪测角和测距两种功能，并由电子计算机控制、采集、处理和储存观测数据，使测量数字化、后处理自动化。全站仪除了应用于常规的控制测量、地形测量和工程测量外，还广泛地应用于变形测量等领域。

全站仪的种类很多，目前常见的全站仪有瑞士徕卡的 TC 系列、日本拓普康的 GTS 系列、日本索佳的 SET 系列、日本尼康 DTM 系列、中国南方 NTS 系列等十几种品牌。各类全站仪的外形大致相同，酷似光学经纬仪，也有照准部、基座和度盘三大部件。照准部上有望远镜，水平、竖直制动和微动螺旋，圆水准器，管水准器，光学对中器等。另外，仪器正反两侧都有液晶显示器和操作键盘，图 4-9 所示为南方 NTS-350 系列全站仪。

4.3.2 全站仪的使用

全站仪的功能很多，它是通过显示屏和操作键盘来实现的。不同型号的全站仪操作键盘不同，大致可区分为两大类：一类是操作按键比较多（15 个左右），每个键都有 2～3 个功能，通过按某个键执行某个功能；另一类是操作按键比较少，只有几个作业模式按键和几个软键（功能键），通过选择菜单达到执行某项功能。下面以南方 NTS-350 系列全站仪为例，介绍全站仪的使用。

1. 各部件名称与功能

NTS-350 系列全站仪如图 4-9 所示，有双面操作键盘和显示屏，操作键盘上有 23 个键，操作方便。操作键盘如图 4-10 所示，其名称与功能见表 4-2。

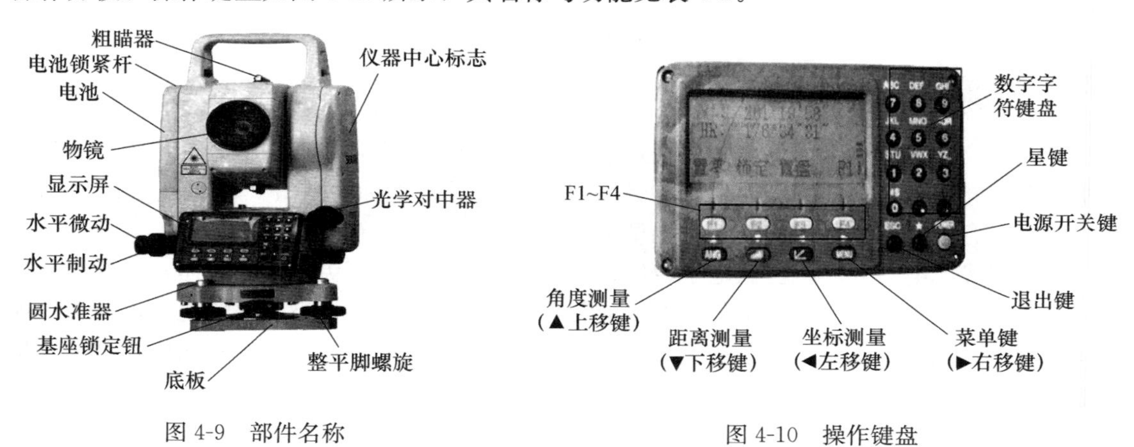

图 4-9 部件名称

图 4-10 操作键盘

表 4-2 NTS-350 系列全站仪的按键名称及功能

按键	名称	功能
ANG	角度测量键	进入角度测量模式（▲上移键）
◢	距离测量键	进入距离测量模式（▼下移键）
↗	坐标测量键	进入坐标测量模式（◀左移键）
MENU	菜单键	进入菜单模式（▶右移键）
ESC	退出键	返回上一级状态或返回测量状态
POWER	电源开关键	电源开关
F1～F4	软键（功能键）	显示相应的软键信息
0～9	数字字符键	输入数字和字母、小数点、负号
★	星键	进入星键模式

2. 功能键

（1）角度测量模式（三个界面菜单，图 4-11，表 4-3）

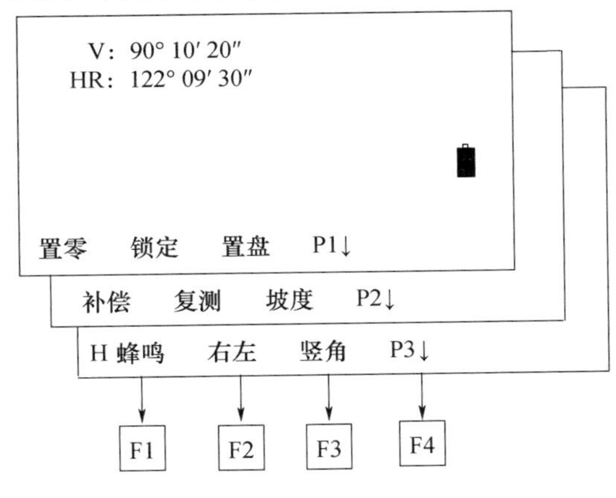

图 4-11　角度测量模式

表 4-3　角度测量模式软键功能

页数	软键	显示符号	功能
第 1 页（P1）	F1	置零	水平角置为 0°00′00″
	F2	锁定	水平角读数锁定
	F3	置盘	通过键盘输入数字设置水平角
	F4	P1↓	显示第 2 页软键功能
第 2 页（P2）	F1	补偿	设置倾斜补偿开或关，若选择开则显示补偿改正
	F2	复测	水平角重复测量
	F3	坡度	垂直角与百分比坡度的切换
	F4	P2↓	显示第 3 页软键功能
第 3 页（P3）	F1	H 蜂鸣	仪器转动至水平角 0°/90°/180°/270°是否蜂鸣的设置
	F2	右左	水平角右/左计数方向的切换
	F3	竖角	垂直角显示格式（高度角/天顶距）的切换
	F4	P3↓	显示第 1 页软键功能

（2）距离测量模式（两个界面菜单，图 4-12，表 4-4）

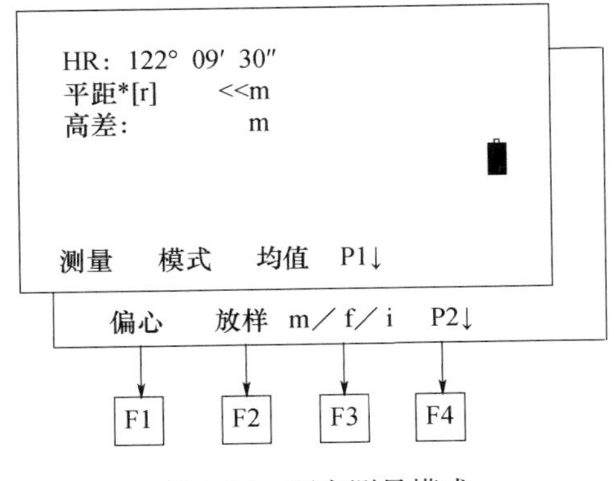

图 4-12　距离测量模式

表 4-4　距离测量模式软键功能

页数	软键	显示符号	功能
第 1 页（P1）	F1	测量	启动距离测量
	F2	模式	测距模式单次精测/N 次精测/重复精测/快速/跟踪的转换
	F3	均值	设置 N 次精测的次数
	F4	P1↓	显示第 2 页软键功能
第 2 页（P2）	F1	偏心	偏心测量模式
	F2	放样	距离放样模式
	F3	m/f/i	距离单位的设置米/英尺/英尺·英寸
	F4	P2↓	显示第 1 页软键功能

（3）坐标测量模式（三个界面菜单，图 4-13，表 4-5）

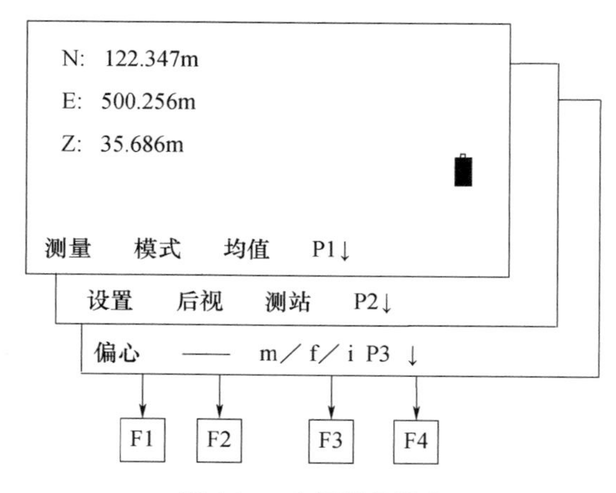

图 4-13　坐标测量模式

表 4-5　坐标测量模式软键功能

页数	软键	显示符号	功能
第 1 页（P1）	F1	测量	启动坐标测量
	F2	模式	测距模式单次精测/N 次精测/重复精测/快速/跟踪的转换
	F3	均值	设置 N 次精测的次数
	F4	P1↓	显示第 2 页软键功能
第 2 页（P2）	F1	设置	设置棱镜高和仪器高
	F2	后视	设置后视点坐标
	F3	测站	设置测站点的坐标
	F4	P2↓	显示第 3 页软键功能
第 3 页（P3）	F1	偏心	偏心测量模式
	F2	—	—
	F3	m/f/i	距离单位的设置米/英尺/英尺·英寸
	F4	P3↓	显示第 1 页软键功能

（4）星键

按下星键后，屏幕显示如下（图 4-14）：

在这里可进行如下设置：

反射体：	[反射片]
对比度：	2↕
照明　补偿　反差　参数	

图 4-14　星键功能

① 对比度调节：通过按［▲］或［▼］键，可以调节液晶显示对比度。

② 照明：在光线比较暗的情况下，按［F1］键可以打开背景光，再次按下［F1］键则关闭背景光。

③ 补偿：按［F2］键进入“补偿”设置功能，按［F1］或［F3］键设置倾斜补偿的打开或者关闭。

④ 反射体：按［F3］键可设置反射目标的类型。按下［F3］键一次，反射目标便在棱镜/免棱镜/反射片之间转换。

⑤ 参数：按［F4］键选择“参数”，可以对棱镜常数、PPM 值和温度气压进行设置，并且可以查看回光信号的强弱。

3. 测量准备

（1）仪器开箱和存放

开箱：轻轻地放下箱子，让其盖朝上，打开箱子的锁栓，开箱盖，取出仪器。

存放：盖好望远镜镜盖，使照准部的垂直制动手轮和基座的水准器朝上，将仪器平卧（望远镜物镜端朝下）放入箱中，轻轻旋紧垂直制动手轮，盖好箱盖，并关上锁栓。

（2）安置仪器

将仪器安装在三脚架上，精确整平和对中，以保证测量成果的精度（应使用专用的中心连接螺旋的三脚架）。

（3）打开电源开关

将 NTS-350 系列全站仪对中、整平后，按下［POWER］键，即打开电源，显示器初始化约两秒钟后，显示初始界面。确认显示窗中显示有足够的电池电量，当电池电量不多时，应及时更换电池或对电池进行充电。

（4）安置反射棱镜

全站仪在进行距离测量等作业时，需在目标处放置反射棱镜。反射棱镜有单（三）棱镜组，可通过基座连接器将棱镜组与基座连接，再安置到三脚架上，也可直接安置在对中杆上。棱镜组由用户根据作业需要自行配置。

（5）望远镜目镜调整和目标照准

① 将望远镜对准明亮天空，旋转目镜筒，调焦看清十字丝。

② 利用粗瞄准器内的三角形标志的顶尖瞄准目标点，照准时眼睛与瞄准器之间应保留一定距离。

③ 利用望远镜调焦螺旋使目标成像清晰。

当眼睛在目镜端上下或左右移动发现有视差时，说明调焦或目镜屈光度未调好，这将影响观测的精度，应仔细调焦并调节目镜筒消除视差。

4. 角度测量

（1）水平角（右角）和垂直角测量

如图 4-15 所示，欲测定 OA、OB 两方向的水平角，以及 A 点、B 点的竖直角，其操作步骤如下：

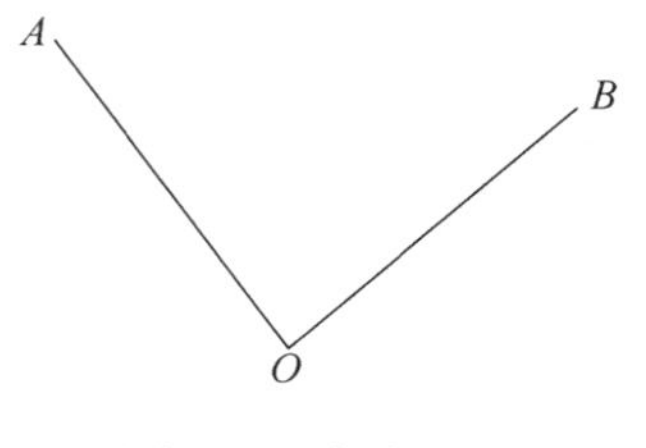

图 4-15　角度测量

① 在 O 点整置仪器，开机后，按 ANG 键进入角度测量模式。

② 照准第一个目标 A，仪器显示目标 A 的水平角和竖直角。

③ 按［F1］（置零）键和［F4］（是）键，设置目标 A 的水平角读数为 $0°00'00''$。

④ 照准第二个目标 B，仪器显示目标 B 的水平角和竖直角。

（2）水平角右角、左角的转换

水平角右角，即仪器右旋角，从上往下看水平度盘，水平读数顺时针增大；水平角左角，即仪器左旋角，水平读数逆时针增大。在测角模式下，右角、左角可交替转换。通常使用右角观测模式，右角、左角的转换步骤如下：

① 在角度测量模式下按［F4］（P1↓）键两次，进入第 3 页显示功能。

② 按［F2］（左右）键，水平角测量右角模式转换成左角模式。

③ 再按［F2］键则以右角模式进行显示。

每按一次［F2］（R/L），右角/左角便交替切换。

（3）水平度盘读数的设置

① 通过锁定键进行设置：

a. 在角度测量模式下，利用水平微动螺旋转到所需的水平角。

b. 按［F2］（锁定）键，启动水平度盘锁定功能。

c. 照准用于定向的目标点。

d. 按［F4］（是）键完成水平角设置，显示屏变为正常的角度测量模式。

② 利用数字键设置：

a. 在角度测量模式下，照准用于定向的目标点。

b. 按［F3］（置盘）键。

c. 通过键盘输入所需的水平度盘读数，并按［F4］（确认）键。

d. 水平度盘被设置，即可进行定向后的正常角度测量。

在测角模式下，按［F4］（↓）键转到第 2 页，按［F3］（坡度）键，垂直角与坡度显示模式交替切换。

5. 距离测量

（1）大气改正的设置

设置大气改正时，须预先测得测站周围的温度和气压，由此即可求得大气改正值。

① 进入星键（★）模式。

② 按［F4］（参数）键，进入参数设置功能。

③ 按［F3］键，输入温度和气压。

④ 按［F4］确认。系统返回上一显示屏，计算出大气改正值。

（2）棱镜常数的设置

一旦设置了棱镜常数，关机后该常数仍被保存。

① 进入星键（★）模式。

② 按［F4］（参数）键，进入参数设置功能。

③ 按［F1］（棱镜）键，输入棱镜常数。

④ 按［F4］确认，系统返回上一显示屏。

（3）距离测量

距离测量可设为单次精测/N 次精测/重复精测/快速测量/跟踪测量五种测量模式。当设置了观测次数时，仪器会按设置的次数进行距离测量并显示出平均距离值。

① 照准棱镜中心。

② 按◢键，连续测量开始。

③ 若要改变测量模式按［F2］（模式）键，五种测量模式依次转换。

6. 坐标测量

（1）设置测站点坐标

设置仪器（测站点）相对于坐标原点的坐标后，仪器便可自动转换和显示未知点（棱镜点）在该坐标系中的坐标。坐标测量的操作步骤如下：

① 在坐标测量模式下，按［F4］（↓）键，转到第 2 页功能。

② 按［F3］（测站）键，输入测站点坐标，并按［F4］（确认）键。

（2）设置仪器高/棱镜高

坐标测量须输入仪器高与棱镜高，以便直接测定未知点坐标。仪器高与棱镜高的设置方法如下：

① 在坐标测量模式下，按［F4］（↓）键，转到第 2 页功能。

② 按［F1］（设置）键，显示以前的仪器高与棱镜高。

③ 移动光标输入要设置的仪器高和棱镜高，按［F4］（确认）键。

（3）坐标测量

在进行坐标测量时，通过输入测站点坐标、仪器高和棱镜高，即可直接测定未知点的坐标。

① 在坐标测量模式下，设置测站点坐标和仪器高/棱镜高。

② 设置已知点的方向角。

③ 按［F3］（测量）键，进入待测点测量。

④ 按［F2］（输入）键，输入点号后，按［F4］（确认）键。

⑤ 按［F2］（输入）键，输入编码后，按［F4］（确认）键。

⑥ 按［F2］（输入）键，输入棱镜高，按［F4］（确认）键。

⑦ 按［F3］（测量）键，照准目标点。

⑧ 分别按［F1］（角度）键、［F2］（斜距）键、［F3］（坐标）键，系统启动测量所需数据。

⑨ 测量结束后，按［F4］键，数据被存储。

⑩ 按［ESC］键即可结束数据采集模式。

4.4　直线定向

为了确定地面上两点之间的相对位置，除了需要测量两点之间的水平距离外，还需要确定这条直线的方向。确定地面直线与标准方向之间的水平夹角，这项工作称为直线定向。进行直线定向，首先要选定一个标准方向作为定向基准，然后用直线与标准方向之间的水平夹角来表示该直线的方向。

4.4.1 三种标准方向

1. 真子午线方向

地表任一点 P 与地球旋转轴所组成的平面与地球表面的交线称为 P 点的真子午线，真子午线在 P 点的切线方向称为 P 点的真子午线方向，指向北方的一端简称真北方向。可以应用天文测量方法来测定地表任一点的真子午线方向。

2. 磁子午线方向

地表任一点 P 与地球磁场南北极连线所组成的平面与地球表面交线称为 P 点的磁子午线，磁子午线在 P 点的切线方向称为 P 点的磁子午线方向，指向北方的一端简称磁北方向。磁子午线方向可以应用罗盘仪来测定。在 P 点安置罗盘，磁针自由静止时其轴线所指的方向即为 P 点的磁子午线方向。

3. 坐标纵轴方向

过地表任一点 P 且与其所在的高斯平面直角坐标系或者假定坐标系的坐标纵轴平行的直线称为 P 点的坐标纵轴方向，指向北方的一端简称坐标北方向。在同一投影带中，各点的坐标纵轴方向是相互平行的。

4.4.2 三个北方向之间的夹角

1. 真北方向与坐标北方向之间的夹角

通过地面某点的真子午线与该点的坐标纵线方向比较，这两个标准方向之间的夹角称为子午线收敛角，如图 4-16 中的 γ。坐标纵线偏在子午线以东为正，偏在以西为负。

2. 真北方向与磁北方向之间的夹角

由于地磁南北极和地球南北极并不重合，因此，通过地面上某点的真子午线方向与磁子午线方向常不重合，两者之间的夹角称为磁偏角，如图 4-16 中 δ。磁子午线偏于真子午线以东，取正值；偏于真子午线以西，取负值。

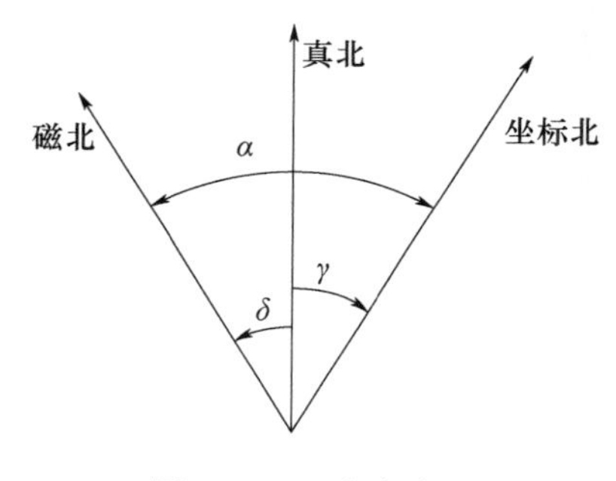

图 4-16 三北方向图

3. 坐标北方向与磁北方向之间的夹角

通过地面某点的坐标纵线方向和磁北方向比较，这两个标准方向之间的夹角称为磁坐偏角，如图 4-16 中的 α。已知某点的磁偏角 δ 与子午线收敛角 γ，则磁坐偏角为

$$\alpha = \pm\delta \pm \gamma \tag{4-14}$$

4.4.3 直线定向的方法

测量工作中，常采用方位角或象限角表示直线的方向。

方位角定义：从直线起始点的标准方向的北端起，顺时针量到该直线的水平夹角。方位角的取值范围是 0°～360°。不同的标准方向所对应的方位角分别称为真方位角（用 A 表示）、磁方位角（用 A_m表示）和坐标方位角（用 α 表示）。利用上述的三个标准方向，可以对地表任一直线 PQ 定义三个方位角。

1. **真方位角**

由过直线起始点（P 点）的真子午线方向的北端起，顺时针量到直线 PQ 的水平夹角，称为直线 PQ 的真子午线方位角，用 A_{PQ} 表示。

2. **磁方位角**

由过直线起始点（P 点）的磁子午线方向的北端起，顺时针量到直线 PQ 的水平夹角，称为直线 PQ 的磁子午线方位角，用 $A_{m_{PQ}}$ 表示。

3. **坐标方位角**

由过直线起始点（P 点）的坐标纵轴方向的北端起，顺时针量到直线 PQ 的水平夹角，称为直线 PQ 的坐标方位角，用 α_{PQ} 表示。

4.4.4　三种方位角之间的关系

1. **真方位角 A_{PQ} 与磁方位角 $A_{m_{PQ}}$ 的关系**

由于地球的南北极与地球磁场的南北极不重合，过地表任一点 P 点的真子午线方向与磁子午线方向也不重合，两者间的水平夹角称为磁偏角，用 δ_P 表示。其正负的定义为：以真子午线方向北端为基准，磁子午线方向北端偏东，$\delta_P>0$；偏西，$\delta_P<0$。由图4-16可得

$$A_{PQ}=A_{m_{PQ}}\pm\delta_P \tag{4-15}$$

我国磁偏角的变化在$+6°\sim-10°$之间。

2. **真方位角 A_{PQ} 与坐标方位角 α_{PQ} 的关系**

在高斯平面直角坐标系中，过其内任一点 P 的真子午线是收敛于地球旋转轴南北两极的曲线。所以，只要 P 点不在赤道上，其真子午线方向与坐标纵轴方向就不重合，两者间的水平角称为子午线收敛角，用 γ_P 表示。其正负的定义为：以真子午线方向北端为基准，坐标纵轴方向北端偏东，$\gamma_P>0$；偏西，$\gamma_P<0$。由图4-16可得

$$A_{PQ}=\alpha_{PQ}\pm\gamma_P \tag{4-16}$$

其中，P 点的子午线收敛角可以按下列公式计算：

$$\gamma_P=(L_P-L_0)\sin B_P \tag{4-17}$$

式中，L_0 为 P 点所在的中央子午线经度；L_P、B_p 分别为 P 点的大地经度和纬度。

3. **坐标方位角和磁方位角的关系**

由式（4-15）和式（4-16）可得

$$\alpha_{PQ}=A_{m_{PQ}}\pm\delta_P\mp\gamma_P \tag{4-18}$$

4.4.5　象限角

一直线与坐标纵线的正、反方向所夹的锐角，称为象限角，其角值为0°～90°，如图4-17所示，由坐标纵线北端或南端，顺时针方向或逆时针方向量至直线 OA、OB、OC、OD 的象限角分别为 R_1、R_2、R_3、R_4。用象限角定向时，不但要注明角度的大小还要注明它所在的象限，图中各条直线的象限角应写为北东 R_1、南东 R_2、南西 R_3、北西 R_4。方位角和象限角可以互相换算，换算方法见表4-6。

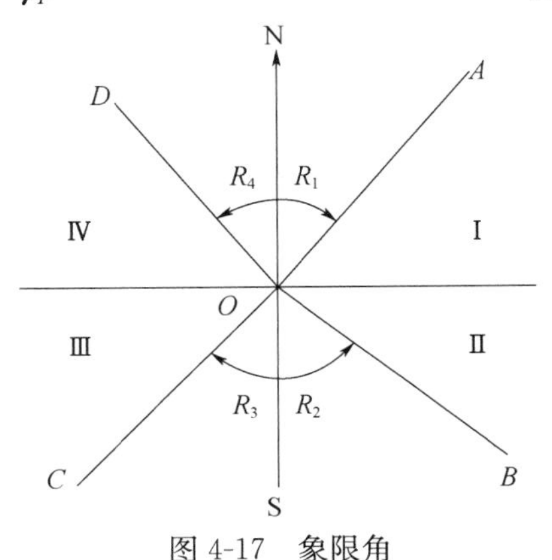

图4-17　象限角

表 4-6 方位角和象限角的关系

象限	坐标方位角和象限角有如下换算关系
Ⅰ	北东 $R_1=\alpha$
Ⅱ	南东 $R_2=180°-\alpha$
Ⅲ	南西 $R_3=\alpha-180°$
Ⅳ	北西 $R_4=360°-\alpha$

4.4.6 正、反坐标方位角

在测量工作中，直线的坐标方位角是以通过该直线的某一端点的坐标纵线为标准方向，并规定了直线的起点和终点，如图 4-18 所示，如果 A 为直线的起点，B 为终点，则直线 AB 的坐标方位角为 α_{AB}，直线 BA 的坐标方位角为 α_{BA}，α_{BA} 又称为直线 AB 的反坐标方位角；如果 B 为直线的起点，A 为终点，则直线 BA 的坐标方位角为 α_{BA}，直线 AB 的坐标方位角为 α_{AB}，α_{AB} 又称为直线 BA 的反坐标方位角。在同一坐标系中，各点的坐标纵线是互相平行的，所以

$$\alpha_{BA}=\alpha_{AB}\pm180° \tag{4-19}$$

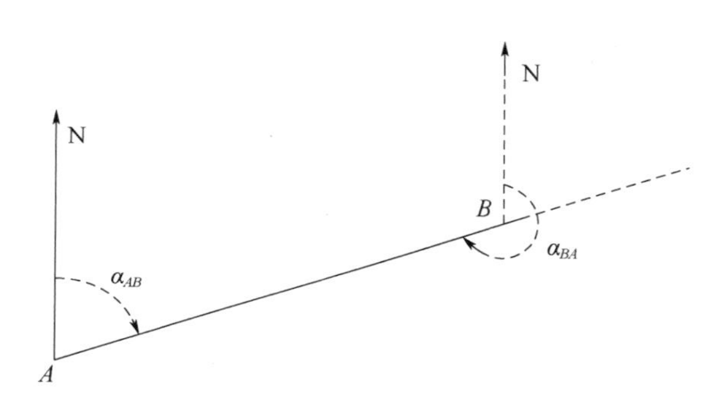

图 4-18 正反坐标方位角的关系

4.4.7 坐标方位角推算

在实际工作中并不需要测定每条直线坐标方位角，而是通过与已知坐标方位角的直线联测后，推算出各条直线的坐标方位角。

如图 4-19 所示，已知 $A\rightarrow B$ 的坐标方位角 α_{AB}，用经纬仪观测了水平角 $\beta_{左}$，求 $B\rightarrow1$ 的坐标方位角 α_{B1}。分别过 A、B 点作 x 轴的平行线，如图中虚线所示，根据坐标方位角的定义及图中的几何关系容易得出

$$\alpha_{B1}=\alpha_{AB}-180°+\beta_{左}=\alpha_{AB}+\beta_{左}-180° \tag{4-20}$$

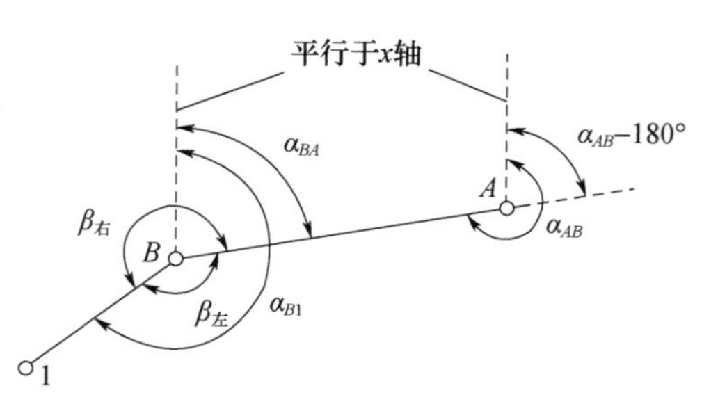

图 4-19 坐标方位角推算

由于观测的水平角 $\beta_{左}$ 位于坐标方位角推算

路线 $A \rightarrow B \rightarrow 1$ 的左边，所以称 $\beta_{左}$ 角相对于上述推算路线为左角。如果观测的是右角，则有 $\beta_{左} = 360° - \beta_{右}$，将其代入公式（4-20）得

$$\alpha_{B1} = \alpha_{AB} - \beta_{右} + 180° \tag{4-21}$$

式（4-20）和式（4-21）就是坐标方位角的推算公式，由此可以写出推算坐标方位角的一般公式为：

$$\alpha_{前} = \alpha_{后} + \begin{Bmatrix} +\beta_{左} \\ -\beta_{右} \end{Bmatrix} \pm 180° \tag{4-22}$$

式中，用 $\beta_{左}$ 推算时是加 $\beta_{左}$，用 $\beta_{右}$ 推算时是减 $\beta_{右}$，简称"加 $\beta_{左}$ 减 $\beta_{右}$"；若计算的坐标方位角大于 360°，再减 360°；若小于 0°，再加 360°，这样就可以确保求得的坐标方位角一定满足方位角的角值范围（0°～360°）。

思考题与习题

1. 往返丈量两点间的距离分别为 $D_{往}$ = 200.01m，$D_{返}$ = 199.99m，求这两点间的距离和相对误差。

2. 什么是直线定向？直线定向中标准方向的种类有哪些？

3. 什么是直线定线？为什么要进行直线定线？

4. 直线定向与直线定线有什么区别？

5. 已知钢尺的尺长方程式为 $l = 30\text{m} + 0.007 + 1.25 \times 10^{-5} \times 30 \times (t - 20℃)$，在温度 $t = -6℃$、高差 $h = 0.45\text{m}$ 时，用该尺丈量两个标志之间的距离为 89.453m，求改正后的水平距离。

6. 如图 4-20 所示，已知 $\alpha_{12} = 49°20'$，求其余各边的坐标方位角。

7. 如图 4-21 所示，已知 $\alpha_{12} = 168°36'$，求其余各边的坐标方位角。

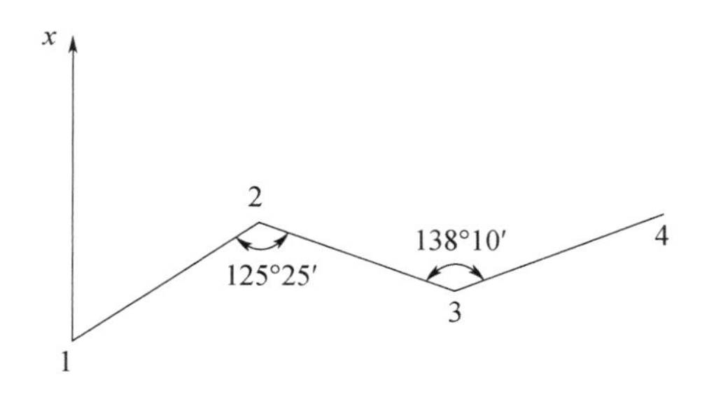

图 4-20　题 6 图

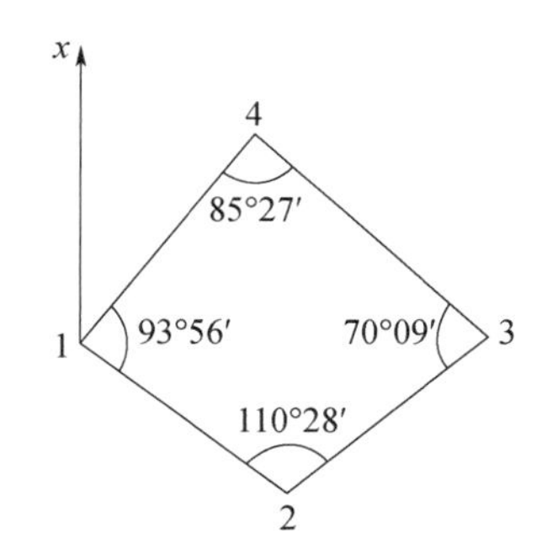

图 4-21　题 7 图

第5章　测量误差的基本知识

5.1　测量误差概述

在测量工作中，无论仪器多么精密，操作人员多么认真，对某量进行多次观测，观测值之间总是存在差异，而无法得到绝对正确的测量结果。如水准测量中的往返测，角度测量中的重复测量，观测结果并不都是一致的；再如平面三角形，三个内角测量值之和往往不是180°。观测值与客观真实值的偏差即误差。大量的实践说明，误差是无法避免的，但是可以通过对误差原因的分析，规律的研究，找到相应的措施，以减少误差对测量值的影响，提高观测精度。

5.1.1　误差来源

测量作业一般是由观测者操作测量仪器对处于一定的客观环境中的对观测量进行测量。由于观测者的感官鉴别能力有限，技术水平存在差异，在观测中对仪器的整平、对中、瞄准、读数等方面总会产生偏差；测量仪器受制造工艺的限制和使用过程中损耗的影响，在测量过程中必然会产生误差。外界环境对观测结果的影响也很大，如温度、风力、气压、光照等的变化都会对观测结果产生影响。

一般将观测者、测量仪器、外界环境统称为观测条件。观测条件的限制和变化是产生测量误差的原因。多次观测中，若观测条件相同称为等精度观测，观测条件不同称为非等精度观测。

5.1.2　误差的分类

根据测量误差对测量结果影响的性质分为：粗差、系统误差、偶然误差。

1. 粗差

粗差是大量级的误差，一般超限的观测结果中很可能是含有粗差的原因。出现粗差的原因有很多，不外乎观测条件引起观测值的错误，例如观测者读数错误、记录错误、瞄准错误；观测仪器发生故障；测量区域有振动源等。

粗差对测量结果的影响很大，应尽量避免。测量人员应严格按照相关规范进行测量作业，利用多余观测和改变测量条件等措施进行必要的检核，一旦发现粗差必须舍弃测量结果进行重新测量。在最终的观测成果中，不允许粗差存在。

2. 系统误差

在相同观测条件下，对某量进行多次观测，误差的大小和符号均相同或符合一定的变化规律，这种误差叫做系统误差。系统误差一般具有积累性。

产生系统误差的主要原因之一是仪器本身制造的不完善或外界条件对仪器的影响。如一把尺子的名义长度为20m，实际长度为20.003m，用这把尺子进行距离测量时，每测量一尺，误差+0.003m，测量的尺数越多，积累的误差越大。

系统误差的积累性对测量结果影响很大，但是可以利用其规律性尽量地减少系统误差对测量结果的影响。其一般的处理措施如下：

(1) 用计算的方法加以改正。如对钢尺进行温度改正、尺长改正等。

(2) 利用合适的观测方法消除系统误差。例如，水准测量中，安排成偶数站可以消除水准尺零点差的影响；水平角度测量中，取盘左、盘右测量值的平均值可消除经纬仪视准轴偏差。

(3) 将系统误差限制在一定范围内。有些系统误差不能计算改正，又无法通过合适的观测方法消除。如经纬仪照准部管水准器和仪器竖轴不垂直的误差，对水平角度测量的影响。对于此类误差，必须严格按照相关规范，对仪器进行精确校验，使其影响减小到允许范围之内。

3. 偶然误差

在相同观测条件下，对某量进行多次观测，误差的大小和符号均不一定，这种误差叫做偶然误差。由于偶然误差不同于粗差和系统误差，它是不可避免的。关于测量误差的主要研究内容就是在带有偶然误差的多个观测值中如何确定观测量的最可靠值及其精度。

单个偶然误差，没有规律可言，无法预测它的大小和符号；但是若在一定条件下，对某量进行多次观测，对偶然误差进行统计，便呈现出一定的规律性，观测次数越多，偶然误差的统计规律越明显。

例如，在相同观测条件下，多次测量三角形三个内角，由于误差的存在每次观测的测量值之和一般不等于180°。用X表示真值，l表示测量值，则观测值与真值之差为真误差。

$$\Delta = [l] - X \tag{5-1}$$

式中，l为三个内角测量值之和，即$[l]=l_1+l_2+l_3$。对测量结果进行统计（表5-1)，并绘制统计直方图。

表5-1 偶然误差统计表

误差区间（″）	正误差个数	负误差个数	误差总计
0～2	23	24	47
2～4	15	13	28
4～6	7	9	16
6～8	2	2	4
8～10	1	2	3
10～12	1	1	2
12以上	0	0	0
总计	49	51	100

由图5-1可直观地看到正负误差出现的频率基本相等，小误差出现的频率大于大误差出现的频率。通过大量实验证明偶然误差具有以下规律：

(1) 在一定的观测条件下，偶然误差的绝对值一定不会超过某限值，即有界性，本例为12″。

(2) 绝对值小的误差比绝对值大的误差出现的概率大，即密集性；越靠近0″越密集。

(3) 绝对值相等的正负误差出现的概率相等，即对称性；在各个误差区间内，正负误差出现的个数基本相等。

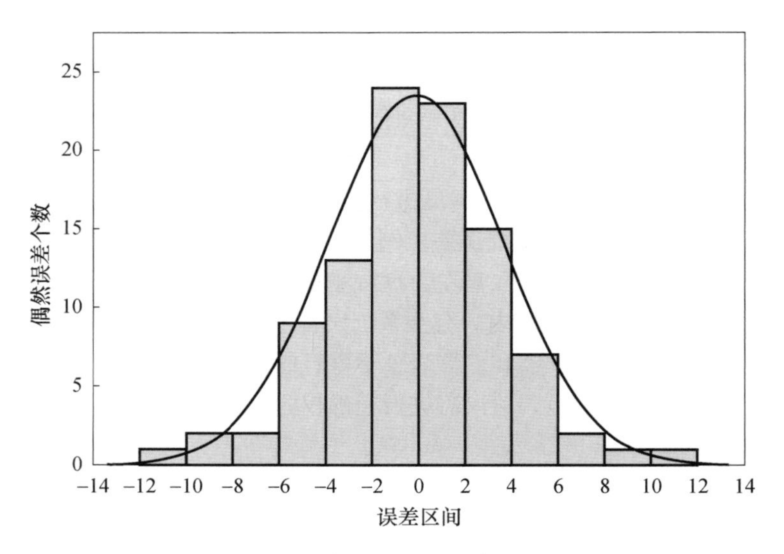

图 5-1　偶然误差统计直方图

（4）在等精度观测条件下，对某量进行多次观测，观测值偶然误差的算术平均值随着观测次数的无限增加而趋近于零，即抵偿性。偶然误差的第四个特性由第三个特性导出，在大量的偶然误差中，正负误差互相抵消，如下式所示

$$\lim_{n \to \infty} \frac{[\Delta]}{n} = 0 \tag{5-2}$$

式中，$\Delta = \Delta_1 + \Delta_2 + \cdots + \Delta_n$，$n$ 为观测次数。

偶然误差的四个特性具有普遍性，在图 5-1 中，将误差区间无限缩小，测量次数无限增加，偶然误差的分布直方图就会变成平滑的曲线，该曲线叫做误差概率分布曲线，它可以清楚地反映出偶然误差的特性。

5.2　衡量精度的标准

由于测量成果中不可避免的含有误差，为了衡量测量成果质量的好坏必须提出统一的衡量标准，只有符合规范要求限差的才算合格。在测量工作中，通常用“精度”来对测量成果进行评价，即误差分布越密集，误差越小，精度越高，误差分布越离散，误差越大，精度越低。通常用中误差、相对中误差、容许误差来作为衡量精度的标准。

5.2.1　中误差

在等精度观测中，对某观测量进行 n 次观测，各观测值的真误差为 $\Delta_1, \Delta_2, \cdots, \Delta_n$，则中误差为

$$m = \pm\sqrt{\frac{\Delta_1{}^2 + \Delta_2{}^2 + \cdots + \Delta_n{}^2}{n}} = \sqrt{\frac{[\Delta\Delta]}{n}} \tag{5-3}$$

例如，两组分别测量三角形内角和 10 次，其真误差分别为

第一组：$+2''$，$+2''$，$-3''$，$+1''$，$-1''$，$-2''$，$-5''$，$+3''$，$+4''$，$-2''$

第二组：$+1''$，$+4''$，$-3''$，$-5''$，$0''$，$+6''$，$-1''$，$-2''$，$+2''$，$-1''$

求两组观测值的中误差。

解：$m_1 = \pm\sqrt{\dfrac{2^2+2^2+3^2+1^2+1^2+2^2+5^2+3^2+4^2+2^2}{10}} = 2.8''$

$$m_2 = \pm\sqrt{\frac{1^2+4^2+3^2+5^2+0^2+6^2+1^2+2^2+2^2+1^2}{10}} = 3.1''$$

对比两组中误差 $m_1 < m_2$，可知第一组精度高于第二组。

需要注意，在一组等精度观测中，各个真误差并不都相等，但是它们具有相同的精度，因为它们对应着相同的误差分布。

5.2.2　相对中误差

中误差的大小与观测值的大小无关，在某些测量中，中误差无法全面反映测量的精度。如长度的丈量误差与长度有关，用中误差来衡量丈量的精度并不适合。若丈量 100m 和 200m 的中误差均为 ±0.01 m，显然两段距离丈量精度并不相等。在测量误差与测量值的大小相关的情况下，为衡量精度的大小，需要引入相对中误差的概念。

中误差的绝对值与相应观测值之比，即相对中误差，通常用 K 表示。相对中误差习惯用分子为 1 的分数表示，分母愈大，相对误差愈小，精度愈高。

$$K = \frac{|m|}{l} = \frac{1}{l/|m|} \tag{5-4}$$

上述长度丈量的相对中误差分别是 $\dfrac{1}{100}$ 和 $\dfrac{1}{200}$，可知后者精度要高于前者。

5.2.3　容许误差

根据偶然误差的有界性可知，在一定观测条件下，偶然误差的绝对值不会超过一定的限值，这个限值就是极限误差，简称限差。限差是观测结果取舍的判断标准，如果观测值的偶然误差超过限差，说明观测值中很可能含有粗差，应舍去。根据大量实验证明，偶然误差的绝对值大于 2 倍中误差的概率约为 5%，大于 3 倍中误差的概率约为 0.3%。在观测次数不多的条件下，偶然误差的绝对值大于 3 倍中误差几乎不可能，因此把 3 倍的中误差作为偶然误差的极限误差，即

$$\Delta_{极} = 3m \tag{5-5}$$

在实际测量工作中，为保证测量成果的质量，常以 2 倍的中误差作为偶然误差的容许误差，当观测值的偶然误差大于容许误差时，应舍去不用或重测。

$$\Delta_{容} = 2m \tag{5-6}$$

5.3　误差传播定律

对于直接观测的量，如距离、角度等，通过多次观测就可以求得观测值的中误差。但在实际测量工作中，某些观测量无法通过直接测量得到，它与直接观测量之间构成函数关系，如两点高差 $h = a - b$，直接观测值 a、b 含有误差，则高差 h 也会受到误差的影响。阐述观测值中误差与观测函数中误差之间关系的定律称为误差传播定律。误差传播定律阐述了在观测值中误差已知的条件下，计算观测函数中误差的方法，这在测量工作中得到广泛应用。

5.3.1 线性函数的中误差

1. 倍数函数

设有倍数函数

$$Z = kx$$

式中，x 为直接观测值；k 为常数；Z 为观测值 x 的函数。

若对 x 进行 n 次观测，其真误差列为 Δ_{x_1}、$\Delta_{x_2}\cdots\Delta_{x_n}$，对应函数的真误差列为 Δ_{z_1}、$\Delta_{z_2}\cdots\Delta_{z_n}$，则由函数关系可知

$$\Delta_{z_1} = k\Delta_{x_1}$$
$$\Delta_{z_2} = k\Delta_{x_2}$$
$$\cdots\cdots$$
$$\Delta_{z_n} = k\Delta_{x_n}$$

求以上关系式平方和再除以 n，得

$$\frac{[\Delta_z\Delta_z]}{n} = k^2\frac{[\Delta_x\Delta_x]}{n}$$

由中误差的定义可知

$$m_z{}^2 = \frac{[\Delta_z\Delta_z]}{n}$$

$$m_x{}^2 = \frac{[\Delta_x\Delta_x]}{n}$$

所以观测函数中误差与观测值中误差的关系可写成

$$m_z{}^2 = k^2 m_x{}^2$$

或

$$m_z = km_x \tag{5-7}$$

上式表明，观测值倍数函数的中误差是观测值中误差的 k 倍。

2. 和差函数

设有和差函数

$$Z = x \pm y$$

x、y 是相互独立的观测值，对两个观测量进行 n 次观测，由函数关系可知

$$\Delta_{z_1} = \Delta_{x_1} \pm \Delta_{y_1}$$
$$\Delta_{z_2} = \Delta_{x_2} \pm \Delta_{y_2}$$
$$\cdots\cdots$$
$$\Delta_{z_n} = \Delta_{x_n} \pm \Delta_{y_n}$$

求上式两边平方和除以 n 得

$$\frac{[\Delta_z\Delta_z]}{n} = \frac{[\Delta_x\Delta_x]}{n} + \frac{[\Delta_y\Delta_y]}{n} \pm 2\frac{[\Delta_x\Delta_y]}{n}$$

已知 $\Delta_x\Delta_y$ 各项均为偶然误差，根据偶然误差的抵偿性，偶然误差的算术平均值随着观测次数的无限增加而趋近于零，即 $\lim\limits_{n\to\infty}\frac{[\Delta_x\Delta_y]}{n} = 0$，其实即使是有限次观测 $\frac{[\Delta_x\Delta_y]}{n}$ 也很小，可以忽略不计。根据中误差的定义得出

$$m_z{}^2 = m_x{}^2 + m_y{}^2$$

或

$$m_z = \pm \sqrt{m_x{}^2 + m_y{}^2} \tag{5-8}$$

上式表明和差函数的中误差等于两独立观测值平方和的平方根。

将两个独立观测值的和差函数关系推广到 n，设有如下和差函数

$$Z = x_1 \pm x_2 \pm \cdots \pm x_n$$

仿照上述推导过程可得

$$m_z{}^2 = m_{x_1}{}^2 + m_{x_2}{}^2 + \cdots + m_n{}^2 \tag{5-9}$$

式中，m_i 是 x_i（$i = 1,2,\cdots,n$）的中误差。

特别当 n 次观测为等精度观测时，$m_{x_1} = m_{x_2} = \cdots = m_{x_n} = m_x$，则公式变为

$$m_z{}^2 = nm_x{}^2$$

或

$$m_z = \pm \sqrt{n} m_x \tag{5-10}$$

3. 一般线性函数

设一般线性函数为

$$Z = k_1 x_1 \pm k_2 x_2 \cdots \pm k_n x_n$$

式中，$k_1, k_2, \cdots, k_n$ 为常数；$x_1, x_2, \cdots, x_n$ 为独立观测值，对应的中误差分别为 $m_1, m_2, \cdots, m_n$。根据倍函数和和差函数的中误差公式，可以得到一般线性函数的中误差为

$$m_z{}^2 = k_1{}^2 m_1{}^2 + k_2{}^2 m_2{}^2 + \cdots + k_n{}^2 m_n{}^2 \tag{5-11}$$

5.3.2　一般函数的中误差

设有一般函数

$$Z = f(x_1, x_2, \cdots, x_n)$$

式中，$x_1, x_2, \cdots, x_n$ 为独立观测值，对应的中误差分别为 $m_1, m_2, \cdots, m_n$。

将函数线性化，取上式的全微分得

$$dZ = \frac{\partial f}{\partial x_1} dx_1 + \frac{\partial f}{\partial x_2} dx_2 + \cdots + \frac{\partial f}{\partial x_n} dx_n$$

则，按照线性函数的中误差公式得到一般函数的中误差

$$m_z{}^2 = \left(\frac{\partial f}{\partial x_1} m_1\right)^2 + \left(\frac{\partial f}{\partial x_2} m_2\right)^2 + \cdots + \left(\frac{\partial f}{\partial x_n} m_n\right)^2 \tag{5-12}$$

上式是误差传播定律的一般形式，具有普遍的意义，其他形式都是该式的特例。

5.4　等精度观测最可靠值及其中误差

在相同观测条件下对某量进行一组等精度观测，观测值为 $l_1, l_2, \cdots, l_n$，观测量的真值为 X，则观测值的真误差为：

$$\Delta_1 = l_1 - X$$

$$\Delta_2 = l_2 - X$$

……

$$\Delta_n = l_n - X$$

等式两边求和并除以观测次数 n

$$\frac{[\Delta]}{n}=\frac{[l]}{n}-X$$

其中，$\frac{[l]}{n}$ 为观测值的算术平均值，通常用 x 表示，则

$$X=x-\frac{[\Delta]}{n}$$

根据偶然误差的第四个特性抵偿性可知，当观测次数 n 无限增大时，$\frac{[\Delta]}{n}$ 趋向于零，则观测值的算术平均值趋向于观测量的真值：

$$X=x$$

但是实际测量工作中测量次数 n 是有限的，在等精度观测中通常取观测值的算术平均值作为观测量的最可靠值（最或是值），并以它作为测量的最后成果。

通常观测量的真值 X 是不知道的，无法直接用真误差 Δ 来求取观测量的中误差，而是利用观测量的改正数 v 来计算。观测量的改正数 v 为其算术平均值与观测值之差，即

$$v=x-l$$

在等精度观测值数列中

$$\begin{aligned} v_1&=x-l_1\\ v_2&=x-l_2\\ &\cdots\cdots\\ v_n&=x-l_n \end{aligned}$$

上式两边求和得

$$[v]=nx-[l]$$

因为 $x=\frac{[l]}{n}$，代入上式得，$[v]=0$，利用该式可以作为改正数计算的检核。

利用改正数计算观测量的中误差

$$m=\pm\sqrt{\frac{[vv]}{n-1}} \tag{5-13}$$

公式（5-13）称为白塞尔公式。

得到观测量的中误差后，可以根据误差传播定律求取观测量算术平均值的中误差 M，因为是等精度观测，所有观测值的中误差（$m_1,m_2,\cdots,m_n$）均为 m。观测值与观测值算术平均值的函数关系为

$$x=\frac{[l]}{n}=\frac{1}{n}l_1+\frac{1}{n}l_2+\cdots+\frac{1}{n}l_n$$

由误差传播定律得

$$M^2=(\frac{1}{n}m_1)^2+(\frac{1}{n}m_2)^2+\cdots+(\frac{1}{n}m_n)^2=\frac{1}{n}m^2$$

即

$$M=\frac{m}{\sqrt{n}}=\pm\sqrt{\frac{[vv]}{n(n-1)}} \tag{5-14}$$

由上式可知，算术平均值的中误差与观测次数 n 成反比，算术平均值的精度比各观测值

的精度提高 $\sqrt{n}$ 倍，观测次数越多，算术平均值的中误差越小，其精度越高，但是由于关系式为非线性关系，当观测次数达到一定数目后，随着观测次数的增加，算术平均值的中误差 M 减少得很少，即精度提高很少。

5.5　非等精度观测最可靠值及其中误差

5.5.1　权

对观测量进行 n 次非等精度观测，由于各次观测值的精度不同，不能用算术平均值来计算观测量的最可靠值，应该提高精度高的观测值对观测结果的影响，降低精度低的观测值对观测结果的影响。在测量工作中通常引入“权”的概念来比较观测值的可靠程度。观测值的精度越高，中误差越小，权越大；观测值的精度越低，中误差越大，权越小。在测量计算中，常用中误差来求权：

$$p_i = \frac{u^2}{{m_i}^2} \quad (i = 1,2,\cdots,n) \tag{5-15}$$

p 为观测值的权，u 为不为 0 的任意常数，m 为观测值的中误差，在一组观测数据列中 u 只能取同一个值。当取常数 $u^2 = m^2$ 时，$p = 1$ ，其权为单位权，其对应的中误差为单位权中误差。

当已知一组非等精度观测值的中误差时，可以先设定 u 的值，再计算各观测值的权。

例如对某长度进行三次观测，观测值的中误差 m_1,m_2,m_3 分别为 1mm、2mm、4mm，计算观测值的权 p_1,p_2,p_3

当取常数 u =4mm 时，$p_1 = \frac{4^2}{1^2} = 16$ ，$p_2 = \frac{4^2}{2^2} = 4$ ，$p_3 = \frac{4^2}{4^2} = 1$ ，p_3 为单位权，m_3 为单位权中误差，$p_1 : p_2 : p_3 = 16 : 4 : 1$ 。

当取常数 u =1mm 时，$p_1 = \frac{1^2}{1^2} = 1$ ，$p_2 = \frac{1^2}{2^2} = 1/4$ ，$p_3 = \frac{1^2}{4^2} = 1/16$ ，p_1 为单位权，m_1 为单位权中误差，$p_1 : p_2 : p_3 = 16 : 4 : 1$ 。

通过上述可知，u 的取值不同，权的大小不同，但是权之间的比例关系不变，权是用来表征观测值之间的精度的对比关系，权本身数值的大小没有意义。

在测量作业中，有不同的定权方法，如在水准测量中，可以用测量距离和测站数两种方式进行定权。测量规范规定，一般在地形起伏不大的地区，每公里的测站数基本相同，所以可以用距离来定权，即水准路线观测高差的权与测量的路线长度成反比；在地形起伏较大的地区，每公里的测站数相差较大，用距离定权显然不合适，可以用测站数来定权，即水准路线观测高差的权与测站数成反比。

5.5.2　加权平均值及其中误差

对观测量进行 n 次非等精度观测，观测值为 l_i ，对应的权为 p_i ，则观测值的加权算术平均值就是观测量的最或是值：

$$x = \frac{p_1 l_1 + p_2 l_2 + \cdots + p_n l_n}{p_1 + p_2 + \cdots + p_n} = \frac{[pl]}{[p]}$$

根据误差传播定律，计算加权算术平均值的中误差得

$$M = \frac{{p_1}^2}{[p]^2}{m_1}^2 + \frac{{p_2}^2}{[p]^2}{m_2}^2 + \cdots + \frac{{p_n}^2}{[p]^2}{m_n}^2$$

由于 $p_1{m_1}^2 = p_2{m_2}^2 = \cdots = p_n{m_n}^2 = {m_0}^2$，$m_0$ 为单位权中误差，代入上式得

$$M = \frac{p_1{m_0}^2 + p_2{m_0}^2 + \cdots + p_n{m_0}^2}{[p]^2} = \frac{[m_0]^2}{[p]}$$

根据权的定义，计算加权算术平均值的权 $P = [p]$，即加权算术平均值的权是所有观测值权之和。

知道观测值的真误差时，可以用真误差来计算单位权中误差

$$m_0 = \pm\sqrt{\frac{[p\Delta\Delta]}{n}}$$

但是在实际计算中，一般单位权中误差用观测值的改正数来计算，其公式为：

$$m_0 = \pm\sqrt{\frac{[pvv]}{n-1}}$$

思考题与习题

1. 区分偶然误差、系统误差、粗差、真误差、中误差的概念？偶然误差的特性有哪些？

2. 用仪器观测某水平角五测回，得到观测值分别为：173°59′04″、173°58′56″、173°59′02″、173°58′58″、173°59′00″，计算观测一测回中误差及观测值算术平均值中误差。

3. 甲乙分别对同一段距离进行丈量，甲丈量中误差为±6mm，乙丈量中误差为±4mm，若甲乙均要达到中误差±2mm，则甲乙各需要等精度丈量几次？

4. 测得导线点 AB 间距离 $L_{AB}=100.20\text{m}\pm0.06\text{m}$，方位角 $\alpha_{AB}=73°50'\pm1'$，已知 A 点坐标 $X_A=45.24\text{m}$，$Y_A=55.42\text{m}$，计算 B 点坐标及其中误差。

5. 试述权的含义。

6. 如图 5-2 所示，为了求得 E 点高程，分别自 A、B、C 三个水准点向 E 进行测量，结果列于表中，计算 E 点高程及其中误差。

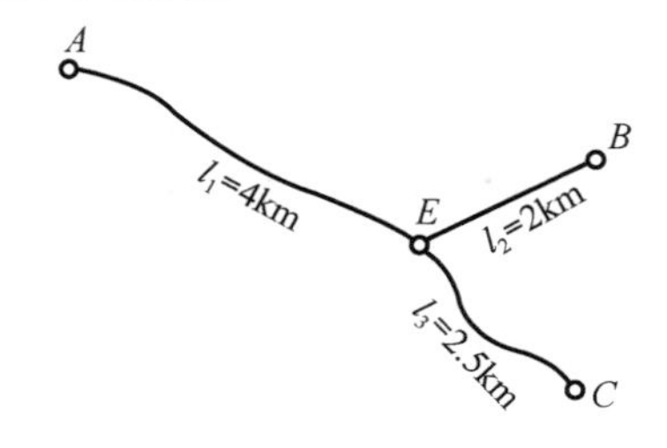

测　　段	高程观测值（m）	水准路线长度（km）
AE	42.347	4.0
BE	42.320	2.0
CE	42.332	2.5

图 5-2　题 6 图

第6章 小地区控制测量

6.1 控制测量概述

测量工作必须遵循“从整体到局部，先控制后碎部”的原则，即为控制全局，限制误差传播、积累并提供基准，通常先选定若干个具有控制意义的点即控制点，再由所选控制点按一定规律与要求组成网状几何图形即控制网。控制网按测绘内容分为平面控制网和高程控制网。测定控制点平面位置（x，y）的工作，称为平面控制测量；测定控制点高程（H）的工作称为高程控制测量。

为了在建网和使用过程中能最大限度地节约人力、物力资源和时间，并满足不同地区经济建设对控制网精度、密度等的不同要求，控制网布网应遵循如下原则：

（1）先整体，后局部，分级布网，逐级控制。

（2）要有足够的精度及密度。

（3）应具有统一的规格。

国家相关部门专门制定了各种测量规范（规程），作为测绘工作的法规文件，以保证上述原则的贯彻与实施。

控制网按控制范围可分为国家控制网、城市控制网和小地区控制网。

6.1.1 国家控制网

在全国范围内建立的大地控制网，称为大地测量国家控制网。它是全国各种比例尺测图的基本控制，并为确定地球的形状和大小提供研究资料。国家控制网是用精密测量仪器和方法依照测量精度按等级建立的，低级点受高级点逐级控制。

国家平面控制网采用传统大地测量技术建立，主要是通过测角、测边推算大地控制网点的坐标，其方法主要有：三角测量法、导线测量法、三边测量法和边角同测法。其网络布设方法则是先以高精度的稀疏的一等三角锁网，纵横交错地布满全国，形成统一坐标系统骨干网；然后根据不同地区、不同测区特点的需要，再分别布设二、三、四等三角网。其中一等精度最高，是国家控制网的骨干，二等精度是国家控制网的全面基础，三、四等精度是二等控制网的进一步加密。

国家平面控制网采用全球导航卫星系统（GNSS）连续运行基准站网建立，是由若干连续运行基准站及数据中心、数据通信网络组成的，提供数据、定位、定时及其他服务。依据管理形式、任务要求和应用范围，基准站网划分为国家基准站网、区域基准站网、专业应用网三类。

国家高程控制网主要是指国家一、二、三、四等水准网。水准网的布设原则是由高级到低级，从整体到局部，逐级控制，逐级加密。一等水准路线是国家高程控制网的骨干，同时也是研究地壳和地面垂直运动及有关科学研究的依据；二等水准路线是国家高程控制的全面基础，应在一等水准环内布设；三、四等水准网是在一、二等水准网的基础上进一步加密，根据需要在高等级水准网内布设成附合路线、环线或节点网，直接提供地形测图和各种工程建设的高程控制点。

6.1.2 城市控制网

城市控制网是为城市建设工程测量建立统一坐标系统而布设的，它是城市规划、市政工程、城市建设以及工程施工放样的依据，城市控制网通常以国家控制点为基础，布设成不同等级的三角锁、边角组合网、导线网和 GPS 网等形式。

6.1.3 小地区控制网

当测区面积小于 $15km^2$ 的范围时，为大比例尺测图和工程建设而建立的控制网，称为小地区控制网。小地区控制网应尽可能与国家（或城市）的高级控制网联测，将国家（或城市）控制点的坐标和高程作为小地区控制网的起算和校核数据。若测区内或在测区附近没有国家（或城市）控制点，或不便于联测时，可建立测区内的独立控制网。

小地区平面控制网的建立应根据测区范围的大小按精度要求分级建立。一般在测区范围内建立的精度最高的控制网称为首级控制网。而直接为测图建立的控制网称为图根控制网。图根控制网中的控制点称为图根控制点（简称图根点）。图根点的密度取决于测区内地物、地貌的复杂程度和测图比例尺的大小。平坦开阔地区图根点的密度可参考表 6-1 的规定，地形复杂地区、城市建筑密集区和山区，则应根据测图需要加大密度。

表 6-1 平坦开阔地区图根点的密度

测图比例尺	1：500	1：1000	1：2000	1：5000
图根点密度（点/km^2）	150	50	15	5

小地区高程控制网应视测区面积大小和工程要求采用分级布设的方法建立，也是以国家等级水准点为基础，在全测区范围内建立三、四等精度的水准路线和水准网，再以三、四等精度的水准点为基础，测定图根点的高程。

以下将结合土木工程的实际需要，着重介绍用导线测量的方法建立小地区平面控制网的方法，以及用三、四等水准测量及图根水准测量的方法建立小地区高程控制网的方法。

6.2 导线测量

6.2.1 导线测量概述

将相邻控制点用直线连接构成的折线称为导线。构成导线的控制点称为导线点。导线测量则是依次测定各导线边的边长和各转折角，再根据起算数据，推算各导线边的坐标方位角和各导线点的坐标。

用经纬仪测定转折角，用钢尺丈量导线边长的测量方法称为经纬仪量距导线；若用光电测距仪测定导线边长，则称为光电测距导线。随着测距仪和全站仪的普遍使用，工程中通常采用光电测距导线。

导线测量是建立小地区平面控制网常用的方法，特别是在地物分布较复杂的建筑区、视线障碍较多的隐蔽区和带状地区，更适合用导线测量。我国在西藏地区天文大地网布设中主要采用导线测量法。

根据测区的不同情况和已知条件的不同，导线可布设成以下三种形式。

1. 附合导线

布设在两个已知点间的导线称为附合导线。如图 6-1 所示，导线从已知控制点 B 和已知方向 AB 出发，经过转折点 1、2、3 三个点，最后附合到另一已知点 C 和已知方向 CD。依此种布设形式，具有坐标和方向两个检核观测成果的条件。

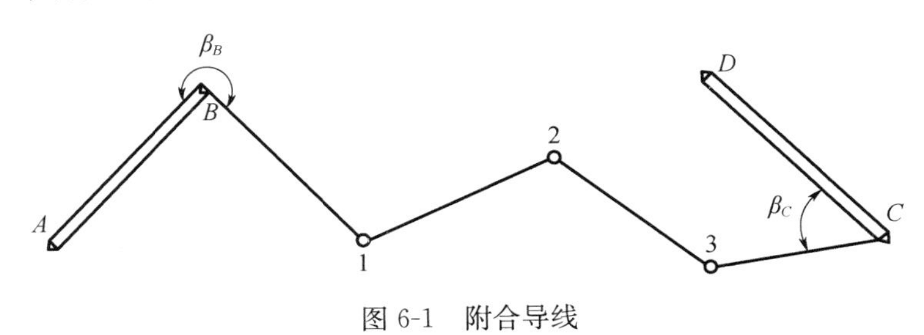

图 6-1　附合导线

2. 闭合导线

起讫于同一已知点的导线称为闭合导线。如图 6-2 所示，导线从已知控制点 B 和已知方向 AB 出发，经过转折点 1、2、3、4 点，最后仍回到起点 B，形成一个闭合多边形。依此种方法布设的导线，图形本身存在严密的几何条件，也具有坐标和方向两个检核观测成果的条件。

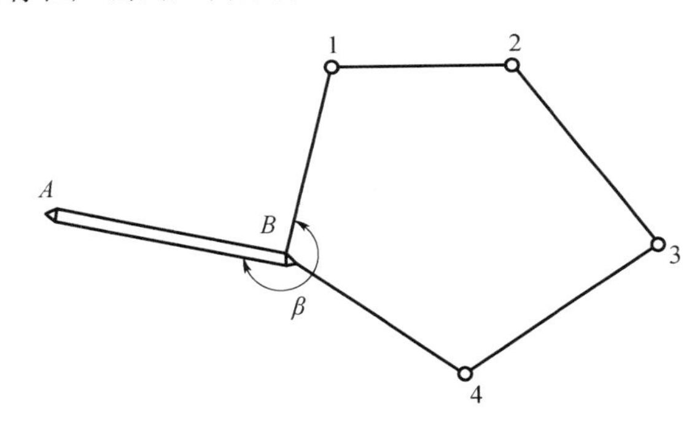

图 6-2　闭合导线

3. 支导线

由一已知点和一已知边的方向出发，既不附合到另一已知点，也不回到原起始点的导线称为支导线。如图 6-3 所示，B 为已知控制点，AB 为已知方向，1、2 为支导线点。由于支导线缺乏坐标和方向的检核条件，不易发现错误，故一般不宜采用，如因条件限制，必须采用，则其布设边数不宜超过 3 条。

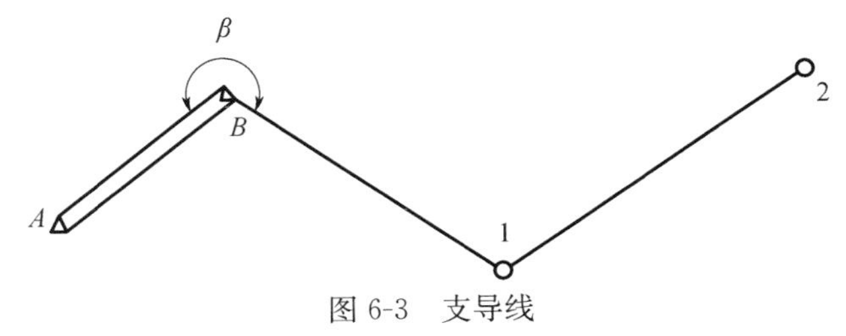

图 6-3　支导线

6.2.2 导线测量技术要求

用导线测量方法建立小地区平面控制网，通常分为一级导线、二级导线、三级导线和图根导线四个等级，附表 6-3 至附表 6-5（章节后附表）中详细列出了各级钢尺量距和光电测距导线的主要技术要求。

6.2.3 导线测量的外业

导线测量的外业工作包括踏勘选点及建立标志、测距、测角等工作，分述如下：

1. 踏勘选点及建立标志

在踏勘选点之前，应调查收集测区内已有测绘成果和高一级的控制点成果资料，然后到实地现场踏勘，了解测区现状和寻找核对已知点。根据已知控制点的分布和测区地形条件及测图、工程要求等具体情况，首先在已有图纸上进行选点，拟定导线的布设方案，然后到实地去踏勘、核对、具体落实点位和建立标志。实地选点时应注意以下几点：

（1）相邻点间应通视良好，地势平坦，便于测角和测距。

（2）点位应选在土质坚实处，以便标志长期保存和安置仪器。

（3）点位周围应视野开阔，便于进一步利用其施测碎部。

（4）相邻导线边长应大致相等，并且根据测图比例尺和测图条件满足附表 6-4 和附表 6-5（章节后附表）对平均边长的要求。

（5）导线点应有足够密度，且应分布均匀，便于控制整个测区。

导线点位选定后，应在各点上埋设标志。对于一般的图根点，常在选定的点位上打一木桩，在其周围浇灌混凝土，桩顶钉一小钉，作为临时标志，如图 6-4 所示。若需长期保存的导线点，则应埋设混凝土桩或石桩，桩顶嵌入带“十”字的金属标志，作为永久性标志，如图 6-5 所示。为了以后便于寻找，所有导线点应按顺序统一编号，量出导线点与附近固定且明显的地物点之间的距离，并绘制草图，注明尺寸，即“点之记”。

2. 测距

导线边长可用光电测距仪测定，也可用钢尺测量，测量时根据导线等级和技术要求，选用经过检验的测距仪；若用钢尺丈量，则钢尺必须经过鉴定。不同等级导线的测距技术要求可参考附表 6-4 和附表 6-5（章节后附表）。

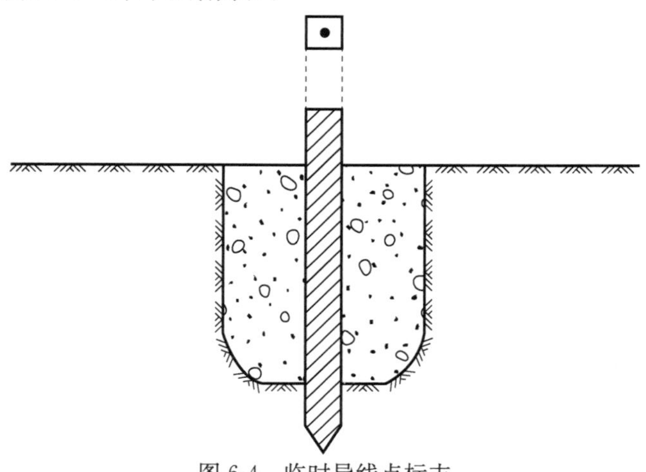

图 6-4 临时导线点标志

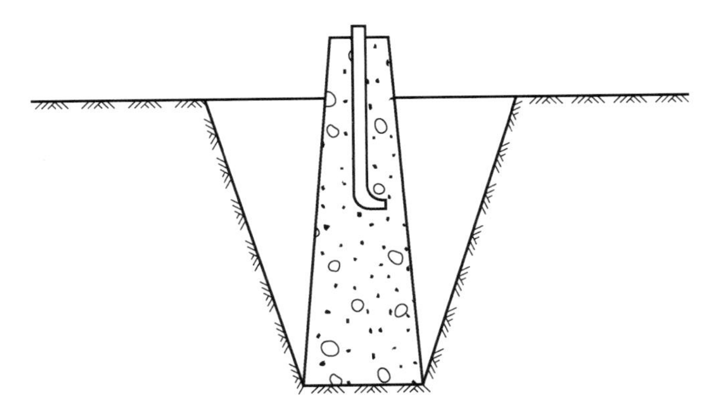

图 6-5　永久性导线点标志

3. 测角

导线转角一般采用测回法观测。其中在附合导线角度观测中，一般观测同侧角度，即同为左角或右角；若为闭合导线，则应观测其内角；而对于图根支导线，则应分别观测其左右角，以资检核。测量时应同时观测竖直角，以便进行倾斜改正。不同等级导线的测角技术要求可参考附表 6-4 和附表 6-5（章节后附表）。

测角时，为了便于瞄准，可在已埋设的标志上用三根竹竿吊一个大垂球，也可用测钎或觇牌作为照准标志。

当选定的导线点离高等级控制点较远时，则必须观测连接角和连接边，以便于传递坐标方位角和坐标。如果附近没有高等级控制点，则可用罗盘仪施测导线起始边的磁方位角，并假定起始点的坐标作为起算数据，即建立独立平面直角坐标系。

测量过程中，参照前面第 3 章和第 4 章中水平角和水平距离测量的记录格式，做好导线测量的外业记录，并妥善保存，以便于导线内业计算。

6.2.4　导线测量的内业计算

导线测量的内业计算就是根据起始点的坐标和起始边的坐标方位角，以及测量所得的导线边长和转折角，计算各导线点的坐标。

1. 坐标正算

根据已知点的坐标、已知边长和该边的坐标方位角，计算未知点的坐标的过程称为坐标正算。如图 6-6 所示，设 A 点的坐标为 x_A 、y_A 和 AB 边的边长 D_{AB} 及其坐标方位角 α_{AB} 为已知，则未知点 B 的坐标为：

$$\left.\begin{aligned} x_B &= x_A + \Delta x_{AB} \\ y_B &= y_A + \Delta y_{AB} \end{aligned}\right\} \tag{6-1}$$

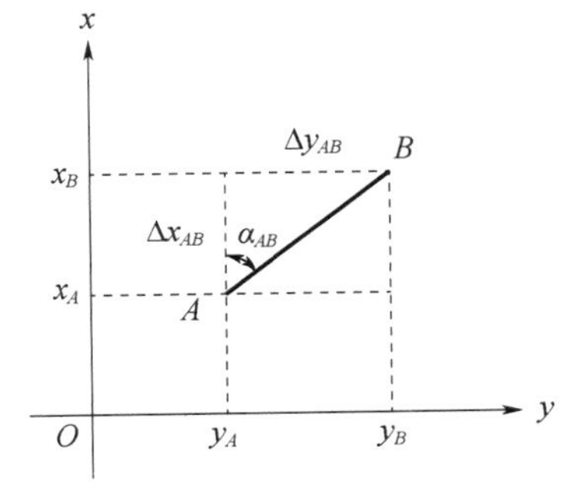

图 6-6　坐标正反算

式中，Δx_{AB} 、Δy_{AB} 分别是 AB 坐标增量值，也就是 A、B 的坐标值之差。

根据图 6-6 所示，依据三角函数计算，可得出 Δx_{AB} 、Δy_{AB} 的计算公式为：

$$\left.\begin{aligned}\Delta x_{AB}&=D_{AB}\cos\alpha_{AB}\\ \Delta y_{AB}&=D_{AB}\sin\alpha_{AB}\end{aligned}\right\}\tag{6-2}$$

2. 坐标反算

和坐标正算相反，坐标反算是根据两个已知点的坐标求算两点间的边长及其坐标方位角。当导线与已知高级控制点联测时，一般应先利用高级控制点的坐标，反算出高级控制点间的边长和坐标方位角，作为导线的起算数据并检核。此外，在施工放样前，也需要利用已知坐标点反算出放样数据。

如图 6-6 所示，若 A、B 两点已知，其坐标分别为 A（x_A、y_A）、B（x_B、y_B）。依据三角函数计算，可得出如下公式：

$$\tan\alpha_{AB}=\frac{\Delta y_{AB}}{\Delta x_{AB}}=\frac{y_B-y_A}{x_B-x_A}\tag{6-3}$$

则：

$$R_{AB}=\arctan\frac{\Delta y_{AB}}{\Delta x_{AB}}=\arctan\frac{y_B-y_A}{x_B-x_A}\tag{6-4}$$

$$D_{AB}=\frac{\Delta y_{AB}}{\sin\alpha_{AB}}=\frac{\Delta x_{AB}}{\cos\alpha_{AB}}\tag{6-5}$$

$$或\ D_{AB}=\sqrt{(\Delta y_{AB})^2+(\Delta x_{AB})^2}\tag{6-6}$$

由公式 6-4 计算出来的是直线 AB 的象限角，还需要根据 A、B 坐标增量 Δx_{AB}、Δy_{AB} 的正负号来确定直线 AB 所在的象限，再将象限角换算为直线 AB 的坐标方位角。

3. 内业计算的要求

在计算之前，应全面检查外业记录是否合乎要求，检查数据是否齐全，有无错记、漏记、算错等，各项成果是否合乎精度要求，起算数据是否准确等；然后绘制计算略图，并把各导线边的边长、转折角、起始坐标方位角及已知点坐标等数据标注在导线图上相应的位置。

内业计算中数据的取位应是对于四等以下的导线，角值取至秒，边长及坐标取至毫米；对于图根控制，角值取至秒，边长及坐标取至厘米即可。

4. 附合导线坐标的计算

现以图 6-7 中的实测数据为例，说明附合导线的内业计算步骤。

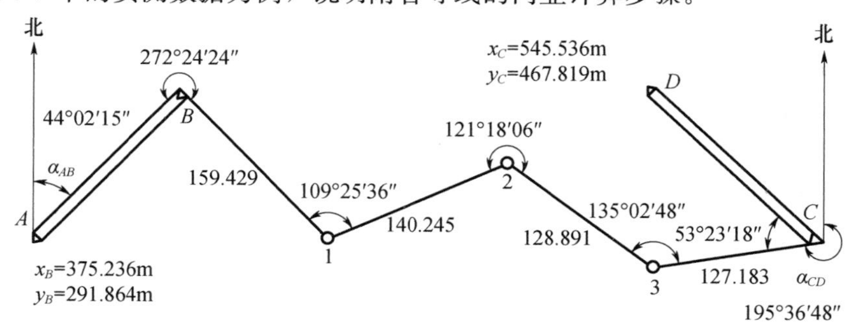

图 6-7　附合导线

将检查过的外业观测数据及起算数据填入表 6-2 中相应位置，其中起算数据以双线标明。

表 6-2 附合导线坐标计算表

点号	观测角(左角)(° ′ ″)	改正数 ″	改正后角(° ′ ″)	方位角(° ′ ″)	距离(m)	坐标增量(m)		改正后坐标增量(m)		坐标(m)		点号
						ΔX	ΔY	ΔX	ΔY	X	Y	
A												A
				44 02 15								
B	272 24 24	4	272 24 28							375.236	291.864	B
				136 26 43	159.429	0.030 −115.541	−0.024 109.854	−115.511	109.830			
1	109 25 36	4	109 25 40							259.725	401.694	1
				65 52 23	140.245	0.027 57.327	−0.021 127.993	57.354	127.972			
2	121 18 06	4	121 18 10							317.079	529.666	2
				7 10 33	128.891	0.025 127.881	−0.019 16.100	127.906	16.081			
3	135 02 48	5	135 02 53							444.985	545.747	3
				322 13 26	127.183	0.024 100.527	−0.019 −77.909	100.551	−77.928			
C	53 23 18	4	53 23 22							545.536	467.819	C
				195 36 48								
D												D
Σ	691 34 12	21	691 34 33		555.748	170.194	176.038	170.300	175.955			

辅助计算

$$\sum \beta_{测} = 691°34'12''$$
$$-)\sum \beta_{理} = 691°34'33''$$
$$f_\beta = -21''$$

$$\sum \Delta x_{测} = 170.194$$
$$-)x_C - x_B = 170.310$$
$$f_x = -0.106$$

$$\sum \Delta y_{测} = 176.038$$
$$-)y_C - y_B = 175.955$$
$$f_y = 0.083$$

$f_{\beta容} = \pm 40\sqrt{5} = \pm 89''$，$|f_\beta| < |f_{\beta容}|$，成果合格。$f_D = \pm\sqrt{f_x^2 + f_y^2} = \pm 0.135$ m

相对闭合差 $K = \dfrac{0.135}{555.748} = \dfrac{1}{4117}$，$K_{容} = \dfrac{1}{4000}$，$K < K_{容}$，成果合格。

(1) 角度闭合差的计算与调整

① 利用坐标方位角计算角度闭合差。

根据起始边已知的坐标方位角 α_{AB} 及观测的转折角（左角）β，按坐标方位角推算公式推算出终边 CD 的坐标方位角 α'_{CD}。

$$\begin{aligned}
\alpha_{B1} &= \alpha_{AB} - 180^\circ + \beta_B \\
\alpha_{12} &= \alpha_{B1} - 180^\circ + \beta_1 \\
\alpha_{23} &= \alpha_{12} - 180^\circ + \beta_2 \\
\alpha_{3C} &= \alpha_{23} - 180^\circ + \beta_3 \\
+)\ \alpha'_{CD} &= \alpha_{3C} - 180^\circ + \beta_C \\
\hline
\alpha'_{CD} &= \alpha_{AB} - 5\times180^\circ + \sum\beta_{测}
\end{aligned}$$

写成一般公式为：

$$\alpha'_{终} = \alpha_{始} - n\times180^\circ + \sum\beta_{测} \tag{6-7}$$

式中，$\alpha'_{终}$ 为推算出的终边坐标方位角；$\alpha_{始}$ 为已知起始边的坐标方位角；n 为观测角的个数（包括转折角和连接角）。

若观测角为右角，则按下式计算 $\alpha'_{终}$：

$$\alpha'_{终} = \alpha_{始} + n\times180^\circ - \sum\beta_{测} \tag{6-8}$$

角度闭合差 f_β 的计算公式为：

$$f_\beta = \alpha'_{终} - \alpha_{终} \tag{6-9}$$

各级导线角度闭合差的容许值 $f_{\beta容}$ 详见附表 6-3 和附表 6-4（章后附表）的技术指标要求。若 $|f_\beta|$ 超过 $|f_{\beta容}|$，则说明角度测量成果不合格，应查找原因，重新测量。若 $|f_\beta|$ 小于 $|f_{\beta容}|$，则分左右角两种情况分配角度闭合差。当 β 为左角时，将角度闭合差反符号平均分配到各观测角中，各角改正数均为 $v_\beta = -\dfrac{f_\beta}{n}$；当 β 为右角时，将角度闭合差同符号平均分配到各观测角中，各角改正数均为 $v_\beta = \dfrac{f_\beta}{n}$。若 f_β 不能被 n 整除，则需要将余数分配到边长较短的边所夹转折角的改正数中。对于左角，所有角度改正数之和应满足 $\sum v_\beta = -f_\beta$；对于右角，则应满足 $\sum v_\beta = f_\beta$，该条件主要用于计算检核。

改正后的角值 $\vec{\beta} = \beta + v_\beta$。

改正后角之和应满足

$$\left.\begin{aligned}
\sum\vec{\beta}_{左} &= \alpha_{终} - \alpha_{始} + n\times180^\circ \\
\sum\vec{\beta}_{右} &= \alpha_{始} - \alpha_{终} + n\times180^\circ
\end{aligned}\right\} \tag{6-10}$$

② 利用观测角计算角度闭合差。

根据起始边已知的坐标方位角 α_{AB} 及观测的转折角（左角）β，按坐标方位角推算公式推算出所有观测角的理论值之和。

$$\begin{aligned}
\alpha_{B1} &= \alpha_{AB} - 180^\circ + \beta_{B_{理}} \\
\alpha_{12} &= \alpha_{B1} - 180^\circ + \beta_{1_{理}} \\
\alpha_{23} &= \alpha_{12} - 180^\circ + \beta_{2_{理}} \\
\alpha_{3C} &= \alpha_{23} - 180^\circ + \beta_{3_{理}} \\
+)\ \alpha_{CD} &= \alpha_{3C} - 180^\circ + \beta_{C_{理}} \\
\hline
\alpha_{CD} &= \alpha_{AB} - 5\times180^\circ + \sum\beta_{理}
\end{aligned}$$

依据上式有：

$$\sum\beta_{理}=\alpha_{终}-\alpha_{始}+n\times180^{\circ} \tag{6-11}$$

式中，$\alpha_{终}$ 为导线已知的终边坐标方位角；$\alpha_{始}$ 为已知起始边的坐标方位角；n 为观测角的个数（包括转折角和连接角）。

若观测角为右角，则按下式计算 $\sum\beta_{理}$：

$$\sum\beta_{理}=\alpha_{始}-\alpha_{终}+n\times180^{\circ} \tag{6-12}$$

角度闭合差 f_{β} 的计算公式为：

$$f_{\beta}=\sum\beta_{测}-\sum\beta_{理} \tag{6-13}$$

式中，$\sum\beta_{测}$ 即所有观测角度之和。

各级导线角度闭合差的容许值 $f_{\beta容}$ 详见附表 6-3（章节后附表）和附表 6-4 的技术指标要求。若 $|f_{\beta}|$ 超过 $|f_{\beta容}|$，则说明角度测量成果不合格，应查找原因，重新测量。若 $|f_{\beta}|$ 小于 $|f_{\beta容}|$，则不论 β 为左角还是右角，都应将闭合差反符号平均分配到各观测角中，即各角改正数均为 $v_{\beta}=-\dfrac{f_{\beta}}{n}$。若 f_{β} 不能被 n 整除，则需要将余数分配到边长较短的边所夹角的改正数中。不论左右角，所有角度改正数之和都应满足 $\sum v_{\beta}=-f_{\beta}$，该条件主要用于计算检核。

改正后的角值　　$\vec{\beta}=\beta+v_{\beta}$

改正后角之和应满足式（6-10）。

（2）各边坐标方位角的计算

根据起始边坐标方位角和改正后各观测角值，利用坐标方位角推算公式计算各边的坐标方位角，并填入表格中的对应位置。

最后推算出的终边坐标方位角应与已知的终边坐标方位角相等，否则应重新检查计算。

（3）坐标增量的计算与调整

根据已推算出的各边坐标方位角和测量的边长值，按式（6-2）计算各边的纵、横坐标增量值。

根据绘制的草图分析得知，对于附合导线，依据式（6-1）计算的各边纵、横坐标增量值之和的理论值应等于终点和起始点的纵、横坐标值之差，即

$$\left.\begin{aligned}\sum\Delta x_{理}&=x_C-x_B\\\sum\Delta y_{理}&=y_C-y_B\end{aligned}\right\} \tag{6-14}$$

由于利用角度闭合差调整后的各观测角和实测的各导线边长均含有误差，导致利用它们计算的各边纵、横坐标增量值的代数和不等于附合导线终点和起点的纵、横坐标值之差，其差值即为纵、横坐标增量闭合差 f_x 和 f_y，即

$$\left.\begin{aligned}f_x&=\sum\Delta x_{测}-\sum\Delta x_{理}=\sum\Delta x_{测}-(x_C-x_B)\\f_y&=\sum\Delta y_{测}-\sum\Delta y_{理}=\sum\Delta y_{测}-(y_C-y_B)\end{aligned}\right\} \tag{6-15}$$

综上所述，坐标增量闭合差的一般公式为：

$$\left.\begin{aligned}f_x&=\sum\Delta x_{测}-(x_{终}-x_{始})\\f_y&=\sum\Delta y_{测}-(y_{终}-y_{始})\end{aligned}\right\} \tag{6-16}$$

由于 f_x 和 f_y 的存在，使得导线的终点不能附合到已知终点 C 上，称 CC' 的长度 f_D 为导线全长闭合差，计算方法如下：

$$f_D = \sqrt{f_x^2 + f_y^2} \tag{6-17}$$

仅依据 f_D 值的大小，不能判断导线测量精度的高低，所以应用相对误差即导线全长相对闭合差来评定其结果精度，即

$$K = \frac{f_D}{\sum D} = \frac{1}{\dfrac{\sum D}{f_D}} \tag{6-18}$$

以相对误差 K 来衡量导线测量的精度，K 值的分母越大，则导线测量的精度就越高。不同等级的导线，其相对闭合差的容许值 $K_{容}$ 都有相应的规定，详见附表 6-3 和附表 6-4（章后附表）的技术指标要求。

若 K 大于 $K_{容}$，说明成果不合格，则应在检查内业计算的基础上对外业观测成果进行分析重测；相反，说明导线测量成果合格，可以对纵、横坐标差 f_x 和 f_y 进行调整。调整原则为：将 f_x 和 f_y 反符号与边长成正比例分配到对应的纵、横坐标增量中去，即

$$\begin{aligned} v_{x_i} &= -\frac{f_x}{\sum D} D_i \\ v_{y_i} &= -\frac{f_y}{\sum D} D_i \end{aligned} \tag{6-19}$$

改正后，应满足改正数之和等于纵、横坐标增量差 f_x 和 f_y 的相反数，即

$$\begin{aligned} \sum v_x &= -f_x \\ \sum v_y &= -f_y \end{aligned} \tag{6-20}$$

如果不等，则应在保证计算过程正确的基础上将差值分配在较长的导线边上。之后再检查是否满足式（6-20）的要求，满足后则可计算各边改正后的纵、横坐标增量值，即

$$\left.\begin{aligned} \Delta \vec{x}_i &= \Delta x_i + v_{x_i} \\ \Delta \vec{y}_i &= \Delta y_i + v_{y_i} \end{aligned}\right\} \tag{6-21}$$

改正后的纵、横坐标增量的代数和应与终、始点的纵、横坐标差相等，以资检核。

（4）导线点的坐标计算

根据导线起始点的坐标和改正后的坐标增量差，依次按式（6-1）推算各导线点坐标。最后推算出的终点坐标应与已知终点的坐标相等，以资检核。

5. 闭合导线坐标的计算

闭合导线是附合导线的一个特例，闭合导线的坐标计算（表 6-3）与附合导线的坐标计算基本相同，只是在角度闭合差和坐标增量闭合差的计算上稍有差别。现结合图 6-8 说明两种导线计算方法的不同点。

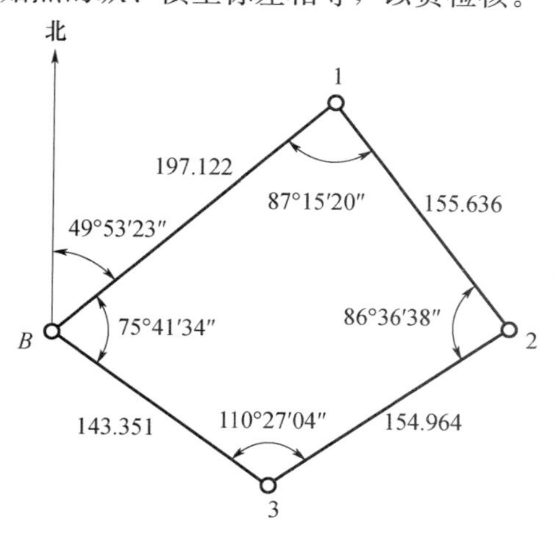

图 6-8 闭合导线

表 6-3　闭合导线坐标计算表

点号	观测角(右角)(° ′ ″)	改正数(″)	改正后角(° ′ ″)	方位角(° ′ ″)	距离(m)	坐标增量(m)		改正后坐标增量(m)		坐标(m)		点号
						ΔX	ΔY	ΔX	ΔY	X	Y	
B										500.000	500.000	B
				49 53 23	197.122	−0.035 126.998	−0.032 150.760	126.963	150.728			
1	87 15 20	−9	87 15 11							626.963	650.728	1
				142 38 12	155.636	−0.027 −123.700	−0.026 94.450	−123.727	94.424			
2	86 36 38	−9	86 36 29							503.236	745.152	2
				236 01 43	154.964	−0.027 −86.591	−0.026 −128.514	−86.618	−128.540			
3	110 27 04	−9	110 26 55							416.618	616.612	3
				305 34 48	143.351	−0.025 83.407	−0.024 −116.588	83.382	−116.612			
B	75 41 34	−9	75 41 25							500.000	500.000	B
				49 53 23								
1												1
Σ	360 00 36	−36	360 00 00		651.073	0.114	0.108	0.000	0.000			

辅助计算：

$$\sum \beta_{测} = 360°00'36''$$

$$-)\ \sum \beta_{理} = (n-2)\times 180° = 360°00'00''$$

$$f_\beta = 36''$$

$f_{\beta容} = \pm 40\sqrt{4} = \pm 80''$，$|f_\beta| < |f_{\beta容}|$，成果合格。

相对闭合差 $K = \dfrac{0.157}{651.073} = \dfrac{1}{4147}$，

$$f_x = \sum \Delta x_{测} = 0.114$$

$$f_y = \sum \Delta y_{测} = 0.108$$

$$f_D = \pm\sqrt{f_x^2 + f_y^2} = \pm 0.157\text{m}$$

$K_{容} = \dfrac{1}{4000}$，$K < K_{容}$，成果合格。

（1）角度闭合差的计算

闭合导线中导线内角（即观测角）的理论值计算公式如下：

$$\sum \beta_{理} = (n-2) \times 180° \tag{6-22}$$

因此，角度闭合差为：

$$f_{\beta} = \sum \beta_{测} - \sum \beta_{理} \tag{6-23}$$

其中，角度闭合差的调整和附合导线方法二相同，即将角度闭合差反符号平均分配到各观测角中。

（2）坐标增量闭合差的计算

结合闭合导线自身的几何特点，其各边纵、横坐标的增量值和的理论值都应该等于0，即

$$\left.\begin{aligned}\sum \Delta x_{理} = 0\\ \sum \Delta y_{理} = 0\end{aligned}\right\} \tag{6-24}$$

实际测量中，由于边长的测量误差和角度闭合差调整后的残余误差，使得 $\sum x_{测}$ 和 $\sum y_{测}$ 不等于0，因此产生坐标增量闭合差 f_x 和 f_y，即有

$$\left.\begin{aligned}f_x = \sum \Delta x_{测}\\ f_y = \sum \Delta y_{测}\end{aligned}\right\} \tag{6-25}$$

其中坐标增量闭合差的调整和附合导线相同，此处不再赘述。

6.3 交会法测量

三角测量是将地面上的控制点相互连接成三角形，从而构成三角网。三角网中的控制点称为三角点。三角测量的优点是：检核条件多，图形结构强度高；采取网状布设，控制面积较大，精度较高；主要工作是测角，受地形条件限制小，扩展迅速。缺点是：在隐蔽地区布网困难，网中推算的边长精度不均匀，距起始边越远精度越低。三角测量法是我国建立天文大地网的主要方法。因其可以避免繁重的测距工作，在20世纪90年代以前应用较为广泛。随着光电测距仪的迅速发展，测距精度越来越高，测距工作十分简单快捷，三角网的应用就越来越少，其布设的基本形式有大地四边形、中点多边形和三角锁。如图6-9、图6-10和图6-11所示。以下着重介绍各种交会定点的方法。交会定点是指利用已知控制点及其坐标，通过观测水平角或者水平距离来确定未知点坐标的方法。根据测角和测边的不同，测角交会法主要分为前方交会法、后方交会法、距离交会法和侧方交会法。

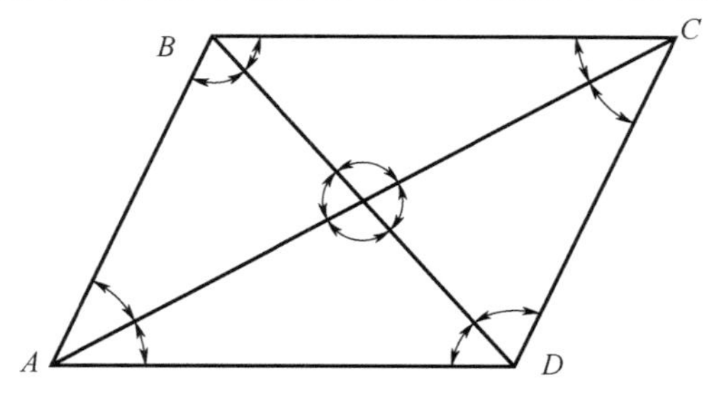

图6-9　大地四边形

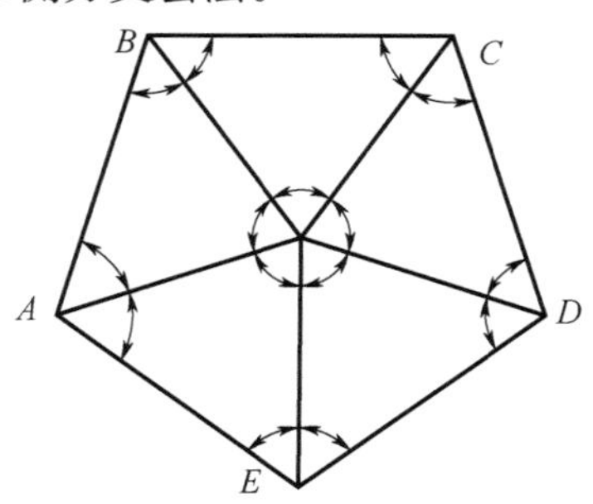

图6-10　中点多边形

6.3.1　前方交会法

前方交会法是指在已知控制点上设站进行角度测量，通过计算求得待定点的坐标值。如图 6-12 所示，A、B 为已知控制点，P 为待定点。为了测定 P 点的坐标，在 A、B 两点分别安置经纬仪，测得 α 角和 β 角，则 P 点坐标的计算方法如下所述。

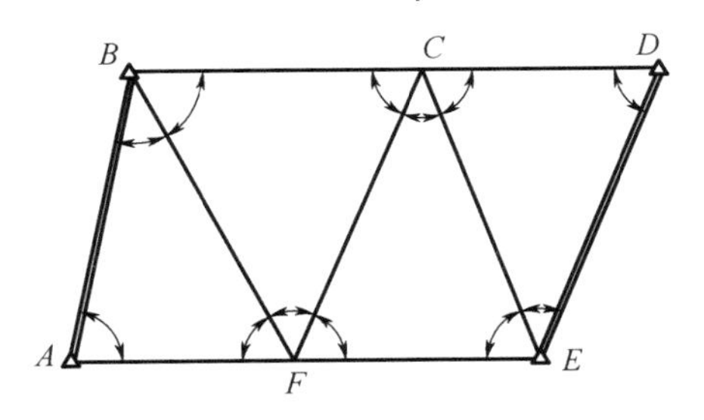

图 6-11　三角锁

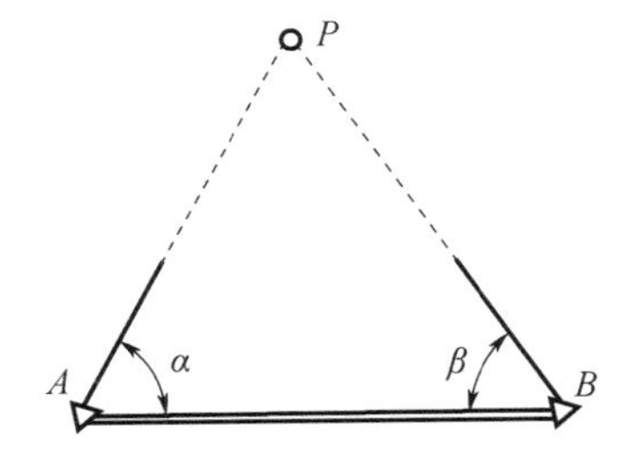

图 6-12　前方交会

根据坐标反算，求出 AB 的坐标方位角和边长，即：

$$\left.\begin{aligned}\alpha_{AB} &= \arctan\frac{y_B - y_A}{x_B - x_A}\\ D_{AB} &= \sqrt{(x_A - x_B)^2 + (y_A - y_B)^2}\end{aligned}\right\}$$

AP 和 BP 的坐标方位角为：

$$\alpha_{AP} = \alpha_{AB} - \alpha$$

$$\alpha_{BP} = \alpha_{AB} - 180^\circ + \beta$$

在三角形 ABP 中，利用正弦公式即可计算出 AP 和 BP 的长度，即：

$$\left.\begin{aligned}D_{AP} &= \frac{D_{AB}\sin\beta}{\sin(\alpha+\beta)}\\ D_{BP} &= \frac{D_{AB}\sin\alpha}{\sin(\alpha+\beta)}\end{aligned}\right\} \tag{6-26}$$

则待定点 P 的坐标为：

$$\left.\begin{aligned}x'_P &= x_A + D_{AP}\cos\alpha_{AP}\\ y'_P &= y_A + D_{AP}\sin\alpha_{AP}\end{aligned}\right\} \tag{6-27}$$

同理可得：

$$\left.\begin{aligned}x_P'' &= x_B + D_{BP}\cos\alpha_{BP}\\ y_P'' &= y_B + D_{BP}\sin\alpha_{BP}\end{aligned}\right\}$$

如果计算无误差，则有 $x_P'' = x_P'$，$y_P'' = y_P'$。

由式（6-26）得：

$$\frac{D_{AP}\sin\alpha}{D_{AB}} = \frac{\sin\alpha\sin\beta}{\sin(\alpha+\beta)} = \frac{1}{\cot\alpha + \cot\beta}$$

又因：

$$\left.\begin{aligned}\cos(\alpha_{AB} - \alpha) &= \cos\alpha_{AB}\times\cos\alpha + \sin\alpha_{AB}\times\sin\alpha\\ \sin(\alpha_{AB} - \alpha) &= \sin\alpha_{AB}\times\cos\alpha - \cos\alpha_{AB}\times\sin\alpha\end{aligned}\right\}$$

结合坐标方位角的计算将其代入式（6-27）化简即得余切公式计算 P 点的坐标：

$$x_P = \frac{x_A \cot\beta + x_B \cot\alpha - y_A + y_B}{\cot\alpha + \cot\beta}$$
$$y_P = \frac{y_A \cot\beta + y_B \cot\alpha - x_A + x_B}{\cot\alpha + \cot\beta} \tag{6-28}$$

为检查角度测量错误，提高交会精度，前方交会一般应在三个已知控制点上安置仪器，如图 6-13 所示，在两个三角形中分别测得 α_1 、β_1 、α_2 和 β_2 ，通过两个三角形分别计算出待定点 P 的坐标，若两组坐标计算的差值在允许范围内，则取其平均值作为待定点 P 的最终坐标。

6.3.2 侧方交会法

侧方交会法是在一个已知点和待定点上安置仪器并测定其角度来求得待定点坐标的一种方法。如图 6-14 所示，A、B 为已知点，P 为待定点，α（或 β）和 γ 为实测角。由图上分析，其实质是和前方交会法相同，所以，也可以用前方交会的方法求得 P 点的坐标。

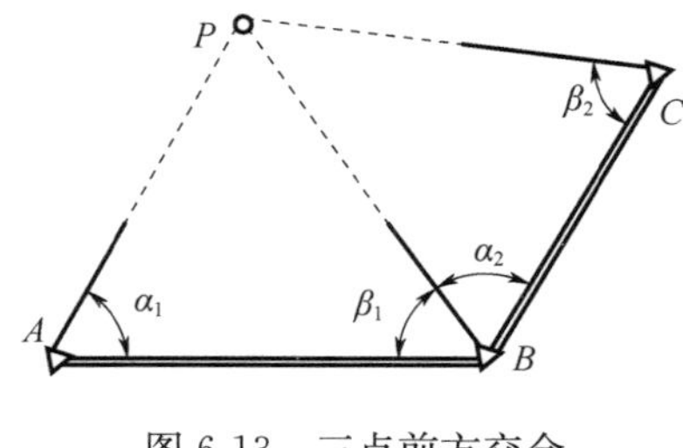

图 6-13　三点前方交会

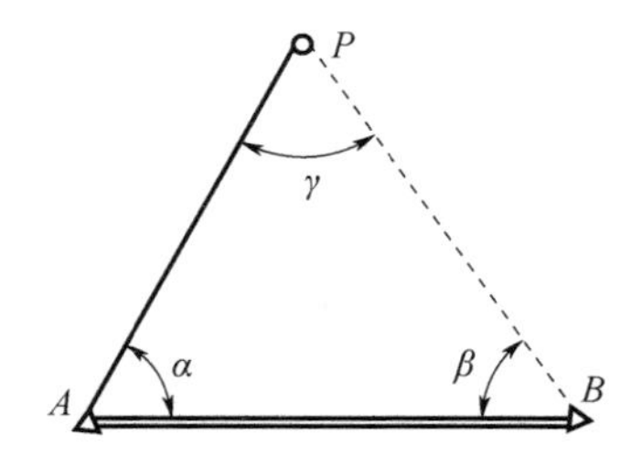

图 6-14　侧方交会法

6.3.3 距离交会法

距离交会法是在两个已知点上分别测定其至待定点间的距离，从而求得待定点的坐标。如图 6-15 所示，A、B 为已知点，P 为待定点，D_{AP} 和 D_{BP} 为实测距离。首先根据已知点 A、B 的坐标值，计算 AB 的边长及坐标方位角，即：

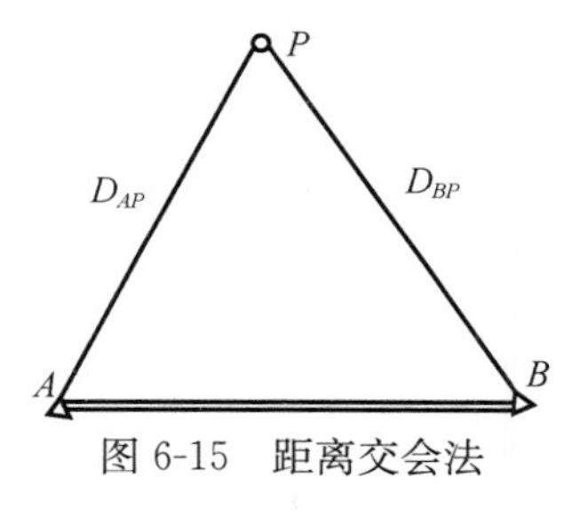

图 6-15　距离交会法

$$D_{AP} = \sqrt{(x_B - x_A)^2 + (y_B - y_A)^2}$$

$$\alpha_{AB} = \arctan \frac{y_B - y_A}{x_B - x_A}$$

然后结合测得的 D_{AP} 和 D_{BP} ，利用余弦公式求出 α 、β 分别为：

$$\alpha = \arccos \frac{D_{AB}{}^2 + D_{AP}{}^2 - D_{BP}{}^2}{2D_{AP} \times D_{AB}}$$

$$\beta = \arccos \frac{D_{AB}{}^2 + D_{BP}{}^2 - D_{AP}{}^2}{2D_{BP} \times D_{AB}}$$

最后再利用余切公式［式（6-28）］求出待定点 P 的坐标值。同于前方交会法，为了检核，一般采取多余边的测量交会。

6.3.4 后方交会法

在用全站仪进行测图时，常采用任意设站的方法直接计算测站点坐标。后方交会法仅需架设一次仪器，在外业测量中优点突出，其计算方法也有所不同。如图 6-16 所示，将仪器

安置于待定点 P，观测 P 点至 A、B、C 三个已知点间的交角 α 和 β，可直接利用式（6-29）计算 P 点坐标。

$$\left.\begin{aligned} x_P &= x_C + \Delta x_{CP} = x_C + \frac{a - bk}{1 + k^2} \\ y_P &= y_C + \Delta y_{CP} = y_C + k\Delta x_{CP} \end{aligned}\right\} \quad (6\text{-}29)$$

式中，

$$\left.\begin{aligned} a &= (y_A - y_C)\cot\alpha + (x_A - x_C) \\ b &= (x_A - x_C)\cot\alpha - (y_A - y_C) \end{aligned}\right\}$$

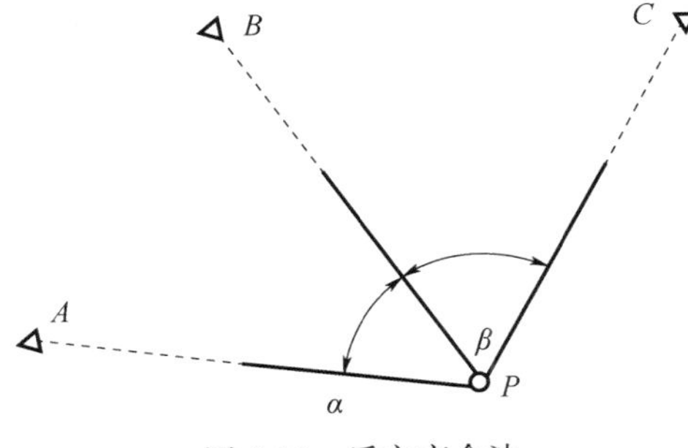

图 6-16　后方交会法

另因 $c = (x_B - x_C)\cot\beta + (y_B - y_C)$，$d = (y_B - y_C)\cot\beta + (x_B - x_C)$，$a - bk = ck - d$，以此来检核 k、a、b、c、d 的计算正确性。

在使用计算公式（6-29）时，起点 C 的选择应避免 α_{CP} 接近 90°或 270°，因为当 α_{CP} 接近 90°或 270°时式（6-29）无解。

6.4　高程控制测量

高程控制测量主要采用的方法是几何水准测量。小地区高程控制测量的方法主要有三、四等水准测量，图根水准测量和三角高程测量。

6.4.1　三、四等水准测量

三、四等水准测量除了用于国家高程控制网加密外，还可用作小区域首级高程控制。三、四等水准点可以单独埋设标石，也可用平面控制点的标石替代。

1. 三、四等水准测量的要求及实测方法

（1）三、四等水准测量通常使用双面尺测量，主要是方便对测站观测成果进行检核。如果没有双面尺，也可用单面尺，采用变动仪器高法进行检核。需要注意在每一测站上变动仪器高 0.1m 以上，变动仪器高所测得的两次高差之差不得超过 5mm，其他要求同于双面尺法。

（2）三、四等水准测量应使用 DS_3 以上的水准仪施测。

（3）关于视线长度、读数限差、高差闭合差等详见表 6-4 和表 6-5 的技术要求。

表 6-4　三、四等水准测量的主要技术要求

等级	每千米高差全中误差（mm）	路线长度（km）	仪器类型	标尺类型	观测次数		往返较差、附合或环线闭合差	
					与已知点联测	附合或环线	平地（mm）	山地（mm）
三等	6	≤50	DS_1	因瓦	往返各一次	往一次	$\pm 12\sqrt{L}$	$\pm 4\sqrt{n}$
			DS_3	双面		往返各一次		
四等	10	≤16	DS_3	双面	往返各一次	往一次	$\pm 20\sqrt{L}$	$\pm 6\sqrt{n}$
五等	15	—	DS_3	单面	往返各一次	往一次	$\pm 30\sqrt{L}$	—

表 6-5　三、四等水准观测的主要技术要求

等级	仪器类型	视线长度（m）	前后视距差（m）	前后视距累计差（m）	视线离地面最低高度（m）	基辅分划或黑、红面读数差（mm）	基辅分划或黑、红面所测高差较差（mm）
三等	DS_1	≤100	3	6	0.3	1.0	1.5
	DS_3	≤75				2.0	3.0
四等	DS_3	≤100	5	10	0.2	3.0	5.0
五等	DS_3	≤100	近似相等	—	—	—	—

2. 三、四等水准测量的观测与计算方法

（1）一个测站上的观测顺序

按以下观测顺序将观测结果填入表 6-6 相应位置，其中括号里面的数字代表观测和记录顺序。

照准后视尺黑面，读取下丝读数（1）、上丝读数（2）和中丝读数（3）。

照准前视尺黑面，读取下丝读数（4）、上丝读数（5）和中丝读数（6）。

照准前视尺红面，读取中丝读数（7）。

照准后视尺红面，读取中丝读数（8）。

采用“后—前—前—后”这样的观测顺序主要是为抵消水准仪和水准尺下沉产生的误差。其中四等水准测量每个测站的观测顺序也可以为“后—后—前—前”即“黑—红—黑—红”。

（2）测站计算与检核

① 视距计算

后视距离：（9）＝［（1）－（2）］×100。

前视距离：（10）＝［（4）－（5）］×100。

前后视距差：（11）＝（9）－（10）。如表 6-5 中的规定，在三等水准测量中，该值不得超过±3m；在四等水准测量中，该值不得超过±5m。

前后视距累计差：（12）＝上站的（12）＋本站的（11）。如表 6-5 中的规定，在三等水准测量中，该值不得超过±6m；在四等水准测量中，该值不得超过±10m。

② 同一水准尺黑、红面中丝读数的检核，同一水准尺红、黑面中丝读数的差，应等于该尺红、黑面的常数 K（4.687m 或 4.787m），计算如下：

前视尺：（13）＝（6）＋K－（7）。

后视尺：（14）＝（3）＋K－（8）。

如表 6-5 中的规定：三等水准测量中，使用 DS_1 水准仪，该值不得超过 1mm；若使用 DS_3 水准仪，该值不得超过 2mm；四等水准测量中，该值不得超过 3mm。

③ 高差计算与检核

黑面所测高差：（15）＝（3）－（6）。

红面所测高差：（16）＝（8）－（7）。

黑、红面所测高差之差：（17）＝（15）－［（16）±0.100］＝（14）－（13）。如表 6-5中的规定，在三等水准测量中，使用 DS_1 水准仪，该值不得超过 1.5mm；若使用 DS_3 水准仪，该值不得超过±3mm；在四等水准测量中，该值不得超过±5mm。式中 0.100 为前、后尺的红面分划常数，单位为 m。

高差中数：$(18)=\frac{1}{2}\{(15)+[(16)\pm 0.100]\}$。

观测中，如发现某测站上述各项观测或是计算超限，应立即重新观测本测站。只有保证各项检查无误后，方可迁站。

（3）每页计算的检核

① 视距计算检核，后视距离总和减去前视距离总和应等于末站的视距累计差，即

$$\sum(9)-\sum(10)=\text{末站}(12)$$

检核无误后，计算总视距：

$$\text{总视距}=\sum(9)+\sum(10)$$

② 高差计算检核，黑、红面后视中丝读数总和减去黑、红面前视中丝读数总和应等于黑、红面高差总和，也应等于平均高差总和的两倍。即

$\sum[(3)+(8)]-\sum[(6)+(7)]=\sum[(15)+(16)]=2\sum(18)$，该式适用于测站总数为偶数；

$\sum[(3)+(8)]-\sum[(6)+(7)]=\sum[(15)+(16)]=2\sum(18)\pm0.100$，该式适用于测站总数为奇数。

（4）水准点的高程计算

外业成果检查无误后，方可按照第 2 章水准测量成果计算的方法，计算各水准点的高程。

用双面尺法进行三、四等水准测量的记录、计算与检核，详细实例见表 6-6。

表 6-6　三、四等水准测量记录、计算表（双面尺法）

测站编号	点号	后尺 下丝 / 上丝	前尺 下丝 / 上丝	方向及尺号	水准尺读数（m） 黑面	水准尺读数（m） 红面	K+黑−红（mm）	平均高差（m）
		后视距	前视距					
		视距差 d（m）	$\sum d$（m）					
		(1)	(4)	后	(3)	(8)	(14)	
		(2)	(5)	前	(6)	(7)	(13)	
		(9)	(10)	后-前	(15)	(16)	(17)	(18)
		(11)	(12)					
1	BM_1—TP_1	1.745	1.305	后 6	1.568	6.255	0	
		1.391	0.991	前 7	1.148	5.935	0	
		35.4	31.4	后-前	0.420	0.320	0	0.420
		4.0	4.0					
2	TP_1—TP_2	1.669	1.490	后 7	1.564	6.350	1	
		1.459	1.287	前 6	1.388	6.074	1	
		21.0	20.3	后-前	0.176	0.276	0	0.176
		0.7	4.7					
3	TP_2—TP_3	1.548	1.510	后 6	1.497	6.187	−3	
		1.445	1.390	前 7	1.450	6.237	0	
		10.3	12.0	后-前	0.047	−0.050	−3	0.0485
		−1.7	3.0					
4	TP_3—TP_4	1.055	2.270	后 7	0.848	5.633	+2	
		0.641	1.859	前 6	2.065	6.752	0	
		41.4	41.1	后-前	−1.217	−1.119	+2	−1.218
		0.3	3.3					−0.5735

每页校核：

$\sum(9)=108.1$

$-)\sum(10)=104.8$

$=-3.3$

$\sum(3)+(8)=29.902$

$-)\sum(6)+(7)=31.049$

$=-1.147$

$\sum(18)=-0.5735$

$2\sum(18)=-1.147$

$\sum(9)+\sum(10)=212.9$

$\sum[(15)+(16)]=-1.147$

备注：K 为尺常数。　$K_6=4.687\text{m}$，$K_7=4.787\text{m}$。

6.4.2 图根水准测量

图根水准测量是测定测区内首级平面控制点和图根控制点，其精度低于四等水准测量，因此称为等外水准测量。其布设形式可根据平面控制点和图根点在测区的分布情况确定；其观测过程中的技术要求参见表6-4和表 6-5。

6.4.3 三角高程测量

三角高程测量因其不受地形起伏的限制、施测速度快等优点，在山区或者较高建筑物上的控制点测量中经常采用。

1. 三角高程测量的原理

三角高程测量是根据两点间的水平距离和竖直角来计算两点间的高差，再根据高差求得待测点的高程。

如图 6-17 所示，已知 A 点的高程为 H_A，设待测点 B 的高程为 H_B。可将仪器安置在 A 点，照准目标点 B 的顶端，测得其竖直角为 α，量得桩顶至仪器横轴的距离即仪器高为 i，测尺中丝读数即目标高为 v，再结合 AB 两点间平距 D，则 AB 两点间的高差为：

$$h_{AB}=D\tan\alpha+i-v \tag{6-30}$$

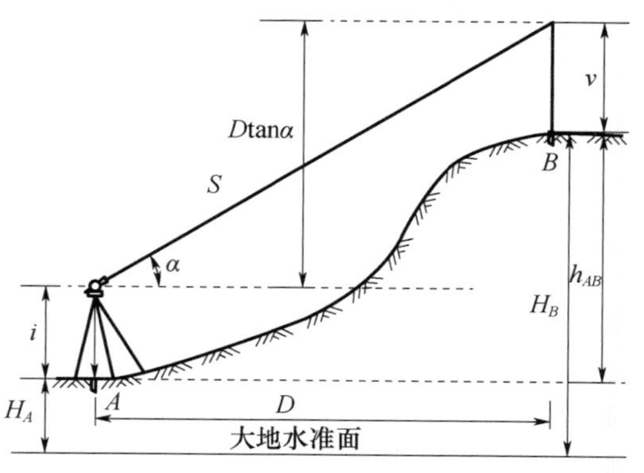

图 6-17 三角高程测量原理

B 点的高程为：

$$H_B=H_A+h_{AB}=H_A+D\tan\alpha+i-v \tag{6-31}$$

三角高程测量一般都采取对向观测（往返观测），即由 A 点观测 B 点，再由 B 点观测 A 点，最后取对向观测所得高差绝对值的平均数作为最终高差，这样可以消除地球曲率和大气折射的影响。

2. 三角高程测量的实施与计算

以电磁波测距三角高程测量为例说明其技术要求，详见表 6-7，其对向观测之差不应大于 $40\sqrt{D}$ mm 和 $60\sqrt{D}$ mm（D 为平距，以 km 为单位）。若符合要求，则取两次高差的平均值，详细测量过程如下所述。

表 6-7 电磁波测距三角高程测量的主要技术要求

等级	每千米高差全中误差（mm）	边长（km）	观测方式	对向观测高差较差（mm）	附合或环形闭合差（mm）
四等	10	≤1	对向观测	$40\sqrt{D}$	$20\sqrt{\sum D}$
五等	15	≤1	对向观测	$60\sqrt{D}$	$30\sqrt{\sum D}$

（1）在测站点 A 安置仪器，量取仪器高 i 和觇标高 v，读数至 0.5cm，量取两次结果之差不超过 1cm，取其平均值填入表 6-8。

（2）用经纬仪瞄准 B 点觇标顶端，观测竖直角 1～2 个测回，在上、下半测回较差和各测回较差均满足规范规定的前提下，取其平均值作为最终结果，并填入表 6-8。

（3）将经纬仪搬至 B 点，同样的操作过程对 A 点进行观测，并做好相关记录填入表 6-8。

（4）高差及高程计算的详细过程参见式(6-30)和式(6-31)，计算结果见表 6-8。

表 6-8　三角高程测量计算

待求点	B	
起算点	A	
觇法（观测方向）	直	反
平距 D（m）	236.512	236.512
竖直角 α	11°18′36″	−10°48′26″
$D\tan\alpha$（m）	47.303	−45.148
仪器高 i（m）	1.51	1.52
觇标高 v（m）	2.35	2.84
高差改正数 f（m）		
高差 h（m）	46.463	−46.468
平均高差（m）	46.466	
起算点高程（m）	705.123	
待求点高程（m）	751.589	

三角高程测量路线应组合成闭合环线或附合路线。如图 6-18 所示，每条边都要进行对向观测。其中，用对向观测所求得的高差平均值，计算闭合环线或附合路线的高差闭合差的限差值为：

$$f_{h_{容}}=\pm 0.05\sqrt{[D^2]}\ \mathrm{m} \tag{6-32}$$

式中，D 为各边的水平距离，以 km 为单位。

当 $f_h \leqslant f_{h_{容}}$ 时，则按照与边长成正比例的关系将闭合差 f_h 反符号分配于各测段高差，再按调整后的高差计算各点高程。

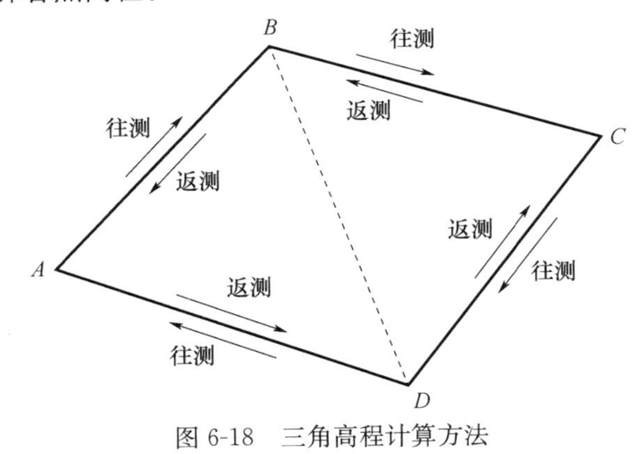

图 6-18　三角高程计算方法

思考题与习题

1. 测绘地形图和施工放样为什么要先建立控制网？
2. 建立平面控制网的方法有哪些？各有何优缺点？

3. 导线网布设过程中导线点选点应该注意哪些问题？

4. 试根据图 6-19 中的已知数据及观测数据，完成附合导线的计算，求得点 1、2、3 的坐标。

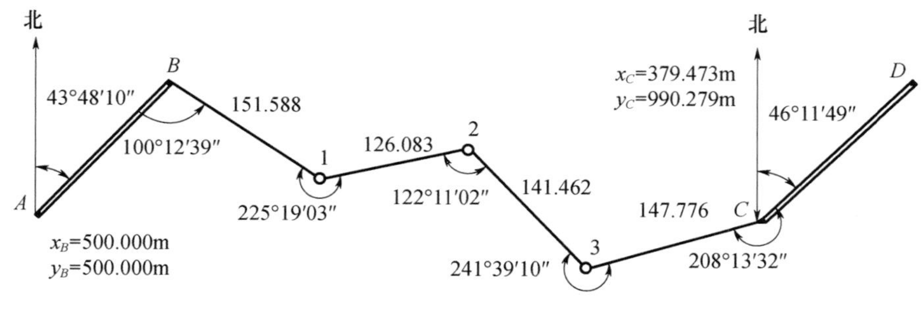

图 6-19　题 4 图

5. 试根据图 6-20 中的已知数据及观测数据，完成闭合导线的计算，求点 1、2、3 的坐标。

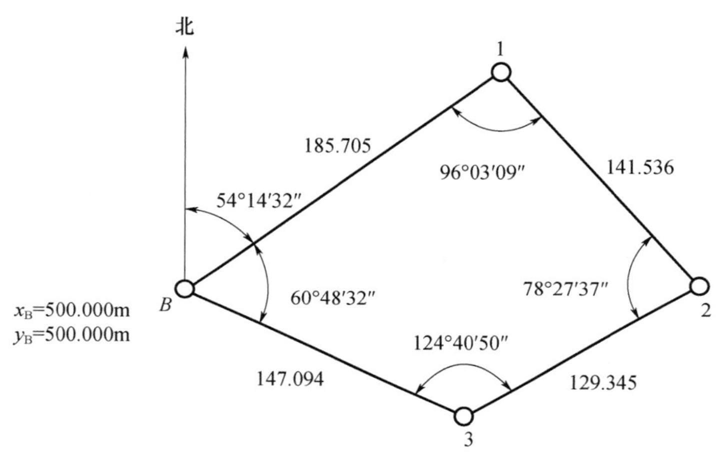

图 6-20　题 5 图

6. 高程控制测量的目的是什么？

7. 三、四等水准测量中，出现黑、红面尺高差符号不同的情况，是否测错？试举例说明。

按 1985 年《城市测量规范》和 2011 年《城市测量规范》，城市平面控制网的主要技术要求如附表 6-1 至附表 6-5 所示。

附表 6-1　GPS 测量主要技术要求

等级	平均边长（km）	固定误差（mm）	比例误差系数（mm/km）	约束点间的边长相对中误差	约束平差后最弱边相对中误差
二等	9	≤10	≤2	≤1/250000	≤1/120000
三等	4.5	≤10	≤5	≤1/150000	≤1/70000
四等	2	≤10	≤10	≤1/100000	≤1/40000
一级	1	≤10	≤20	≤1/40000	≤1/20000
二级	0.5	≤10	≤40	≤1/20000	≤1/10000

附表 6-2　三角形网测量主要技术要求

等级	平均边长（km）	测角中误差（″）	测边相对中误差	最弱边边长相对中误差	三角形最大闭合差（″）
二等	9	1	≤1/250000	≤1/120000	3.5
三等	4.5	1.8	≤1/150000	≤1/70000	7
四等	2	2.5	≤1/100000	≤1/40000	9
一级	1	5	≤1/40000	≤1/20000	15
二级	0.5	10	≤1/20000	≤1/10000	30

附表 6-3　城市导线及图根导线的主要技术要求

等级	测角中误差（″）	方位角闭合差（″）	附合导线长度（km）	平均边长（m）	测距中误差（mm）	全长相对中误差
一级	±5	$\pm 10\sqrt{n}$	3.6	300	±15	1/14000
二级	±8	$\pm 16\sqrt{n}$	2.4	200	±15	1/10000
三级	±12	$\pm 24\sqrt{n}$	1.5	120	±15	1/6000
图根	±30	$\pm 60\sqrt{n}$				1/2000

附表 6-4　钢尺量距导线主要技术要求

等级	测图比例尺	附合导线长度（m）	平均边长（m）	往返丈量较差相对误差	测角中误差（″）	导线全长相对闭合差	测回数		方位角闭合差（″）
							DJ2	DJ6	
一级		2500	250	≤1/20000	±5	≤1/10000	2	4	$\pm 10\sqrt{n}$
二级		1800	180	≤1/15000	±8	≤1/7000	1	3	$\pm 16\sqrt{n}$
三级		1200	120	≤1/10000	±12	≤1/5000	1	2	$\pm 24\sqrt{n}$
图根	1∶500	500	75	≤1/3000	±20	≤1/2000		1	$\pm 60\sqrt{n}$
	1∶1000	1000	110						
	1∶2000	2000	180						

附表 6-5　电磁波测距导线主要技术要求

等级	闭合环或附合导线长度（km）	平均边长（m）	测距中误差（mm）	测角中误差（″）	导线全长相对闭合差
三等	≤15	3000	≤18	≤1.5	≤1/60000
四等	≤10	1600	≤18	≤2.5	≤1/40000
一级	≤3.6	300	≤15	≤5	≤1/14000
二级	≤2.4	200	≤15	≤8	≤1/10000
三级	≤1.5	120	≤15	≤12	≤1/6000

第 7 章　地形图的基本知识

7.1　地形图与比例尺

7.1.1　地形图简介

地面上天然形成或人工构筑的各种物体称为地物，如河流、湖泊、房屋、道路、桥梁和农田、森林等。地面高低起伏的自然形态称为地貌，如高山、丘陵、平原、洼地等。地物和地貌总称为地形。控制网建立后，根据控制网内控制点数据采集测区内地物和地貌特征点的相关定位数据，而后按测图比例尺和规定的符号绘制成地形图，这项测量工作称为地形测量。遵循“先控制后碎部”的原则，地形图的测绘应先根据测图的目的及测区的具体情况建立平面及高程控制，然后根据控制点进行地物和地貌的测绘。通过实地施测，将地面上各种地物的平面位置按一定比例尺，用规定的符号缩绘在图纸上，并标注具有代表性的点的高程值，这种图称为平面图；如果既表示出各种地物，又用等高线表示出地貌的图形称为地形图。

7.1.2　地形图的比例尺

图上任一直线段长度 L 与地面上相应线段的实地水平长度 D 之比，称为地形图的比例尺。地形图比例尺常用的有数字比例尺和图示比例尺两种。

数字比例尺是用分子为 1，分母为整数的分数表示，即

$$\frac{L}{D}=\frac{1}{D/L}=\frac{1}{M}\text{或}L:D=1:M$$

式中，M 为比例尺分母，如 1∶500、1∶1000 等，M 值愈小比例尺愈大。

图示比例尺常见的是直线比例尺，它表示图上每个基本单位线段长度所代表的实地长度。

图 7-1 所示为 1∶500 的图示比例尺，基本单位长度为 2cm，所代表的实地长度为 10m。图示比例尺标注在图纸的下方，便于用分规在图上直接量取直线段的水平距离，且可消除图纸伸缩的影响。

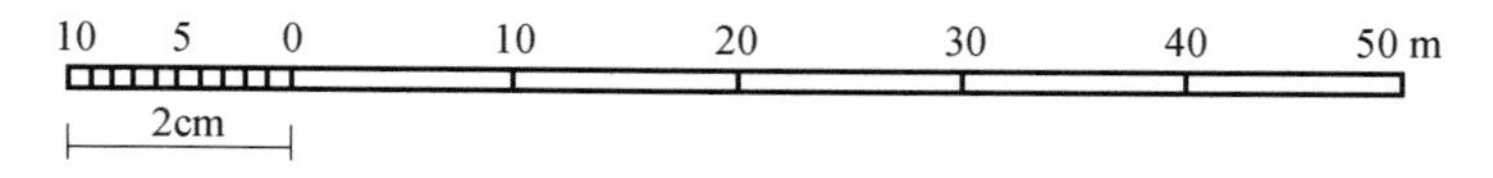

图 7-1　图示比例尺

地形图的比例尺按其值的大小可分为大、中、小三种。比例尺为 1∶500、1∶1000、1∶2000、1∶5000、1∶1 万的地形图称为大比例尺地形图，在工程建设的规划、设计、施工等通常采用此类地形图。1∶2000 比例尺的地形图常用于城市详细规划及工程项目初步设

计中，1∶5000 和 1∶1 万的地形图则用于城市总体规划、厂址选择、区域布置、方案比较等。大面积的大比例尺测图也可采用航空摄影测量或三维激光扫描的方法成图。比例尺为 1∶2.5万、1∶5 万、1∶10 万的地形图称为中比例尺地形图，它是国家的基本比例尺地形图，由测绘部门用航空摄影测量方法成图。1∶20 万、1∶50 万、1∶100 万的地形图称为小比例尺地形图，一般根据大比例尺图和其他测量资料编绘而成。

通常，人眼在图上可分辨出的最小长度为 0.1mm，因此在实地测图描绘或图上量测时，也只能达到图上 0.1mm 的精确度，所以把地形图上 0.1mm 所代表的实地水平距离称为比例尺精度，即 ε=0.1mm。几种工程中常用地形图的比例尺精度见表 7-1。

表 7-1　比例尺精度表

比例尺	1∶500	1∶1000	1∶2000	1∶5000	1∶1 万
比例尺精度（m）	0.05	0.10	0.20	0.50	1.00

由表 7-1 可知，测绘比例尺为 1∶2000 时，测图距离小于 0.20m 就无法在图上表示出来。由此可见，比例尺愈大，其比例尺精度也愈高，图上表示的地物及地貌愈详尽、准确。比例尺精度的概念，对测图和设计用图都有重要的指导意义。首先，根据比例尺可以确定测图精度；其次，根据比例尺精度可以确定在测图时距离测量应准确到什么程度。例如某项工程，要求在图上能反映地面上 10cm 的精度，则所选用的测图比例尺就不能小于0.1mm/0.1m=1∶1000。图的比例尺愈大，测绘工作量和成本会成级数倍地增加，所以当设计规定需在图上能量出实地最短长度时，根据比例尺精度可以确定合理的测图比例尺，应根据工程规划、设计等的实际需要合理选择，不要盲目追求更大的比例尺。

7.2　地形图的分幅和编号

为了便于测绘、使用和管理，需将各种比例尺地形图进行统一的分幅和编号。地形图的分幅方法有两类：一类是按经纬线分幅的梯形分幅法，用于国家基本比例尺地形图和大面积 1∶2000、1∶5000 的地形图；另一类是按坐标格网分幅的矩形分幅法，用于工程建设的大比例尺地形图。

7.2.1　梯形分幅与编号

梯形分幅法是按国际统一规定的经差和纬差划分而成的梯形图幅，又称国际分幅法。我国 1∶5000～1∶50 万比例尺的地形图都是以 1∶100 万地形图为基础进行分幅和编号的。

1. 1∶100 万地形图的分幅与编号

按国际 1∶100 万地形图会议（1913 年，巴黎）规定，1∶100 万的世界地形图实行统一的分幅与编号。即自经度 180°开始起算，自西向东按经差 6°分成 60 纵行，各行依次用 1、2、…、60 表示纵行号；赤道向北或向南分别按纬差 4°分成 22 横列，各列依次用 A、B、…、V 表示。每一梯形格为一幅 1∶100 万的地形图，其编号由其所在的“横列纵行”的编号组成。为了区分南北半球，在列号前冠以 N 和 S（我国地处北半球，图号前的 N 全部省略）。由于随纬度的增高地形图面积迅速减小，规定在 60°～76°之间双幅并和，即按经差 12°、纬差 4°分幅；在 76°～88°之间四幅合并，经差为 24°、纬度为 4°；88°以上单独为一幅。我国处于 60°以下，不存在合幅问题。1：100 万比例尺地形图的分幅与编号即按此方法进行。例如，北京某地区的经度为东经 116°24′29″，纬度为北纬 39°56′30″，则其所在的 1：100 万地形图的图号为 J-50，如图 7-2 所示。

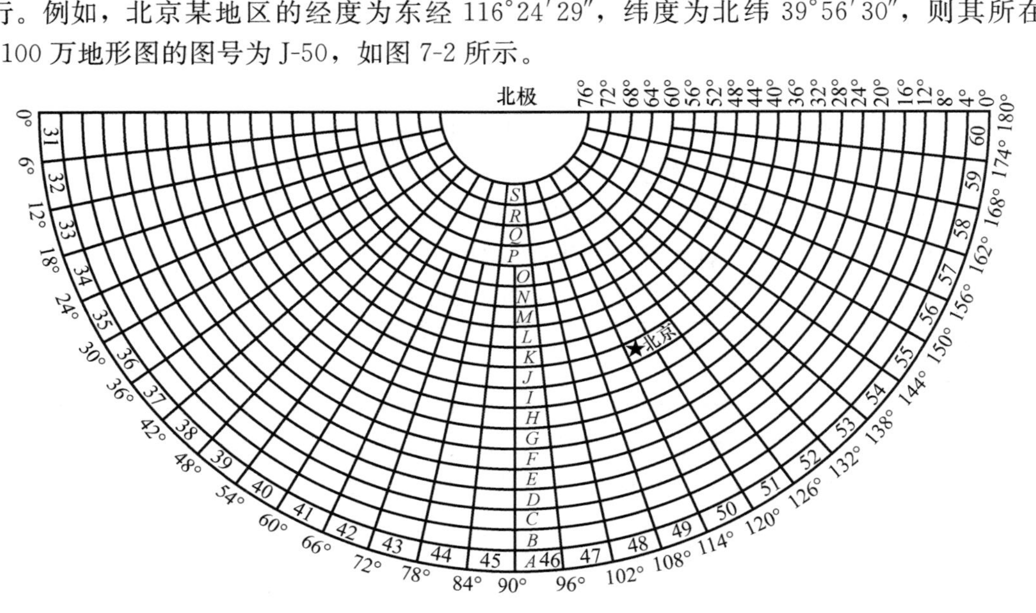

图 7-2　1：100 万比例尺地形图的梯形分幅与编号

2. 1：50 万、1：25 万、1：10 万地形图的分幅与编号

这三种比例尺的地形图都是在 1：100 万地形图基础上进行分幅与编号的，如图 7-3 所示。将一幅 1：100 万地形图按经差 3°、纬差 2°分为 4 幅 1：50 万地形图，从左到右、自上而下以 A、B、C、D 为代号，每幅的编号是在 1：100 万地形图的编号后缀以相应的代号组成，如 J-50-A。

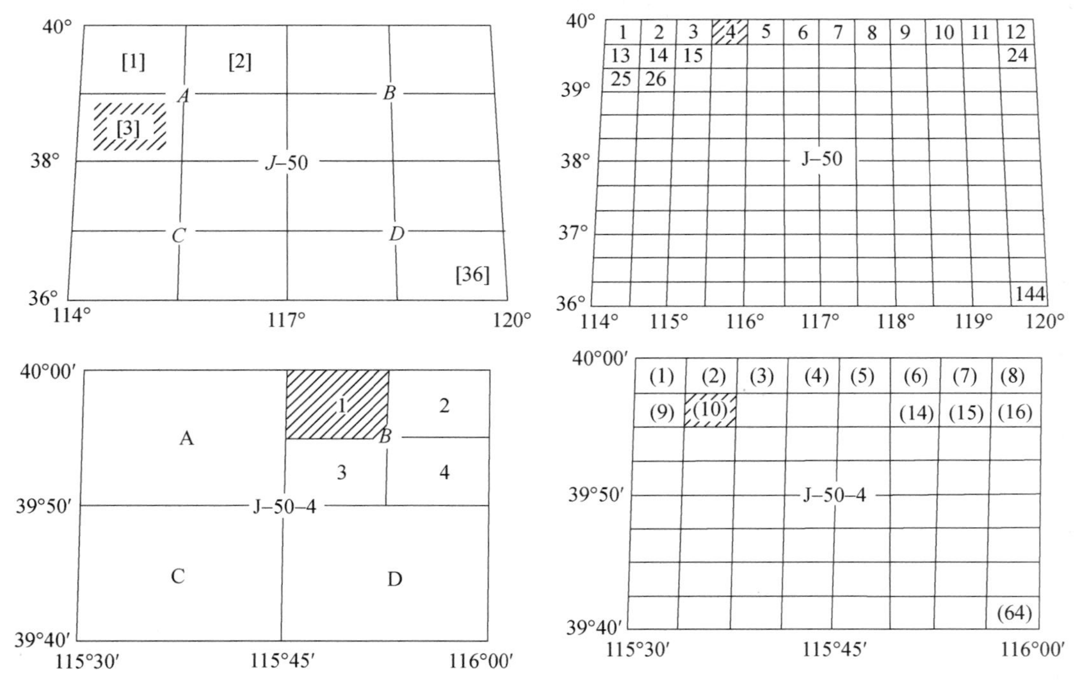

图 7-3　各种中、小比例尺地形图的梯形分幅与编号

一幅 1：100 万地形图按经差 1°30′、纬差 1°分为 16 幅 1：25 万地形图，以 [1]、[2]、[3]、…、[16] 为代号，每幅的编号是在 1：100 万地形图的编号后缀以相应代号组成，如 J-50- [3]。一幅 1：100 万地形图按经差 30′、纬差 20′分为 144 幅 1：10 万地形图，以 1、2、3、…、144 为代号，其编号是在 1：100 万地形图的编号后缀以相应代号组成，如 J-50-5。

3. 1：5 万、1：2.5 万、1：1 万地形图的分幅与编号

如图 7-3 所示，将一幅 1：10 万地形图分为 2 行 2 列共 4 幅 1：5 万地形图，从左到右、自上而下以 A、B、C、D 为代号，其编号是在 1：10 万地形图的编号后缀以相应代号组成，如 J-50-4-B。

将一幅 1：5 万地形图分为 2 行 2 列共 4 幅 1：2.5 万地形图，以 1、2、3、4 为代号，每幅的编号是在 1：5 万地形图的编号后缀以相应代号组成，如 J-50-4-B-1。

将一幅 1：10 万地形图分为 8 行 8 列共 64 幅 1：1 万地形图，(1)、(2)、(3)、…、(64) 为代号，其编号是在 1：10 万地形图的编号后缀以相应代号组成，如 J-50-4-(10)。

4. 1：5000 地形图的分幅与编号

1：5000 地形图是将 1：1 万地形图分为 2 行 2 列共 4 幅，分别以 a、b、c、d 为代号，其编号是在 1：1 万地形图的编号后缀以相应代号组成的，如 J-50-5-(15)-c。

各种比例尺的地形图的梯形分幅与编号见表 7-2。

表 7-2　各种比例尺地形图的梯形分幅与编号

比例尺	图幅大小		图幅数量关系		编号方法		对应的新编号
	经差	纬差	分幅基础	图幅数	分幅代号	编号示例	
1：100 万	6°	4°	1：100 万	1	行：1、2、3、…、60 列：A、B、C、…、V	J-50	J50
1：50 万	3°	2°	1：100 万	4	A、B、C、D	J-50-A	J50B001001
1：25 万	1°30′	1°	1：100 万	16	[1]、[2]、[3]、…、[16]	J-50- [3]	J50C001003
1：10 万	30′	20′	1：100 万	144	1、2、3、…、144	J-50-5	J50D001005
1：5 万	15′	10′	1：10 万	4	A、B、C、D	J-50-5-B	J50E001010
1：2.5 万	7′30″	5′	1：5 万	4	1、2、3、4	J-50-5-B-2	J50F001020
1：1 万	3′45″	2′30″	1：10 万	64	(1)、(2)、(3)、…、(64)	J-50-5- (15)	J50G002039
1：5000	1′52.5″	1′15″	1：1 万	4	a、b、c、d	J-50-5-(15) -c	J50H004077

7.2.2 矩形分幅与编号

工程规划设计、施工及资源和工程管理所用 1：5000、1：2000 和小区域 1：1000、1：500大比例尺地形图，采用矩形分幅法，它是依比例尺由小到大逐级按统一的直角坐标网格分成 4 幅。图幅大小见表 7-3。

采用矩形分幅时，图幅编号一般采用该幅图西南角坐标 x、y 的千米数编号。如图 7-4 所示，其西南的坐标 x＝32km，y＝56km，所以其编号为“32-56”。编号时，比例尺为

1：500地形图，坐标值取至0.01km，比例尺为1：1000、1：2000的地形图取至0.1km，比例尺为1：5000时，坐标值取至整公里。

表7-3　矩形分幅的图幅大小

比例尺	50×40分幅		50×50分幅		
	图幅大小（cm×cm）	实地面积（km²）	图幅大小（cm×cm）	实地面积（km²）	一幅1：5000图内图幅数
1：5000	50×40	5	50×50	4	1
1：2000	50×40	0.8	50×50	1	1
1：1000	50×40	0.2	50×50	0.25	16
1：500	50×40	0.05	50×50	0.0625	64

对于面积较大的测区，应用户要求测绘有几种不同的比例尺的地形图时，为了便于地形图测绘、拼接、编绘、存档、管理与应用，地形图的编号通常以最小比例尺图为基础进行。例如，某测区1：5000图幅编号为“32-56”，此图号将作为该图幅中的其他较大比例尺图幅的基本图号。如图7-4所示，在1：5000图号后缀加罗马字Ⅰ、Ⅱ、Ⅲ、Ⅳ，就是1：2000比例尺图幅的编号，如甲图编号为“32-56-Ⅰ”。同样，在1：2000的图幅编号后缀加Ⅰ、Ⅱ、Ⅲ、Ⅳ，就是1：1000图幅的编号，如乙图编号为“35-56-Ⅳ-Ⅱ”。在1：1000比例尺的图号后缀加Ⅰ、Ⅱ、Ⅲ、Ⅳ，就是1：500图幅的编号，丙图幅编号为“32-56-Ⅳ-Ⅲ-Ⅲ”。

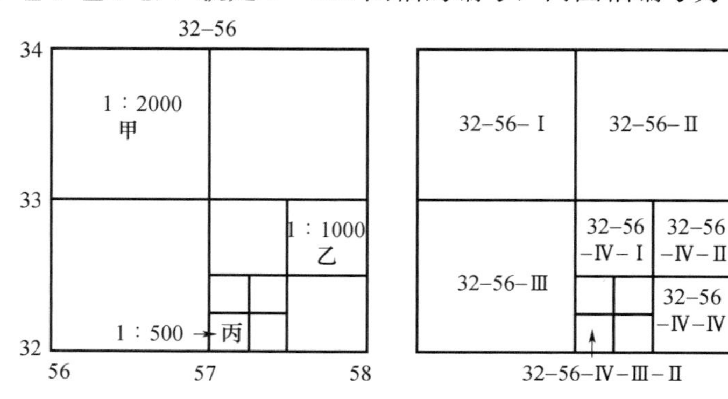

图7-4　地形图矩形分幅与编号

7.2.3　国家基本比例尺地形图现行分幅与编号

我国1992年颁布的《国家基本比例尺地形图分幅和编号》（GB/T 13989—2012）国家标准，自1993年3月起实施。新测和更新的基本比例尺地形图，均按照此标准进行分幅与编号。

1. 分幅

以1：100万地形图为基础，一幅1：100万地形图按表7-2所列经差与纬差，分成1：5000～1：50万等7种比例尺地形图的图幅数分别为4、16、144、576、2304、9216、36864幅，不同比例尺地形图的经纬差、行列数和图幅成简单的倍数关系，如图7-5所示。

2. 编号

1：5000～1：50万地形图编号均以1：100万地形图为基础，采用行列式编号方法。即将1：100万地形图所含分幅后的各种比例尺地形图，以行从左到右、列自上而下按顺序分别用3位阿拉伯数字（数字码，不足3位补0）编号，取行号在前、列号在后的排列形式，加在1：100万地形图的编号之后。并采用不同的英文字符作为比例尺的代码（表7-4）。

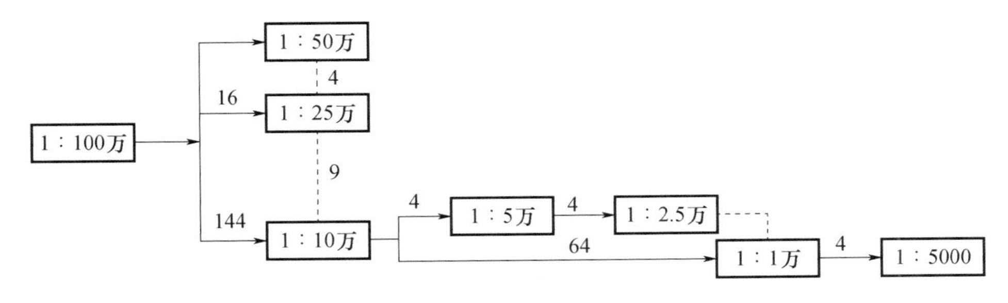

图 7-5　我国基本比例尺地形图分幅与编号

表 7-4　基本比例尺代码表

比例尺	1∶50 万	1∶25 万	1∶10 万	1∶5 万	1∶2.5 万	1∶1 万	1∶5000
代码	B	C	D	E	F	G	H

各种比例尺地形图现行图幅编号均由 10 位代码构成，如图 7-6 所示，即 1∶100 万地形图行号（字符码，第 1 位），列号（数字码，第 2、3 位），比例尺代码（字符码，第 4 位），该幅图的行号（数字码，第 5-7 位），列号（数字码，第 8-10 位）如表 7-2 所示。

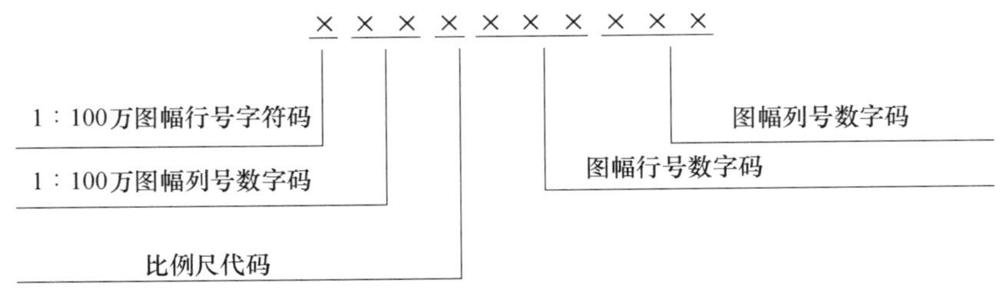

图 7-6　1∶5000～1∶50 万地形图图号的构成

7.3　地形图的图外注记

为了图纸管理、查找和使用方便，在地形图的图框（称为图廓）周边标注如图名、图号、接图表、坐标格网、三北方向线等，称为图廓元素，如图 7-7 所示。

7.3.1　图名和图号

图名即本幅图的名称，是以所在图幅内最著名的地名、厂矿企业和村庄的名称来命名的。为了区别各幅地形图所在的位置关系，每幅地形图上都编有图号。图号是根据地形图分幅和编号方法编定的，并把它标注在北图廓上方的中央，如图 7-7 所示。

7.3.2　接图表

说明本图幅与相邻图幅的关系，供索取相邻图幅时用。通常是中间一格画有斜线的代表本图幅，四邻分别注明相应的图号（或图名），并绘注在图廓的左上方。在各种中比例尺地形图上，除了接图表以外，还把相邻图幅的图号分别注在东、西、南、北图廓线中间，进一步表明与四邻图幅的相互关系，如图 7-7 所示。

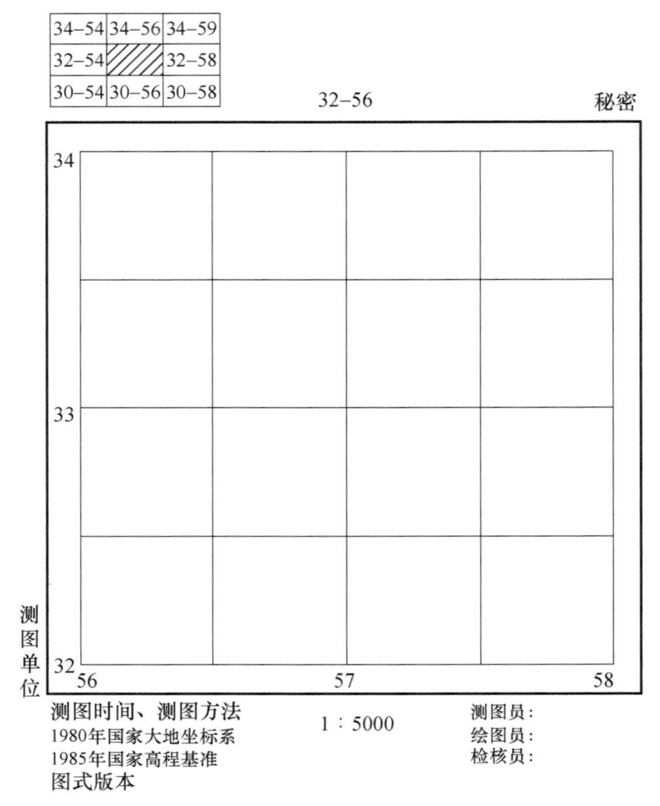

图 7-7　地形图图廓要素

7.3.3　比例尺

在每幅图的南图框外的中央均注有测图数字比例尺，在数字比例尺的下方绘出直线比例尺，如图 7-7 所示。

7.3.4　图廓与坐标格网

图廓是地形图的边界，矩形图幅有内、外图廓之分。内图廓就是坐标格网线，也是图幅的边界线。在内图廓外四角处注有坐标值，并在内图廓线内侧，每隔 10cm 绘有 5mm 的短线，表示坐标格网线的位置。在图幅内绘有每隔 10cm 的坐标格网交叉点。外图廓为图幅的最外围边线。

在城市规划以及给排水线路等设计工作中，有时需用 1：10000 或 1：25000 的地形图。这种图的图廓有内图廓、分图廓和外图廓之分。内图廓是经线和纬线，也是该图幅的边界线。内、外图廓之间为分图廓，它绘成为若干段黑白相间的线条，每段黑线或白线的长度，表示实地经差或纬差 1′。分图廓与内图廓之间，注记了以千米为单位的平面直角坐标值，如图 7-7 所示。

7.3.5　三北方向关系图

在中、小比例尺图的南图廓线的右下方，还绘有真子午线、磁子午线和坐标纵轴（中央子午线）方向这三者之间的角度关系，称为三北方向图。利用该关系图，可对图上任一方向的真方位角、磁方位角和坐标方位角三者间作相互换算。此外，在南、北内图廓线上，还绘

有标志点 P 和 P'，该两点的连线即为该图幅的磁子午线方向，有了它便可利用罗盘仪将地形图进行实地定向。如图 7-8 所示，该图磁偏角为 1°36′，子午线收敛角 0°22′。根据该关系图，可对图上任一方向的真方位角、磁方位角和坐标方位角相互换算。

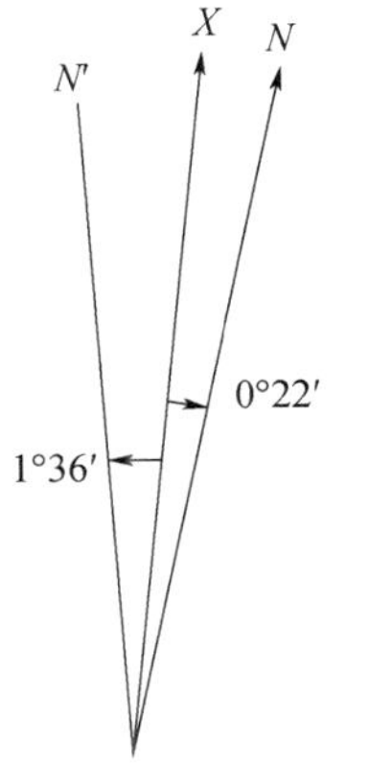

图 7-8　三北方向关系图

7.3.6　密级

一般标在北图廓的右上方，说明保管和使用该图的保密等级，如图 7-7 所示。

7.3.7　图例

图例一般置于图形的右下侧，包括本幅地形图内所有的地物符号及其文字说明，便于用图者更好地识别地物，利用地形图。

7.3.8　投影方式、坐标系统、高程系统

地形图测绘完成后，在外图图廓左下脚注明本图的投影方式（正射投影）、坐标系统（如 1954 年北京坐标系、2000 国家大地坐标系、独立坐标系等）、高程系统（1985 国家高程基准、1956 黄海高程系统等）。

7.3.9　成图方法、图式版本

在地形图外图廓左下方注明测图方法（如航测成图、野外数字成图等）、测图所采用的地形图图式版本。

此外，还应在地形图外图廓右下方标注测绘单位、成图日期，供日后用图参考。

7.4　地物符号

地物是用地物符号和注记来表示的。地物种类繁多，对 1∶500、1∶1000、1∶2000 地形图的地物符号可以归纳为以下几种，见表 7-5。

表 7-5　地物符号种类

序号	名称	图例	序号	名称	图例
1	房屋	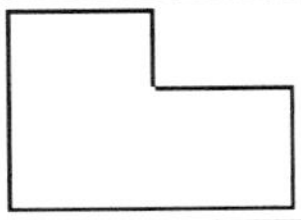	4	窑洞	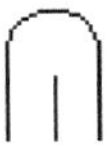
2	在建房屋	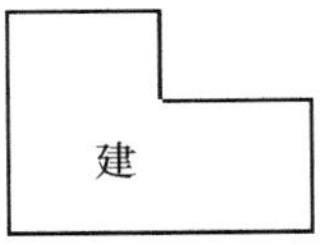 建	5	蒙古包	
3	破坏房屋	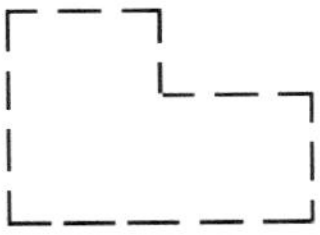	6	悬空通廊	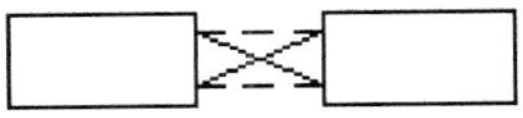

续表

序号	名称	图例	序号	名称	图例
7	建筑物下通道	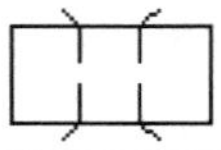	22	油库	
8	台阶	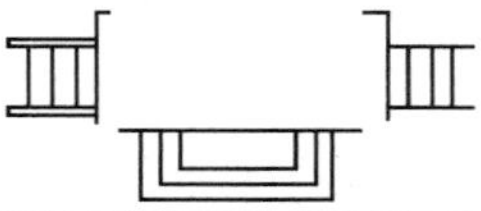	23	粮仓	
9	围墙		24	打谷场（球场）	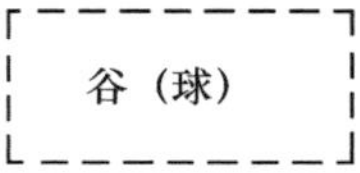 谷（球）
10	围墙大门	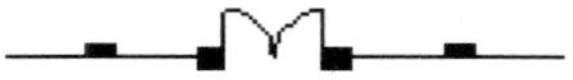	25	饲养场（温室、花房）	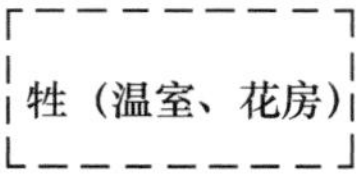 牲（温室、花房）
11	长城及砖石城堡（小比例）		26	高于地面的水池	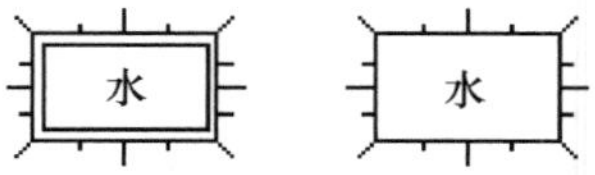 水 水
12	长城及砖石城堡（大比例）	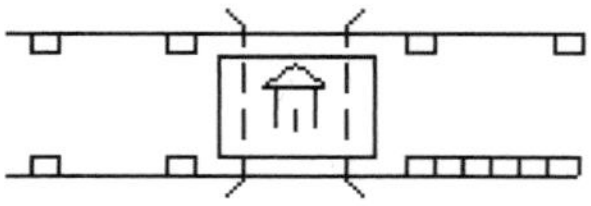	27	低于地面的水池	 水
13	栅栏、栏杆	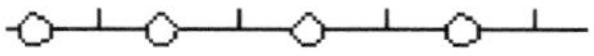	28	有盖的水池	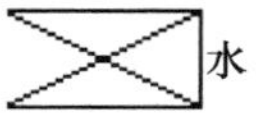 水
14	篱笆		29	肥气池	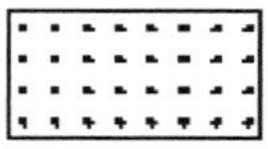
15	铁丝网		30	雷达站、卫星地面接收站	
16	矿井		31	体育场	 体育场
17	盐井		32	游泳池	 泳
18	油井	 油	33	喷水池	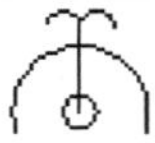
19	露天采掘场	 石	34	假山石	
20	塔形建筑物		35	岗亭、岗楼	
21	水塔		36	电视发射塔	 TV

续表

序号	名称	图例	序号	名称	图例
37	纪念碑		53	电气化铁路	
38	碑、柱、墩		54	电车轨道	
39	亭		55	地道及天桥	
40	钟楼、鼓楼、城楼		56	铁路信号灯	
41	宝塔、经塔		57	高速公路及收费站	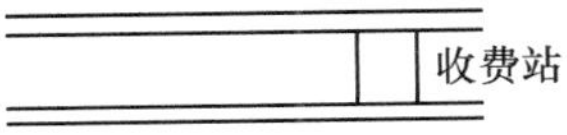 收费站
42	烽火台	烽	58	一般公路	
43	庙宇		59	建设中的公路	
44	教堂		60	大车路、机耕路	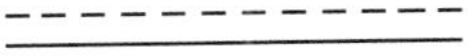
45	清真寺		61	乡村小路	
46	过街天桥		62	高架路	
47	过街地道		63	涵洞	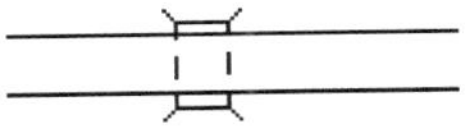
48	地下建筑物的地表入口		64	隧道、路堑与路堤	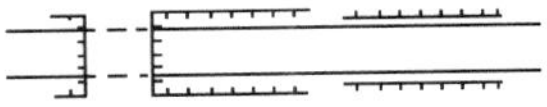
49	窑		65	铁路桥	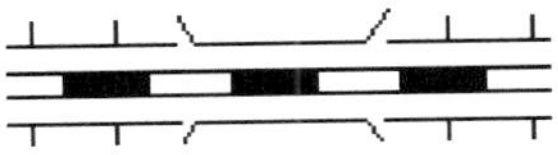
50	独立大坟		66	公路桥	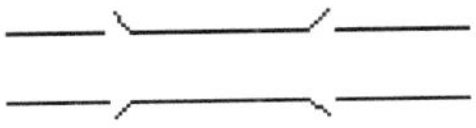
51	群坟、散坟		67	人行桥	
52	一般铁路		68	铁索桥	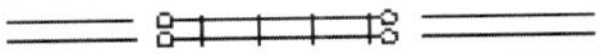

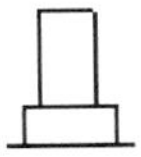

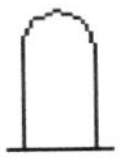

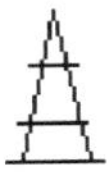

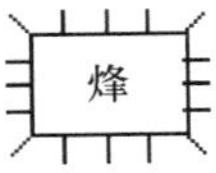

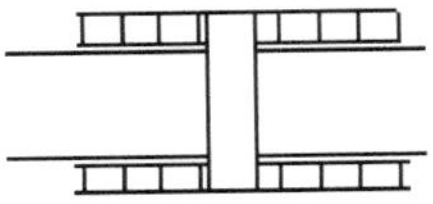

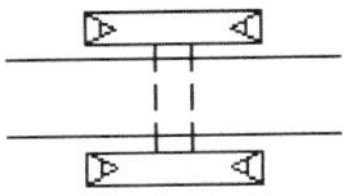

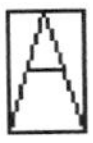

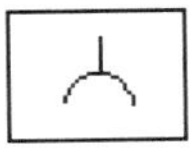

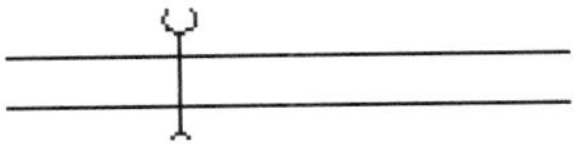

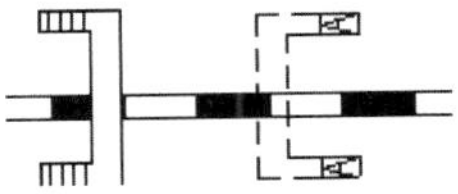

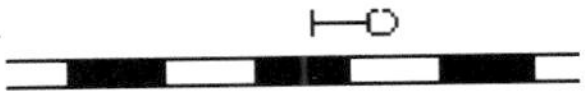

续表

序号	名称	图例	序号	名称	图例
69	漫水路面		85	单层堤沟渠	
70	顺岸式固定码头	码头	86	双层堤沟渠	
71	堤坝式固定码头		87	有沟堑的沟渠	
72	浮码头		88	水井	
73	架空输电线（可标注电压）		89	坎儿井	
74	埋式输电线		90	国界	
75	电线架		91	省、自治区、直辖市界	
76	电线塔		92	地区、自治州、盟、地级市界	
77	电线上的变压器		93	县、自治县、旗、县级市界	
78	有墩架的架空管道（热力）	热	94	乡镇界	
79	常年河		95	坎	
80	时令河		96	山洞、溶洞	
81	消失河段		97	独立石	
82	常年湖	青湖	98	石群、石块地	
83	时令湖		99	沙地	
84	池塘		100	砂砾土、戈壁滩	

续表

序号	名称	图例	序号	名称	图例
101	盐碱地		112	林地	松
102	能通行的沼泽		113	灌木林	
103	不能通行的沼泽		114	行树	
104	稻田		115	阔叶独立树	
105	旱地		116	针叶独立树	
106	水生经济作物	菱	117	果树独立树	
107	菜地		118	棕榈、椰子树	
108	果园		119	竹林	
109	桑园		120	天然草地	
110	茶园		121	人工草地	
111	橡胶园				

7.4.1 比例符号

地物的形状、大小和位置能按比例尺缩绘在图上，可表示地物的轮廓特征，这类符号统称为比例符号。这种符号一般用实线或点线描绘，如表 7-5 中 1～12 表示的房屋、台阶和花圃、草地的范围等。

7.4.2 非比例符号

有的地物（如控制点、消火栓、阀门、钻孔等）轮廓较小，无法按比例尺缩绘在地形图上，而又必须在图上表示出来，则采用规定的符号在该地物的中心位置上表示，这类符号统称为非比例尺符号。由于这类符号与相应地物符号比较类似，所以又称为象形符号。如表 7-5中 33～51 均为非比例尺符号。无专门说明的符号，均以顶端向北、垂直于南图廓线绘制；具有走向性的符号，如井口、窑洞等按其真实性方向绘制。

非比例尺符号只能表示地物在图上的中心位置，不能表示其形状和大小。符号的中心与该地物实地中心的位置关系，随各种不同的地物而异，测图和用图时应注意以下几个方面。

（1）规则的几何图形符号，如圆形、正方形、三角形等，图形几何中心点即为地物中心在图上的位置。

（2）底部为直角的符号，如独立树、加油站、路标等，符号的直角顶点即为地物中心在图上的位置。

（3）底宽符号，如烟囱、水塔、岗亭等，符号底部中心即为地物中心在图上的位置。

（4）下方无底线符号，如山洞、窑洞、平洞口等，符号下方两端点连线的中心即为地物中心在图上的位置。

7.4.3 半比例符号

实地上有些线状和狭长的带状地物，按地形图比例尺缩小后，其长度能按比例缩绘，而宽度不能按比例表示，只能夸大表示，用于表示这类地物的符号称为半比例符号。如铁路、管道、通信线、单线河等。半比例符号能表示地物的长度、方向，不能反映地物的宽度。

对于地物的表示，应该采用比例、非比例还是半比例符号，这不是绝对的，而是随地物本身大小的差异和地形图比例尺大小的变化而变化。同类地物由于大小相差悬殊，因此在同一幅图上就有可能存在着比例符号、非比例符号和半比例符号。例如：同一条河流，上游河床较窄，只能用半比例符号（单线河）表示；而下游河床较宽则可采用比例符号（双线河）表示。同时，随着地形图比例尺的缩小，对同一地物的表示，也会出现比例符号向半比例符号或非比例符号的转化，如道路、居民地、桥梁等。

7.4.4 地物注记

对地物加以说明的文字、数字或特殊符号，称为地物注记。地物注记用于进一步表明地物的特征和种类，诸如城镇、学校、河流、道路的名称，桥梁的长度、宽度及载重量，江河的流向、流速及深度，道路的去向、路面材料，森林、果树的类别等，都以文字或特定符号加以说明。

7.5　地貌符号

地貌是指地面高低起伏的自然形态。在图上表示地貌的方法很多，而在地形图中通常用等高线表示；用等高线表示地貌不仅能表示地面的高低起伏形态，而且还能科学地表示出地面的坡度和地面点的高程。一些不能用等高线表示的地方，如滑坡、陡崖、冲沟等，则用相应的地貌符号表示。因此，地貌符号包括等高线和各种特殊地貌符号。

7.5.1　等高线

1. 等高线的定义

假想用若干间距相等的水平面切割地面，将各平面与地面的交线垂直投影在一个水平面上，就得到一圈套一圈的能反映该区地貌状况的闭合曲线，因为每条曲线上各点的高程都相等，故称为等高线。因此，等高线就是地面上高程相同的相邻各点连成的闭合曲线，如图 7-9所示。等高线的高程一般从大地水准面起算。

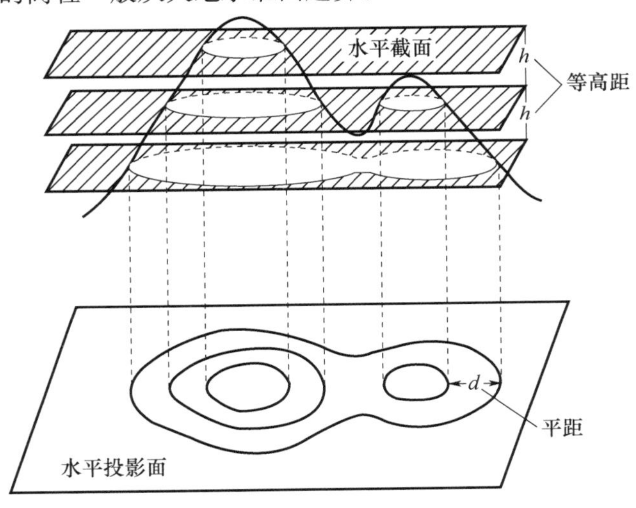

图 7-9　等高线原理

2. 等高距、平距及示坡线

在地形图上，相邻两条等高线的高程之差称为等高距，常用 h 表示。在同一幅地形图中不能有两种不同的等高距。等高距的大小决定着所表示地貌形态的精度，同时也影响着地形图的载负量。因此，等高距的大小应根据测区内大部分地面坡度的大小以及地形图的比例尺和用途来确定。表 7-6 是各种大比例尺地形图的等高距参考值。

表 7-6　大比例尺地形图的基本等高距

比例尺	地形类别			
	平原（m）	丘陵（m）	山地（m）	高山地（m）
1∶500	0.5	0.5	0.5 或 1	1
1∶1000	0.5	0.5 或 1	1	1 或 2
1∶2000	0.5 或 1	1	2	2

图上两条相邻等高线之间的水平距离称为等高线的平距，常用 d 表示。由于同一幅地形图中的等高距相同，所以等高线平距 d 的大小与地面坡度有关。等高线平距越小，地面坡度越大；平距越大，坡度越小；坡度相等，则平距相等。因此，由地形图上等高线的疏密可判定地面坡度的陡缓。

示坡线是加绘在等高线上指示斜坡高程降低方向的小短线，它能帮助读者判读地势的走向。在地形图表示中，山头、洼地、鞍部和图幅边缘地势走向不易辨别的等高线上，均应加绘示坡线，如图 7-10 中所示，根据“1”处的示坡线可判断等高线外侧为山头，根据“2”处的示坡线可判断等高线内侧为洼地。

3. 等高线的种类

地形图中的等高线一般有首曲线和计曲线，有时也用间曲线和助曲线，如图 7-11 所示。

（1）首曲线

按规定的基本等高距 h 描绘的等高线称为首曲线或基本等高线，用线粗 0.15mm 的实线描绘。

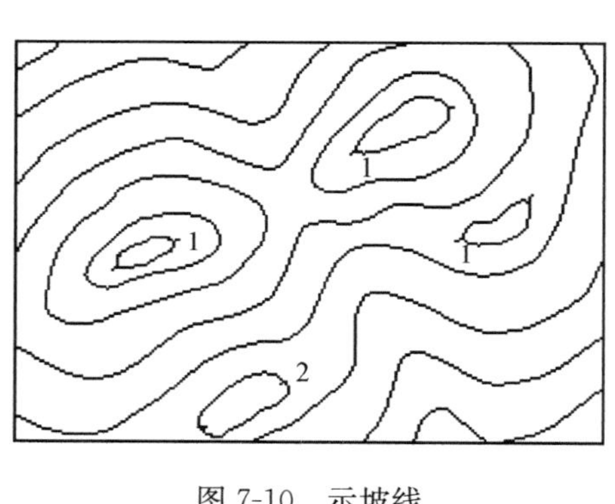

图 7-10　示坡线

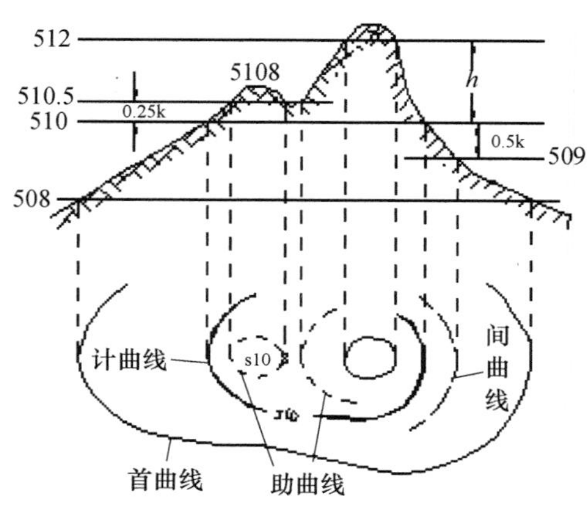

图 7-11　等高线的种类

（2）计曲线

为了读图方便，规定从高程起算面开始，每隔 4 条首曲线加粗一条等高线；这些加粗的等高线称为计曲线或加粗等高线。在图中计曲线的适当位置处需加注高程，计曲线用线粗 0.3mm 的实线描绘。

（3）间曲线

按 1/2 基本等高距加绘的等高线称为间曲线或半距等高线，用来表示首曲线显示不出的局部地貌形态。用线粗 0.15mm 的长虚线描绘。

（4）助曲线

按 1/4 基本等高距加绘的等高线称为助曲线或辅助等高线，用来表示首曲线和间曲线显示不出的局部地貌形态。用线粗 0.15mm 的短虚线描绘。

4. 典型地貌的等高线形状

地貌的形态虽然多种多样，但它们都是由山头、洼地、山脊、山谷、鞍部、斜坡等几种典型地貌构成的。

（1）山头是山体的最高部位。山头的等高线图形是一组闭合曲线，示坡线向外，如图 7-12所示。

洼地是指中间低，四周高的地形。其等高线图形也是一组闭合曲线，示坡线在等高线的内侧，如图 7-13 所示。

（3）山脊是山体延伸的最高棱线，它的最高部分的连线称为山体的分水岭。山脊的等高线图形是一组凸向下坡方向的曲线，两侧对称，如图 7-14 所示。

（4）山谷是两山脊间的向一定方向倾斜延伸的低凹部分，它的最低部分的连线叫合水线。山谷的等高线图形是一组凸向上坡方向的曲线，两侧对称，如图 7-15 所示。

（5）鞍部是连接两个山顶之间的低凹部分，形如马鞍。鞍部的等高线图形是由两组凸向鞍部中心的对称曲线组成，如图 7-16 所示。

（6）斜坡是山体的坡面。其坡形可分为四种：等齐坡，等高线的间隔大致相等；凹形坡，等高线间隔自低向高由疏变密；凸形坡，等高线的间隔自低向高由密变疏；阶状坡，等高线疏密交替，陡坡密，缓坡疏，如图 7-17 所示。

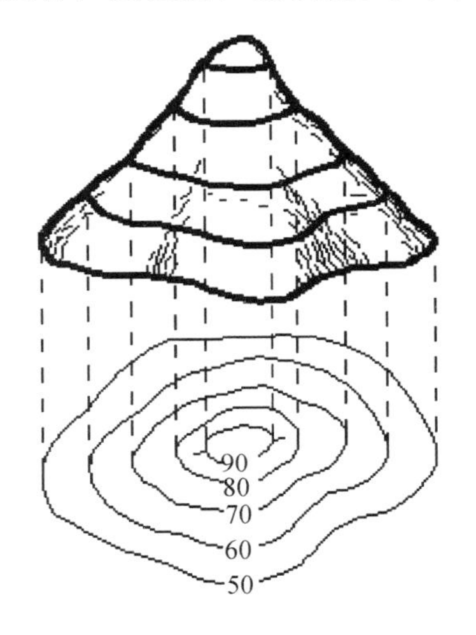

图 7-12　山头等高线

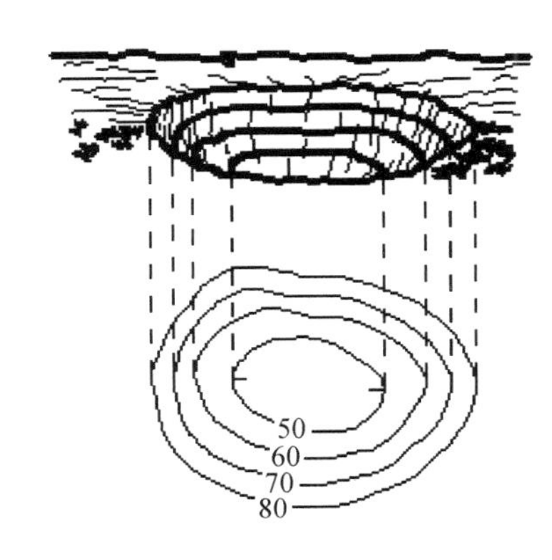

图 7-13　洼地等高线

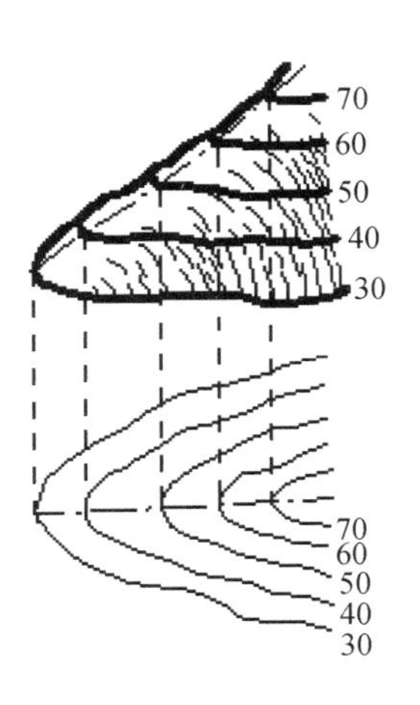

图 7-14　山脊等高线

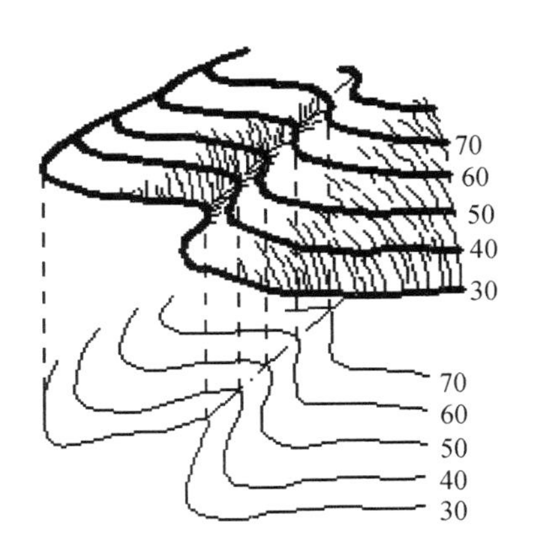

图 7-15　山谷等高线

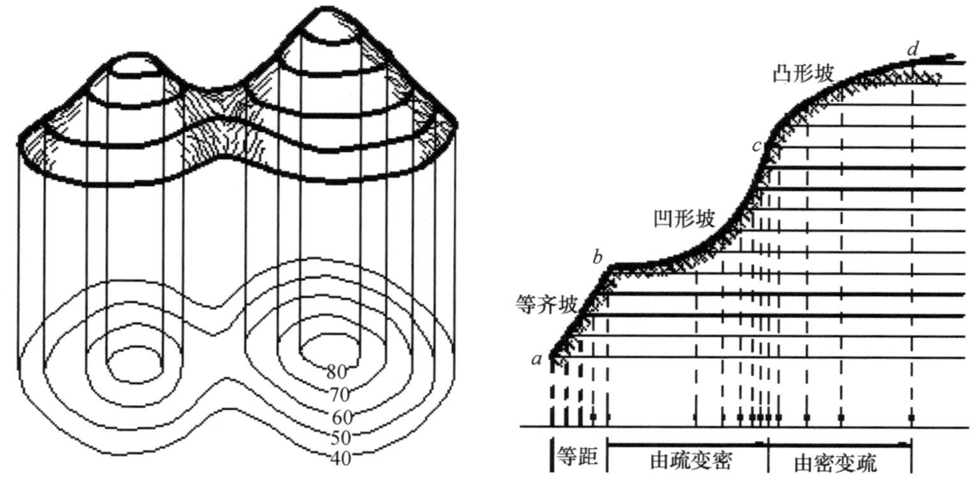

图 7-16　鞍部等高线　　　　图 7-17　斜坡等高线疏密与坡度的关系

5. 等高线的特性

认识等高线的特性有助于正确勾绘等高线和使用地形图。等高线主要有以下特性：

（1）同一条等高线上各点高程相等。

（2）等高线是闭合曲线，除遇其他符号或注记外，不能中断（间曲线和助曲线除外）。

（3）当等高距相同时，等高线越稀，地面坡度越缓；等高线越密，地面坡度越陡。

（4）等高线经过山脊和山谷时，转弯处的顶点必在山脊和山谷线上。

（5）等高线与等高线不能相交。

7.5.2　特殊地貌的表示

由于特殊的地质和气候条件或因地壳变动、人工改造而形成的局部地区特殊的地表形态如陡崖、冲沟等，在地形图上不能用等高线表示时，可用专门的地貌符号表示，如图 7-18 所示。

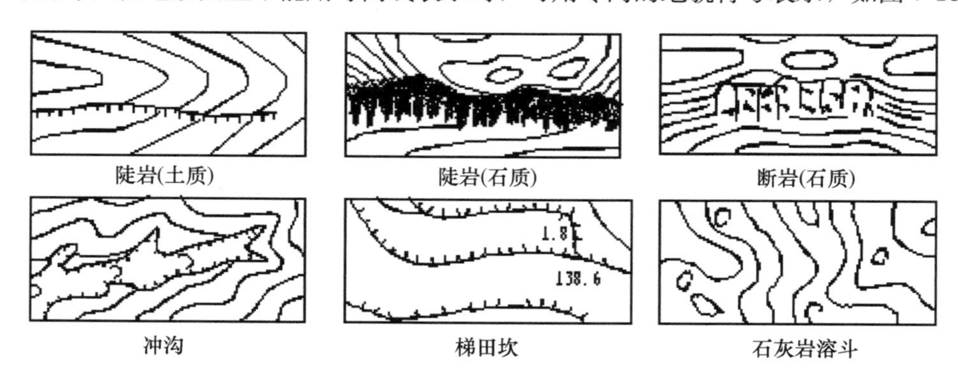

图 7-18　特殊地貌的表示

（1）陡崖，是指坡度在 70°以上的陡壁，有土质和石质两种，分别用相应符号表示。陡崖符号的基线应定位在陡壁的上缘，短线指向坡降方向。

（2）冲沟，是由暂时性流水侵蚀而成的壁陡底窄的沟壑，我国黄土高原地区最为常见。

当图上宽度小于 0.5mm 时，用中间粗、两头尖的单线符号表示；宽度 0.5～2mm 的用双线依比例表示；宽度为 2～5mm 的，沟壁用陡坎符号表示；宽度大于 5mm 时，应在沟壁内加绘沟底等高线。

（3）梯田坎，是依山坡由人工修成的阶梯状农田陡坎。坎高 0.5m 以上的在大比例尺图上应用陡坎符号表示，并注出坎高。

（4）陡石山，是岩石裸露的陡峻山岭，表面很少有土壤覆盖，坡度大于 70°的石山，在图上用相应符号表示，并适当标注高程。当石山坡度小于 70°时，用等高线配合陡石山符号表示。

（5）石灰岩溶斗，是石灰岩地区受水的溶蚀或岩层崩塌作用形成的洞穴，面积小的用相应符号表示，面积大的按实际情况用陡崖符号和等高线配合表示。

思考题与习题

1. 区别于一般的地图，地形图的主要特点有哪些？

2. 比例尺的定义是什么？什么是比例尺精度？比例尺精度的意义有哪些？

3. 地形图分幅和编号的目的是什么？是如何分幅和编号的？

4. 比例符号、半比例符号和非比例符号分别适用于表示哪些地物？

5. 试述等高线的定义。其特性有哪些？

6. 试述等高距和等高线平距。并说明在同一幅地形图中，等高线平距和地面坡度的关系。

第8章　大比例尺地形图的测绘

8.1　测图前的准备工作

8.1.1　资料和仪器准备

在测图前要明确测图作业的任务和要求，收集测区内已有的控制点成果资料，并进行初步踏勘，熟悉测量规范和相应比例尺地形图图式，在此基础上拟定出施测方案，编写该测区的“地形图测绘技术设计书”。

施测方案确定后，应根据测图方法准备测量仪器、工具和所需材料物品，并配备技术人员，对主要的仪器应进行检验和校正。

8.1.2　图纸准备

目前，常规模拟测图所用的图纸一般为毛面聚酯薄膜，厚度为0.07～0.1mm，这种材料的优点是透明度好，伸缩性小，坚韧耐湿，可直接在图上着墨清绘，然后直接晒制蓝图或制版印刷，其缺点是易燃、易折和易老化，所以，在使用和保管中应注意防火和防折。

为了测绘、保管和使用方便，大比例尺地形图的图幅尺寸一般规定为50cm×50cm或40cm×50cm、40cm×40cm几种，可根据测区情况选择所需的图幅尺寸。

8.1.3　绘制坐标格网

为了将控制点准确地展绘在图纸上，也为了便于在地形图上进行距离量算，大比例尺地形图需要预先在图纸上绘制出直角坐标格网，又称为方格网，每个方格为10cm×10cm。目前，在市面上可以买到印制好坐标格网的聚酯薄膜图纸，也可用下述方法自己绘制。

绘制坐标格网的方法因所使用的工具不同而有很多种，这里主要介绍用直尺和分规绘制坐标格网的对角线法。

如图8-1所示，在图纸上沿图纸对角线方向用直尺和铅笔轻轻地画出两条对角线并交于O点，以O为起点，以大约等于所绘图廓对角线1/2的长度在对角线上截取线段OA、OB、OC、OD，用直线连接$ABCD$四点得到矩形框；分别从A、D两点起沿AB和DC边向上每隔10cm截取线段得到分点1、2、3、4、5；再从A、B两点起沿AD和BC边分别向右每隔10cm截取线段得到分点$1'$、$2'$、$3'$、$4'$、$5'$；将上下和左右相应的同名分点连接起来，便构成了图8-1的方格网。

方格网绘好之后，必须严格地检查其绘制精度，检查的内容和限差规定见表8-1。当1、

2、3 项检查均合格之后，将对角线和多余的图形部分擦去，根据测图比例尺在纵横坐标线旁注记坐标值，即得到该图幅的内图廓和直角坐标格网。在市面上购买的现成坐标格网聚酯薄膜图纸也应作 1、2、3 项的检查。

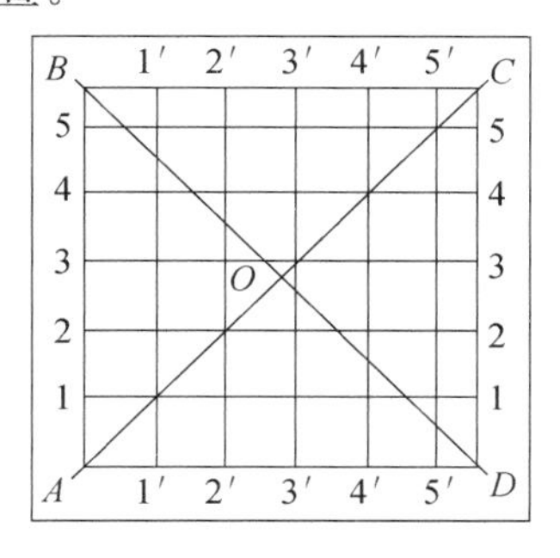

图 8-1　方格网的绘制

表 8-1　方格网展绘的检查内容与限差

序号	图廓和坐标格网的检查内容	限差值（图上 mm）
1	内图廓边、图廓对角线的图上长度与理论长度之差	≤0.3
2	坐标格网边长与理论长度之差	≤0.2
3	坐标格网交点位于同一直线上的偏差	≤0.2
4	控制点间图上长度与其坐标反算长度之差	≤0.3
5	控制点的刺点孔径和坐标格网线图	≤0.1

坐标线旁的坐标值注记方法有两种情况，如果是在具有若干图幅的大测区，由于控制点是统一布置的，图幅又是统一划分的，则应先从测区的分幅中找出该图的图廓点坐标，并根据它进行坐标网格注记。如果只是单一图幅的小测区，坐标线的坐标值应根据控制点中最大和最小的 x、y 值及测区范围考虑，使所有的控制点及整个测区范围都能展绘到图廓内，如图 8-2 所示。

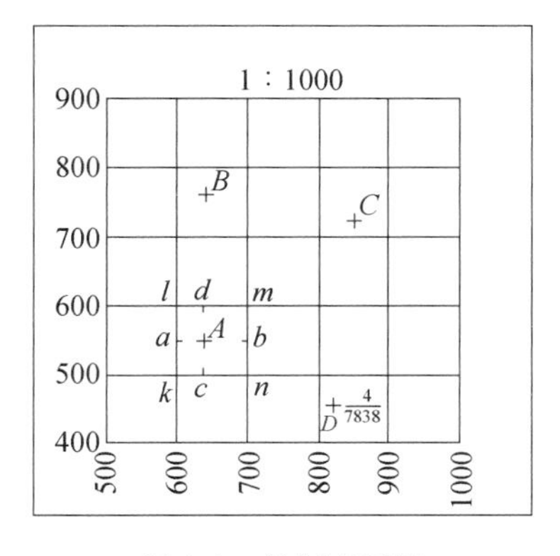

图 8-2　控制点展绘

8.1.4　控制点展绘

展绘控制点就是根据控制点的坐标值，确定并标注出该点在图纸上的位置。

例如，现要将控制点 A（548.06，636.78）展绘到测图比例尺为 1：1000 的图纸上，其方法如下：

首先根据 A 点的坐标值找出它所在的方格 $klmn$（$x=500\sim600$，$y=600\sim700$），并用 A 点的坐标减去该方格的西南角 k 点的坐标，求出坐标差值 Δx 和 Δy：

$$\Delta x = x_A - 500 = 548.06 - 500 = 48.06\text{m}$$

$$\Delta y = y_A - 600 = 636.78 - 600 = 36.78\text{m}$$

根据测图比例尺求出 Δx 和 Δy 的图上长度为 48.1mm 和 36.8mm；分别从 k 点和 n 点向上量取 48.1mm 得到 a、b 两点，再从 k 点和 l 点向右量取 36.8mm 得到 c、d 两点；连接 ab 和 cd，两线交点即为 A 点在图纸上的位置。

控制点展好后，应检查相邻控制点之间的长度是否与该两点的实测距离按比例换算后的图上长度相等，如果误差超过表 8-1 中第 4 项的规定，则应重新展绘。展绘合格后，应在控制点位绘出相应的控制点符号，并在旁边用分式注记点号和高程，分式的分子为点号，分母为高程，如图 8-2 所示。

8.2 碎部点测量

地形图测绘的目的就是将地面上的地物和地貌经测量后按一定的比例表示在图纸上。这个工作过程包括两个环节：第一，碎部测量即测定地物、地貌特征点（又称碎部点）的平面位置和高程；第二，根据这些碎部点，对照实地情况，用相应的符号在图上描绘出各种地物和地貌。在实际操作过程中，这两个环节是相互配合交叉进行的。下面以经纬仪测图法为例，对碎部测量进行简述。

8.2.1 碎部点的选择与立尺

利用经纬仪测图的一个测量小组可由 5 人组成，其中观测员 1 人，记录和计算 1 人，绘图员 1 人，跑尺 2 人，组长一般担任绘图员。

测站点是碎部测量过程中安置仪器的点位，应尽量利用各级控制点作为测站点，并注意与周围待测地物地貌的通视情况。如果测区地物密集或地形复杂，原有的控制点不能满足碎部测量的需要时，可用支导线法、交会法等加密控制点。

测站点选好后，全组人员应先观察测站周围地物、地貌的分布情况，决定立尺路线和联络方式等，使全组人员心中有数，工作有序。

在碎部点测量中，需要跑尺员在地物、地貌特征点上竖立标尺以便进行观测，所以碎部点也被称为立尺点。跑尺员应按预定路线去碎部点立尺。测定地物时，其立尺点应选在地物轮廓线的转折、弯曲等变化处及地物的交叉、交汇点，如房角、农田边界转折点，河流、道路、管线等的交汇点及转折点。地貌的测绘，其立尺点应选在地性线上以及能反映地貌基本形态的特征点上，如山脊线、山谷线、山脚线、山顶、谷口、鞍部、坡度变换点和方向变换点等。

为了能正确而客观地表示实地情况，测量规范中规定了各大比例尺地形图测绘的碎部点密度、碎部点到测站点的最大视距以及对点精度等，详见表 8-2。

在碎部测量中，跑尺是一项很重要的工作。立尺点和跑尺路线的选择对地形图的质量和测图的速度都有直接影响。一般地物点的跑尺最好沿地物轮廓逐点立尺，测完一个地物后再转向另一个地物，以方便绘图。地貌的测绘，在地性线明显的地区，可沿地性线跑尺，如沿山脊线从山顶到山脚，再沿山谷线从谷口到鞍部；在平坦地区，一般常用环形法和迂回路线法来跑尺。

表 8-2　碎部测量的部分技术指标

测图比例尺	碎部点图上密度（点/dm²）	最大视距（m）		对点精度（cm）	高程注记（m）
		重要地物	次要地物地貌点		
1∶500	5～10	50	70	2	0.01 或 0.1
1∶1000	5～15	80	120	5	0.1
1∶2000	5～15	150	200	10	0.1

8.2.2　测定碎部点的方法

观测员在测站点上安置经纬仪，进行对中、整平、定向并量出仪器高；记录员在计算器中输入计算平距和高程的计算程序；绘图员在记录员旁边安放好绘图小平板。一切就绪后，即可开始碎部测量。碎部测量常用的方法有极坐标法和方向交会法。

1. 极坐标法

该法是测定碎部点最基本的方法，它是以架设仪器的测站点到另一已知控制点（称为后视点）的方向线作为定向线，测定测站点至碎部点方向与定向线之间的水平夹角和测站点至碎部点之间的水平距离，从而确定碎部点位置的一种方法。

如图 8-3 所示，A、B 为实地两个已知控制点，在图上的相应点为 a、b，房子为待测地物。将仪器安置在 A 点，经对中、整平并以 AB 方向为定向线进行仪器定向（以盘左位置瞄准 B 点，将水平度盘读数调至 0°00′00″）后，用望远镜瞄准房角 1，测量并计算出水平角 β_1 和水平距离 D_1；在图纸上绘出 $a1'$ 的方向线并根据测图比例尺在此方向线上截取图上长度 $a1'$，则图上 1′点就是实地房角 1 的位置。用同样方法可测得房角 2′、3′，根据房子的形状，在图上连接 1′、2′、3′各点便可得到房子在图上的位置。

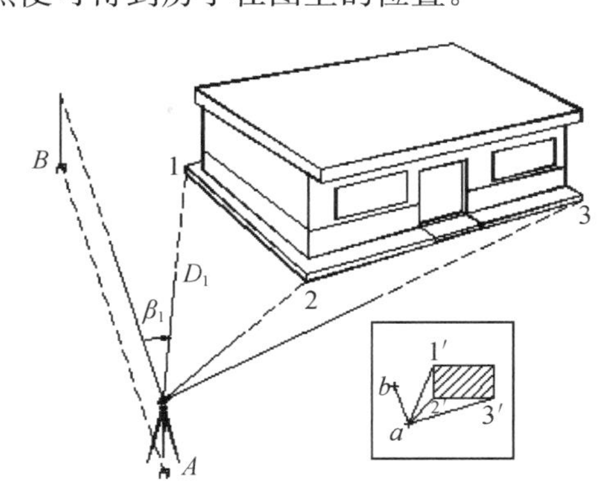

图 8-3　极坐标法测绘地物点

2. 方向交会法

方向交会法又称角度交会法，是分别在两个已知点上对同一个碎部点进行方向交会以确定碎部点位置的一种方法。

如图 8-4 所示，A、B 为地面上两个已知测站点，在图上的相应点为 a、b，河岸为待测地物。先将仪器安置在A点，经对中、整平并以AB线定向后，用望远镜瞄准河岸点1测得角度β_1，依此在图上绘出$a1'$方向线，然后测量2、3点，在图上依次绘出$a2'$、$a3'$方向线。再将仪器迁移至B点，对中、整平以BA线定向后，用同样的方法测量1、2、3点，在图上绘出$b1''$、$b2''$、$b3''$各方向线。由$a1'$和$b1''$两方向线交得1点，同样方法交得2、3点，根据河岸的形状，在图上连接1、2、3点即得到河岸线在图上的位置。此法适合于在无法接近碎部点而且不能测距或当测站点离碎部点较远而测距不便时使用。

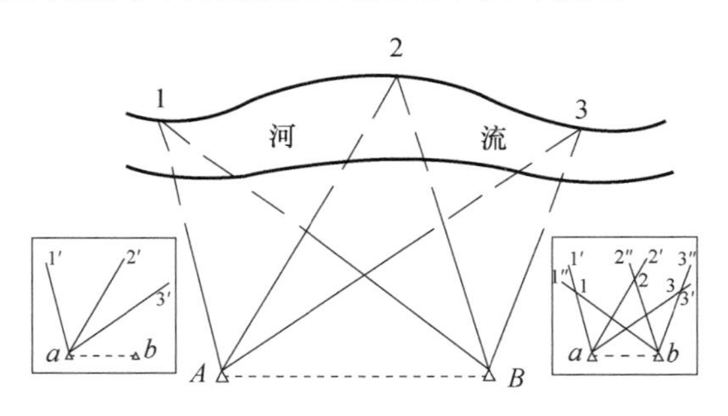

图 8-4　方向交会法

测定碎部点的方法还有距离交会法、直角坐标法等，在此不再赘述。

模拟测图方法按使用仪器的不同，除常用的经纬仪测图外，还有平板仪测图、经纬仪配合平板仪测图等。

8.3　数字化测图

近年来，随着各种新型数据采集设备和各种数据处理方法的出现和完善，数字化测图的生产模式正在迅速地取代常规的模拟测图生产方法，而成为测绘技术变革的重要内容之一。

数字化测图一般是指用全站仪在野外采集碎部点数据，并进行数据编码以描述测点的属性及点间关系，再自动将数据存储于仪器中或电子记录手簿中而成为数据文件（一般包括坐标文件和图形信息文件）；然后，在室内通过串口线将数据输入计算机；在相应的成图软件下依据数据文件（和野外草图）进行人机交互编辑处理，绘成地形图并存为图形文件。这种以数字形式存储在数据载体上的地形图就是数字地形图，用绘图仪打印出来就成为纸质地形图，绘图所用的碎部点坐标数据文件、控制点成果等可通过打印机打印出来。数字化测图的基本作业流程如图 8-5 所示。

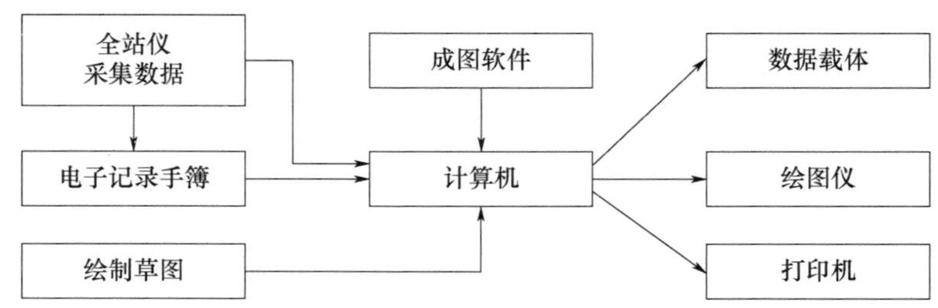

图 8-5　数字化测图的基本作业流程

数字化测图与模拟测图相比有其明显的区别及特点：

(1) 控制测量打破了分级布网、逐级控制的原则，一个测区可一次性整体布网、整体平差。

(2) 测区控制点密度可以大大减少，控制点加密可与碎部测量同时进行，实现“边控制边碎部”的作业模式。

(3) 模拟测图是在野外边测数据边绘图，工作紧张且工效低。数字化测图的野外工作只是观测记录数据和编辑属性码、绘制草图。属性码的编辑可在野外观测时输入记录器，也可回到室内根据草图编辑输入。

(4) 碎部测量不受图幅边界的限制，外业不再分幅作业，待内业绘成图形后由软件根据图幅分幅表及坐标范围自动进行分幅和接边处理。

(5) 数字化测图的工作效率高，绘成的数字化地图可直接作为地理信息系统和各种专题信息系统的资料。

进行数字化测图前主要需做好控制点资料的准备、硬件设备的配备和选定成图软件等工作。硬件设备包括全站仪、电子记录手簿、计算机、绘图仪、打印机等。目前全站仪的型号很多，按存储数据方式的不同分为机内存储式和外插存储卡式，两者都无的全站仪就必须配备电子记录手簿。目前流行的专业测图软件如广州南方的 CASS、北京道亨 svcad 电子平板测绘系统等都具有很强的数据通信、数据处理、图形编辑和图纸管理功能，适用于各种大比例尺数字地形图、地籍图、平面图等的外业数据采集和内业绘图编辑。下面仅就数字化测图的过程进行一简述。

8.3.1　外业工作

外业工作主要有图根控制测量、碎部点测量、碎部点信息编码及绘制工作草图。

1. 图根控制测量

数字化测图中，一般用 GPS 作首级控制测量，再用 GPS-RTK 流动站布设图根控制测量，图根控制测量方法以极坐标法为主，在通视良好的地区也可以布设少量的图根点。当原有的控制点不能满足碎部测量时，可以增补图根点，增补图根点的方法与常规方法相同，可以用全站仪极坐标法或 GPS-RTK 法等。图根控制的观测，可用仪器或电子手簿记录数据，也可手工记录，然后将数据输入计算机，用控制测量平差程序对图根点观测数据进行平差计算，最后得到各点的坐标及高程。

2. 碎部点测量

碎部点测量的主要观测方法是极坐标法，即在待测的碎部点上放置反射棱镜，在测站点安置全站仪，经对中、整平、定向并输入测站参数后，将望远镜瞄准碎部点上的反射棱镜，测得其定向方向至碎部点方向的水平角、测站至碎部点的斜距和竖直角，将三元素自动记录在仪器或电子手簿中，也可即时换算为碎部点的坐标而存为坐标文件。

3. 碎部点信息编码

野外采集的数据要生成数字地形图，不仅要有地形要素的坐标，还要有地形要素的属性和碎部点之间的连接关系。为便于记录和计算机处理，地形要素的属性及碎部点之间的连接关系用数字代码或英文字母代码来表示，这些代码称为图形信息码。在外业工作中，用一定的数据记录格式将测量数据和图形信息码记录下来，输入计算机，即可以在相应软件的支持下进行数据处理和图形编辑。

4. 工作草图

数字化测图的作业模式分为有码作业和无码作业两种。有码作业就是在测得地形点数据的同时，对测点编辑赋予图形信息码，成图软件可根据测量数据和图形信息码在计算机中自动生成地形图，此法的人机交互作业量较少，当地物比较规整时较适用。无码作业是只测量地形点数据而不编辑图形信息码，图形信息用工作草图来表达，地形图是利用地形点数据借助工作草图通过人机交互编辑而成的，当地物比较凌乱、数据编码困难时适用此法。因为在有码作业中漏编错编图形信息码是难免的，所以，无论是有码作业还是无码作业都需要在野外绘制工作草图，只是绘制的详尽程度不同而已。

工作草图的内容包括地物的相关位置、地貌的地性线、点号标记、丈量距离记录、地理名称和说明注记等。草图可根据地物的相互关系分块绘制，也可按测站绘制，草图上的点号标记应清楚、准确，并和电子手簿记录的点号一一对应。工作草图必须随电子手簿记录的数据一起转交内业，以便内业数据处理和图形编辑。

8.3.2 内业工作

外业记录的原始数据经计算机数据处理，生成图块文件，再通过人机交互式地图编辑，生成数字地图的图形文件。

1. 数据处理

数据处理分数据预处理、地物点的图形处理和地貌点的等高线处理。

(1) 数据预处理。是对原始记录数据作检查，删除与图形生成无关的记录和作废的记录，补充碎部点的坐标计算和修改有错误的信息码。数据预处理后生成点文件，点文件以点为记录单元，每条记录内容包括：点号、符号码、点之间的连接关系码和点的三维坐标。

(2) 地物点的图形处理。将与地物有关的点文件整理、排序而形成地物图块文件。地物图块文件的每一条记录以绘制地物符号为单元，其内容包括地物符号代码，按连接顺序排列的地物点点号或者是点的平面坐标值，以及点之间的连接线线型码。

(3) 地貌点的等高线处理。通过绘图软件将表示地貌的离散点自动连接成三角形网，在各三角形边上通过点的平面位置用线性内插法计算等高线，然后搜索同一条等高线上的点，依序排列起来并用曲线连接，形成各条等高线的图块记录。

2. 地图编辑

地物和等高线的图块文件生成后，即可进行人机交互地图编辑。地图编辑就是参考外业绘制的工作草图对图块文件进行修改，主要内容包括删除多余图形，改正不合理的符号，检查和修正各符号间的位置关系，增添植被、土质等填充符号，加注各要素注记，进行地图的分幅、整饰等。经地图编辑后，形成以图幅为存储单元的图形文件。对于需要进入数字地图数据库的图形文件还需根据地图数据库的要求作进一步处理，例如，地物分层、图形属性以及数字地面模型的处理等。

经过编辑的地形图图形文件，可以用磁盘存储起来或者通过绘图仪绘出纸质图，测量成果可用打印机输出。

8.4 地形图绘制

当对某一片区测量了足够数量的地物、地貌点，并将其按比例展绘到图纸上后，就可对照实地地形描绘地物和勾绘等高线了。

8.4.1 地物描绘

图 8-6（a）为某一测站 A 所视范围内的实地地形，在将测得的碎部点展绘到图上后，如图 8-6（b）所示，将有关的点连接起来，用规定的符号表示并加注名称即得到地物在图纸上的图形，如图 8-6（c）所示。在地形图上，凡是能依比例表示的地物，应将它们的边界位置准确地描绘出来，在边界内填绘出相应的地物符号或注记，如居民地、菜地、池塘等。对于不能依比例尺表示的地物，如烟囱、水塔、单线道路、单线河流等，应以相应的地物符号表示在其中心位置上。

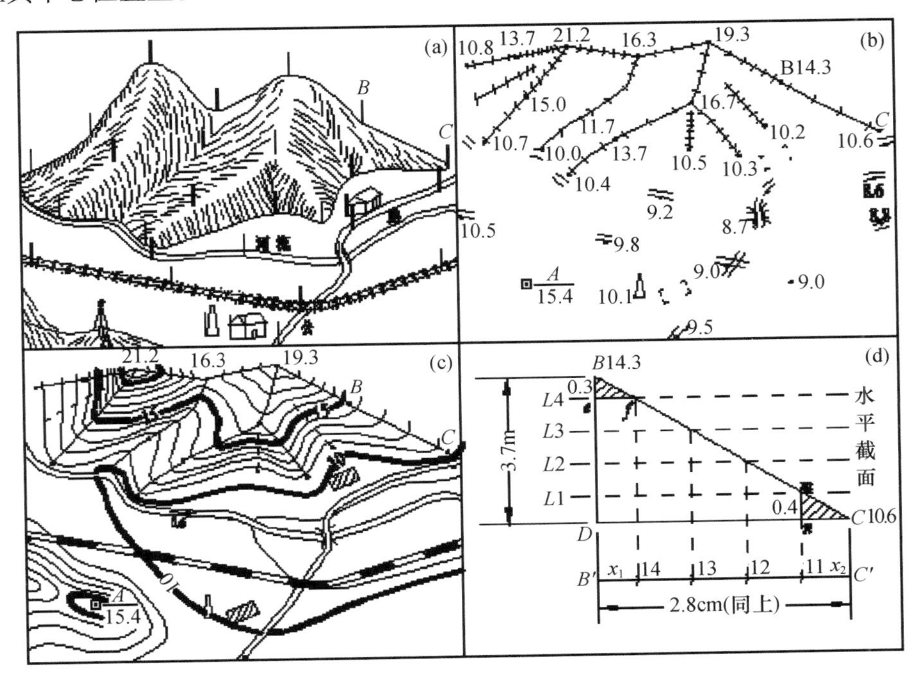

图 8-6　地形图测绘的方法

测绘地物时要注意根据地物的重要程度等因素对地物点进行综合与取舍。地物的测绘应随测随绘，以便将描绘的地物与地面的实体进行对照，发现错误和遗漏能及时予以修正和补测。

8.4.2 等高线勾绘

地貌主要是用等高线来表示，勾绘等高线在绘图过程中是最难、工作量最大的工作。勾绘等高线的原理及步骤如下：

1. 连接地性线

地性线是指山脊线、山谷线、坡缘线（不同倾角的坡面交界线）和山脚线。

根据图上展绘出的地貌点，对照实地将同一山体的地性线分别用实线或虚线连接起来，即构成了地貌形态的骨架，如图 8-6（b）所示。

2. 求等高线通过的点

等高线通过的地面点的高程一定是整米数或半米数，而测得的地貌点不一定恰好在等高线上，因此，必须在图上相邻地貌点之间内插出高程为整米或半米的等高线点，再将高程相同的相邻点用光滑的曲线连接起来，即绘成等高线。

连接地性线后，即可在同一条地性线上的两相邻点之间内插出其他等高线所通过的点位。例如在图 8-6（c）中，地性线上有相邻的 B、C 两点，高程分别是 14.3m 和 10.6m，两点间的高差为 3.7m，两点间的平距在图上量得为 2.8cm，以平距为横轴，以高差为纵轴，绘成断面图，即恢复出 BC 两点间的实地坡形，如图 8-6（d）所示。若地形图的等高距为 1m，则根据 B、C 点的高程，可以判断出在 CB 之间能找出 11m、12m、13m 和 14m 等高线所通过的位置。在两相邻碎部点之间找等高线通过的点是根据相似三角形的原理，采用“先取头定尾，再中间等分”的方法内插分点。例如：求得 B 点到 14m 等高线的高差为 0.3m，由 11m 等高线到 C 点的高差为 0.4m，则 B 点到 14m 等高线和 C 点到 11m 等高线的平距分别为 x_1 和 x_2，则可以根据相似三角形的比例关系得

$$\frac{x_1}{0.3}=\frac{2.8}{3.7} \qquad x_1=\frac{2.8\times0.3}{3.7}=2.3\text{mm}$$

$$\frac{x_2}{0.4}=\frac{2.8}{3.7} \qquad x_2=\frac{2.8\times0.4}{3.7}=3.0\text{mm}$$

在图上从 B 点开始沿 BC 地性线方向量取 2.3mm，即得到 14m 等高线通过的点；从 C 点开始沿 CB 方向量取 3.0mm，即得到 11m 等高线通过的点，然后将 11m 到 14m 等高线之间的长度三等分，就得到 12m、13m 等高线通过的点。

用同样的方法，可以内插出地性线上所有相邻碎部点之间各条等高线通过的点位。在实际作业中，用此法求算等高线通过的点，将会大大降低测图的效率，因此，整米高程点一般是用目估法内插求得的。

3. 勾绘等高线

当在图上求得足够数量的等高线通过的点后，对照实地地形，将高程相同的相邻点用光滑的曲线连接起来，即得到该片区地貌的等高线图形，如图 8-6（c）所示。最后将计曲线加粗，并选择适当位置在计曲线上加注高程。

8.4.3 地形图的拼接、检查和整饰

1. 地形图的拼接

测区较大时，地形图是分幅施测的，为了保证相邻图幅的拼接准确，每一幅图的四边一般均需测出图廓外 5～10mm，地物应测完其主要角点。

用聚酯薄膜测图时，可将相邻两幅图的图边上下重叠，进行透视接拼检查。当同一要素的拼接位移不超过规定的地物、地貌点位中误差的 $2\sqrt{2}$ 倍时，可在两幅图上各改正一半。地物点的点位中误差和等高线高程中误差限差规定见表 8-3。

表 8-3　地物、地貌测图中误差限差

地物点对于附近控制点的平面位置中误差（图上精度）		由高程点插求的等高线对于附近图根点的高程中误差			
主要地物	次要地物	平坦地	丘陵地	山地	高山地
0.6mm	0.8mm	1/3 等高距	1/2 等高距	2/3 等高距	1 个等高距

2. 地形图检查

测完一幅地形图后，必须进行图的质量检查，检查方法有室内检查、野外巡视检查和野外仪器检查几种。

室内检查内容包括：应提交的资料是否齐全；控制点的数量是否符合规定，记录、计算是否

正确；控制点、图廓、坐标格网展绘是否合格；图内地物、地貌表示是否合理，符号是否正确；各种注记是否正确、完整；图边拼接有无问题等。如果发现疑点或错误可作为野外检查的重点。

野外巡视检查是带着实测原图到实地对照，检查地物有否遗漏，地貌表示是否合理。

野外仪器检查是根据以上发现的问题到实地设站检查，同时要对已有的图根点及主要的碎部点的平面位置和高程进行抽样实测检查。如果误差超过限差规定，则应重测。

3. 地形图的整饰

实测原图经过拼接和检查后，即可进行整饰，整饰的目的是使图面更加清晰、规范、合理。整饰的一般程序是先图内后图外，先地物后地貌，先符号后注记。地物符号和注记符号应按相应比例尺的《地形图图式》描绘。最后绘制外图廓线、接合图表、直线比例尺，写出图名、图号、数字比例尺、坐标系统和高程系统、施测单位、测绘者及测量日期等。

8.5　地籍测量简介

地籍测量是服务于地籍管理的一种专业测量，它是为了满足地籍管理中确定宗地的权属线、位置、形状、数量等地籍要素的需要而进行的测量和面积计算工作。地籍测量的重要成果之一是地籍图，因此地籍图测绘在地籍测量乃至地籍管理中都起着至关重要的作用。地籍测量的主要内容包括地籍调查、地籍平面控制测量、土地界址点测定、地籍图绘制和土地面积计算等。

思考题与习题

1. 数字化地形图在测图前有哪些准备工作?
2. 试述采用经纬仪测绘法测绘地形图时一个测站上的工作过程。
3. 地形图测绘过程中，为保证测图质量，应采取哪些措施?
4. 根据图 8-7 所示的碎部点的平面位置和高程，试勾绘等高距为 1m 的等高线。

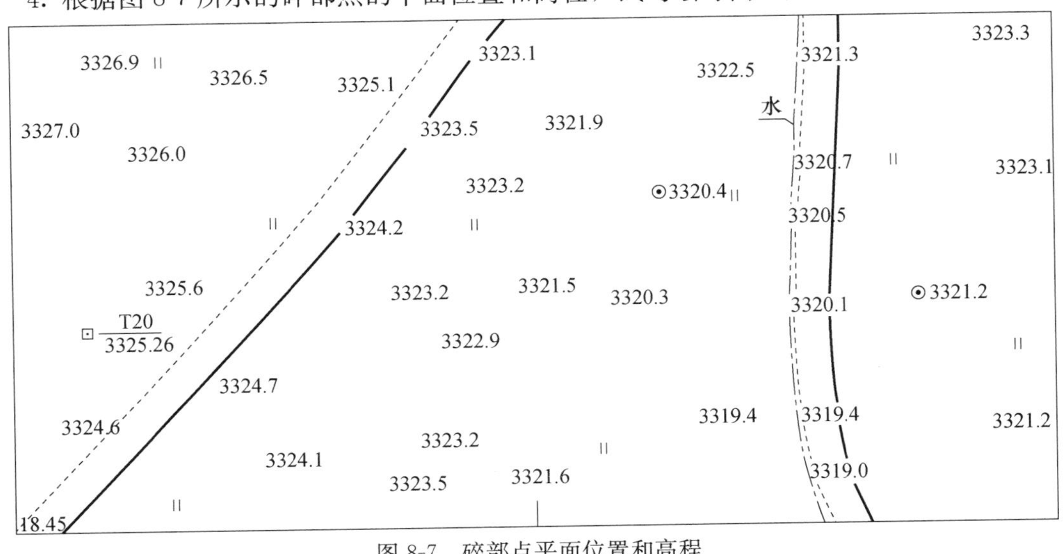

图 8-7　碎部点平面位置和高程

5．根据表 8-4 中视距测量的记录数据，计算出各碎部点的水平距离、高差和高程。

表 8-4　视距测量记录表

测站（高程）（仪器高）（m）	照准点号	下丝读数 / 上丝读数 / 视距（m）	中丝读数 L（m）	垂直角读数 V	水平距离 S（m）	高差 h（m）	高程 H（m）
1.432	1	1.382	1.477	90			100（起始高程）
		1.587					
		20.5					
1.432	2	1.275	1.383	90			
		1.543					
		26.8					
1.385	3	1.192	1.285	90			
		1.476					
		28.4					
1.385	4	1.317	1.493	90			
		1.878					
		56.1					
1.504	5	1.415	1.502	90			
		1.603					
		18.8					
1.504	6	1.169	1.582	90			
		1.723					
		55.4					

第9章　地形图的应用

地形图是经济建设、国防建设和科学研究中不可缺少的工具；也是编制各种小比例尺普通地图、专题地图和地图集的基础资料；不同比例尺的地形图，其用途也不同。它是详细表示地表上居民地、道路、水系、境界、土质、植被等基本地理要素且用等高线表示地面起伏的一种按统一规范生产的普通地图。

9.1　地形图的识图

地形图是包含丰富的自然地理、人文地理和社会经济信息的载体。它是进行国家工程建设规划、设计和施工的重要依据。正确应用地形图，是所有工程专业技术人员必备的基本技能。

9.1.1　地形图图外注记识读

根据地形图图廓外的注记，可全面了解地形的基本情况。例如由地形图的比例尺可以知道该地形图反映地物、地貌的详略；根据测图日期的注记可以知道地形图的新旧，从而判断地物、地貌的变化程度；从图廓坐标可以掌握图幅的范围；通过接合图表可以了解与相邻图幅的关系。了解地形图所使用的《地形图图式》版别，对地物、地貌的识读非常重要。了解地形图的坐标系统、高程系统、等高距、测图方法等，对正确用图有很重要的作用。

9.1.2　地形图地物识读

地物识读前，要熟悉一些常用地物符号，了解地物符号和注记的确切含义。根据地物符号，了解图内主要地物的分布情况，如村庄名称、公路走向、河流分布、地面植被、农田等。

如图9-1所示，图幅东北有国家电网双河供电公司，中雁公路从东向西穿过，路边有电线杆、通信杆，并有大量的村庄。图幅西北边有一条小河。图幅南边有一个双河加油站等信息。

9.1.3　地形图地貌识读

地貌识读前，要正确理解等高线的特性，根据等高线，了解图内的地貌情况。首先要知道等高距是多少，然后根据等高线的疏密判断地面坡度及地势走向。如图9-2所示，图幅中部从东向西延伸着高差约15m的山脊，图幅西部有一约15m高的小山丘，山丘往北有一不明显的鞍部。根据等高距和等高线平距可知，地面倾角在6°～20°之间，属于山地。

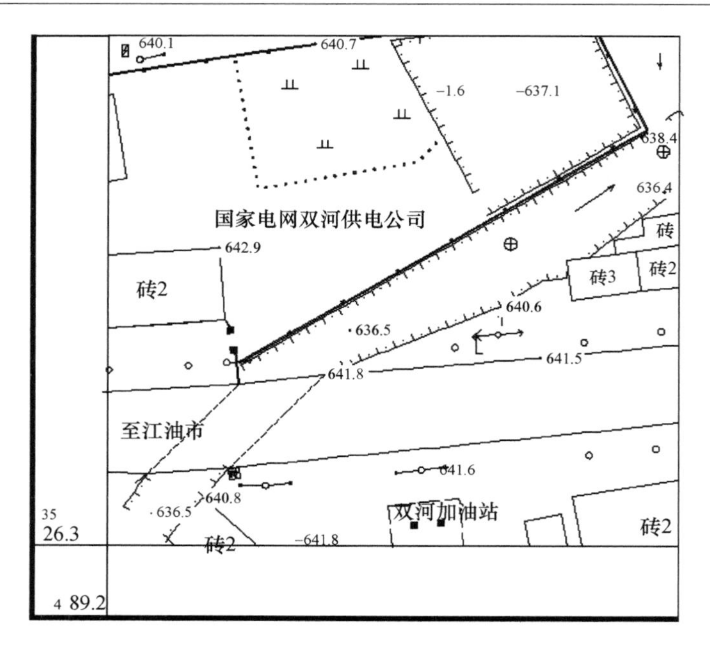

图 9-1　地形图地物示意图

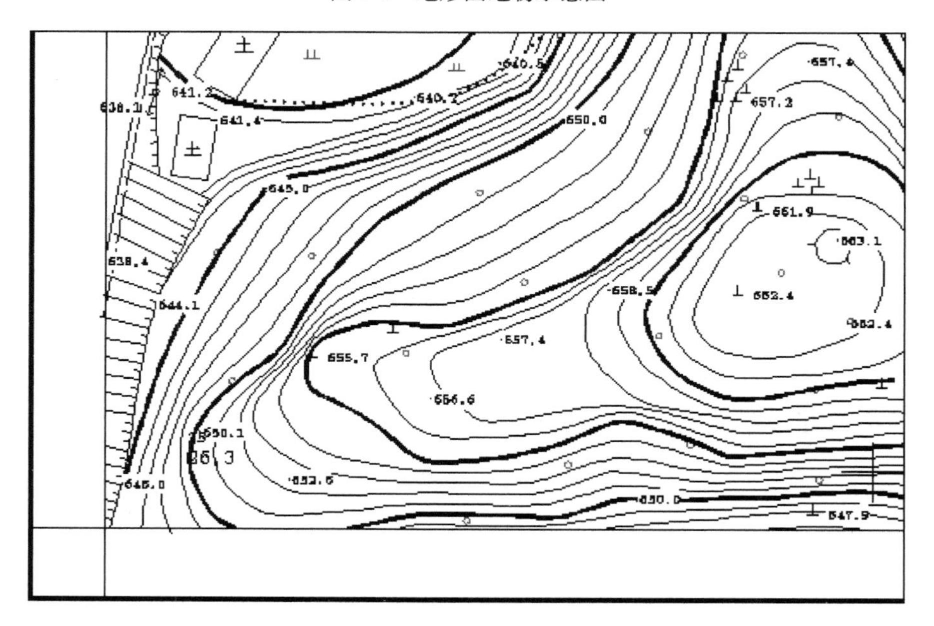

图 9-2　地形图地貌示意图

9.2　地形图量测的基本内容

9.2.1　确定图上一点的平面位置

地形图上一点的平面位置是用地面点的平面直角坐标（一般为高斯平面直角坐标）或大

地经纬度（L、B）来表征的，它们可通过图解的方法而确定。

地形图上均绘有平面直角坐标格网。小于 1∶1 万的地形图的外图廓和分图廓之间还绘有间隔为 $1'$ 的分度线，将南、北和东西图廓间的对应分度线连接起来，即可构成经纬网。这些平面直角坐标格网和经纬网，就是确定图上点的平面位置的基础。

确定图上一点平面位置是以坐标格网、经纬网为基础，用比例尺量取或用正比例内插法来进行的。

例如，在图 9-3 中，为了求 k 点的平面直角坐标，可过 k 点作横坐标线的平行线 mn，用比例尺量测 bm 和 mk 的坐标增量值（并用 ma 和 kn 的坐标增量值作检核），然后加在 b 点的坐标值上，即得 k 点之平面直角坐标。

再如，在图 9-4 中，欲求 k' 点的大地经纬度，可通过 k' 点作纬线的平行线 $m'n'$，量取 $b'm'$ 和 $m'k'$ 图上长度、纬差相应的图上长度 $b'a'$ 和经差相应的图上长度 $m'n'$。然后，用正比例内插的方法求出 k' 点相对于 b' 点的纬差 Δb 和经差 ΔL，即：

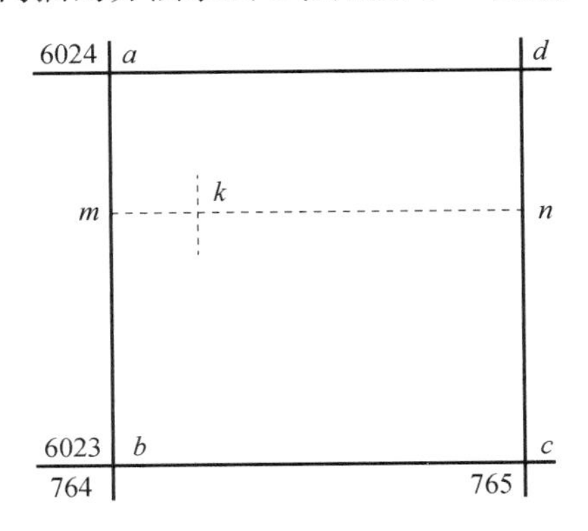

图 9-3　点的直角坐标的量测

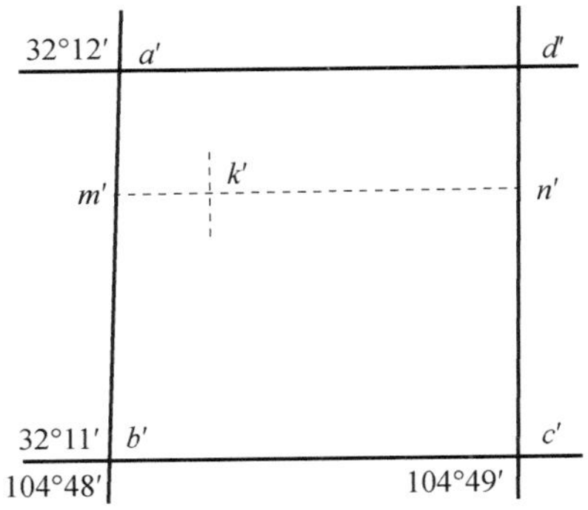

图 9-4　点的经纬度的量测

$$\Delta B'' = \frac{b'm'}{b'a'} \cdot 60''; \qquad \Delta L'' = \frac{m'k'}{m'n'} \cdot 60''$$

式中，$\Delta B''$ 和 $\Delta L''$ 以秒计的纬差和经差。

将求得的纬差 ΔB 和经差 ΔL 加到 b' 点的经纬度上，即得 k 点的大地经纬度。

用这种图解方法求得的坐标值，显然要受到图解误差的影响。图解作业误差一般为 ±0.2～0.3mm。以此为基础，利用地形图的比例尺、经差和纬差相应的图上长度，并顾及图上一点的测绘误差，即可估算出图解坐标值的精度。

9.2.2　确定图上一点的高程

确定图上一点的高程即是利用地形图求出地表任意一点的高程。

当待定高程点恰位于某条等高线上时，显然，此等高线的高程即为待求点的高程；当待求高程点位于两等高线之间时，则可用正比例内插的方法，求得该点高程。如果待求高程点的数量较大，可预先制作一个模片，用图解法求取待求点高程。

图解法模片的制作过程如图 9-5 所示，预先裁一张长方形的透明纸或透明片，其宽度可按待求高程区域中的等高线最大平距而确定，以便全区内均能使用此模片。在此模片上绘出长边的一组平行线，其间距一般为 2mm。另裁一长条胶片，其长度不短于等高线的最大平距，并将其长度分为十等份，依次注上 1、2、3、…、10，称为斜尺，与模片配合使用。如果要插求如图中 102m 与 103m 间 k 点之高程，可将模片短边通过 k 点且与两等高线垂直进行安置，并设短边与等高线的交点为 s 和 t，再将斜尺的“0”分划线与 t 重合，转动斜尺使“10”分划线落在过 s 的平行线上，然后过 k 点引平行线交于斜尺上的 k_1 点。读出 k_1 点的读数 r，即表示 k 点与过“0”分划线的等高线的高差为等高距的 $r/10$。则图 9-5 中的 k 点高程为：

$$102\text{m}+3.3\times0.1\text{m}=102.33\text{m}$$

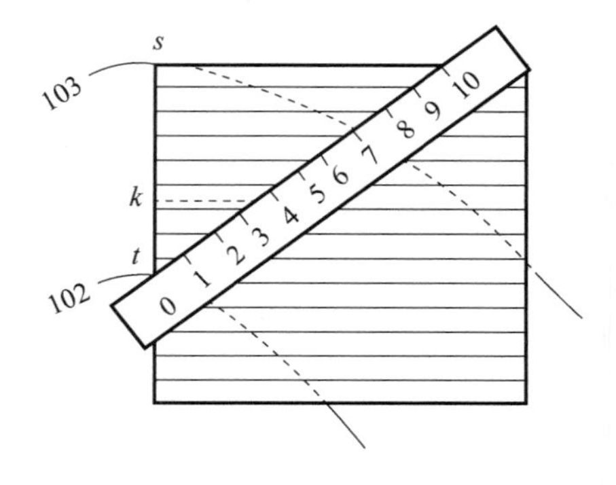

图 9-5　高程内插图解法图

9.2.3　确定图上两点间的距离

地形图上两点间的距离有水平距离、倾斜距离、折线距离和曲线距离等类型。

1. 水平距离的量算

地形图上两点间的水平距离，通常是用两脚规按图示比例尺量取的。在必要时，可根据地形图上的直角坐标格网求得两点平面直角坐标值，按两点间的距离公式来计算。一般来说，以两点坐标计算距离的精度，要比用直尺直接量距的精度高一倍左右。

2. 倾斜距离的量算

在工程设计中，有时候还需要两点间的倾斜距离。在地形图上量算两点间倾斜距离时，应先量算出该两点间的水平距离 D，再按等高线插求出两点的高程，计算出两点间的高差 h 再按下式计算出两点间的倾斜距离 d，即：

$$d=\sqrt{D^2+h^2} \tag{9-1}$$

3. 折线距离的量测

地形图上的一些管线，如输电线、通信线等，都是由许多短线段所组成的折线。折线的长度可将构成折线的各线段分别按直线段量取其长度累加起来而获得整个折线的长度。但这样做，其工作速度慢且精度不高。一般情况下，可将构成折线的各直线段在图上累加后，再一次量出其全长，这样做可使量测精度大大地提高。

如图 9-6 所示，若要量测折线 $ABCD$ 的长度，可先用两脚规以 B 点为圆心，画弧将 A 点移至延长线上的 A_1 点，再以 C 为心，画弧将 A_1 点移到 DC 延长线上的 A_2 点。则 A_2D 的长度即为折线 $ABCD$ 的长度。用两脚规进行图上累加，其跨距超过 15～18cm 时，就会影响其量测精度。此时，可将线段分成几个折线段来分别量测后再将其长度相加。采用图上累加长度时，每次图解的中误差约为±0.10mm，最后用直尺量取总长的中差约为±0.24mm。因此，折线量测的中误差约为：

$$m_2=\pm\sqrt{(0.1\sqrt{n})^2+0.24^2} \tag{9-2}$$

式中，n 为量测折线时线段的累加次数。显然，该中误差要比直接量测各直线段长度再相加的中误差（±0.24/1mm）要小得多。

4. 曲线距离的量测

在地形图上有许多曲线形地物，如小路、河流、道路等。在工程设计时，经常需要量测这些曲线段的长度。

曲线的量测方法有很多，可以将曲线分成若干近似的直线段，再按折线来量测其长度；

也可以在曲线上铅垂地扎上一系列的测针，用不伸长的细线以测针为准，摆在曲线上，拉直后用直尺量测其长度。但这些方法均有操作麻烦、精度低的缺点。在工程设计上，经常采用的是用曲线计来量测曲线段的长度。

曲线计是一种比较精制的量测曲线长度的工具，如图 9-7 所示。

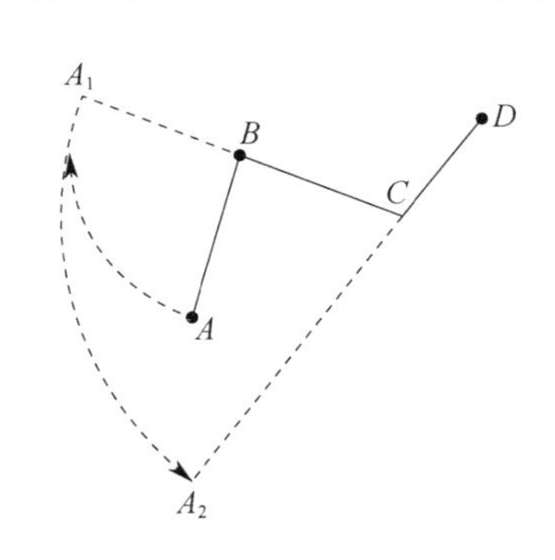

图 9-6　折线长度的量测

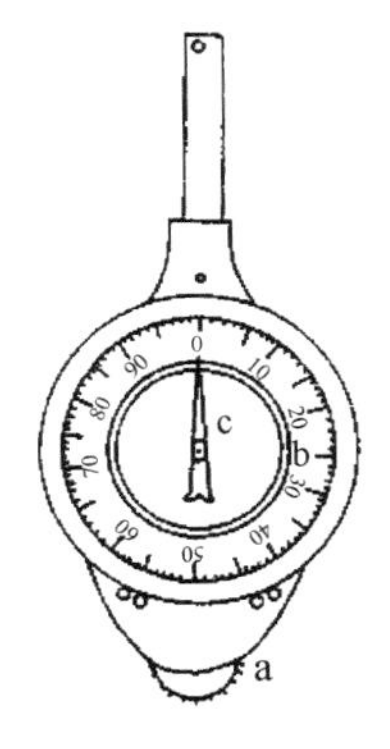

图 9-7　曲线计

曲线计的主要部分是小齿轮 a、刻度盘 b、指针 c 等。小齿轮沿曲线滚动的距离将借助于传动机构，转换成指针在刻度盘上的读数变化，而由指针来读取。刻度盘上每一分划值，相当于图上 1cm。

使用曲线计量距时，应将小齿轮放在曲线的起点上，读取指针读数后，沿曲线滚动小齿轮，直至曲线的终点，再次读取指针的读数。两次读数的差数，即为曲线的图上长度。

在量测时要注意：①量测前应对曲线计进行检验。检验时可量测一段长度已知的直线段，看其读数差是否与已知长度相等。②曲线计必须保持竖直状态，且小齿轮始终不离开曲线。③为了提高量测精度，应重复量测数次取其平均值。

使用曲线计量测曲线长度的精度平均可达 1/50，在量测短线段时，其精度还会降低一倍或一倍以上。

9.2.4　确定图上直线的方向

确定图上直线的方向就是确定直线的方位角。在地形图上均有坐标纵线，故可以此为标准方向线确定直线的坐标方位角。在梯形分幅的地形图上，均有真子午线和磁子午线方向，故可依此为标准方向线确定直线的真方位角或磁方位角。

当用量角器直接量取直线的方位角时，是将量角器的中心对准直线与标准方向线的交点，量角器的零分划线与标准方向线相重合，然后即可在量角器上直接读取方位角值。这种图解方位角的误差为 $\pm 8' \sim 10'$。

为了提高量测方向的精度，可通过量测直线两端点的直角坐标，然后利用坐标反算公式求出直线的坐标方位角。如果需要直线的磁方位角或真方位角，则可根据三北方向图上标注的磁偏角、子午收敛角等，将坐标方位角换算为相应的真方位角和磁方位角。按这种方法测算的方位角一般有 $\pm 4'$ 的误差。

9.2.5　确定地面的坡度

在工程设计中，经常需要了解地面坡度的大小，而且需要较精确的坡度值。这可以通过地形图进行量测而得到。

地面上两点间的高差 h 与其相应的平距 d 的比值，称为该两点间的坡度，即：

$$i=\frac{h}{d} \tag{9-3}$$

由上式可知，坡度 i 的正负取决于高差的正负。当高差为正（即上坡）时，坡度为正；相反，当高差为负（即下披）时，坡度为负。坡度以比值表示时，通常用几分之几（铁路设计中）或百分之几（公路设计中）来表示。坡度还可用地面的倾斜角 α 来表示，其计算公式为：

$$\tan\alpha=\frac{h}{d} \tag{9-4}$$

在同一个斜坡上，从一点出发沿不同的方向线的坡度不同，其中必有一个方向上其坡度为最大，这个方向称为最大坡度方向。

斜坡上的最大坡度方向，是坡面上垂直于坡面水平线的方向，在地形图上，它与等高线相正交。确定地面坡度，可归纳为两个方面：其一是确定斜坡上两点间的坡度，或沿某方向的坡度；其二是确定斜坡的最大坡度。

当确定斜坡上两地面点的坡度时，只要量取其间的平距、插求其间的高差，即可按式（9-3)或式（9-4）计算出其坡度。沿某方向确定斜坡的坡度的实质是：确定方向线与相邻等高线的两个交点间的坡度，基本等高距与该两点间平距之比值即为该方向的坡度。

当确定斜坡的最大坡度时，应首先按最大坡度的定义，确定出最大坡度方向沿某方向确定坡度的方法来确定其坡度。

在地形图上按等高线来确定地面坡度，可以借助于地形图上的坡度尺。

9.3 地形图面积的量算

面积量算问题是地形图应用的基本问题之一。

在国民经济建设和工程设计中，不但经常需要量算诸如汇水面积、土地面积、厂区面积、林区面积、水域面积等各类型图斑的面积，而且面积量算还是体积量算的基础。因此面积量算在地形图应用上占有重要地位。

9.3.1 面积量算的方法

面积量算的方法很多，不同的方法适用于不同的条件和精度要求。通常要根据底图的精度、图斑的形状和大小、量算精度要求以及可能配备的量算工具等，来确定使用何种方法进行面积量算。

常用的面积量算方法有坐标法、几何图解法、网格法、求积仪法、沙维奇法以及光电求积法。

1. 坐标法

对于折线多边形的图斑，可用坐标格网内插出多边形各顶点之平面直角坐标，然后按这些坐标值来计算图斑的面积，称为坐标法。如图 9-8所示的 n 边形，其角点按顺时针编号为1、2、…、n，设各角点的坐标值均为正值（这个假设并不会使其在应用上失去一般性，但却使公式的推导变得简单)，其坐标值依次为 x_1、y_1、x_2、y_2 … x_n、y_n。

由图可以看出，若从各角点向 y 轴作垂线，则将构成一系列的梯形（如 A_1、A_2、A_3……）其上底和下底分别为过相邻两角点的两条垂线(其长度为 x_i 和 x_{i+1}，其高为后一点（i 号点）与前一点（$i+1$ 号点）的 y 坐标之差，即 $y_{i+1}-y_i$，于是可知，第 i 个梯形的面积 P_i 为：

$$P_i=\frac{1}{2}(x_{i+1}+x_i)(y_{i+1}-y_i)$$

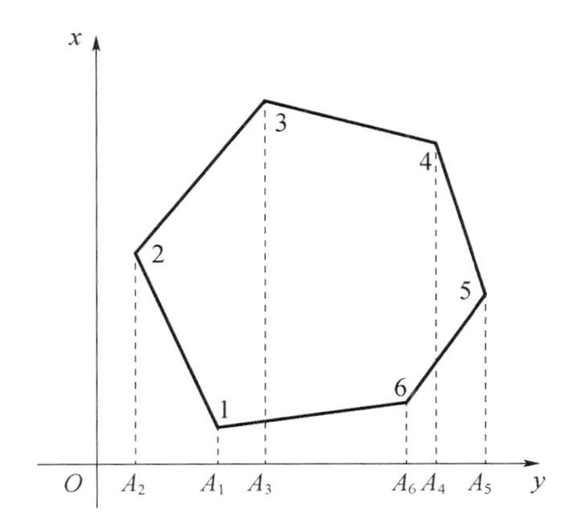

图 9-8　面积量算的坐标法

若再顾及在按上式计算各梯形面积时，当 i 号点位于 $i+1$ 号点之左方时。其面积值为正；反之，则为负，故 n 边形的面积 P 可按下式计算，即：

$$\begin{aligned}2P=&(x_2+x_1)(y_2-y_1)+(x_3+x_2)(y_3-y_2)+(x_4+x_3)(y_4-y_3)\\&+\cdots(x_n+x_{n-1})(y_n-y_{n-1})+(x_1+x_n)(y_1-y_n)\\=&x_1y_2-x_2y_1+x_2y_3-x_3y_2+\cdots+x_{n-1}y_n-x_ny_{n-1}+x_ny_1-x_1y_n\\=&x_1(y_2-y_n)+x_2(y_3-y_1)+\cdots+x_{n-1}(y_n-y_{n-2})+x_n(y_1-y_{n-1})\end{aligned}$$

若顾及 $y_{n+1}=y_1$，并令 $y_n=y_0$，则上式可写成：

$$2P=x_1(y_2-y_0)+x_1(y_3-y_1)+\cdots+x_n(y_{n+1}-y_{n-1})$$

即：

$$P=\frac{1}{2}\sum_{i=1}^{n}x_i(y_{i-1}-y_{i-1}) \tag{9-5}$$

如果从 n 边形各角点向 x 轴作垂线，按与上面类似的方法进行推导，可得另一个按坐标计算多边形面积的公式，即：

$$P=\frac{1}{2}\sum_{i=1}^{n}y_i(x_{i+1}-x_{i-1}) \tag{9-6}$$

对于同一个多边形，按式（9-5）和式（9-6）计算其面积，应该相等。另外，上述两式是在角点按顺时针编号的约定下推导出来的。若角点按逆时针编号，按上述两式计算的面积将是负值，即与角点按顺时针编号时计算的面积值等值反号。

2. 图解几何图形法

具有几何图形的图斑面积，可用图解几何图形法来量算，即将其划分成若干个简单的几何图形，从图上分析各几何要素，按几何公式来计算各简单图形的面积，并求其和即得图斑面积。图解几何图形法量算面积的常用方法有：三角形底高法、三角形三边法、梯形底高法、梯形中线与高法以及等面积三角形法。

三角形底高法就是量取三角形的底边长 a 和高 h，按 $P=\frac{1}{2}(a\cdot h)$ 来计算其面积。

三角形三边法就是量取三角形的三边之长 a、b、c，然后，按海伦（Heran）公式

$$p=\sqrt{s(s-a)(s-b)(s-c)}$$

其中 $s=\frac{a+b+c}{2}$ 计算其面积；

梯形底高法就是量取梯形上底边长 a 和下底边长 b 及高 h，按 $P=\frac{(a+b)}{2}\cdot h$ 计算其面积。

梯形中线与高法就是量取梯形的中线长 c 及高 h，按 $P=c\cdot h$ 来计算其面积。

等面积三角形法是按几何上“推平行线可将任意多边形化成一个等面积三角形”的原理，将多边形化为一个等面积的三角形后再来计算其面积的。例如：如图 9-9 所示的多边形 $ABCDE$，则可以任意一边（如 AE）为基线，并将其向两侧延长。用虚线连接 AC、EC。过 B 作 $BB'//CA$ 交 EA 延长线于 B'；过 D 作 $DD'//CE$ 交 AE 延长线于 D'。由于$\triangle ABC$ 与$\triangle AB'C$ 同底等高，其面积相等；$\triangle CDE$ 与$\triangle CDE$ 同底等高，其面积也相等，故$\triangle B'CD'$ 与多边形 $ABCDE$ 之面积相等。量取该三角形面积，即得多边形之面积。当用图解几何图形法量取面积元素时，最好使用复比例尺。若使用一般的刻度尺，应对其刻度进行检验，不符合精度要求的尺子，不能用。

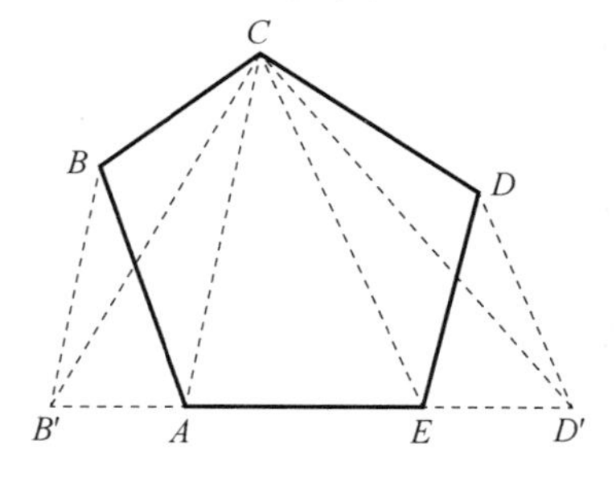

图 9-9　等面积三角形法

3. **网格法**

网格法是量测不规则图斑面积常用的手工方法。它是利用绘有边长为 1mm 的正方形网格，或其他类型的网格的透明纸（或透明膜片）来量其图斑面积的。其方法有：方格法、平行线法等。

（1）方格法量算面积时，可将绘有正方形网格（边长为 1mm）的透明纸（或透明膜片）蒙在欲量算的图斑上，将图斑分割为一定数量的整格或破格。计算整格的数目，并将各破格凑成若干整格后加在整格数目中，即得图斑所包含的方格数，乘以每格所代表的实地面积值，即得图斑的实地面积。例如，在图 9-10 中，图斑所包含的整格数为 11 格，破格凑成整格数为 6.5 格，总格数为 17.5 格。由于每格的图上面积为 $1mm^2$（为清晰起见图中方格已被放大），故图斑的图上面积为 $17.5mm^2$。如果地形图的比例尺为 1∶10000，则图斑的实地面积为 $17.5\times10000^2/1000^2=1750m^2$。

方格法量算面积具有操作简便、易于掌握，且能保证一定的精度等优点。在以前的土地调查中，此法被广泛应用。但它也具有耗费人力大、速度慢、估算边缘破格时易产生粗差等缺点。

（2）平行线法是利用绘有平行线组（间距为 1mm 或 2mm）的透明膜片，将图斑分割成若干梯形而求其面积的计算方法。

如图 9-11 所示，将透明膜片蒙在待测面积的图斑上，转动膜片使图斑的上下边界（如 a、b 两点）处于平行线间的中央位置后，固定膜片。此时，整个图斑被平行线切割成一系列的梯形，梯形的高为平行线的间距 h，梯形中线为平行线在图斑内的部分 d_1、d_2、…、d_n。将各中线长相加后乘以平行线间隔 h，即得图斑的图上面积，最后根据地形图比例尺，将其换算为实地面积。

平行线法量测面积的关键就是将各中线长求和，故又称为积距法。

为了提高累积中线长的精度，可先在一张纸上画一直线，用两脚规截取各中线长图解累加在直线上，再用直尺量取总长。

平行线法量测面积简单易行，精度比方格法高，适宜于图上面积为 $2\sim10cm^2$ 的碎部和狭长图斑的面积量算。

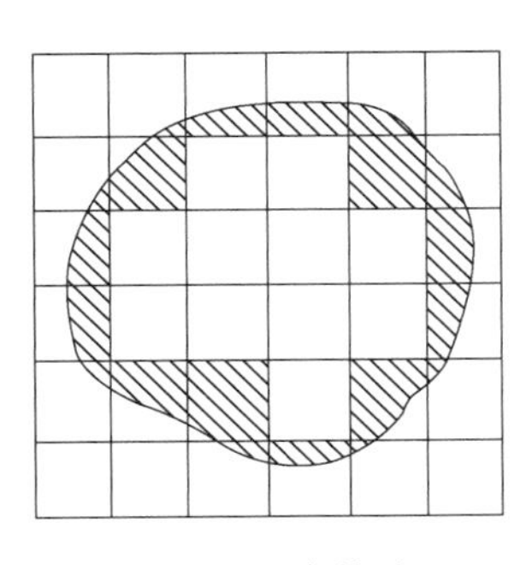
图 9-10　方格法

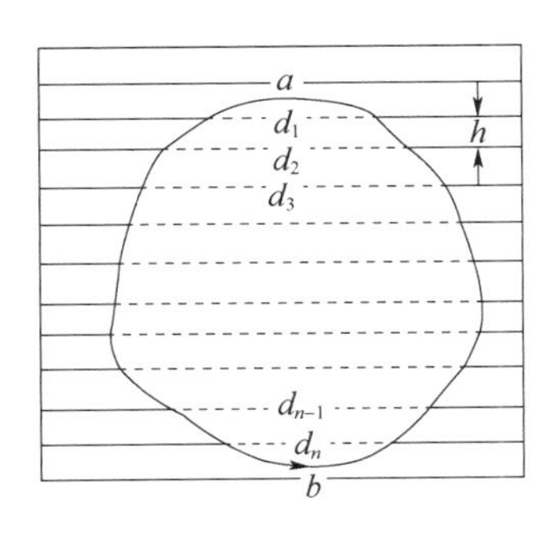

图 9-11　平行线法

4. 求积仪法

求积仪是一种专供图上量算面积的仪器，其优点是速度快、操作简便，适用于各种不同形状图斑的面积量算，且能保证一定的精度。

求积仪有一般的机械求积仪和光电求积仪。光电求积仪具有使用方便，且能贮藏量算所得的数据和进行数据处理的功能，但价格较高，其应用仍不普及。一般的机械求积仪其价格低廉，仍是面积量算中普遍使用的工具之一。

下面介绍一般机械求积仪（简称求积仪）的构造和使用。

（1）求积仪的构造：

求积仪是根据近似积分原理制成的面积量算仪器，主要由极臂、航臂（描迹臂）和计数机件三部分组成，如图 9-12 所示。在极臂的一端有一个重锤，重锤下面有一个短针。使用时短针借重锤的重量刺入图纸而固定不动，形成求积仪的极点。极臂的另一端有圆头的短柄，短柄可以插在接合套的圆洞内。接合套又套在航臂上，把极臂和航臂连接起来。在航臂一端有一航针，航针夯有一个支撑航针的小圆柱和手柄。用制动螺旋和微动螺旋把接合套和航臂连接在一起。航臂长是航针尖端至短柄旋转轴间的距离。极臂长是极点至短柄旋转轴间的距离。

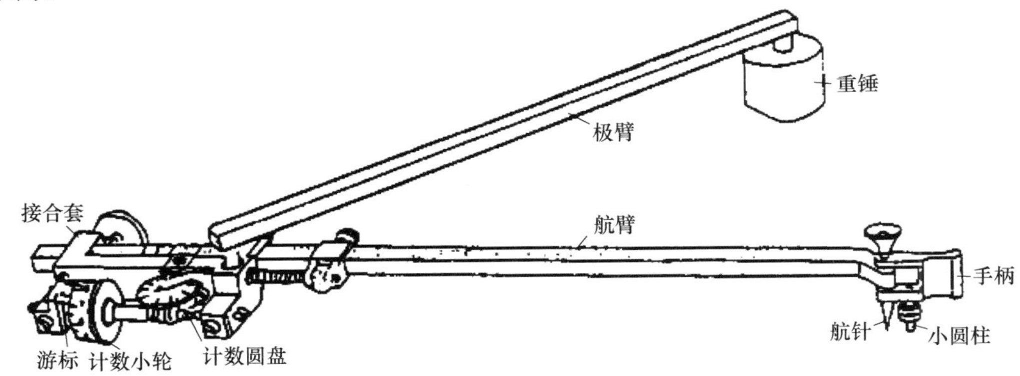

图 9-12　求积仪

求积仪最重要的部件是计数机件（图 9-13）。它包括计数小轮、游标和计数圆盘。当航臂移动时，计数小轮随着转动。当计数小轮转动一周时，计数圆盘转动一格。计数圆盘共分十格，注有数字 0 至 9。计数小轮分为 10 等份，每一等份又分成 10 个小格。在计数小轮旁附有游标，可直接读出计数小轮上一小格的十分之一。因此，根据这个计数器可读出四位数字。首先从计数圆盘上读得千位数，在计数小轮上读得百位数和十位数，最后按游标读取个位数，如图中所示的读数为5417。

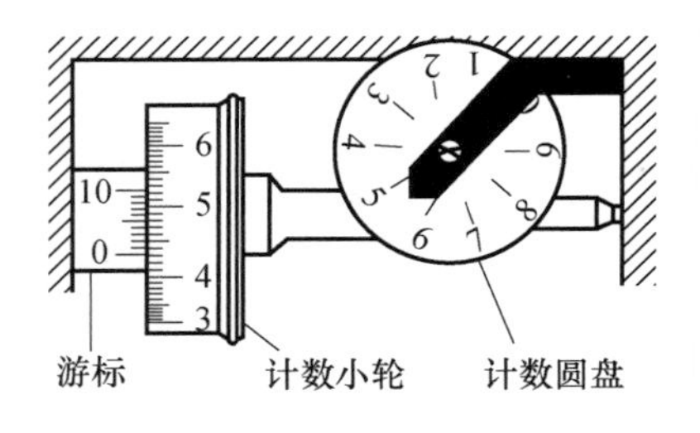

图 9-13 求积仪的计数机件

（2）求积仪的使用：

首先视具体情况而将求积仪的极点固定于欲测的图形之内或图形之外，航针尖被安置在图形轮廓线上的某处，并作一记号，读出计数机件的起始读数 n_1。然后手扶把手使航针尖端顺时针方向平移而准确地沿图形轮廓线绕行，待回到起始点时，读取读数 n_2。根据两次读数，即可按下式计算出待测图形的实地面积 P，即：

$$P = C(n_2 - n_1 + q) \tag{9-7}$$

式中，C 为求积仪的分划值（即与一个读数单位对应的面积）；q 为求积仪的加常数。每一个求积仪的盒内均附有一个小表，其上载有与不同长度的航臂和常用的比例尺相应的 c 值和 q 值。当极点位于图形之外时，$q=0$。

使用求积仪时必须注意：

① 要计数清楚读数盘零点越过指标的次数，如果越过一次或数次，则应在读数中加上一个或数个10000；如果反时针方向转动，则在读数中减去一个或数个10000。

② 在量切面积时，最好使读数机件分别位于极点与航臂连线的右边和左边这两个位置进行量测，而取平均数。但要注意在调换极位时，极点千万不能动。

③ 对同一个图斑面积必须独立地量算两次，两次所得的分划数之较差，当面积小于200个分划时应不大于2个分划；当面积在200～2000个分划时应不大于3个分划；当面积大于2000个分划时，应不大于4个分划。

④ 对于面积小于 5cm^2 的小图斑，使用求积仪量算面积时应多绕行几圈，再将每圈的平均值代入式（9-7）求取面积。但对于面积为 $1\sim2\text{cm}^2$ 的小图斑，不宜使用求积仪进行量取。

⑤ 当面积过大时，应分块进行量算。

⑥ 使用求积仪量算面积所使用的图板应平整，图纸不能有褶皱或裂痕。

（3）求积仪分划值 C 和常数 q 的测定：

求积仪的分划值 C 是指求积仪单位读数所代表的面积，也即游标上读得的每一个分划所代表的面积；常数 q 是求积仪基本面积所对应的读数值，即基本的面积为 $C \cdot q$。

为了测定分划值 C，可在图纸上画出任意正规的图形（如圆、正方形、矩形）。把航臂安置在一定的长度位置。在极点位于图形之外的情况下，沿图形轮廓线绕行一周，得到开始和结束的读数 n_1、n_2，根据此读数和图形的已知面积 P，利用式（9-8）并顾及 $q=0$，可得相应的分划值 C，即：

$$C = \frac{P}{n_2 - n_1} \tag{9-8}$$

为提高求积仪分划值的测定速度和精度，在求积仪的仪器盒中，备有特制的金属检验尺。将求积仪的航针插入检验尺的小孔中，转动一周的面积已预先刻在尺上或载于附表中。将此面积作为已知面积，可较准确地求出求积仪的分划值。

为测定常数 q，可在图纸上画一个大小适当的正规图形，分别将极点置于图形之外和图形之内得出读数 n_1、n_2 和 n'_1、n'_2，则常数 q 为：

$$q = (n_2 - n_1) - (n_2' - n_1') \tag{9-9}$$

5. **沙维奇法**

沙维奇法是将方格法和求积仪法相结合的面积量算方法。当图斑面积超过 400cm²时，若欲获得较高的精度，宜采用沙维奇法进行量算。沙维奇法是利用公里网格，将待量测面积的图形划分为整方格和非整方格的破格两部分。整格部分面积可由公里网格的理论面积乘以格数而求得，为量测破格曲面积，可将几个公里网格分为一组，用求积仪分别量算其图形内的破格部分面积和图形外部分的面积。用公里网格的理论面积，作为控制对图形内的破格面积进行平差，平差后的破格面积与整格面积之和，即为待测图斑的面积。例如，在图 9-14 中，图斑内有 6 个整公里网格（每个网格的理论面积为 P）和 14 个破格。将 14 个破格分为四组，用求积仪分别对每组的破格部分和图形外部分进行量测，得到四组的破格面积依次为 P_1、P_2、P_3、P_4和对应的每组图外部分之面积 P'_1、P'_2、P'_3、P'_4，并用 $P_1+P'_1$、$P_2+P'_2$、$P_3+P'_3$、$P_4+P'_4$的理论面积作为控制，对 P_1、P_2、P_3、P_4进行平差，得其平差值 P'_1、P'_2、P'_3、P'_4。于是可得此图斑的面积为：$P=6P+P'_1+P'_2+P'_3+P'_4$。

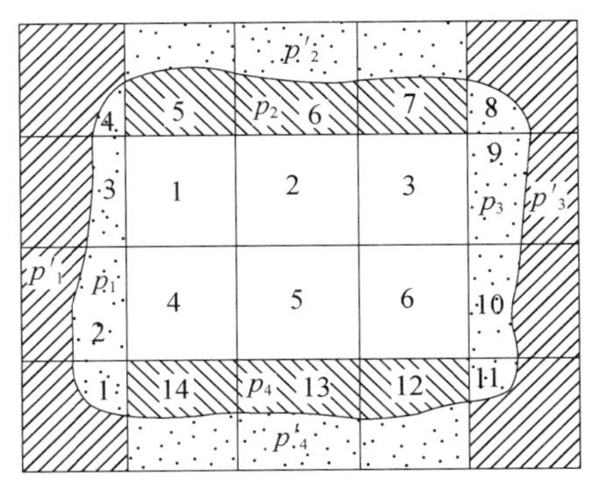

图 9-14　沙维奇法

据其量算面积的原理，可将其归纳为两大类，即：数字化求积法和电子扫描求积法。

（1）数字化求积法：

数字化求积法是利用数字化仪将图形轮廓线转换为线上各点的坐标（x_i、y_i）串，记录于存储器中，借助于电子计算机利用坐标法求面积的公式而求取图斑的面积。

使用手扶跟踪数字化仪在图斑轮廓线数字化时，应先在轮廓线上找一点作为起始点，将跟踪器的十字丝交点对准该点，打开开关记下起点坐标。然后顺时针沿轮廓线绕行一周后再回到起点。在绕行跟踪过程中，每隔一定时间（例如每隔 0.05～1.00s）或一定的间隔（例如每隔 0.7～0.8mm）取一点的坐标值，记录在存储器内，然后输入计算机计算其面积。

（2）电子扫描求积法：

电子扫描求积法是根据光电原理采用扫描方式来求算图斑面积的。

在使用电子扫描法求算面积时，首先对待量测的图斑进行涂色（例如：将图班内涂成黑色，图斑外留作白色），然后对图斑内外进行分解，将其分解成许多小单元（即像点或称像元），利用光电器件对每个小单元进行逐行逐列扫描。根据像元的黑白不同、反射光的强弱也随之不同的原理，通过光电变换，获得电位高低不同的脉冲信号，利用这些脉冲信号使得在扫描图斑内部（黑色）像元时驱动计数器进行计数，而在扫描图斑外部（白色）像元时关闭计数器，于是可获得整个图斑所包含的像元总数。像元总数乘以每个像元所代表的面积，即为待求的图斑面积。电子扫描求积法具有速度快、精度高、人工干预少等优点，但要对图斑进行涂色预处理，并且一次仅能对一个图斑进行面积量测。

近年来，人们将扫描仪和计算机联机，已成功地实现了在不对图斑进行涂色预处理描绘其轮廓线的情况下，即可对一幅图上的多个图斑进行面积量测。

9.3.2　面积量算的控制和平差

面积量算的目标是要取得较高精度的面积。在一定精度的要求下，要达到较高的精度，除了选用适宜的量算方法和增加量算次数外，还应遵守“从整体到局部、层层控制、块块检核、逐级平差”的原则。这一原则的核心就是控制，即无论量算多大的一块面积，都要将其置于更高精度的控制面积之内，以保证其能达到应有的精度。

面积量算应先从总面积开始，然后以总面积作为控制，再量算总面积内的各碎部图斑之面积。在实际工作中，有时候会因量算范围过大，或碎部图斑过多而在量算总面积后，将碎部图斑划分为若干分区，量算各分区的面积，并以总面积作为一级控制对各分区面积进行平差，而碎部面积则分别在平差后的各分区面积控制下，进行量算和平差。

总面积是作为一级控制面积使用的，必须具有较高的精度。根据不同的情况，一般可采用地形图图幅的理论面积或用沙维奇法量算的面积作为一级控制面积。每一幅地形图的图幅面积都有其理论值。正方形分幅的图幅面积理论值，可按其理论边长经计算而获得。梯形分幅的图幅面积理论值，可按图幅四角经纬度计算，或查取《高斯投影图廓坐标表》而获得。

以图幅面积理论值作为一级控制面积，可以被广泛应用于大面积土地调查的面积量算中，这将有利于将统一分幅的图幅面积汇总到县、省以至全国的面积之中；当难以采用图幅面积理论值作为一级控制面积时，一般是用沙维奇法量算其总面积，作为一级控制面积。

二级控制区域的界线，最好采用行政区域界线或土地使用单位界线。在一个分区内需独立量算的图斑，以不超过五十个为宜。二级控制面积的量算，可应用沙维奇法或用求积仪按两个极位进行量算。控制面积量算合格并经平差后，即可在其控制下进行碎部图斑的面积量算和平差。

各图斑的面积必须全部独立量算，不得用总面积减去部分图斑面积，去求取另一些图斑的面积。每个图斑的面积必须独立地量测两次，两次量得的面积之差，必须在允许范围之内。

面积量算的平差，就是将量算的各图斑面积之和与控制面积的不符值（即闭合差）按一定的原则配赋给各图斑的面积，使各图斑面积之和与控制面积相符。闭合差的配赋应与面积量算的中误差平方成正比，而该中误差的平方与图斑面积近似成正比。因此，面积量算平差时，一般总是按“与图斑面积成正比、与闭合差反符号”的原则配赋闭合差。

9.4 地形图在工程建设、规划及设计中的应用

大比例尺地形图在工程建设、规划及设计各阶段中有不同的作用，不同的工程建设及其规划设计对地形图的要求也是不同的。如对于一条河流或水系而言，要综合开发和全面规划需要有全流域的（1∶50000～1∶100000）比例尺地形图；对水系的某枢纽工程（大坝）的设计，主要是坝址的选择、建坝后库容量与上游淹没面积，采用的地形图比例尺应为1∶10000～1∶50000；在大坝初步设计时需要1∶10000比例尺地形图，详细设计时需要1∶2000～1∶5000比例尺地形图；在施工阶段需要测绘1∶1000比例尺地形图。

9.4.1 城市规划、矿山开发对地形图的要求

对于城市规划、矿山开发等不同阶段也需要不同比例尺的地形图。一项工程从总体规划、初步设计、详细设计、施工设计所需地形图比例尺由小到大。测绘资料要满足工程建设规划设计的需要，其主要质量标准是：地形图的精度，比例尺的合理选择，测绘内容的取舍适度等。地形图的精度与比例尺的大小有关，也就是为工程设计提供的地形图，首先要考虑

测图的比例尺，再考虑费用问题。随测图比例尺的增大相应工作量也会成倍地增加，费用也相应增加。例如，1∶500 是 1∶1000 的 2 倍，如 1∶1000，19000 元/幅、76000 元/km^2；则 1∶500，9300 元/幅、148800 元/km^2。

9.4.2　工业企业设计对地形图的要求

《工业企业总平面设计规范》要求：总平面设计应充分利用场地地形，对原有建筑物、构筑物、运输线路及树林、耕地等，应尽量保留；地形坡度应能与建（构）筑物的配置、运输、排水要求的适宜坡度相适应；建（构）筑物的布置应与场地周围的地形和已有的建筑群相适应；填挖方总量最少，且接近平衡。

工业企业设计对地形图的要求：

在总平面图设计中，对于地形、地物测绘所要求的必要精度；在工业企业的初步设计阶段在总平面图上要确定并绘出车间、仓库、动力设施和铁路线等主要建筑物的轮廓位置和坐标；在竖向布置图上要绘出竖向布置系统，设计地面连接方式、场平标高、排水坡向、建筑物地坪的高程以及运输道路的高程等；土方工程图要分别表示出土方的填、挖量与土方总量；管道总平面图的设计需在建筑物之间布置和绘出上下水、动力、电力等地上和地下主要管线的位置与坐标；在施工设计阶段，设计的内容基本上与上述相同，只是比较详细些。图上要正确地反映出所有建筑物的形状与平面位置、道路和管线的走向与坡度，以及各项建筑物的高程等，作为准备施工放样数据的依据。在布置总平面图上的建筑物时，除了考虑生产的工艺要求外，还要考虑地下管网与运输道路布置的可能性，以及防火、防震、防水侵蚀等要求。

例如，在工业企业的建筑场地上，地下管道之间的距离以及它们离其他建筑物的距离比较小（一般电力管道离建筑物应大于 0.6m，下水管道离建筑物大于 2m），如果原有建筑物的位置不准确，则有可能将管道布置得小于上述规定间距，也有可能将设计的建筑物布设在原有的管道上面。特别是在建筑物间布设的管道较多，甚至 10cm 的宽度都要考虑应用。因此，设计人员认为对于原有建筑物所施测的解析坐标，其最大点位误差不应超过 10cm。在改建或扩建的工业场地上，对原有建筑物、构筑物所施测的坐标与高程，除了作为新建建（构）筑物设计的依据外，有时还作为施工放样的依据，这也是要求精确施测细部点坐标和高程的原因之一。对于地形测绘的精度要求，应根据竖向布置的正确设计去分析。工业场地的竖向布置就是将厂区的自然地形加以整平改造，以保证生产运输有良好的联系，合理地组织排水，并且使土方量最小，而且使填挖方量平衡。

工业场地地面连接的方法一般分为平坡法和台阶法。其选择是根据工业企业的性质、总平面布置、厂址的地质构造以及自然地形等因素综合考虑决定。工业场地的竖向布置系统和地面连接方法确定以后，即可对整平面的宽度、坡度和平土高程进行设计。（若考虑排水则坡度为 0.5%～1.0%）整平面的坡度和场平高程确定后，即进行建（构）筑物的地坪高程、铁路轨顶高程、道路中心线高程以及工程管网高程的设计。这些高程的设计原则上仍然是要使其尽量与自然地形相适应，考虑排水条件，室内地坪要高出室外地面 0.15～0.5m。地下管道埋设深度最浅为 0.6m。因此平坦地区地形图的高程中误差可为±0.15m，最大误差应在±0.3m 以内。

9.4.3　大比例尺地形图在线路工程设计中的应用

线路设计是按线路的规格和技术要求，在地形图上寻找路线的最合理位置，因而又称定线设计。经定线设计初选的线路位置，还要经过实地定线加以确定。

线路设计包括地面线路设计和架空线路设计。

1. 地面线路设计

地面线路设计包括：运输线路、渠道线路和管道线路的设计。

地面线路设计的实质就是在地形图上按指定方向，求出符合设计容许坡度的线路，以“按给定坡度在地形图上求等坡度线”为基础的。如图 9-15 所示，要求在地形图上设计一条由 1 点出发，通往东南方向的公路，其极限容许坡度 i 为 12%，地形图比例尺为 1：5000，基本等高距 h 为 5m。

为按给定坡度在地形图上求作等坡度线，首先应计算出与容许坡度 i 相应的高差等于基本等高距的图上平距 d，即：

$$d=\frac{h}{i}\cdot\frac{1}{M} \tag{9-10}$$

对于本例，由于 $h=5\text{m}$，$i=0.12$，$M=5000$，故 $d=8.3\text{mm}$。然后沿着路线的基本方向，由起点 1 开始，用等于 d 的分规开度，画弧与相邻等高线交于点 2；再从求得的点 2 开始用相同的分规开度，画弧与下一条等高线相交得点 3，以此类推。在遇到河谷或冲沟时，应根据河谷和冲沟的大小、宽度和线路的技术要求，或者沿等高线向上游布置成回头线路，如图中的 3—4′—4 线段，或者跨越河谷转到河谷另一侧，与同高或相邻等高线交会（如图中的 3—4 线段）。当等高线间距大于所采用的最小极限平距 d 时，表示地面坡度小于容许坡度，故线路可随意布置在最有利的方向上，如图中的 4—5 段。连接各交会点 1—2—3—4—5—6—7—8，即得符合容许坡度的等坡度线路。如果沿此布设线路，则可保证符合限制的坡度，且不需要进行大量的挖方和填方。但是，等坡度线通常是一条很曲折的线路。在实用上往往需要将线路大大地取直，然后用光滑的曲线连接起来，如图 9-15 上的粗实线。

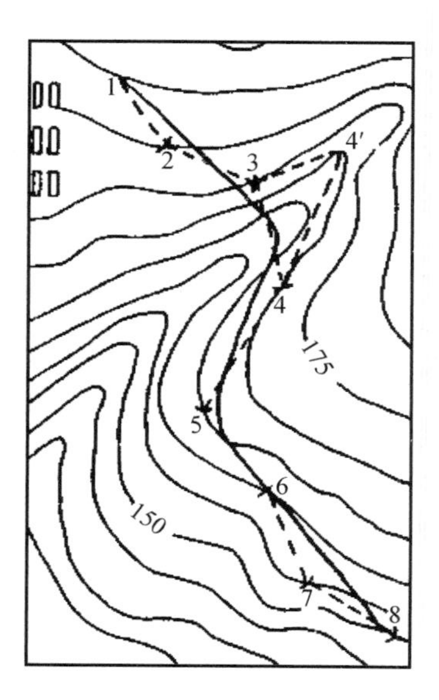

图 9-15 地面线路设计

2. 架空线路设计

架空线路设计包括：输电线路和通信线路的设计。

架空线路设计工作应在适宜比例尺的地形图上进行。地形图比例尺的选择是根据线路长短及沿线地区的地形、地物复杂情况而定的。在一般工业厂区进行架空线路设计，通常选用 1：1000 比例尺的地形图。

在地形图上进行架空线路设计时，首先要将线路范围内的地形图拼接起来，将线路的起点和终点标绘在地形图上，并用直线连接起来，以作为线路最短的准线。图 9-16 所示是输电线路设计图的一部分，ON 是线路的最短准线，1、5 为根据实地的地物分布选择的线路转角点，其余 2、3、4、6、7 等为输电线杆的位置。选择时，要考虑到电力系统的长远规划、技术上的可行性和经济上的合理性，结合地形情况和地物的分布，在地形图上绘出几套可能的方案，然后加以对比研究，以选择出施工、运行方便，路线最短、转角及交叉跨越最少的方案。选线时最好采用针线法，即将地形图放置在平整的大板上，在起、终点分别插上针，用细线连成一条直线。然后将可能的路线方案的每个转角点都插上针，再用不同颜色的细线绕到相应的转角点上，形成数条路线方案。在比较选择过程中，对需要改线的路径，只要移动一下转角点即可。这种方法的主要优点是操作方便、直观明显，在架空线路设计中被广泛使用。

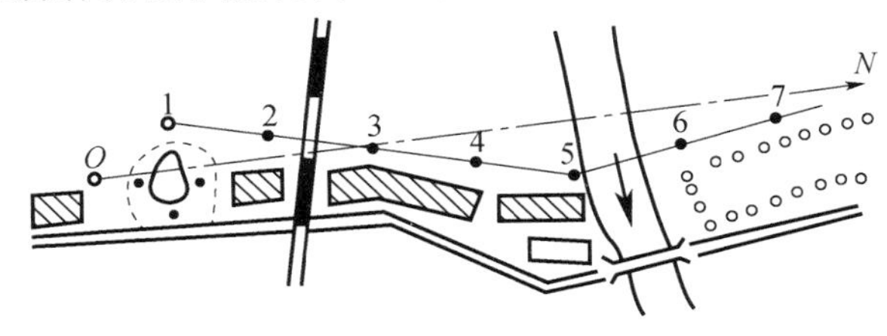

图 9-16　架空线路的设计

9.4.4　场地平整过程中土方量的计算

在工程建设中，经常要进行建筑场地的平整。平整场地过程中，则需要利用地形图进行挖（填）方量的概算。通常情况下，概算方法主要有以下三种：

方格网法：适用于大面积且地面起伏不大的土方计算。

等高线法：适用于山头推平或洼地填平的土方估算或水库容量估算。

断面法：适用于带状范围（如道路、渠道、管线工程以及矿山开采）土方计算。

此处主要介绍方格网法估算土石方量的方法。其主要步骤如下介绍：

1. 绘制方格网

在地形图上拟平整场地的区域范围绘制方格网。方格网的边长取决于实际地形的复杂程度、所利用地形图的比例尺以及土石方量概算的精度要求。一般情况下，方格网的实地边长为 5～30m。

2. 计算设计高程（在给定填挖高度的情况下，可省略此步骤）

依据地形图上的等高线，利用内插法求出方格网各顶点的地面高程，并标注在方格网顶点的右上方。

先求出各方格网四个顶点的平均高程，再计算各方格网的平均高程，即可得到设计高程 $H_{设}$，计算过程中方格网顶点高程有的用到一次，有的用到两次、三次，最多的用到四次，如图 9-17 所示，如式（9-11）所示：

$$H_{设}=\frac{\sum H_{角}+2\sum H_{边}+3\sum H_{拐}+4\sum H_{中}}{4n} \tag{9-11}$$

3. 计算方格网各角点填、挖高度

根据设计高程和方格顶点的高程计算方格各顶点的填、挖高度，如式（9-12）所示：

$$填、挖高度=地面高程-设计高程 \tag{9-12}$$

将图中各方格顶点的填、挖高度注写于相应方格顶点的左上方。正表示为挖深，负表示为填高。

4. 绘制填、挖边界线（如图 9-17 所示虚线）

5. 计算填、挖方量

填、挖方量的计算按照棱柱法计算，即是假想挖、填部分的土方为棱柱体，如下算例所示，计算棱柱体的体积。

填（挖）方量＝小方格顶点平均填（挖）高度×小方格面积

【例 9-1】 如图 9-17 所示，已知 $L=20\text{m}$，计算挖、填方基本平衡的挖、填方量。

【解】

1）求 $H_{设}$

$$H_{设}=\frac{\sum H_{角}+2\sum H_{边}+3\sum H_{拐}+4\sum H_{中}}{4n}$$

$$=\frac{(26.4+24.8+24.2+24.4+25.4)+2\times(25.6+25.2+25.8+24.8)+3\times24.8+4\times25.4}{4\times5}$$

$$=25.2\text{m}$$

2）计算填、挖高度（计算结果如图 9-17 所示）

3）绘制填、挖边界线（如图 9-17 所示虚线）

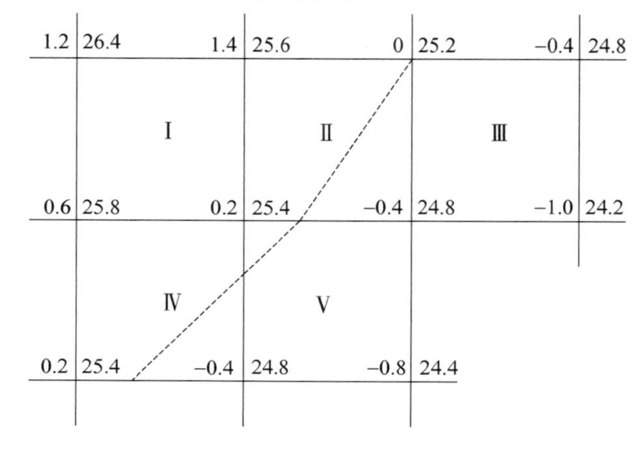

图 9-17　土方量计算

4）计算填、挖方量

$$V_{挖_1}=\frac{1}{4}(1.2+0.4+0.2+0.6)\times20\times20=240\text{m}^3$$

$$V_{挖_2}=\frac{1}{4}(0+0.4+0.2+0)\times(20\times20-\frac{1}{2}\times20\times\frac{2}{3}\times20)=40\text{m}^3$$

$$V_{挖_4}=\frac{1}{5}(0.6+0.2+0+0+0.2)\times\left(20\times20-\frac{1}{2}\times20\times\frac{2}{3}\times20\times\frac{2}{3}\right)=62.22\text{m}^3$$

$$V_{挖_5}=\frac{1}{3}(0.2+0+0)\times\frac{1}{2}\times\frac{1}{3}\times20\times\frac{1}{3}\times20=1.48\text{m}^3$$

$$V_{挖_总}=343.70\text{m}^3$$

$$V_{填_2}=\frac{1}{3}(0+0+0.4)\times\frac{1}{2}\times20\times\frac{2}{3}\times20=17.78\text{m}^3$$

$$V_{填_3}=\frac{1}{4}(0+0.4+1+0.4)\times20\times20=180\text{m}^3$$

$$V_{填_4}=\frac{1}{3}(0+0.4+0)\times\frac{1}{2}\times20\times\frac{2}{3}\times20\times\frac{2}{3}=11.85\text{m}^3$$

$$V_{填_5}=\frac{1}{5}(0.4+0.8+0.4+0+0)\times\left(20\times20-\frac{1}{2}\times\frac{1}{3}\times20\times\frac{1}{3}\times20\right)=120.89\text{m}^3$$

$$V_{填_总}=330.52\text{m}^3$$

9.5　数字化地形图的应用

9.5.1　数字化地形图的特点

传统的纸质地形图通常是以一定比例尺并按图式符号绘制在图纸上的，即通常所说的白纸测图。这种地形图具有直观性强、使用方便等优点，但也存在不容易保存、易损坏、难以更新等特点。数字化地形图是数字化的地图，不仅能表示地面的空间信息（包括位置、大小、形状及相关关系等），也能够表述地形的属性信息（包括性质、特征及相关说明，例如建筑物的建造时间、建筑面积、权属和使用单位等）。

数字化地形图通常存储于数字存储介质上，表达载体可以是屏幕，也可以是绘图仪或打印机输出图纸。计算机、信息及网络技术等为电子地图提供了软、硬件支撑，使电子地图中的信息内容丰富、展示多样化、信息更新快捷、使用方便，能够直观、形象、生动地表达地理空间信息。电子地图能够建立三维景观，将地物、地貌信息立体化，生成一个逼真的三维虚拟环境，可以使用户能够以视觉、听觉等感知形式读地形图。

数字化地形图包括三方面内容：数学要素、地形要素和地图综合。数学要素是指地形在地图平面上表示时，必须遵循的数学函数关系，包括平面系统、高程系统、地图投影及比例关系。地形要素是统一规范的地物和地貌符号。地图综合主要是指由于地图图幅的限制或数据采集能力的局限，或制作某些专用地图的具体需要等，对地形所采集的某些合理取舍和综合概况。数字化的地形图不是传统地图在理论、方法上的简单翻版，而是将其与现代信息技术相结合的创新，它不仅提供了新的超越传统地图的描述地理环境和信息的能力，而且可以更好地表达人们对地理空间规律的认识，其主要特点是：①可以实现多源信息的集成处理，包括纸质地图、数据库系统、摄影测量、遥感、GPS 等获取的空间数据和属性数据，丰富了数据的来源；②可以实现多维、多尺度的地理信息运算与表达，不仅支持一般地图的应用（如定位、导航等），还支持更深入的地理科学研究。③可以利用屏幕实时显示的特性，进行有关地理对象或要素的时空变化过程模拟与规律研究，有助于进一步预测其变化发展的趋势；④通过计算机和网络通信技术的应用，可以建立分布式电子地图的表达与应用的共享平台，以完成更加复杂的、集成的地球科学研究。

9.5.2　数字化地形图的分类

1. 多媒体电子地图

数字化地形图与多媒体技术相结合可产生多媒体电子地图，它集文本、图形、图表、图像、声音、动画和视频等多媒体于一体，除具有一般电子地图的特点外，还增加了地图表达空间信息的媒体形式，以听觉、视觉等多种感知形式，直观、形象、生动地表达空间信息。

多媒体电子地图可以储存于数字储存介质上，以光盘、网络等形式传播，以计算机或者触屏信息查询系统的形式供大众使用。无论用户是否有使用计算机和地图经验，都可以方便地从多媒体电子地图中获取所需信息，不仅可以查阅全图，而且可以将其任意放大、缩小、漫游、测距、控制图层显示、模糊查询，甚至可以进行下载打印地图等操作。

2. 导航电子地图

导航电子地图是数字化地形图和导航技术的结合，导航图可以任意放大、缩小，既可以由地图确定交通工具在城市和乡村地区的具体位置，又可以通过电子地图查询到所需寻找的道路交叉路及建筑物等。随着卫星导航产业的快速发展，导航电子地图已经越来越广泛地应用于车载自动导航系统、移动目标监控、最优路径分析、目的地简况与位置查询、交通信息管理与服务等，以及面向个人消费者的旅游、出行等。

3. 网络电子地图

网络电子地图是基于现代网络技术的数字化地形图，它被赋予先进的可视化信息技术及网络技术，可以通过网络高速传输地图数据，实现快速、方便地查询异地相关地理信息。网络电子地图可广泛应用于土地与地籍管理、水资源管理、数字天气预报、灾害监测与评估、智能交通管理、跟踪污染和疾病的传播区域、移动位置服务、现代物流、城市设施管理、数字城市、电子政务等诸多领域。

4. 三维电子地图

三维电子地图是采用DEM技术，将地物、地貌信息立体化，非常直观、真实、准确地反映地形状况，并可查询任意一点的平面坐标、经纬度和高程值。在地物信息方面，除提供效果良好的三维景观外，还可根据用户的要求提供丰富的属性数据。三维电子地图由于可以直观地观察到某区域的概貌和细节，快速收集各种地物的具体位置及相关属性，因此在土地利用和覆盖调查、农业估产、区域规划、居民生活等诸多方面具有重大应用价值，在三维景观中可直接进行各项工程的规划与设计工作。目前，三维电子地图开始出现在网络上，有卫星实景三维地图和人工虚拟三维地图等。

5. 虚拟现实电子地图

虚拟现实技术是利用计算机产生一种逼真的三维虚拟环境，并通过利用专门的传感设备与之作用的新技术。虚拟现实电子地图就是基于虚拟现实技术的电子地图，它充分利用了计算机硬件与软件系统的集成技术，提供了一种实时的虚拟景观，使用户具有仿佛置身于现实世界一样身临其境的感觉，并且可以通过人机对话方式交互地操作虚拟现实中的物体。

9.5.3 数字化地形图的应用方式

数字化地形图的阅读工具一般是菜单形式的屏幕界面，界面上列出了工具内容，并通过帮助文档详细地介绍了功能及使用方法。随着菜单的引导，可以方便地选择阅读方式，或利用电子笔进行标绘，或进行地图要素的长度（距离）、面积、体积等的量算。数字化地形图的应用方式可以概括为以下三种。

1. 阅读方式

阅读方式是直接在屏幕上显示地形图进行阅读和观察，判断地物位置、形状及地貌形态等，以及相关属性信息，这是数字地形图的基本应用内容。

2. 分析方式

分析方式建立在地图数据库的基础上，侧重于地图信息的分析和应用，有较强的工具包、软件包、模型库的支持，如根据地名查找具体位置，根据地物查看相关信息等。

3. 嵌入方式

嵌入方式是将数字化地形图嵌入管理、分析或辅助决策等系统，提供地理数据与空间分析手段，或者起到地理背景或软件模块的作用，如查找最短路径、统计面积及计算里程等。

思考题与习题

1. 试简述地形图识读的基本过程。

2. 利用地形图（图 9-18）完成以下几个问题：

（1）求各平高点的坐标。

（2）求各平高点的高程。

（3）求相邻平高点的水平距离。

（4）求相邻平高点的高差。

（5）求 AB、CD 两直线的坐标方位角。

（6）确定 AB、CD 两点间的平均坡度，并比较其陡缓。

（7）绘出 AC 间的纵断面图。

（8）试计算四边形 $ABCD$ 的面积。

（9）试分析四边形 $ABCD$ 整理成填、挖方量平衡的平整场地的填、挖土方量。

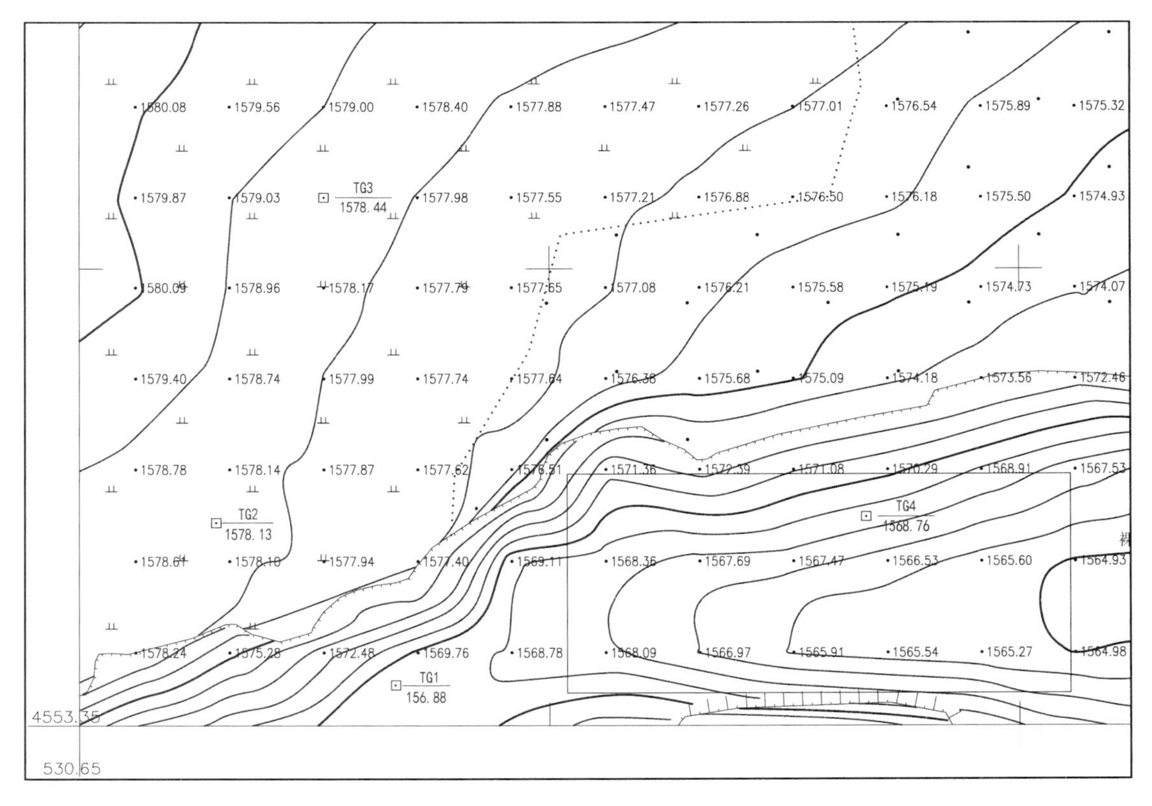

图 9-18　地形图示意图

第10章　施工测量的基本工作

10.1　施工测量概述

10.1.1　概述

在施工阶段进行的所有测量工作统称为施工测量。

施工测量的主要工作有测设（施工放样）、变形观测和竣工测量等工作。施工测量工作贯穿整个施工过程，从建立施工控制网、场地平整、基础施工，到建（构）筑物的放样、配件的安装和竣工图的绘制等，都需要一系列的测量工作。

10.1.2　施工测量的特点

施工测量与一般的测图工作有如下不同点。

1. 施工测量的工作目的与测图工作相反

测图工作主要是以地面控制点为基础，将地面上的地物、地貌按一定的比例缩绘在图纸上；而施工测量则相反，是将图纸上设计好的建（构）筑物的位置及尺寸标定在实地。

2. 施工测量精度要求较高

施工放样的精度要求，是根据建筑物的性质，依据与已有建筑物的关系以及建筑区的地形、地质和施工方法等情况来确定的。

施工放样按精度要求的高低排列为：钢结构、钢筋混凝土结构、毛石混凝土结构、土石方工程。按施工方法分：预制件装置式的方法较现场浇灌的精度要求高一些，钢结构用高强度螺栓连接的比用电焊连接的精度要求高一些。

具体工程的具体精度要求，如施工规范中有规定，则参照执行。对于有些工程，施工规范中没有测量精度的规定，则应由设计、测量、施工以及构件制作等参与方人员合作，共同协商制订相关精度要求。因为施工测量精度不够，将造成质量事故；精度要求过高，则导致人力、物力及时间的浪费。

3. 施工测量的时间要求比工程测量更加严格

施工测量是联系设计与施工的重要环节，是直接为工程施工服务的，其测量成果是施工的依据，施工测量必须与施工组织计划相协调，施工测量工序与工程施工工序密切相关，测量人员应根据工程施工进展情况，及时地进行各项测量工作，以免影响工程进度和工程质量；及时掌握工程现场进度及变动情况，使施工测量与工程施工密切配合。

4. 施工测量受实际施工条件的影响较大

由于施工现场工种多、各工序交叉作业多，施工现场材料堆放凌乱，运输变动频繁，场地变动很大，同时受到各种施工机械及车辆振动等因素的影响较大，使得测量标志容易遭受破坏。因此，测量标志从布设形式、选点位置确定等都应该考虑到便于使用、保管和检查等，如有破坏，应及时恢复。

10.1.3　施工测量的原则

为了减小误差的累积、保证测量工作的精度，与一般的测量工作一样，施工测量也应当遵循“从整体到局部，先控制后碎部，从高级到低级”的原则。在施工场地先建立施工控制网，然后以此为基础来进行后续的施工测量工作。

此外，与一般的测量工作相同，必须要加强内外业的检核工作，即满足“上一步的检核工作没有完成，不能进行下一步的测量工作”的基本原则，以保证测量成果的精度。

10.2　测设的基本工作

测设就是根据工程设计图纸上待建的建筑物、构筑物的平面位置和高程，按照设计和施工的要求在实地标定出来，作为施工的依据。因此，同于测量的基本工作，测设的基本工作就是将图纸上设计好的建、构筑物与已知控制点或已有建筑物的相对位置关系，即水平角、水平距离和高程等标定到实地。因此，测设的基本工作也就是水平距离的测设、水平角的测设和高程的测设。

10.2.1　测设已知水平距离

测设已知水平距离就是在已知一个地面点、已知线段方向和已知点到待测设点距离的条件下，将已知点作为起始点，根据已知方向和已知距离将待测设点位标定到实地。根据所采用仪器的不同，其主要方法有以下两种。

1. 采用钢尺法测设已知水平距离

采用钢尺法测设已知水平距离适合于场地平整和待测设距离较短（一般不超过一个尺长）的情况。

（1）一般方法：

当测设精度要求不高时可采用此法。从已知点开始，直接沿已知方向用检定过的钢卷尺把给定长度标定在实地。为了检核，可将钢尺零点移动一段距离，一般为 20cm 左右，重新标定一次。若两次标定位置的距离差在误差允许的范围内，则取其中点位置作为标定点的位置。

（2）精密方法：

当测设精度要求较高时，采用此法，先根据一般方法进行距离的测设，然后对标定的点位进行高程测量获得两点间的高差，之后进行尺长改正、温度改正和倾斜改正三项改正，计算其地面上应测设的距离 L，即

$$L = D - (\Delta L_d + \Delta L_t + \Delta L_h) \tag{10-1}$$

然后根据计算出的结果重新标定水平距离，最终确定待定点的位置。

如果施工放样的场地是已经平整后的场地，则不需要进行倾斜改正。

【例 10-1】 如图 10-1 所示，已知 AB 两点的水平距离为 25m，所使用钢尺的名义长度为 30m，实际长度为 30.002m，钢尺检定时的温度为 20℃，钢尺的膨胀系数为 1.25×10^{-5}，A、B 两点之间的高差为 0.249m，实测施工现场温度为 26℃，试求测设时在实地应标定的距离是多少？

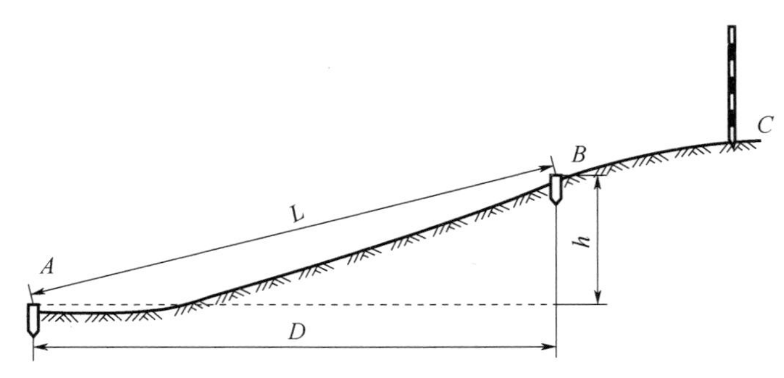

图 10-1　钢尺测设水平距离

【解】 先按照 4.1.5 的方法求得三项改正数。由于 D 和 L 差值很小，所以在计算过程中 L 用 D 代替。详细计算过程如下：

尺长改正：

$$\Delta L_d = D\frac{\Delta l}{l} = \frac{30.002-30}{30}\times 25 = 0.002\text{m}$$

温度改正：

$$\Delta L_t = \alpha D(t-t_0) = 1.25\times10^{-5}\times 25\times(26-20) = 0.002\text{m}$$

倾斜改正：

$$\Delta L_h = -\frac{h^2}{2D} = -\frac{0.249^2}{2\times 25} = -0.001\text{m}$$

应测设的距离：

$$L=25-(0.002+0.002-0.001)=24.997\text{m}$$

2. 采用光电测距仪（全站仪）测设已知水平距离

由于测距仪和全站仪的普遍使用，距离的测设尤其是地形比较复杂、待测设距离较长的情况下测设距离多采用光电测距仪和全站仪。以下为距离测设的详细过程。如图 10-2 所示，在起点（已知点）A 处安置仪器，首先根据施工现场测定的温度、气压情况设置测设时的温度、气压改正值，设置距离显示为“水平距离”，瞄准并锁定已知方向，沿此方向移动棱镜，当仪器读数显示为所测设水平距离时，即可确定出端点 B 的初始位置，设为 B'。在 B' 点安置棱镜，测量出水平距离 D'，求出 D' 与应测设的水平距离 D 之间的差值 $\Delta D=D-D'$。然后根据 ΔD 的值将 B' 改正至 B，并用木桩标定其位置。为了检核，应将棱镜安置于 B 点后，再实测 AB 的距离，确保其不符值在限差之内，否则应再进行改正，直到符合限差要求为止。

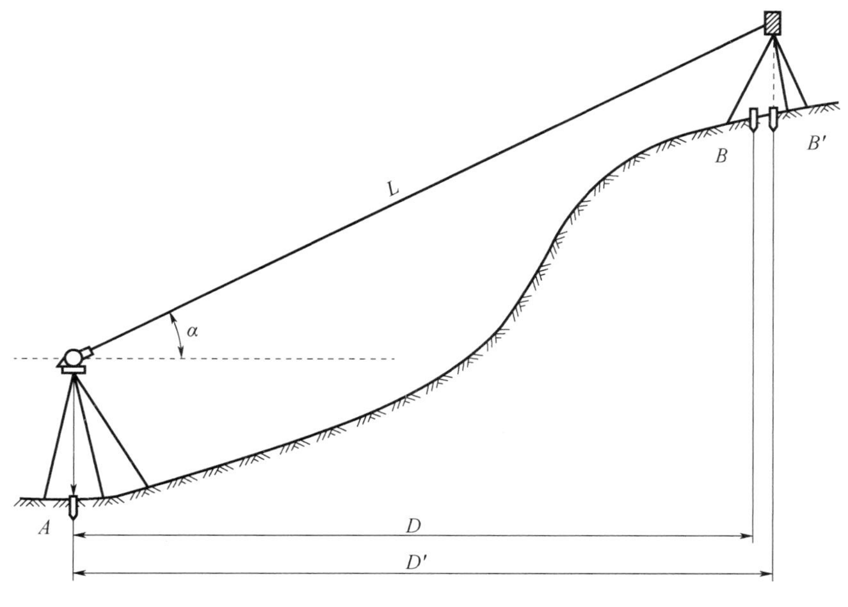

图 10-2　全站仪测设水平距离

10.2.2　测设已知水平角

测设已知角就是由一个已知方向测设出另一方向，使得其与已知方向的夹角等于已知的水平角。根据测量精度的不同，主要有以下两种方法。

1. 一般方法

当测设精度要求不高时可采用此法。即通过盘左盘右取平均的方法，获得待测设的角度。如图 10-3 所示，AB 为已知方向，通过测设角 β 标定 AC 方向。安置仪器于 A 点，先用盘左位置瞄准 B 点，水平度盘归零后顺时针转动照准部，当读数为 β 时标定出 C' 点；然后倒转望远镜，采用盘右位置瞄准 B 点，当读数为 $180°+\beta$ 时，标定出 C'' 点；最后取 $C'C''$ 中点为 C，则 $\angle BAC$ 待测设角 β。为了检核，应采用测回法重新测定 $\angle BAC$ 的大小，并与给定的水平角 β 进行比较，若其差值超出限差范围，则应重新测设 β 角。

2. 精确方法

当测设精度要求较高时可采用此法。如图 10-4 所示，已知条件同图 10-3。先采用一般方法测设出 β 角，再采用测回法测定 $\angle BAC'$ 的大小，假设其测定角值为 β'，则其角度差为 $\Delta\beta=\beta-\beta'$，其中 $\Delta\beta$ 的单位为 s。量取 AC' 距离，过 C' 作 AC 的垂线，垂线方向依据 $\Delta\beta$ 的正负确定。垂线段长为：

$$CC'=AC'\tan\Delta\beta\approx AC\frac{\Delta\beta}{\rho''} \tag{10-2}$$

式中，$\rho''=206265''$。

因此沿 AC' 垂线方向从 C' 点量取 CC'，$\angle BAC$ 即为待测设角 β。当 $\Delta\beta>0$ 时，沿 AC' 的垂线方向向外调整 CC' 至 C 点；相反，当 $\Delta\beta<0$ 时，则向内调整 CC' 至 C 点。

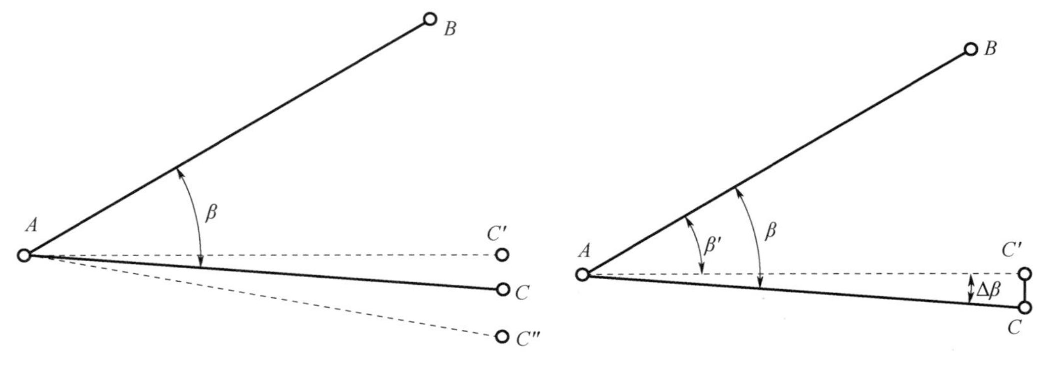

图 10-3　一般方法测设水平角　　　　图 10-4　精确方法测设水平角

10.2.3　测设已知高程

在建筑施工中，平整场地、开挖基坑、确定路面坡度和标定地坪设计高程等，都需要测设出点位的指定高程。测设已知高程是根据已知水准点，在作业面标定出已知高程的位置。

如图 10-5 所示，已知 A 点标高为 H_A，B 点的设计标高为 H_B，需要将其标定在木桩 B 上，则需在 AB 两点之间安置水准仪，在 A、B 两点立水准尺，其中 A 点水准尺读数为 a，依据水准测量原理有：

$$b_{应} = H_A + a - H_B \tag{10-3}$$

将 B 点所立水准尺紧靠木桩上下移动，直到水准尺读数为 $b_{应}$，沿尺底在木桩侧面画油漆线或是弹墨线，则此线就是 B 点待测设的高程位置。

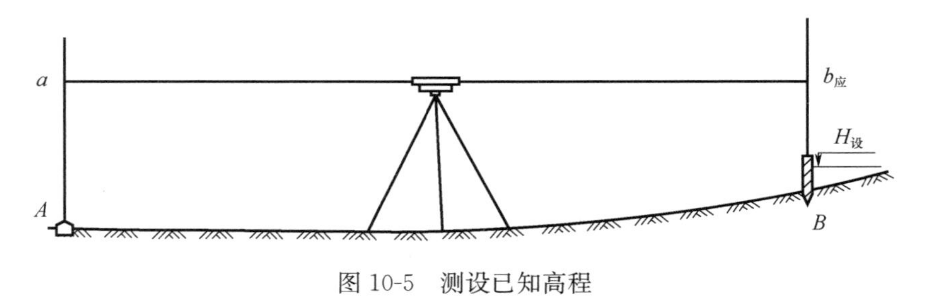

图 10-5　测设已知高程

10.3　点的平面位置的测设

点的平面位置的测设有很多种方法，主要是根据已知点的分布及待测设点位的分布、实际地形条件综合选择。

10.3.1　极坐标法

极坐标法是根据水平角和水平距离测设点的平面位置。此法适用于测设距离较短且便于量距的情况。

如图 10-6 所示，A、B 为已知控制点，E、F、G、H 为待测设点位，各点设计坐标为 $E(x_E、y_E)$、$F(x_F、y_F)$、$G(x_G、y_G)$、$H(x_H、y_H)$。可依据控制点 A、B 测设 E、F、G、

H 点。测设过程如下：

1. 计算测设数据

根据已知点 A、B 的坐标和待测设点位坐标计算测设数据。

（1）计算 α_{AB} 和 α_{AE} 。

$$\alpha_{AB} = \arctan\frac{\Delta y_{AB}}{\Delta x_{AB}} = \arctan\frac{y_B - y_A}{x_B - x_A}$$

$$\alpha_{AE} = \arctan\frac{\Delta y_{AE}}{\Delta x_{AE}} = \arctan\frac{y_E - y_A}{x_E - x_A}$$

（2）计算 AE 和 AB 的夹角 β ：

$$\beta = \alpha_{AB} - \alpha_{AE} \tag{10-4}$$

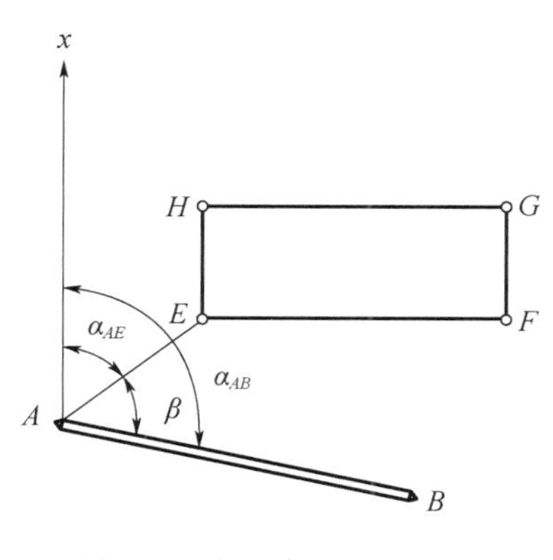

图 10-6　极坐标法测设点位

（3）计算 AE 的水平距离 D_{AE} ：

$$D_{AE} = \sqrt{(\Delta x_{AE})^2 + (\Delta y_{AE})^2} = \sqrt{(x_E - x_A)^2 + (y_E - y_A)^2}$$

2. 点位测设

（1）安置经纬仪于点 A，AB 为已知方向，依据计算的夹角 β 标定 AE 方向。

（2）在 AE 方向以 A 为起始点，在直线 AE 上依据计算的水平距离 D_{AE} ，标定 E 点的位置。

采用同样的计算方法和测设过程标定 F、G、H 三点。测设过程完成后，可量取各段距离和角度大小来检测测设的精度。

10.3.2　直角坐标法

直角坐标法是根据水平距离测设点的平面位置。此法适用于在待测设地物附近有建筑方格网或是建筑基线。

如图 10-7 所示，OA、OB 为相互垂直的建筑基线，且它们的方向与待测设建筑物的两轴线平行，根据图上设计的点位位置和坐标测设 E、F、G、H。测设过程如下：

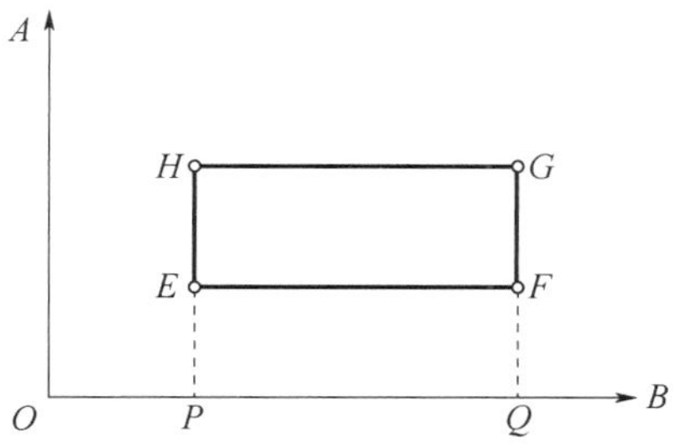

图 10-7　直角坐标法测设点位

1. 计算测设数据

计算各边的长度及坐标差，如下为 EF 边的计算方法：

$$D_{EF} = \sqrt{(\Delta x_{EF})^2 + (\Delta y_{EF})^2} = \sqrt{(x_F - x_E)^2 + (y_F - y_E)^2}$$

2. 点位测设

（1）安置经纬仪于点 O，瞄准 B 点，在 OB 边依据 Δy_{OE} 测设出 P 点；依据 Δy_{OF} 测设出 Q 点。

（2）将仪器搬至 P 点，瞄准 B 点，逆时针旋转 90°，依据 Δx_{OE} 测设出 E 点，依据 Δx_{OH} 测设出 H 点；同法依据 Δx_{OF} 测设出 F 点，依据 Δx_{OG} 测设出 G 点。

测设完成后应检查各边边长是否等于设计长度，误差在设计范围之内即可。对于一般建筑，相对误差应达到 1/2000～1/5000；而对于高层建筑和工业厂房的测设，精度要求更高，详细规定应查阅对应的规程规范。

10.3.3 角度交会法

角度交会法是在两个或多个控制点上架立仪器，通过测设两个或多个水平角，交会确定待定点的平面位置。此法适用于测设较困难或距离较远等不便于量距的情况。

如图 10-8 所示，A、B 为已知控制点，P 为待测设点位，可依据控制点 A、B 测设 P 点。测设过程如下：

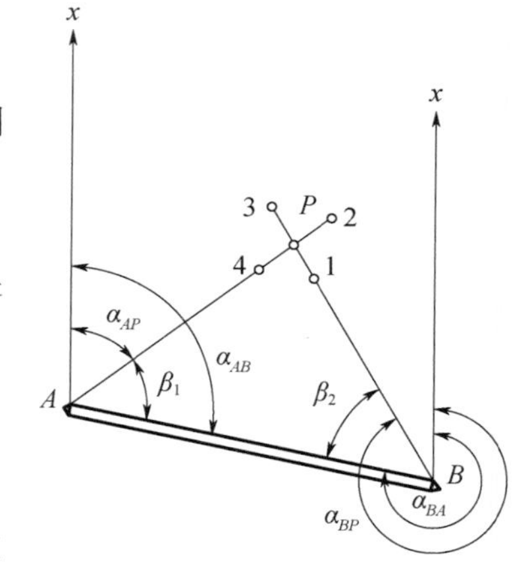

图 10-8 角度交会法测设点位

1. 计算测设数据

根据已知点 A、B 的坐标和待测设点 P 的坐标计算测设数据。

（1）利用坐标反算公式计算 α_{AP}、α_{AB}、α_{BA} 和 α_{BP}。

（2）计算 AP 和 AB 的夹角 β_1，BP 和 BA 的夹角 β_2。

$$\beta_1 = \alpha_{AB} - \alpha_{AP}$$
$$\beta_2 = \alpha_{BP} - \alpha_{BA}$$

2. 点位测设

（1）安置经纬仪于点 A，AB 为已知方向，依据计算的夹角 β_1 在 AP 方向定出 2、4 两点。

（2）同理，在 BP 方向依据计算的夹角 β_2 在 BP 方向定出 1、3 两点。

（3）在 2、4 和 1、3 之间分别拉一根细线，其交点即是待测设点 P 的位置。

应用此法时，交会角最好在 30°～120°之间。为了检核，可再增加一个控制点进行测设。

10.3.4 距离交会法

距离交会法是根据水平距离测设点位的平面位置。此法适用于测设距离较短（最好在一个尺长范围内），并且施工场地平整、便于量距的情况。

如图 10-9 所示，A、B、C 为已知控制点，E、F、G、H 为待测设点位，各点设计坐标为 $E(x_E、y_E)$、$F(x_F、y_F)$、$G(x_G、y_G)$、$H(x_H、y_H)$。可依据控制点 A、B、C 测设 E、F、G、H 点。测设过程如下：

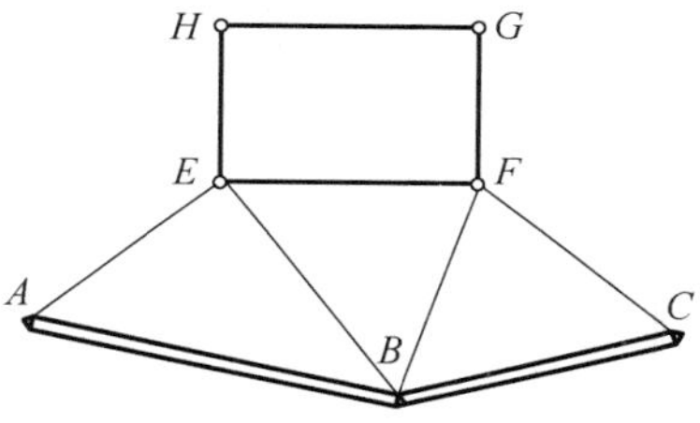

图 10-9 距离交会法测设点位

1. 计算测设数据

根据已知点 A、B 的坐标和待测设点位坐标利用坐标反算公式计算各边边长。

2. 点位测设

点位测设时采用两根钢尺同时量取距离 D_{AE} 和 D_{BE}，分别将钢尺的零点对准 A 点和 B 点，同时拉紧、拉平钢尺，以 D_{AE} 和 D_{BE} 为半径画弧，两弧线的交点即为 E 点位置。同理根据 D_{BF} 和 D_{CF} 测设 F 点。G、H 点同法测设。

待测设过程完成后，可量取各边长来检测点位测设的精度。

10.3.5 全站仪坐标测设法

全站仪坐标测设法可以自由设站，充分体现了全站仪测角、测距和计算一体化的特点，它适用于各类地形，并且测设精度高，操作方便。因此，近几年应用比较广泛。

其详细操作流程如下：

（1）测设前的准备工作，需要先将仪器设置为放样模式，并依次输入测站点坐标、后视点坐标和待测设点坐标；同时量取仪器高和棱镜高输入仪器中；

（2）测设过程中，用望远镜瞄准棱镜，选择坐标放样功能键，则可显示当前棱镜位置与待测设点位的坐标差，移动棱镜直至坐标差为零，棱镜所在位置即是待测设点的位置。

如果用极坐标法的原理测设点位，除了不需要计算待测设数据外，其他操作过程同于经纬仪极坐标法测设流程。

10.4　已知坡度直线的测设

测设指定的坡度线，在道路工程、建筑工程、管线工程等工程上应用都很广泛。已知坡度直线的测设，实际上是连续测设一系列的坡度桩，即是已知坡度线。测设的方法有水平视线法和倾斜视线法。

10.4.1　水平视线法

如图 10-10 所示，A 点为待测设坡度线的起点，其设计高程为 H_A，B 点为终点，AB 间的水平距离为 D，待测设的坡度为 i，则 B 点的高程应为 $H_B = H_A + iD$ 。测设方法如下：

在 AB 两点间架立水准仪，每隔一定的距离 L（其中 L 值的大小根据坡度测设的精度和总距离 D 的大小结合实际地形确定），设置一个木桩，如图所示，从 A 点开始的各点高程为 $H_j = H_A + iD$（其中，j 代表各木桩的编号，$j = 1, 2, 3, \cdots$）。测设好各点高程后，在对应的木桩侧面沿标尺底部标注红线，即是设计坡度线所在位置。

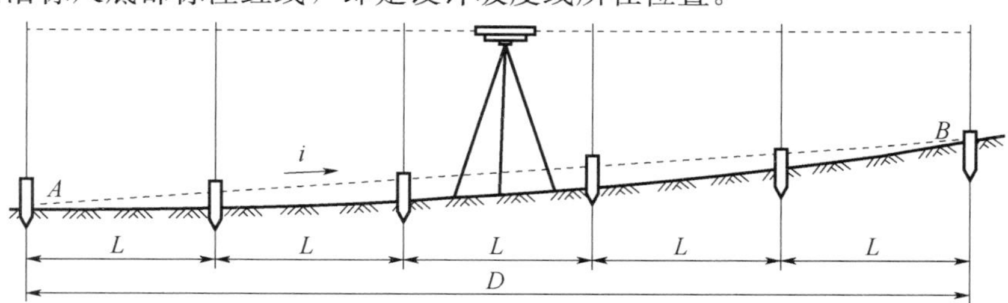

图 10-10　水平视线法测设已知坡度线

10.4.2　倾斜视线法

如图 10-11 所示，设 A 点的高程为 H_A，AB 间的水平距离为 D，待测设坡度为 i 。

测设详细过程如下：

（1）先根据 i 和 D 计算终点 B 点的设计高程：$H_B = H_A + iD$ 。采用高程测设方法先测设出 B 点的高程，AB 直线就构成坡度为 i 的坡度线。

（2）在 A 点安置水准仪，使一个脚螺旋在 AB 方向线上，另两个脚螺旋的连线与 AB 方向垂直，量取仪器高记为 $i_{仪}$。瞄准 B 点水准尺，同时调整 AB 方向的脚螺旋或是微倾螺旋，使得 B 点水准尺的读数为仪器高 $i_{仪}$，此时仪器的视线则平行于设计坡度线。

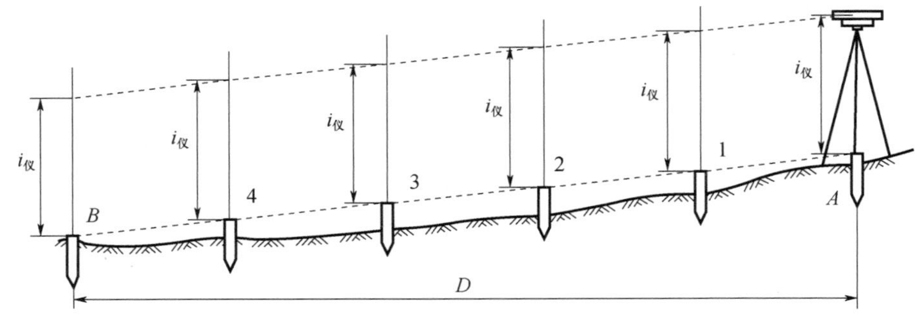

图 10-11　倾斜视线法测设已知坡度线

（3）在 AB 方向线上测设中间各点，使其水准尺读数均为 $i_{仪}$，并在各点打桩，这时各桩的桩顶连线即为所需测设的坡度线。

如果设计坡度较大，测设时超出水准仪脚螺旋的调节范围，可选用经纬仪进行测设。

10.5　圆曲线的测设

有许多工程建筑物如圆形建筑物、弧形建筑物都需要测设曲线，还有像道路路线在转向时，为了行车安全，必须用曲线连接。这种在平面内连接不同路线方向的曲线称为平面曲线，平面曲线又分为圆曲线和缓和曲线。其中圆曲线上任意一点的曲率半径处处相等；缓和曲线上任意一点的曲率半径都不同，其在不断的变化中。由于在公共建筑设计中，圆弧状的平面图形应用较广泛，此处主要介绍圆曲线的测设方法。

10.5.1　圆曲线测设元素的计算

如图 10-12 所示，圆曲线的主点有：曲线的起点即直圆点（ZY），曲线的终点即圆直点（YZ），曲线的中点即曲中点（QZ）。圆曲线的测设也主要是先测设曲线的主点，再根据主点按规定的桩距进行加密点测设，详细标定圆曲线的形状和位置，即是圆曲线细部点的测设。

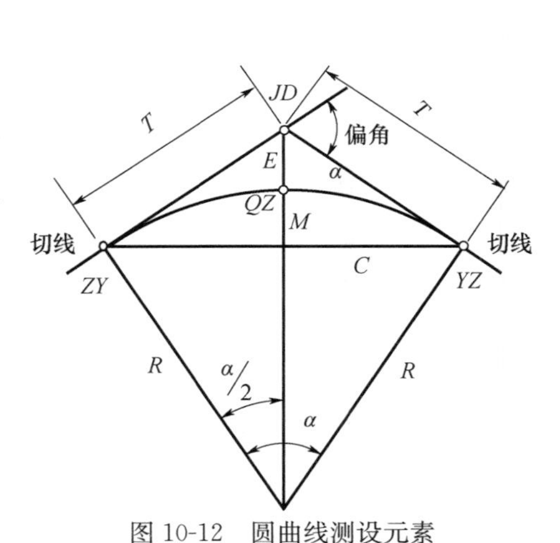

图 10-12　圆曲线测设元素

如图 10-12 所示，路线的转折点即交点 JD 的转折角为 α，偏转后的方向在原方向的右侧，称为右偏；相反则称为左偏。假设曲线设计半径为 R，则曲线测设元素可按下列公式计算：

切线长：

$$T = R\tan\frac{\alpha}{2} \tag{10-5}$$

曲线长：

$$L = R\alpha\frac{\pi}{180} \tag{10-6}$$

外矢距：

$$E = R\left(\sec\frac{\alpha}{2} - 1\right) \tag{10-7}$$

切曲差：

$$D = 2T - L \tag{10-8}$$

弦　长：

$$C = 2R\sin\frac{\alpha}{2} \tag{10-9}$$

中央纵矩：

$$M = R(1 - \cos\frac{\alpha}{2}) \tag{10-10}$$

其中，T、E 用于主点测设，L、D 用于计算里程，C、M 用于测设检核。

10.5.2　圆曲线主点测设

在线路平面曲线测设中，圆曲线是路线平面曲线的基本组成部分，且单圆曲线是最常见的曲线形式。圆曲线的测设工作一般分两步进行，先定出曲线上起控制作用的点，称为曲线的主点测设；然后在主点基础上进行加密，定出曲线上的其他点，完整地标定出圆曲线的位置，这项工作称为曲线的详细测设。

单圆曲线有三个主点，即曲线起点（ZY）、曲线中点（QZ）和曲线终点（YZ）。它们是确定曲线位置的主要点位。在其点位上的桩称为主点桩，是圆曲线测设的重要标志。

1. 主点里程桩号的计算

在中线测设时，路线交点（JD）的里程桩号是实际丈量的，而曲线主点的里程桩号是根据交点的里程桩号推算而得的。其计算步骤如下：

圆曲线中点：　QZ 里程 $=$ YZ 里程 $-\dfrac{L}{2}$

圆曲线起点：　ZY 里程 $=$ JD 里程 $-T$

圆曲线终点：　YZ 里程 $=$ ZY 里程 $+L$

校核：　JD 里程 $=$ QZ 里程 $+\dfrac{D}{2}$

如果计算得到的交点里程与实际值相同，则说明计算正确。

【例 10-2】 路线 JD 点里程为 K75＋065.86，转角 $\alpha=45°50'$，圆曲线的半径 R＝420m，进行圆曲线的主点测设。

解：（1）测设元素计算：

切线长：

$$T = R\tan\frac{\alpha}{2} = 420\times\tan(45°50'/2) = 177.56\text{m}$$

曲线长：

$$L = R\alpha\frac{\pi}{180} = 420\times45°50'\times\pi/180° = 335.98\text{m}$$

外矢矩：

$$E = R(\sec\frac{\alpha}{2} - 1) = 420\times[\sec(45°50'/2) - 1] = 35.99\text{m}$$

切曲差：

$$D = 2T - L = 19.14\text{m}$$

（2）主点里程计算：

$$ZY\text{ 里程} = JD\text{ 里程} - T = \text{K74}+888.30$$

$$YZ\ 里程 = ZY\ 里程 + L = \text{K}75+224.28$$

$$QZ\ 里程 = YZ\ 里程 - \frac{L}{2} = \text{K}75+056.29$$

$$JD\ 里程 = QZ\ 里程 + \frac{D}{2} = \text{K}75+065.86\ (计算无误)$$

2. 圆曲线主点元素的放样方法

（1）传统方法：如图 10-12 所示，自线路交点 JD 分别沿后视方向和前视方向量取切线长 T，即得曲线起点 ZY 和曲线终点 YZ 的桩位；再自交点 JD 沿分角线方向量取外矢距 E，便是曲线中点 QZ 的桩号，并打下木桩，即得到曲线主点的位置。

（2）极坐标法：在初测控制点上利用极坐标法（全站仪）直接测设曲线主点和曲线细部点。

（3）新技术法：利用 GPS-RTK 进行放样。

10.5.3 圆曲线细部点测设

在公路中线测量中，为更详细更准确地确定线路中线位置，除测点圆曲线的主点外，还要按有关技术要求和规定桩距在曲线主点间加密测设桩，进行圆曲线的细部测设。加密测设桩的方法通常有两种：一种是整桩距法；即从曲线起点（或终点）开始，以相等的整桩距（整弧段）向曲线中点设桩，最后剩下一段不足整桩距的零桩距；这种方法的桩号除加设百米和千米桩外，其余桩号不为整数。另一种是整桩号法，即将靠近曲线起点（或终点）的第一个桩号凑为整数桩号，然后按照整桩距向曲线中点连续设桩；这种方法除个别加桩外，其余的桩号均为整桩号。

圆曲线细部测设方法很多，但最常用的有以下两种：

1. 切线支距法

（1）如图 10-13（a）所示，切线支距法又称直角坐标法，是以曲线的起点或终点为坐标原点，原点至交点的切线方向为 X 轴，坐标原点至圆心的半径为 Y 轴。曲线上任一点 P 即可用坐标值 X 和 Y 来确定。

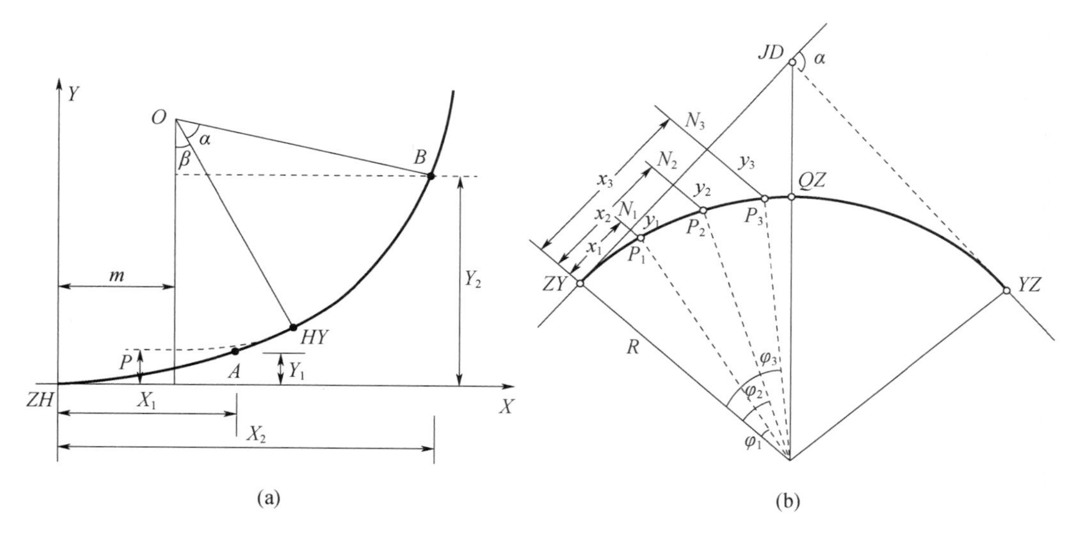

图 10-13 切线支距法测设圆曲线

（a）原理图；（b）放样图

（2）切线支距法坐标计算：

设 P_i 为所要测设曲线上任意一点，P_i 到曲线 ZY 点或 YZ 点的弧长为 l_i，φ_i 为 l_i 所对应的圆心角，R 为圆曲线半径，如图 10-13（b）所示，则 P_i 的坐标可按下式计算：

$$x_i = R\sin\varphi_i$$

$$y_i = R(1-\cos\varphi_i) = x\tan\left(\frac{\varphi_i}{2}\right)$$

式中，$\varphi_i = \frac{l_i}{R}\cdot\left(\frac{180}{\pi}\right)$。

（3）切线支距法测设

一般都是以曲线中点 QZ 为界，将曲线分为两部分进行测设。其测设步骤如下：

① 根据曲线桩的计算资料 $P_i(x_i,y_i)$，从 ZY（YZ）点开始用钢尺或皮尺沿切线方向量取 P_i 点的横坐标 y_i，得垂足 N_i；

② 在垂足点 N_i 用方向架（或经纬仪）定出切线的垂线方向，沿此方向量出纵坐标 y_i，即可定出曲线上 P_i 点位置。

③ 校核方法：丈量所定各桩点间的弦长来进行校核，如果不符或超限，应查明原因，予以纠正。

切线支距法适用于平坦开阔地区，方法简便，功效快。尤其是该设置方法其测点相互独立，无误差累积。但是纵坐标过大时，测设 y 坐标的误差会增大，故应选择其他方法进行细部测设。

2. 偏角法

在测设曲线主点的基础上，详细测设圆曲线的细部中桩点称为曲线细部放样。所谓偏角法就是将全站仪安置在曲线上任意一点（通常是曲线主点），则曲线上所要测设的各点可以用相应的偏角 δ_i 和弦长 l_i 来测定。偏角是指安置仪器的测站点的切线方向和待定点的弦之间的夹角，称为弦切角。如图 10-14 中的 δ_i 所示；由此可见用偏角法测设圆曲线必须先计算出偏角 δ 和弦长 l。

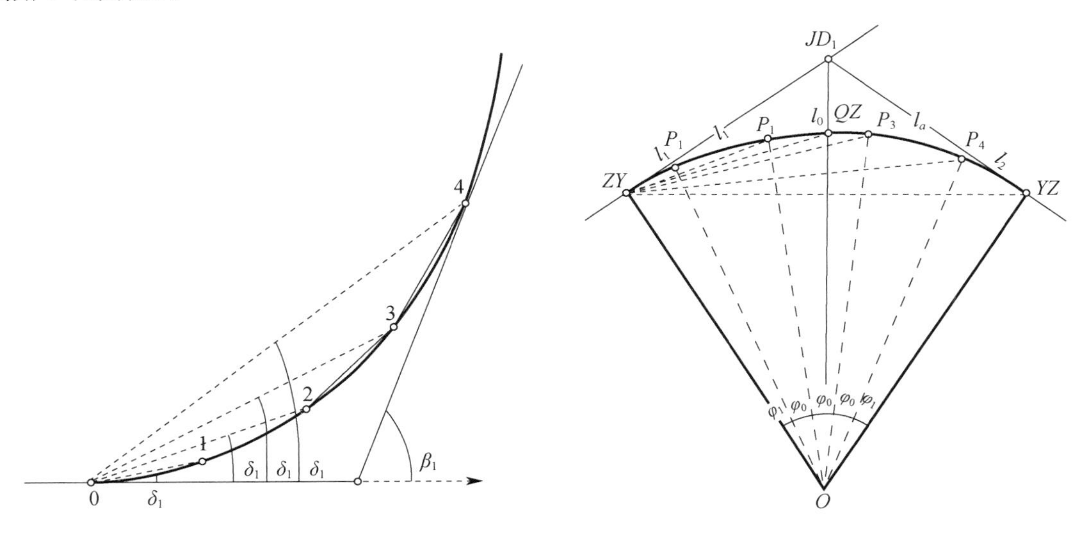

图 10-14　偏角法

（1）偏角 δ 的计算公式：偏角 δ 即弦切角，它等于相应弦所对圆心角（φ）的一半。

$$\delta = \varphi/2 = L/2R(\text{弧度}) = \frac{L}{2R} \cdot \frac{180}{\pi}(\text{度})$$

式中，R 为曲线的半径；L 为测站点到测设点的弧长。

（2）弦长 l 的计算公式：

$$l = 2R\sin\delta$$

在实际操作中，用全站仪拨偏角时，存在正拨和反拨的问题。当线路为右转向时，偏角为顺时针方向，以切线方向为零方向时，全站仪所拨角即为偏角值，此时为正拨；当线路为左转向时，偏角为逆时针方向，全站仪所拨角应为 $360°-\delta$，此时为反拨。

偏角法测设的步骤如下：

① 按照曲线上各点的极坐标 ZY 或 YZ 点处，对中与整平，盘左瞄准 JD 点，水平度盘归零，转动照准部使水平度盘读数依次为 Δi（仪器置于 ZY 点上时正拨，置于 YZ 点上时反拨），依次量弦长 l_i，得到 P_i 点。

② 圆曲线详细测设的校核：以曲线起点（ZY）至终点（YZ）的总偏角＝转角的 1/2 校核。

③ 若校核无误，在点 P_1、P_2、P_3…… P_i 钉上里程桩。

偏角法不仅可以在 ZY 和 YZ 点上测设曲线，还可在 QZ 点上测设，也可在曲线上任一点上测设。它是一种精度较高，适用性较强的常用方法。缺点是存在测点误差累积，所以宜从曲线两端向中点或自中点向两端测设曲线。

思考题与习题

1. 施工测量主要包括哪些内容？其基本工作有哪些？

2. 测设点的平面位置有哪些方法？各适用于那种情况？分别需要准备哪些测设数据？

3. 测设一段距离为 26.000 的水平距离，所使用钢尺的尺长方程式为 $l_t = 30\text{m} + 0.004\text{m} + 1.25 \times 10^{-5} \times 30 \times (t - 20℃)\ \text{m}$，测设时的温度为 23℃，测得两点间的高差为 －0.36m，试计算应测设的长度。

4. 请利用高程为 725.126m 的已知水准点，测设高程为 725.875m 的室内±0.000m 标高点，假设已知水准点上水准尺的读数为 1.235m，那么待测设点的水准尺的读数应为多少？

5. 已知控制点 A、B 的坐标为 A（500.000，500.000）、B（750.000，750.000），请采用极坐标法测设 P（325.453，426.127）的平面位置，试计算测设数据。

6. 设某圆曲线的转角 $\alpha_{右} = 36°15'36''$，设计半径为 $R=150\text{m}$，若交点里程为 K2＋195.36m，试完成下列计算：

① 计算圆曲线的测设元素。

② 推算主点里程。

③ 按 l ＝20m 计算切线支距法的测设数据。

④ 按 l ＝20m 计算偏角法的测设数据。

7. 在路线右角测定之后，保持原度盘位置，如果后视方向的读数为 $38°32'56''$，前视方向的读数为 $158°57'38''$，试求出分角线方向的度盘读数。

第 11 章　民用与工业建筑中的施工测量

11.1　建筑施工控制测量

建筑工程项目一般要经过勘察、规划设计、建筑施工、竣工验收、运营管理等阶段。为建筑施工阶段所进行的测量工作称为施工测量。

建筑施工测量的任务主要是将图纸设计好的建筑物、构筑物按设计要求的平面位置和高程测设标定出其位置关系，为衔接和指导各序间的施工提供依据。施工测量贯穿于整个施工过程中，为了保证所测设的建筑物、构筑物各部分之间的几何关系，即平面和高程位置符合设计要求，统一整体，施工测量和测绘地形图一样，也要遵循“从整体到局部，先控制后碎部”的原则和程序进行工作。因此，施工前要在建筑场地建立统一的建筑施工控制网，施工控制网可分为平面控制网和高程控制网，然后以施工控制网为基础进行建筑物和构筑物各施工环节的点位测设。施工测量的精度直接影响工程施工的质量，因此，施工测量必须采用各种不同的方法加强内业外业检核工作。

11.1.1　建筑施工平面控制网

1. 建筑基线

（1）建筑基线：对建筑群体规模较小，平面布局比较简单的小型建筑场地，常采用建筑基线作为建筑施工场地的控制基准线，建筑基准线是在建筑施工场地中央测设一条长轴线和若干条与其垂直的短轴线，在轴线上布设所需要的点位。基线布设应靠近主要建筑物并与其主要轴线平行，一般基线点不应少于 3 个，以便用直角坐标法进行放样。常见的布置形式有三点直线形、三点直角形、四点丁字形和五点十字形等，如图 11-1 所示。

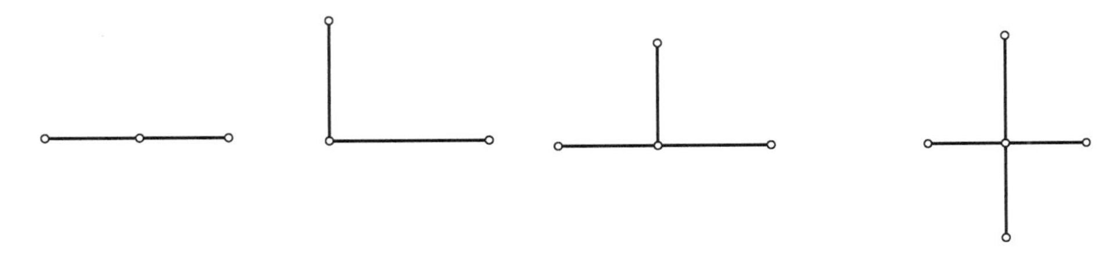

图 11-1　建筑基线的布置形式

（2）建筑基线的测设方法：

① 根据建筑红线测设：在城市区域，建筑用地的边界要经规划部门和设计单位协商确定，并由规划部门的拨地单位在现场标定出边界点，它们的连线通常是正交的直线，在规划图中用红线表示，故称为建筑红线。

如图 11-2 所示，A、B、C 三点连线 AB、BC 即为建筑红线。在此基础上，可用平行线推移法来建立建筑基线 ab、bc。当把 a、b、c 三点在地面上用木桩标定后，再安置经纬仪于 b 点检查$\angle abc$ 与 90°之差不得超过误差容许范围，否则需要进一步检查平行线的测设数据重新测设。

② 根据已有测量控制点测设：如建筑区没有建筑红线，可根据建筑物的设计坐标和附近已有的控制点，建测设立建筑基线点并在地面上标定出来。如图 11-3 所示，A、B 为附近已有的控制点，A、B 坐标已知，求出 a、b 和 c 坐标，计算出测设数据，这样就可以采用极坐标法分别放样出 a、b、c 三点。然后把经纬仪安置于 b 点，观测$\angle abc$ 是否为二者 90°，之差是否在±20″之内。丈量 ab、bc 两段距离，与计算数字相比较，相对误差应在 1/10000 以内，否则应进行调整。

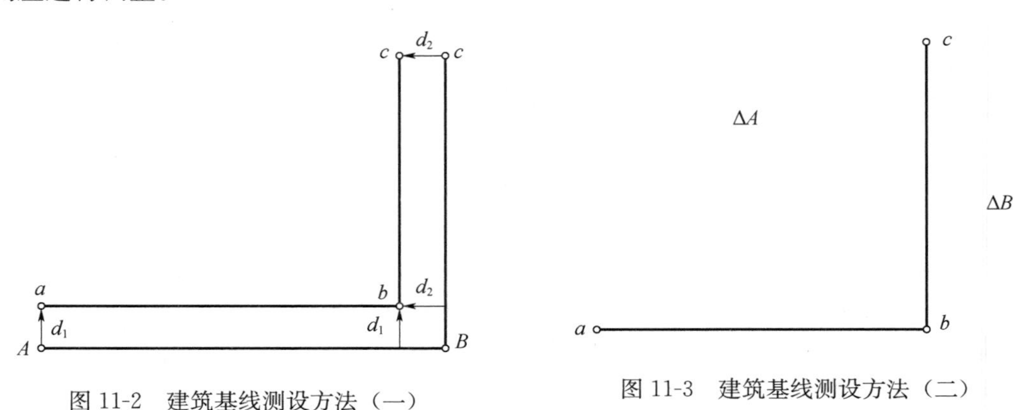

图 11-2　建筑基线测设方法（一）

图 11-3　建筑基线测设方法（二）

2. 建筑方格网

（1）建筑方格网：

当建筑平面布局按正方形或矩形布置，建筑群体规模较大时，可采用由正方形或矩形方格组成的施工控制网，建筑方格网作为平面控制使用。

布设方格网时应根据场地拟建建筑物、构筑物、道路、管线分布，及场地地形情况而确定。布网时应首先选定方格网的主轴线，如图 11-4 中的 AOB 和 COD，然后布置其他的方格点。格网可布置成正方形或矩形。布网时应注意以下几点：

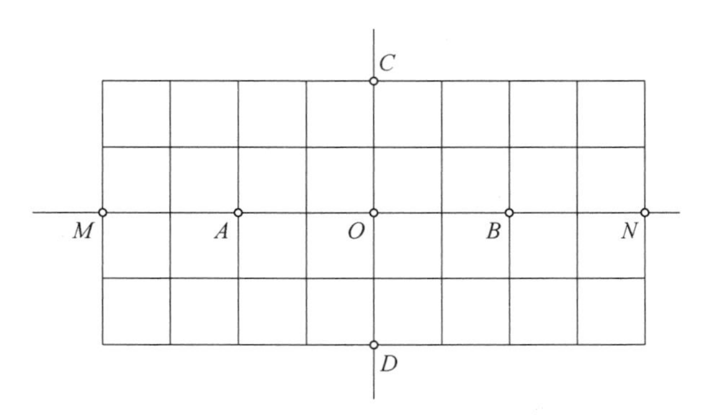

图 11-4　建筑方格网

① 方格网的主轴线应布置在场区中央；主轴线与拟建建筑物的主要轴线要平行或垂直，控制点要尽量接近测设对象。

② 方格网的折角应严格成 90°；方格网的边长一般为 100～300m，，为便于设计和使用，

边长尽可能为 50m 的整数倍。

③ 相邻方格点应保证通视，便于测角和量距。

④ 各桩点标石埋置要牢固，要能长期保持在地面上保留点位。

（2）建筑方格网测设：

① 建筑方格网主轴线测设，如图 11-5 所示，1、2、3 为测量控制点，A、O、B 为主轴线上的主点。首先将 A、O、B 三点的施工坐标换算为测量坐标，再根据它们的坐标算出测设数据 D_1、D_2、D_3 和 β_1、β_2、β_3，然后用极坐标法分别测设出 A、O、B 三个主点的概略位置 A'、O'、B' 点位，如图 11-6 所示。

由于主点测设误差的影响，三个主点有可能不在一条直线上，因此，要在 O' 点上安置经纬仪，精确地测量 $\angle A'O'B'$ 的值。如果它和 180° 之差超过限差规定，应进行调整。调整时将各主点沿垂直方向移动一个改正值 d，但 O' 与 A'、B' 两点移动的方向相反。d 值可按下式计算：

$$d=\frac{ab}{a+b}(90^\circ-\frac{\beta}{2})\frac{1}{\rho} \tag{11-1}$$

如图 11-6 所示，移动过 A'、O'、B' 三点以后再测量 $\angle AOB$，如测得结果与 180° 之差仍然超过限差，应再进行调整，直至误差小于或等于允许值为止。

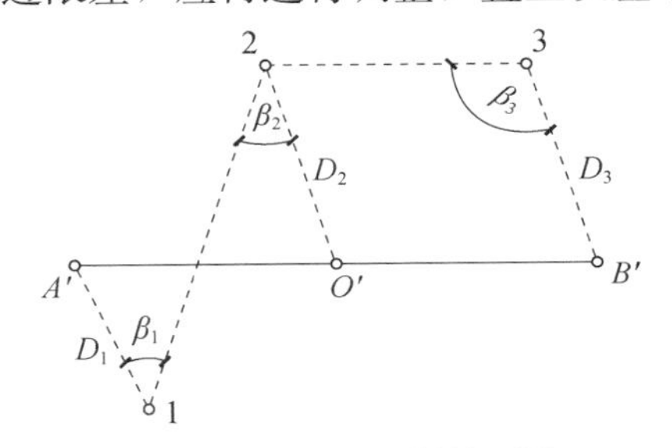

图 11-5　建筑方格网主轴线测设（一）

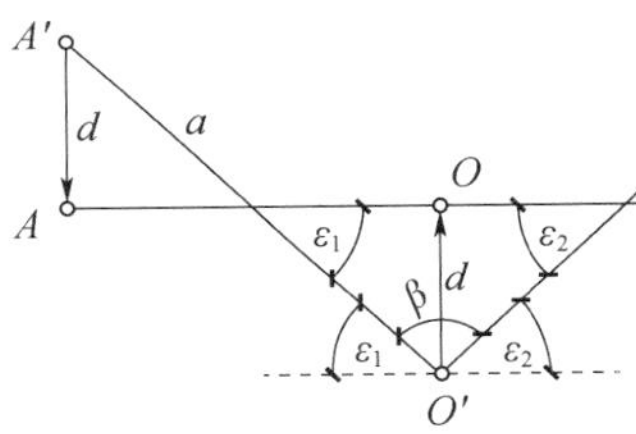

图 11-6　建筑方格网主轴线测设（二）

A、O、B 三个主点测设确定后，将仪器安置在 O 点上，测设与 AOB 轴线相垂直的另一主轴线 COD，如图 11-7 所示。测设时瞄准 A 点，分别向右、向左转 90°，在地上定出 C' 和 D' 点，再精确地测出 $\angle AOC'$ 和 $\angle AOD'$。分别计算出它们与 90° 之差 ε_1 和 ε_2，然后计算出改正值 d_1、d_2。计算公式如下：

$$d_i=D\varepsilon_i''/\rho'' \tag{11-2}$$

式中，D 为 OC' 或 OD' 的距离。

将 C' 沿垂直方向移动距离 d_1 得 C 点，同样的方法定出 D 点。最后实测改正后的 $\angle COD$，其角值与 180° 之差不应超过规定的限差。

最后，自 O 点起，用钢尺分别沿直线 OA、OC、OB 和 OD 量取主轴线的距离。主轴线的量距必须用经纬仪定线，用检定过的钢尺往、返丈量。丈量精度一般为 1/10000～1/20000。若用测距仪或全站仪代替钢尺进行测距，则更为方便，且精度可更高。主轴线点 A、O、B、C、D 要在地面上用埋石桩标志出来。

② 方格网点测设：

在主轴线测设出后，就要测设方格网，具体作法如下：在主轴线的四个端点 A、B、C、D 分别安置经纬仪，如图 11-8 所示，每次都以 O 点为起始点，分别向左、向右测设 90° 角。这样就交会出方格网的 4 个角点 1、2、3、4。为了进行检校，还要量出 $A1$、$A4$、$D1$、$D2$、

$B2$、$B3$、$C3$、$C4$ 各段距离。如果根据量距所得的角点位置和角度交会法所得的角点位置不一致，可适当进行调整，确定 1、2、3、4 点的最后位置，埋标石标定点位。在各方格角点安置经纬仪测量角值是否为 90°角，并量测各相邻点的距离，检查各项误差使之在允许范围内，即形成“田”字形的方格网。

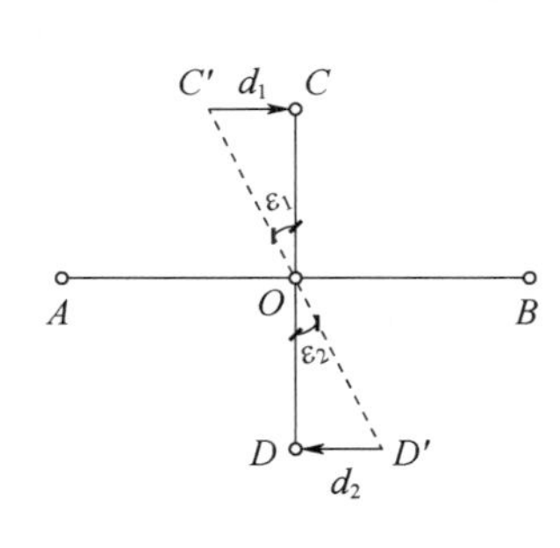

图 11-7　建筑方格网主轴线测设与调整

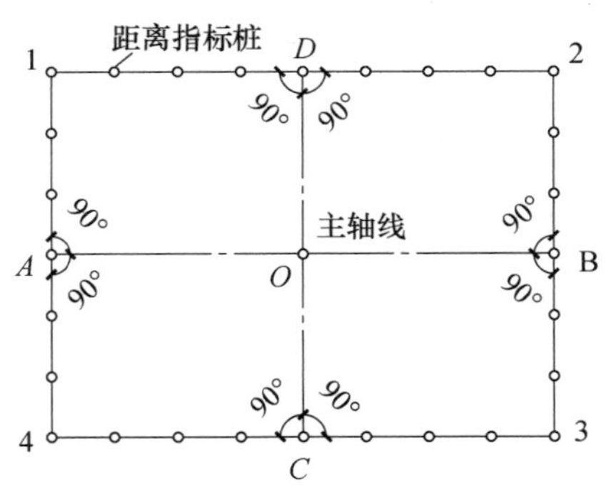

图 11-8　建筑方格网点测设

3. 施工坐标和测量坐标换算

为了便于建筑设计和施工测设放样，常使建筑基线或建筑方格网主轴线与建筑物主要轴线平行或垂直。设计总平面图上建筑物或构筑物的平面位置常采用施工坐标（又称建筑坐标）的坐标表示，施工坐标的原点一般设置于总平面图的西南角上，纵轴记为 A 轴，横轴记为 B 轴，施工坐标也称为 AB 坐标。设计总平面图中给出的建（构）筑物的设计坐标，多为施工坐标。主点的施工坐标一般由设计单位给出，也可在总平面图上用图解法求得。当施工坐标与测量坐标系统不一致时，如图 11-9 所示，可进行坐标换算，使坐标系统一致。坐标换算的方法如下：

① 如已知 P 点的施工坐标为（A_P，B_P），将其换算为测量坐标（x_P，y_P）可以按下式计算：

$$x_P = x_O + A_P\cos\alpha - B_P\sin\alpha$$
$$y_P = y_O + A_P\sin\alpha + B_P\cos\alpha \qquad (11\text{-}3)$$

② 如已知 P 的测量坐标（x_P，y_P），将其换算为施工坐标（A_P，B_P），则按下式计算：

$$A_P = (x_P - x_O)\cos\alpha + (y_P - y_O)\sin\alpha$$
$$B_P = -(x_P - x_O)\sin\alpha + (y_P - y_O)\cos\alpha \qquad (11\text{-}4)$$

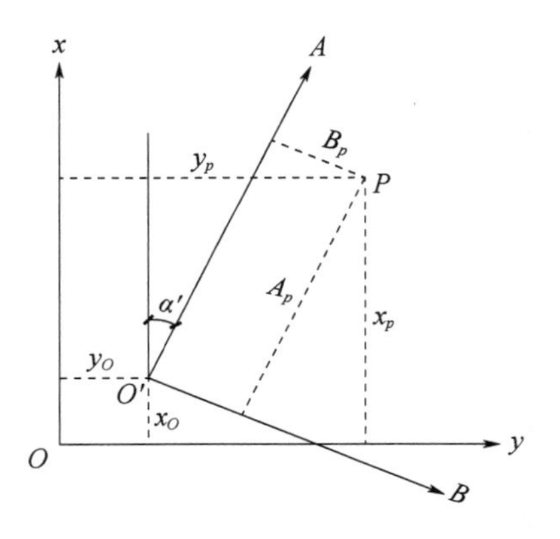

图 11-9　测量坐标与施工坐标的换算

③ 施工坐标转角及原点坐标计算

使用式（11-3）、式（11-4）进行计算时需已知 α 及（x_O，y_O）。若建筑规划总说明中没有给出上述数值，可以在建筑规划总图中确定两点，如 P_1、P_2 点，解算出此两点的测量坐标（x_1，y_1）、（x_2，y_2）及施工坐标（A_1，B_1）、（A_2，B_2），施工坐标转角 α 及原点坐标计算（x_O，y_O），则可按下列公式计算。

$$\alpha = \arctan[(y_2 - y_1)/(x_2 - x_1)] - \arctan[(B_2 - B_1)/(A_2 - A_1)] \qquad (11\text{-}5)$$

$$x_O = x_1 - A_1\cos\alpha + B_1\sin\alpha$$
$$y_O = y_1 - A_1\sin\alpha - B_1\cos\alpha \qquad (11\text{-}6)$$

或
$$x_O = x_2 - A_2\cos\alpha + B_2\sin\alpha$$
$$y_O = y_2 - A_2\sin\alpha - B_2\cos\alpha \tag{11-7}$$

式（11-6）、式（11-7）可互为计算检核。

11.1.2　建筑场地高程控制网

建筑场地高程控制点一般可附设在方格角点的标桩上，但为了便于长期检查这些水准点高程是否有变化，还应布设永久性的水准主点。大型建筑场地除埋设水准主点外，在拟建的大型厂房或高层建筑等区域还应布置水准基点，以保证整个场地有可靠的高程起算点控制每个区域的高程。水准主点和水准基点的高程用精密水准测量方法测定，在此基础上用三等水准测量的方法测定方格网的高程。对于中小型建筑场地的水准点，一般用三、四等水准测量的方法测其高程。最后包括临时水准点在内，水准点的密度应尽量满足放样要求。

11.2　民用建筑施工测量

民用建筑一般是指住宅、宿舍楼、办公楼、商场、俱乐部、宾馆、医院和学校等建筑物。它分为单层、多层和高层等各种类型。施工测量的任务就是按照设计要求，把图纸上设计好的建筑物位置测设到地面上，并配合施工进程进行测设放样与检测，以确保工程施工质量。施工测量贯穿于整个施工过程，施工阶段不同，其测设方法及精度要求也不同。民用建筑施工测量主要包括建筑物定位、放线、基础工程施工测量、墙体工程施工测量等。

11.2.1　施工测量前的准备工作

1. 熟悉设计资料和设计图纸

设计图纸是施工测量的主要依据，在测设前，应熟悉建筑物的设计图纸，了解施工建筑物与相邻地物的相互关系，以及建筑物的尺寸和施工的要求等，并仔细核对各设计图纸的有关尺寸。测设时必须具备下列图纸资料：

（1）总平面图，如图 11-10 所示，从总平面图上可以查取或计算拟建建筑物与原有建筑物或测量控制点之间的平面尺寸和高差，作为测设建筑物总体位置的依据。

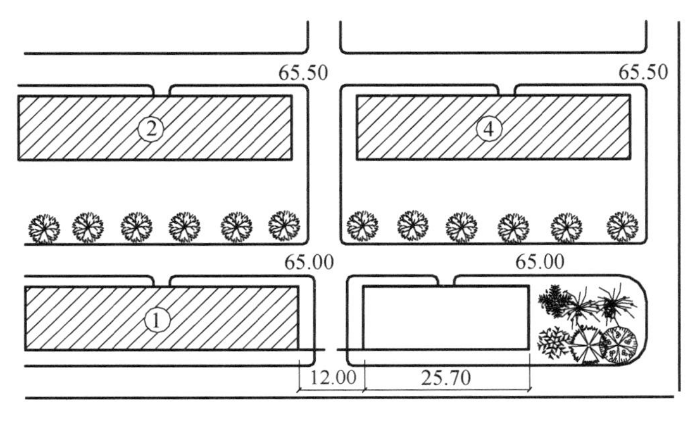

图 11-10　总平面图

（2）建筑平面图，如图 11-11 所示。从建筑平面图中可以查取建筑物的总尺寸，它给出了建筑物各定位轴线尺寸关系及室内地坪标高，它是施工测设的基本资料。

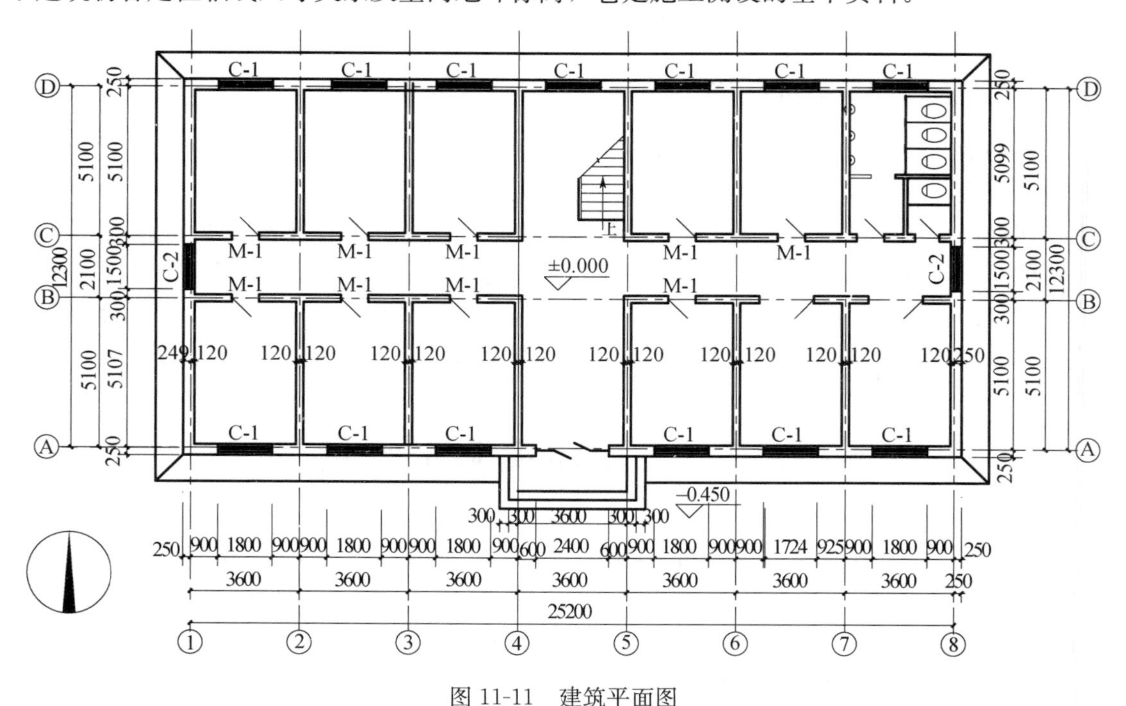

图 11-11　建筑平面图

（3）基础平面图，如图 11-12 所示。基础平面图给出了基础边线与定位轴线的平面尺寸，这是测设基础轴线的必要数据。

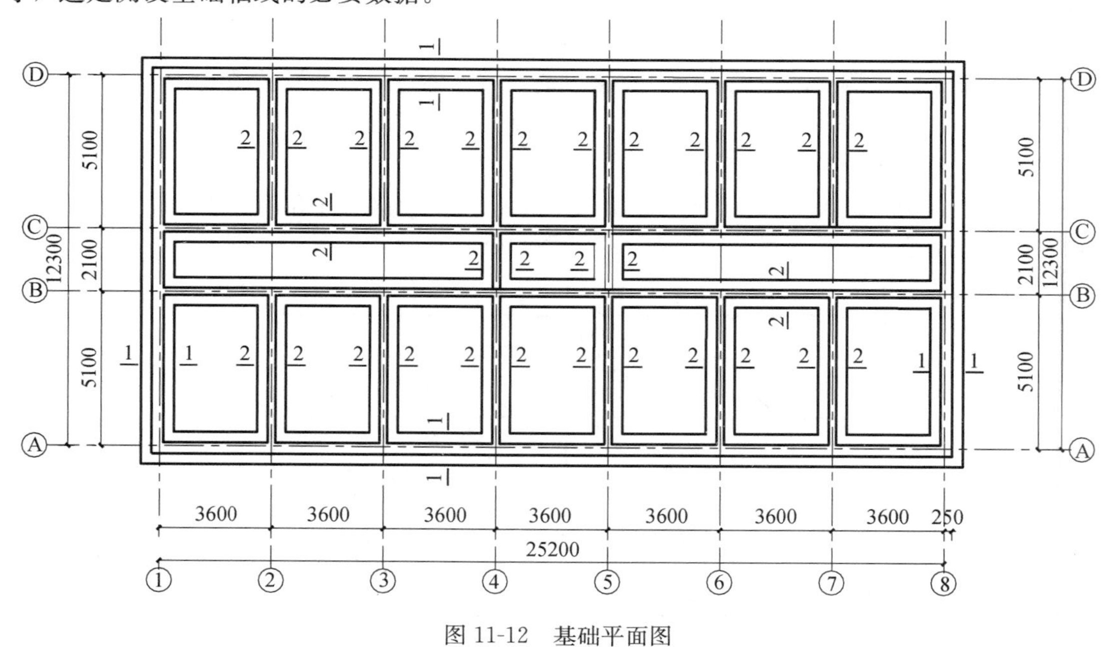

图 11-12　基础平面图

（4）基础详图，如图 11-13 所示。从基础详图中，可以查取基础立面尺寸和设计标高，这是基础高程测设的依据。

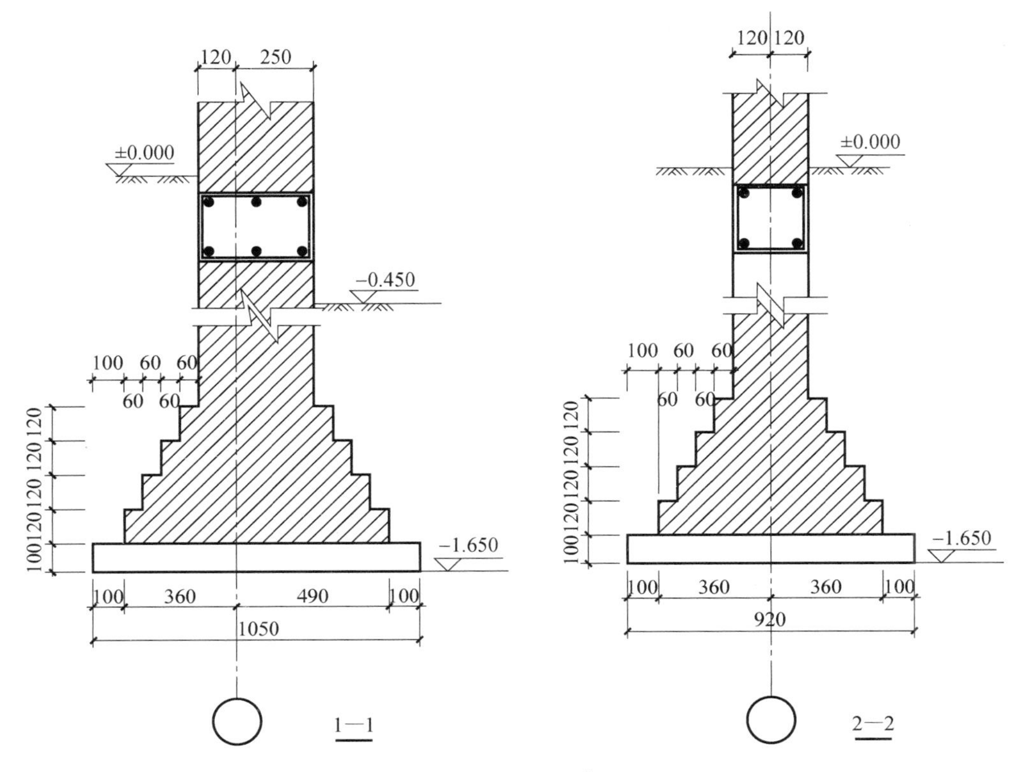

图 11-13　基础详图

（5）立面和剖面图，给出了基础、室内外地坪、门窗洞口、楼面、屋面等的设计高程，是高程测设的主要依据。

2. 现场踏勘

现场踏勘的目的是了解施工场区地物、地貌情况，查找已有测量控制点，检核起始数据。

3. 施工场地整理

平整和清理施工场地，以便进行测设工作。

4. 制定测设方案

根据设计要求、定位条件、现场地形和施工方案等因素，制定测设方案，绘制测设略图，在略图上标出拟建筑物轴线间的主要尺寸、标高等主要有关测设数据，方便现场测设使用。

5. 仪器工具准备

测设开工前应对所用仪器、工具进行检验校正，确保符合计量要求。

11.2.2　建筑物定位测设

建筑物的定位，首先应根据建筑总平面图上所给出的建筑物尺寸定位，将建筑物外廓各轴线交点（简称角桩）测设在地面上作为基础放样和细部放样的依据。

由于定位条件不同，可选用根据测量控制点定位、根据建筑基线（或建筑红线）定位、根据建筑方格网定位、根据已有建筑定位。

下面介绍根据原有建筑物的关系定位。

如图 11-14 所示，MP、NK 为已有建筑物外墙线交点，E、G、F、H 为新建筑物外墙轴线交点（角点），测设方法如下：

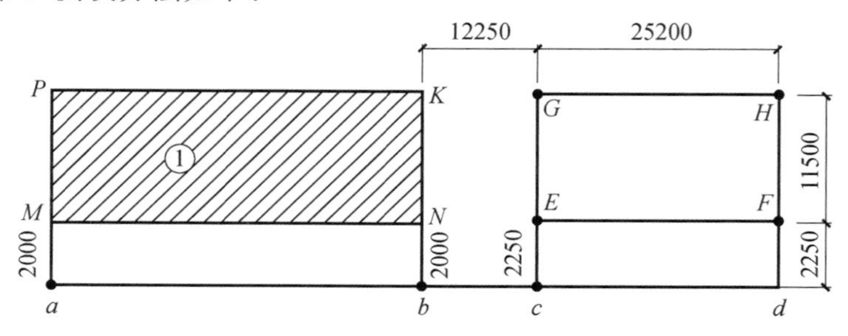

图 11-14　建筑物定位测设图

（1）先用钢尺紧贴原有建筑物外墙 MP、NK 量一小段距离 2.0m（一般 1～4m，应根据现场条件而定）得 a、b 两点，用木桩标定之。

（2）把经纬仪安置于 a 点，瞄准 b 点，并从 b 点沿 ab 方向量出 12.00m+0.25m 距离，得 c 点，再继续量取 25.20m，得 d 点。

（3）将经纬仪安置在 c 点，瞄准 a 点后顺时针方向旋转 90°，锁定此方向，从 c 点沿视线方向量取 2.00m+0.25m 距离定出 E 点，再从 E 点沿视线方向量取 12.30m，得 G 点。

（4）将经纬仪安置 d 点，同法测出 F、H 点，则 E、G、F、H 四点为拟建建筑物外墙轴线交点。检查距离和交点直角，误差在限差要求内即可。

11.2.3　建筑物放线测设

建筑物定位以后，所测设的轴线交点桩，在开挖基槽时将被挖掉，因此在槽外各轴线的延长线上应设置轴线控制桩，作为开槽后各阶段施工中确定轴线位置的依据。方法有以下几点。

1. 龙门桩、龙门板测设法

在一般民用建筑物中，为了方便施工，在基槽外一定距离处设置龙门板，如图 11-15 所示。龙门板的设置步骤如下。

（1）在建筑物外围转角和中间隔墙基槽外开挖边线 1.5～3m 处钉设龙门桩。桩面与基槽平行，桩要钉直，钉牢固。

（2）根据场地内水准点，将±0.000 标高线投测到每个龙门桩上。

（3）根据标高线把龙门板钉在龙门桩上，使龙门板的上边缘标高正好为±0.000。

（4）将经纬仪置于各中心桩点上，将各轴线投测到龙门板顶面上，并钉小钉作标志（称轴线钉）。

（5）用钢尺沿龙门板顶面检查轴线钉间的距离，其相对误差不得超限。检查合格后，以中心钉为准，将墙宽、基础宽标定在龙门板上，然后根据槽上口宽度撒出基槽灰线。

龙门板使用方便，但占地面积大，耗费木材，影响机械化施工，现在工地已不常用。

2. 控制桩测设法

在基槽外各轴线的延长线上测设轴线控制桩（引桩），作为开槽后各阶段施工中恢复轴线的依据（图 11-16），同时也是向上对各楼层投测轴线的依据。控制桩一般钉在基槽外开挖边线 2～4m 处，且不受施工干扰并便于引测和保存桩位的地方。在多层建筑施工中，为便于向上投测点位，同时在轴线延长线尽量远处也测设出控制桩，或把轴线引测到建筑物上。

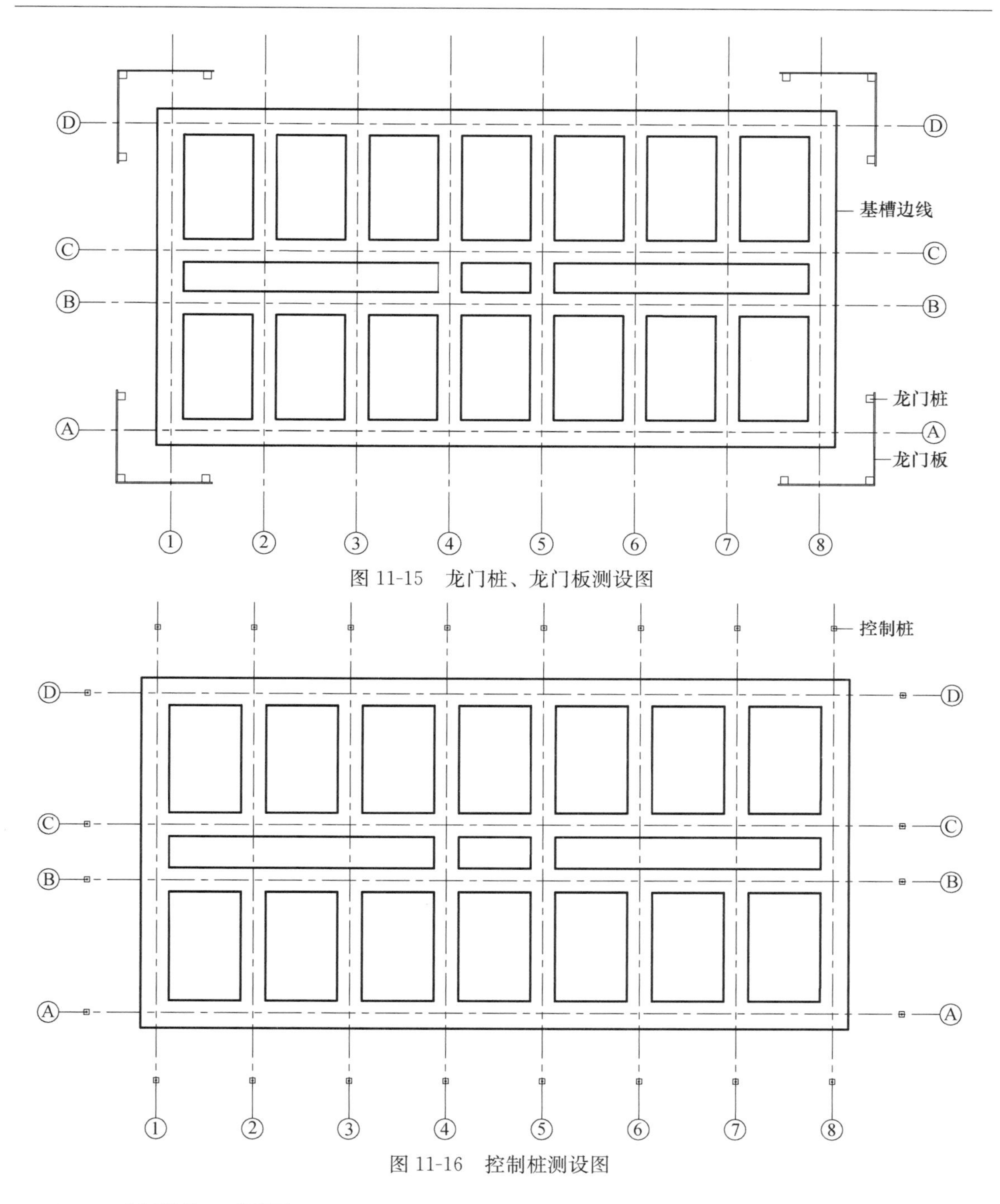

图 11-15　龙门桩、龙门板测设图

图 11-16　控制桩测设图

11.2.4　基础施工测量

1. 基础找平测设

建筑施工中的高程测设，又称抄平。基槽开挖时要随时注意挖土深度，当基槽挖到离槽底 0.30～0.50m 时，一般在槽壁各拐角处、深度变化处和基槽壁上每隔 2～3m 测设一些水平小木桩（称为水平桩或腰桩），用以控制挖槽深度，如图 11-17 所示。槽底设计标高为 $-h$，欲测设比槽底设计标高高 0.500m 的水平桩，测设方法如下：

(1) 在地面适当地方安置水准仪，在±0.000标高线位置上立水准尺，读取后视读数为a。

(2) 计算测设水平桩时应读前视读数$b_{应}$：

$$b_{应}=h+a-0.500$$

(3) 在槽内一侧立水准尺，并上下移动，直至水准仪视线读数为$b_{应}$时，沿水准尺尺底在槽壁打入一小木桩。

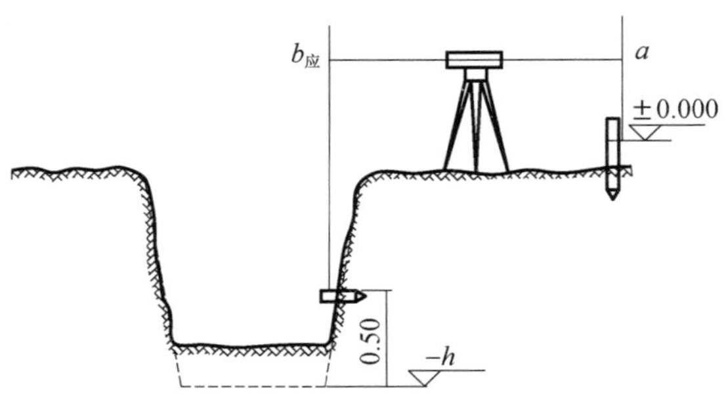

图 11-17　基础找平测设图

2. 垫层轴线投测

基础垫层打好后，根据轴线控制桩或龙门板上的轴线钉，用经纬仪或用拉绳挂垂球的方法，把轴线投测到垫层上，并用墨线弹出墙中心线和基础边线，作为砌筑基础的依据。由于整个墙身砌筑均以此线为准，这是确定建筑物位置的关键环节，所以要严格校核后方可进行砌筑施工。

3. 基础墙标高控制测量

房屋基础墙是指±0.000m以下的砖墙，它的高度是用基础皮数杆来控制的。基础皮数杆是一根木制的杆子，在杆上事先按照设计尺寸，将砖、灰缝厚度画出线条，并标明±0.000m和防潮层的标高位置，立皮数杆时，先在立杆处打一木桩，用水准仪在木桩侧面定出一条高于垫层某一数值（如100mm）的水平线，然后将皮数杆上标高相同的一条线与木桩上的水平线对齐，并用大铁钉把皮数杆与木桩钉在一起，作为基础墙的标高依据，如图 11-18 所示。

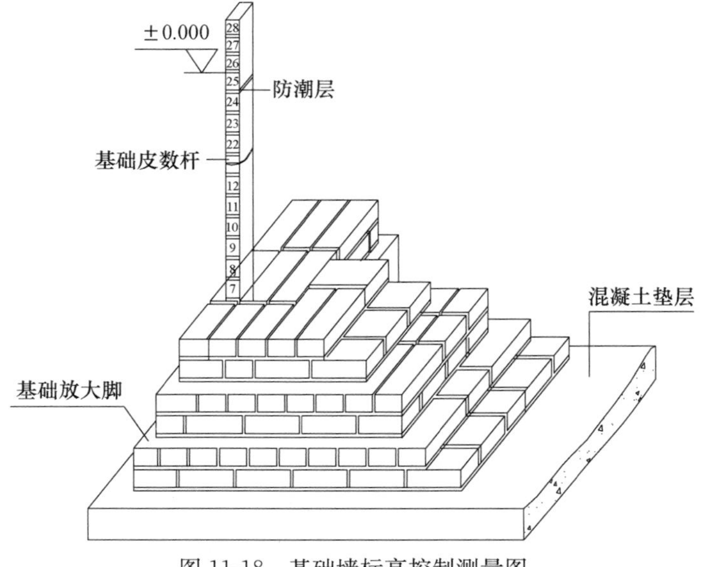

图 11-18　基础墙标高控制测量图

4. 基础面标高检查

基础施工结束后，应检查基础面的标高是否符合设计要求（也可检查防潮层）。可用水准仪测出基础面上若干点的高程和设计高程比较，误差应在允许误差范围内，才可交由下道工序施工。

11.2.5　墙体施工测量

1. 墙体定位

（1）利用轴线控制桩或龙门板上的轴线和墙边线标志，用经纬仪或拉细绳挂垂球的方法将轴线投测到基础面上或防潮层上，如图 11-19 所示。

（2）用墨线弹出墙中线和墙边线。

（3）检查外墙轴线交角是否等于 90°。

（4）把墙轴线延伸并画在外墙基础上，作为向上投测轴线的依据。

（5）把门、窗和其他洞口的边线，也在外墙基础上标定出来。

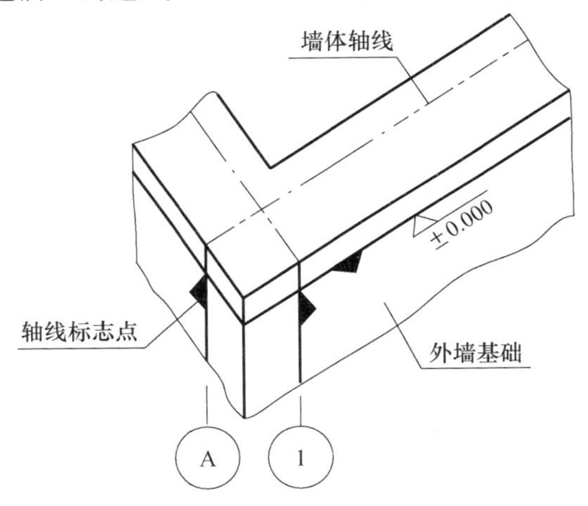

图 11-19　墙体定位图

2. 墙体各部位标高控制

在墙体施工中，墙身各部位标高通常也是用皮数杆控制的。

（1）在墙身皮数杆上，根据设计尺寸，按砖、灰缝的厚度画出线条，并标明 0.000m、门、窗、楼板等的标高位置，如图 11-20 所示。

（2）墙身皮数杆的设立与基础皮数杆相同，使皮数杆上的 0.000m 标高与房屋的室内地坪标高相吻合。在墙的转角处，每隔10～15m 设置一根皮数杆。

（3）在墙身砌起 1m 以后，就在室内墙身上测设出＋0.500m 的标高线，作为该层地面施工和室内装修用。

（4）第二层以上墙体施工中，为了使皮数杆在同一水平面上，要用水准仪测出楼板四角的标高，取平均值作为地坪标高，并以此作为立皮数杆的标志。

框架结构的民用建筑，墙体砌筑是在框架施工后进行的，故可在柱面上画线，代替皮数杆。

3. 建筑物的轴线投测

在多层建筑墙身砌筑过程中，为了保证建筑物轴线位置正确，可用吊垂球或经纬仪将轴线投测到各层楼板边缘或柱顶上。

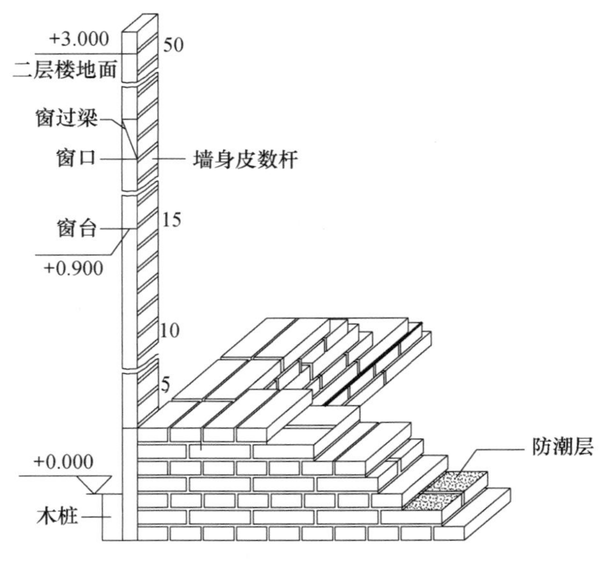

图 11-20　墙体各部位标高控制图

(1) 吊垂球法：

将较重的垂球悬吊在楼板或柱顶边缘，当垂球尖对准基础墙面上的轴线标志时，线在楼板或柱顶边缘的位置即为楼层轴线端点位置，并画出标志线。各轴线的端点投测完后，用钢尺检核各轴线的间距，符合要求后，继续施工，并把轴线逐层自下向上传递。

吊垂球法简便易行，不受施工场地限制，一般能保证施工质量。但当有风或建筑物较高时，投测误差较大，应采用经纬仪投测法。

(2) 经纬仪投测法：

在轴线控制桩上安置经纬仪，整平后，瞄准基础墙面上的轴线标志，用盘左、盘右分中投点法，将轴线投测到楼层边缘或柱顶上。将所有端点投测到楼板上之后，用钢尺检核间距，相对误差不得大于 1/2000。检查合格后，才能在楼板分间弹线，继续施工。

4. 建筑物的高程传递

在多层建筑施工中，要由下层向上层传递高程，以便楼板、门窗口等的标高符合设计要求。高程传递的方法有以下几种：

(1) 利用皮数杆传递高程。一般建筑物可用墙体皮数杆传递高程。具体方法参照“墙体各部位标高控制”。

(2) 利用钢尺直接丈量。对于高程传递精度要求较高的建筑物，通常用钢尺直接丈量来传递高程。对于二层以上的各层，每砌高一层，就从楼梯间用钢尺从下层的“＋0.500m”标高线，向上量出层高，测出上一层的“＋0.500m”标高线。这样用钢尺逐层向上引测。

(3) 吊钢尺法。用悬挂钢尺代替水准尺，用水准仪读数，从下向上传递高程。

11.3　高层建筑施工测量

高层建筑物施工测量中的主要问题是控制垂直度，就是将建筑物的基础轴线准确地向高层引测，并保证各层相应轴线位于同一竖直面内，控制竖向偏差，使轴线向上投测的偏差值不超限。

高层建筑物轴线的竖向投测，主要有外控法和内控法两种。

11.3.1　外控法

外控法是在建筑物外部，利用经纬仪，根据建筑物轴线控制桩来进行轴线的竖向投测，操作方法如下：

1. 在建筑物底部投测中心轴线位置

高层建筑的基础工程完工后，如图 11-21 所示，将经纬仪安置在轴线控制桩 $A_{中}$、$A'_{中}$、$B_{中}$和 $B'_{中}$上，把建筑物主轴线精确地投测到建筑物的底部，并设立标志 a、a'、b 和 b'，以供下一步施工与向上投测之用。

2. 向上投测中心线

随着建筑物不断升高，要逐层将轴线向上传递投测。如图 11-21 所示，将经纬仪安置在中心轴线控制桩 $A_{中}$、$A'_{中}$、$B_{中}$和 $B'_{中}$上，严格整平仪器，用望远镜瞄准建筑物底部已标出的轴线 a、a'、b 和 b'点，用盘左和盘右分别向上投测到每层楼板上，取其中点作为该层轴线的投测的中心点，如图 11-21 中 a_1、a_1'、b_1 和 b_1'点。连接 a_1a_1'、b_1b_1'并弹墨线，即得该层楼面控制轴线。以该轴线在楼面上分间弹线，检核误差在允许范围，进行下道工序施工。

高层建筑竖向轴线投测要求精度较高，经纬仪一定要经过严格检校才能使用，尤其是照准部水准管轴应严格垂直于竖轴，作业时要仔细整平，认真操作。

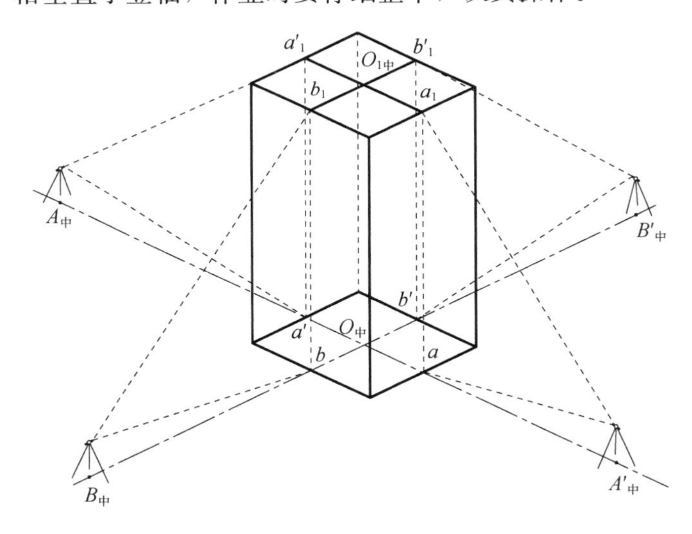

图 11-21　外控法

11.3.2　内控法

在建筑物±0.000 首层楼面施工完毕后，在首层平面适当位置设置与轴线平行的辅助轴线。辅助轴线距轴线 0.50～1.0m 为宜，平面设置轴线控制点，并预埋标志，以后在各层楼板位置上相应预留 200mm×200mm 的传递孔，在轴线控制点上直接采用吊线坠法或激光铅垂仪法，通过预留孔将其点位垂直投测到任一楼层，如图 11-22 所示。

1. 吊线坠法

吊线坠法是利用钢丝悬挂重垂球的方法，进行轴线竖向投测。这种方法一般用于高度在

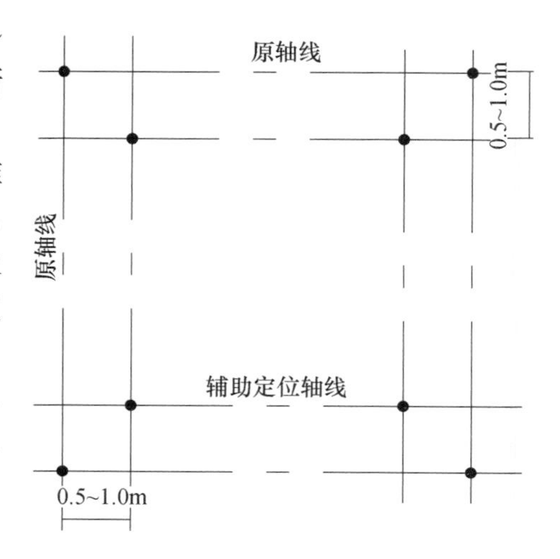

图 11-22 内控法

50～100m 的高层建筑施工中，垂球的质量为 10～20kg，钢丝的直径为 0.5～0.8mm。如图 11-23所示。投测方法如下：

在预留孔上面安置十字架，挂上垂球，对准首层预埋标志。当垂球线静止时，固定十字架，并在预留孔四周作出标记，作为以后恢复轴线及放样的依据。此时，十字架中心即为轴线控制点在该楼面上的投测点。

用吊线坠法实测时，要采取一些必要措施，如用铅直的塑料管套着坠线或将垂球沉浸于油中，以减少摆动。

2. **激光铅垂仪法**

激光铅垂仪是一种专用的铅直定位用仪器。适用于高层建筑物及高耸塔式架建筑的铅直定位测量，如图 11-24 所示。其投测方法如下：

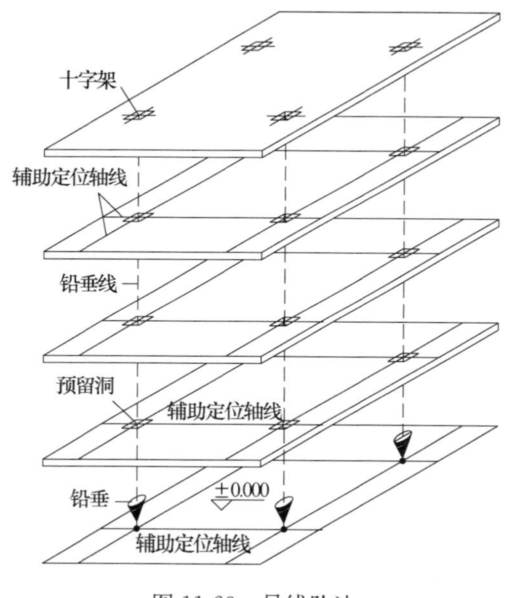

图 11-23 吊线坠法

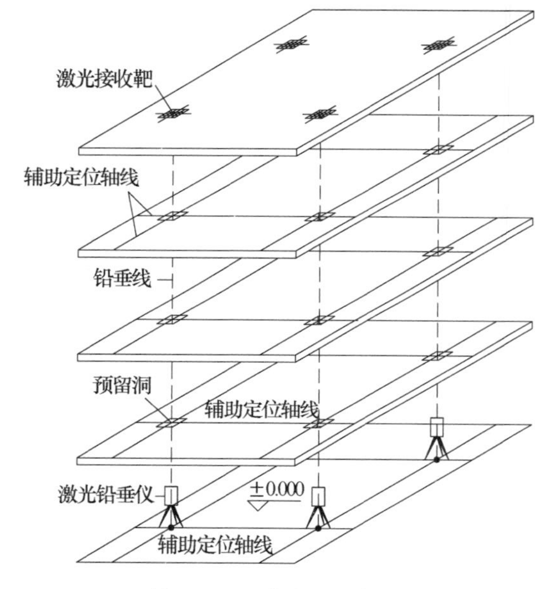

图 11-24 激光铅垂仪法

(1) 将激光铅垂仪安置在首层轴线控制点上，利用激光对中光束进行对中，通过调节基座整平螺旋，使管水准器气泡严格居中。

(2) 在上层施工楼面预留孔处，放置接收靶。

(3) 开启电源，激光器发射铅直激光束，通过调焦，使激光束会聚成红色耀目光斑，投射到上层接收靶上。

(4) 移动接收靶，使靶心与红色光斑重合，固定接收靶，并在预留孔四周作出标记，此时，靶心位置即为轴线控制点在该楼面上的投测点。

3. **高层建筑物的高程传递**

首层墙体砌到 1.5m 高后，用水准仪在内墙面上测设“＋0.500m”的水平线，作为首层地面施工及室内装修的标高依据。以后每砌高一层，就从楼梯间用钢尺从下层的“+0.500m”标高线，向上量出层高，测出上一楼层的“+0.500m”标高线。由下层传递上来的同一层几个标高点必须用水准仪进行检核，检查各标高点是否在同一水平面上，其误差应不超过允许值。

11.4　工业建筑的施工测量

工业厂房一般分单层厂房和多层厂房，常用的厂房结构形式有钢筋混凝土结构厂房、钢结构厂房，现阶段钢结构厂房已逐渐取代了钢筋混凝土结构厂房，这两种结构厂房施工测设大同小异，本节介绍现在最常用的单层钢结构厂房在施工中的测量工作，其施工程序主要分为：厂房控制网的测设、厂房柱列轴线测设、柱基施工测量和厂房构件的安装测量四个部分。

11.4.1　厂房控制网的测设

工业厂房多为排柱式建筑，柱列轴线的测设精度要求较高，因此，常在建筑方格网的基础上建立矩形控制网，然后按照厂房跨距和柱子间距，在厂房控制网上定出柱列轴线。如图 11-25所示，Ⅰ、Ⅱ、Ⅲ、Ⅳ为建筑方格交点坐标，a、b、c、d 为厂房外轮廓四条轴线的交点（定位点），其设计坐标为已知。A、B、C、D 为设计布置在厂房外围的矩形控制网点（称为厂房控制点）。厂房控制点的坐标可根据厂房外轮廓交点坐标和设计距离 d_1、d_2 计算求得。根据建筑方网点Ⅰ、Ⅱ，用直角坐标法精确测设出 A、B 两点，再由 A、B 两点测设 C、D 点，最后检查$\angle ACD$、$\angle BDC$ 及边长 CD，如果角度误差不超过$\pm 10''$，边长误差不超过 1/10000，则认为符合精度要求。

对大型厂房则应先精确测设厂房控制网的主轴线，再根据主轴线测设厂房控制网。

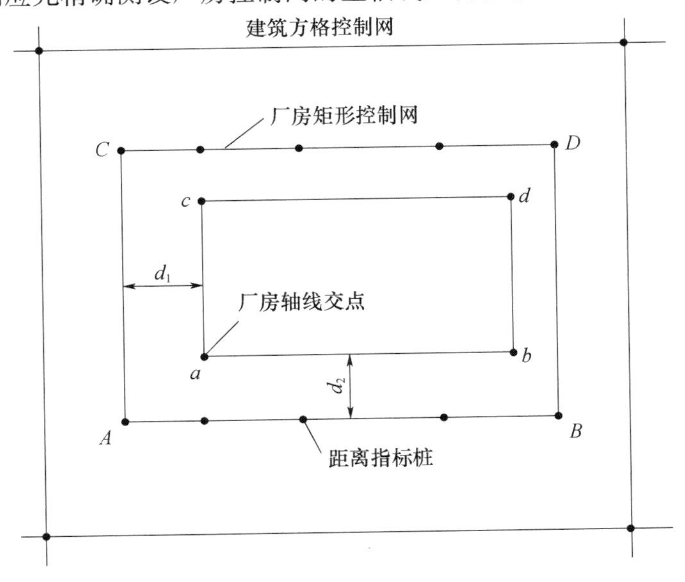

图 11-25　厂房控制网测设

11.4.2 厂房柱列轴线的测设

厂房矩形控制网测设出后，就可在矩形控制网的基础上定出柱列轴线桩。测设方法为：首先为便于厂房细部测设，用钢尺在控制网各边上每隔柱子间距整数倍钉出距离指示桩，最后根据距离指示桩按柱子间距或跨距定出柱列轴线桩，在桩顶上钉小钉，标明柱列轴线方向，作为基坑放样的依据，如图 11-26 所示，A、B、C 和①、②、③…等轴线均为柱列轴线。

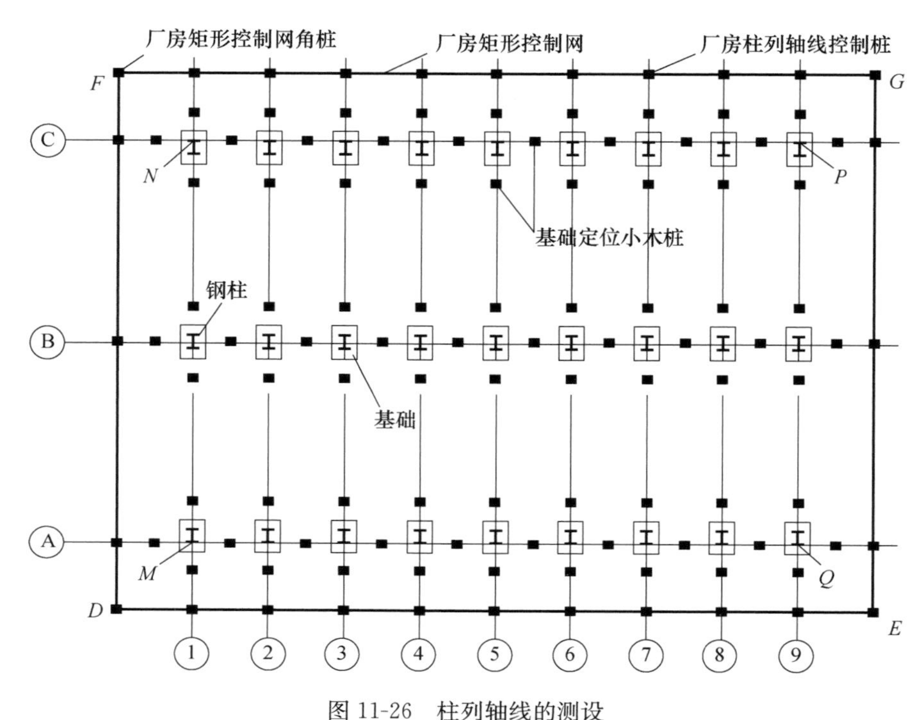

图 11-26 柱列轴线的测设

11.4.3 柱基施工测量

1. 柱基测设

柱基测设就是根据柱基础平面图和柱基础大样图的有关尺寸，把基坑开挖边线用白灰撒出标示线，作为基坑开挖依据。为此需要安置两台经纬仪在相应的轴线控制桩上，如图 11-27所示，根据柱列轴线在地上交会出各柱基定位桩，然后按照基础大样图的有关尺寸，根据定位轴线和定位桩放出基坑开挖线，用白灰标明开挖范围。

2. 基坑抄平

当基坑挖到一定深度时，应在坑壁四周离坑底设计高程 0.3～0.5m 处设置水平桩，如图 11-28 所示，作为基坑修坡和清底的高程依据。此外还应在基坑内测设出垫层的高程，即在坑底设置小木桩，桩顶恰好等于垫层的设计高程。

3. 基础模板的定位

对于钢结构柱子基础，顶面通常设计为一平面，通过地脚锚栓将钢柱与基础连成整体。施工时应注意保证基础顶面标高及锚栓位置的准确。其施测方法与步骤如下。

基础垫层打好之后，根据轴线定位木桩，用拉线的方法，吊垂球把柱基定位线投到基坑的垫层上，然后用墨斗弹出墨线，用红油漆画出标记，再根据基础尺寸弹出基础边线，作为柱基立模板和布置钢筋的依据。立模板时将模板底对准垫层上的定位线，并用垂球检查模板是否竖直，基础模板安装支撑固定好，用经纬仪将柱列定位轴线投测在模板上口，并划线标志，最后根据控制点标高用水准仪将基础短柱顶面设计标高测设在模板内壁上，并划线标志，如图 11-29 所示。

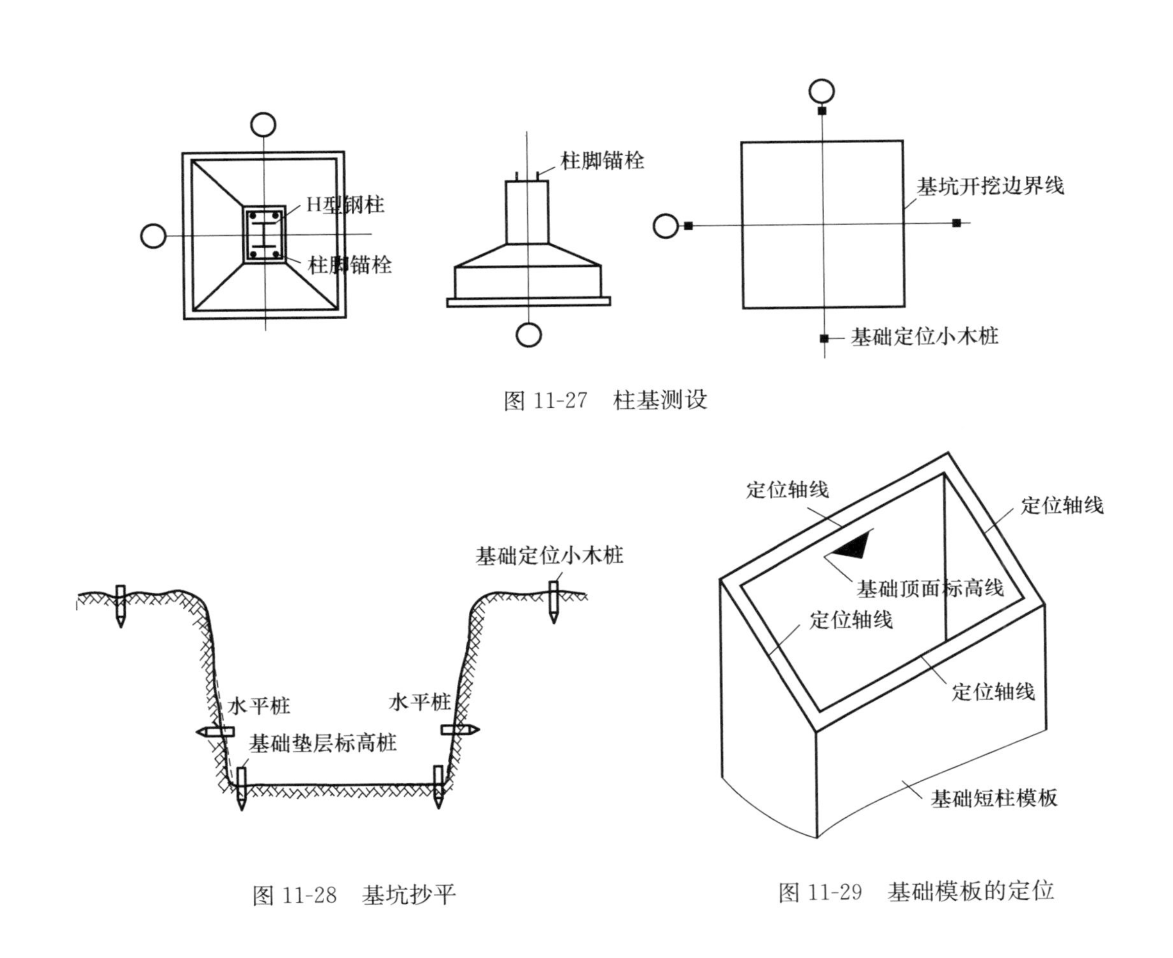

图 11-27　柱基测设

图 11-28　基坑抄平

图 11-29　基础模板的定位

4. 地脚螺栓安装测设

一般中小型厂房钢柱的地脚螺栓直径小，质量轻，可以不用制作固定架固定地脚螺栓，而用钢带或角钢制作成地脚螺栓定位卡模固定地脚螺栓，如图 11-30、图 11-31 所示，为保证地脚螺栓位置正确，再用钢筋将地脚螺栓连接焊成笼，然后将地脚螺栓笼放入基础短柱钢筋骨架内，以模板内短柱顶标高线为依据，测设地脚螺栓安装高度，在短柱钢筋上焊钢筋支托，转动卡模使卡模所划轴线与短柱模板上口所弹定位轴线两向一致，同时用水平尺检查卡模使其水平，再检查地脚螺栓标高是否符合设计要求，然后用经纬仪投测检查卡模轴线无误后，将地脚螺栓笼用钢筋与基础短柱筋连接焊牢并与模板顶紧，要保证地脚螺栓笼不可移动位置，所以基础模板安装支撑必须牢固，为了保证质量，在浇灌混凝土的过程中必须进行看守观测，确保地脚螺栓位置正确。

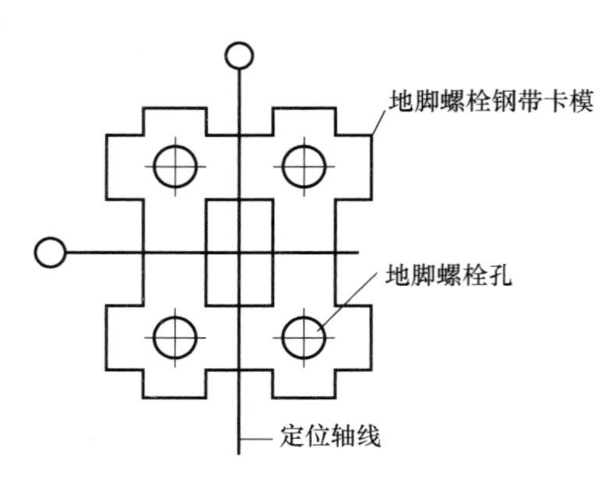

图 11-30　地脚螺栓安装测设（一）

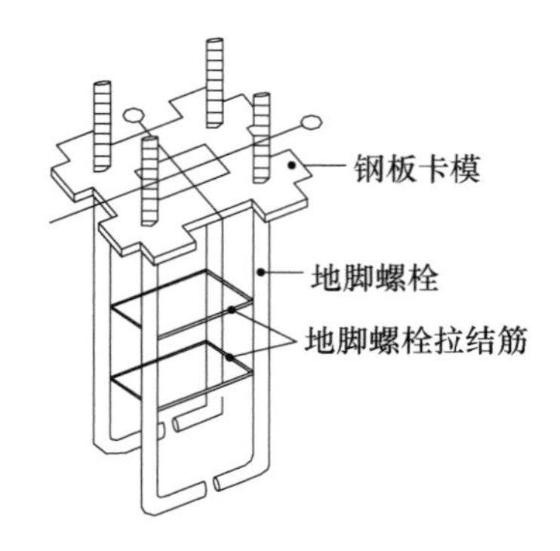

图 11-31　地脚螺栓安装测设（二）

11.4.4　厂房构件安装测量

1. 钢柱子安装测量

钢柱子安装应满足以下设计要求：牛腿面高程必须等于设计高程；柱脚中心线必须对准柱列中心线；柱身必须竖直。具体做法如下：

（1）柱子安装前的准备工作：

① 钢柱子吊装以前，应根据轴线控制桩把定位轴线投测到基础顶面上，并用墨线标明。

② 安装地脚螺栓调节螺母，并用水准仪根据设计标高进行调节螺母顶面找平。

③ 弹出柱子中心线和标高线。在柱子的三个侧面弹出柱中心线，并在柱上下两端各画一小红“▲”标志，供安装校正使用。从钢柱牛腿顶面用钢尺沿柱身向下量取牛腿设计标高，画出钢柱±0.000 标志线。并用红“▼”标志，供安装标高校正使用。

（2）柱子垂直校正测量：

钢柱吊装就位后，扣上柱脚处盖铁，旋上地脚螺栓紧固螺母临时固定，进行柱子垂直度校正测量，用两台经纬仪分别安置在互相垂直的两条柱列中线上，且距离柱子约为柱高的 1.5 倍的地方，如图 11-32 所示，先照准柱底中线，固定照准部，逐渐上移仰视柱顶，若中线偏离十字丝竖丝，表示柱子不垂直，如有偏差则指挥安装人员先旋松地脚螺栓上螺母，调节地脚螺栓调节螺母，即可使钢柱校直，如图 11-33 所示。当柱中心线与柱轴偏差符合安装精度要求后，用水准仪根据水准点检查柱子±0.000 标高，如果检测误差超过安装误差允许值，则调节地脚螺栓调节螺母，校正±0.000 标高位置，当安装误差都在允许误差范围内时，旋紧地脚螺栓上螺母固定柱子。

在实际工作中往往是把数根柱子都竖起来然后进行校正，这时可把经纬仪安置在纵轴线的一侧，并尽可能地靠近纵轴线，与中纵轴线的夹角一般不超过 15°，这样一次可以校正数根柱子。

进行柱子竖直校正应注意：经纬仪应经过严格的检校，观测时照准部水准管气泡应严格居中。

2. 吊车梁安装测量

吊车梁安装时应满足：梁顶标高应与设计标高一致，梁的上下中心线应和吊车轨道的设计中心线在同一竖直面内。具体作法如下。

（1）吊车梁中心线投点：

根据控制桩或柱列中心线，在厂房地面测设出厂房中心线 A_1A_1，然后利用厂房中心线 A_1A_1，根据轨道跨距在地面测设出吊车梁的中心线 $A'A'$ 和 $B'B'$，并钉木桩标志，安置经纬仪于地面吊车梁中心线一端点 A' 上，然后视另一端点 A'，抬高望远镜，将吊车梁中心线投到每个柱子牛腿面上，如果与柱子吊装前所画的中心线不一致，则以新投测的中心线作为定位的依据。

（2）吊车梁安装：

在吊车梁安装前，已在梁的两端及梁面上弹出梁中心线的位置，因此，使梁中心线和牛腿面上的中心线对齐即可。

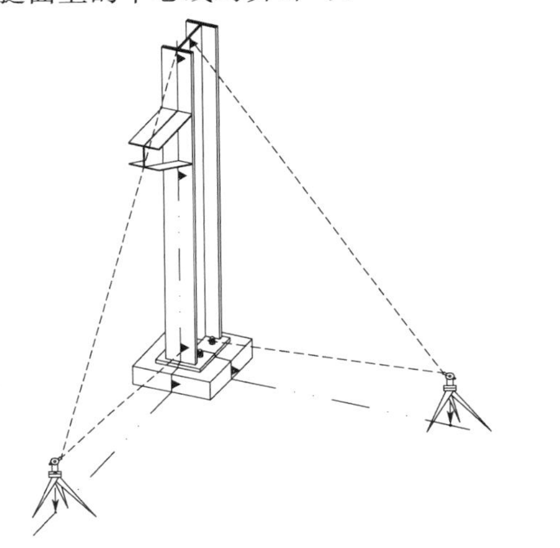

图 11-32　柱子垂直校正测量（一）

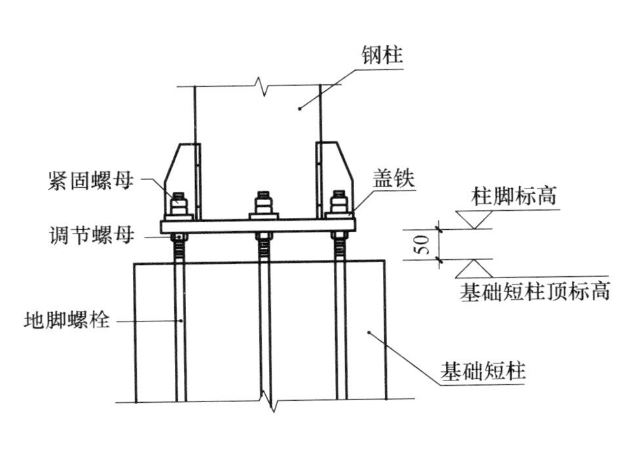

图 11-33　柱子垂直校正测量（一）

3. 吊车轨道安装测量

吊车轨道安装测量主要是保证轨道中心线、轨顶标高及轨道跨距符合设计要求。安装吊车轨道前，先要对吊车梁上的中心线进行检测，此项检测多用平行线法，如图 11-34 所示。首先在地面上从吊车轨道中心线向厂房中心线方向量出长度 a（0.5～1.0m），得平行线 $A''A''$ 和 $B''B''$，称为校正线。然后安置经纬仪于平行线端点 A'' 上，瞄准另一端 A'' 点，固定照准部，仰起望远镜瞄准吊车梁上横放的木尺，移动木尺，当视线对准木尺刻划 a 时，木尺的零点应与梁面上的中心重合，如图 11-35 所示。如不重合应予改正并重新弹出墨线，以示校正后的吊车梁轨道中心线。同法可检测另一条吊车梁轨道中心线。

吊车轨道按中心线安装就位后，将水准仪安置在吊车梁上，水准尺直接放在轨道顶面上，每隔 3m 及道轨接头两端测点标高，与设计标高程相比较，误差不得超过轨道安装允许误差。最后还要用钢尺检查两吊车轨道间跨距，与设计跨距相比较，误差不得超过安装允许误差。

4. 屋面梁安装测量

屋面主梁安装是以安装后的柱子为依据，使屋面梁中心线与柱子上相应中心线对齐。拼装好的屋面梁整体吊装，缓慢就位后。用临时螺栓或过眼冲子将屋面梁临时固定，经检查合格后，进行高强螺栓连接。

屋面次梁的安装，每榀屋面梁安装完成后，随即安装屋面次梁及其他次结构，用近似校正轨道中线的方法校正屋面梁，使梁中心线与柱子中心线要在同一竖直面内，然后紧固安装螺栓，这样依次按顺序安装完毕，即可形成稳定的厂房钢结构体系。

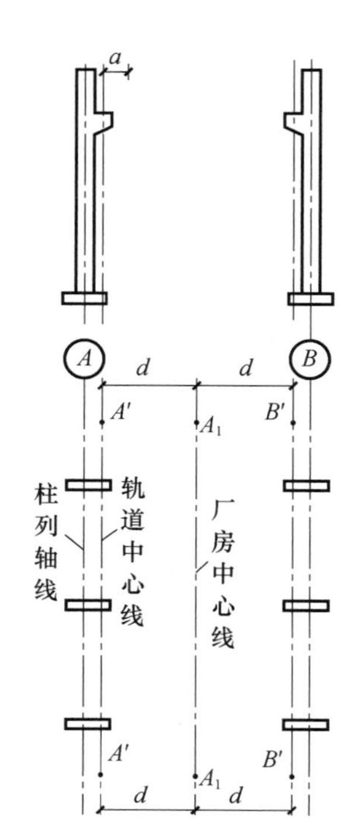

图 11-34　吊车轨道安装测量（一）

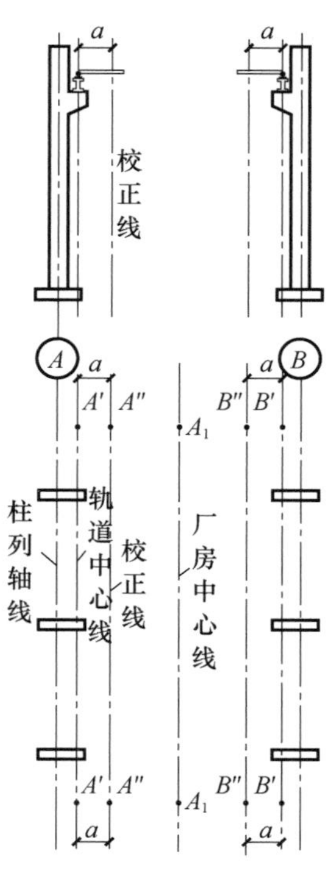

图 11-35　吊车轨道安装测量（一）

为了提高钢结构厂房整体安装精度和安装速度，最好先选择厂房中有柱间支撑、系杆和屋面支撑的部分先进行安装。这部分钢柱吊装后，要先对钢柱的轴线和标高进行复测，纠偏后暂时用缆风绳稳住钢柱，再安装柱间支撑、屋面梁和梁间系杆，屋面梁安装前，应先在地面拼装，经测量合格后再吊装。梁就位后，用高强螺栓连接，其他各个部件用相应螺栓连接，但各类螺栓先不宜锁紧。各部件固定后，再次对钢柱轴线和标高进行复测和纠偏、微调，最后旋紧各部安装螺栓。

11.5　管道施工测量

在城市及厂矿建设中经常要敷设给水、排水、煤气、电力、电信、热力、输油等各种管道，管道施工测量多属于地下构筑物施工测量，在测量或施工中如果出现差错，往往会造成很大损失。所以，测量工作必须采用城市或厂矿的统一坐标和高程系统，按照“从整体到局部，先控制后碎部”的工作程序和步步有校核的工作方法进行，为施工提供可靠的测量资料和标志。

管道施工测量的主要任务是根据工程进度要求，为施工测设各种标志，使施工技术人员便于随时掌握中线方向及高程位置。

11.5.1　施工测量的准备工作

1. 熟悉图纸和现场情况

施工前，要收集管道测设所需要的管道平面图、断面图、附属建筑物图及有关资料，熟悉核对设计图纸，深入现场，对管道设计的主点（起点、转折点、终点）及水准点位置加以检测。计算并校核有关测设数据。了解精度要求和工程进度安排等，拟定测设方法。

2. 恢复中线桩和施工控制桩的测设

管道中线桩在施工时要被挖掉，为了方便在施工过程中恢复中线和附属构筑物的位置，应在不受施工干扰、引测方便、易于保存桩位的地方，测设施工控制桩。施工控制桩分中线控制桩和位置控制桩。中线控制桩的位置，一般是测设在管道起点和各转折点处的中心线的延长线上。附属建筑位置控制桩，一般在垂直中线方向两侧各钉木桩，控制桩要钉在槽口外 0.5～1.0m 处，恢复构筑物位置时，两小木桩拉线，拉线与中线的交点即为构筑物的中心位置，如图 11-36 所示。

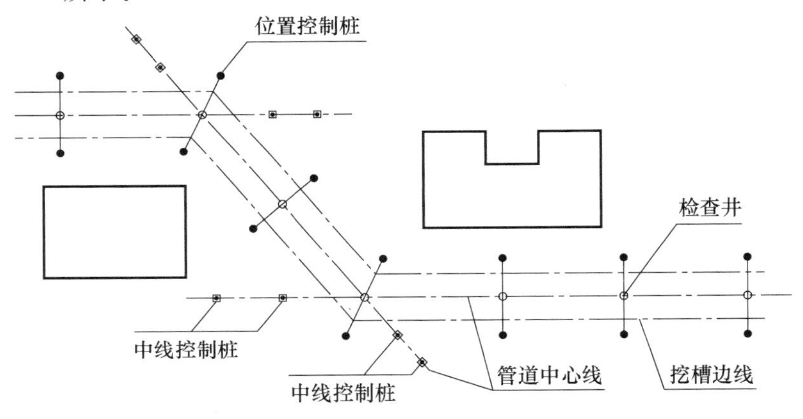

图 11-36　恢复中线桩和施工控制桩的测设

3. 加密水准点

为了在施工中引测高程方便，应在设计阶段布设的水准点间每隔 100～150m 增设临时施工水准点。精度要求应符合工程性质和有关规范的规定。

4. 槽口放线

槽口放线的任务是管道中线桩定出后，根据设计要求埋深和土质情况、管径大小等计算出开槽宽度，并在地面上定出槽口开挖边线位置，作为开槽的依据。

（1）当横断面坡度较小地面平坦时，如图 11-37 所示，槽口开挖宽度按下式计算：

$$D_L = D_R = b/2 + mh \tag{11-8}$$

（2）当地面坡度较大，中线两侧槽口宽度不相等，如图 11-38 所示，槽口宽度按下式计算：

$$D_L = b/2 + m_1 h_1 + m_3 h_3 + C$$
$$D_R = b/2 + m_3 h_3 + m_3 h_3 + C \tag{11-9}$$

式（11-8）、式（11-9）中，b 为槽底开挖宽度；m_i 为槽壁坡度系数（由设计或按规范确定）；h_i 为槽左或右侧开挖深度；D_L、D_R 为中线左或右侧槽开挖宽度；C 为槽肩宽度。

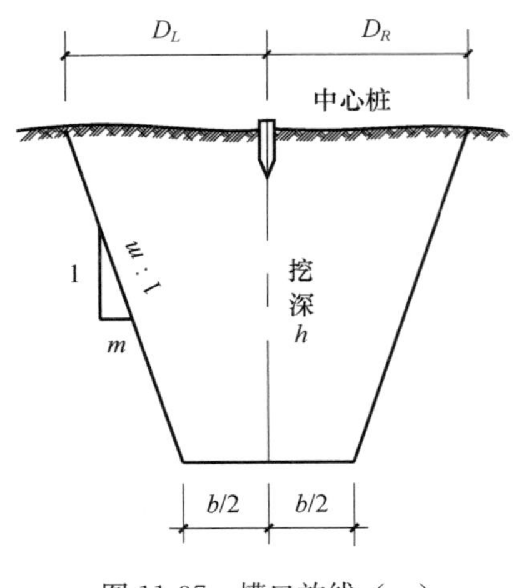

图 11-37　槽口放线（一）

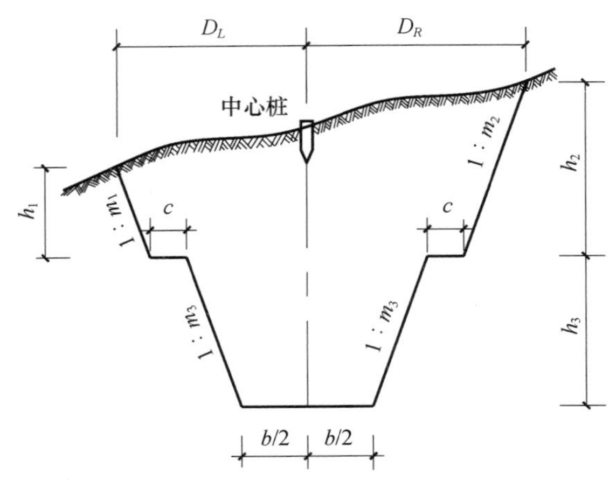

图 11-38　槽口放线（二）

11.5.2　施工过程中的测量工作

管道施工测量的主要任务是控制管道中心线位置和管底设计高程，保证管道施工按照设计的管道中线方向和坡度敷设，因此在开槽前应测设施工测量标志，常用的方法有：

1. 埋设坡度板法

坡度板法应根据工程进度要求及时埋设，在管槽开挖时，一般每隔 10～20m 跨槽埋设一块坡度板，遇有检查井、支线及构筑物时应增设坡度板。坡度板埋设要牢固，不得露出地面，顶面应使其近于水平，如图 11-39 所示。

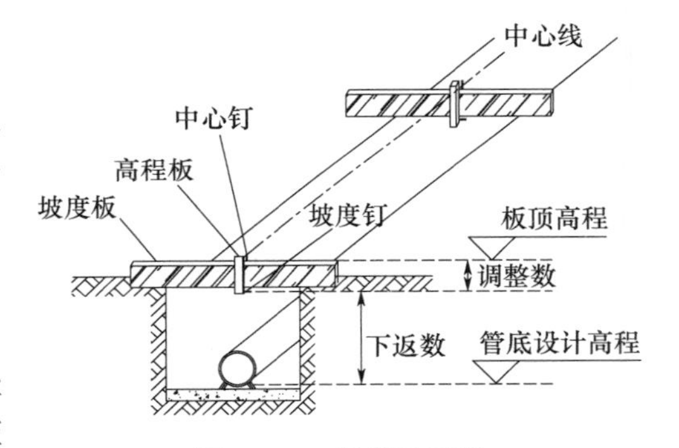

图 11-39　埋设坡度板

（1）中线钉测设：

坡度板埋好后，根据中心线控制桩，将经纬仪安置在中线控制桩上，瞄准远处的中线控制桩点，将管道中心线投测到坡度板上，并钉上铁钉（称为中线钉）标志位置，各坡度板上中线钉的连线即为管道中线，挂垂线可将中线投测到槽底定出管道平面位置。

（2）坡度钉测设：

中线钉投测完成后，根据附近水准点测设量出每块坡度板中心线处板顶高程 $H_{顶}$。地下管道管底都有设计高程 $H_{底}$，由于地面起伏不平，在每块坡度板处向下开挖的深度都不一样，施工中为了控制管道符合设计要求，并使其距管底设计高程为一预先确定的整分米数 C（称为下返数）。按下式计算出每一坡度板顶向上或向下量的距离数 δ（称为调整数）。

$$\delta = C - (H_{顶} - H_{底}) \tag{11-10}$$

然后在坡度板中线的一侧钉坡度立板（称高程板），从坡度板顶向上或向下量取 δ 值（正向上量、负向下量），在坡度立板上钉铁钉（称为坡度钉），各坡度钉的连线平行管道设计坡度线，利用这条线来控制管道的坡度、高程和管槽开挖深度。

例如，已知 0+000 坡度板处管底的设计高程为 45.500m，根据附近水准点，用水准仪测得 0+000 坡度板中心线处的板顶高程为 47.672m，那么，从板顶往下量 47.4672m－

42.500m＝2.172m，即为管底高程。根据各坡度板顶高程和管底高程情况，选定一个统一的整分米数 2.0m 作为下返数，只要从 0＋000 坡度板顶向下量 0.172m，并用小钉在坡度立板上标明这一点的位置，则由这一点向下量 2.0m 即为管底高程。坡度钉钉好后，应该对坡度钉高程进行检测。

用同样的方法钉出各坡度板处坡度立板上下反数为 2.0m 高程点的坡度钉，这些点的连线则与管底的坡度线平行。

2. 平行轴腰桩法

当管线较长，管径较小，地面坡度大，埋设精度要求低的管道工程施工中，可在管道中线一侧测设一条与其平行的轴线桩，控制管道中心线，在槽壁内设水平桩（腰桩），控制管道埋设高程。

（1）平行轴线桩测设：

管槽开挖前，在槽口外侧距中线距离为 a 处，测设一排与管道中心线平行的线桩，如图 11-40所示。各桩距离一般为 10～20m，在有检查井及附属建筑物处也应在平行线相应位置设桩。

（2）腰桩测设：

为了控制管道高程，在管槽内壁的一侧（距槽底 0.5～1.0m）再测设一排腰桩，如图 11-41所示。腰桩上钉小钉，用水准仪测出腰桩上小钉的高程，小钉的高程与管底的设计高程之差 h，即为下返数，施工时从小钉下量 h，即可检查控制管底的设计高程。

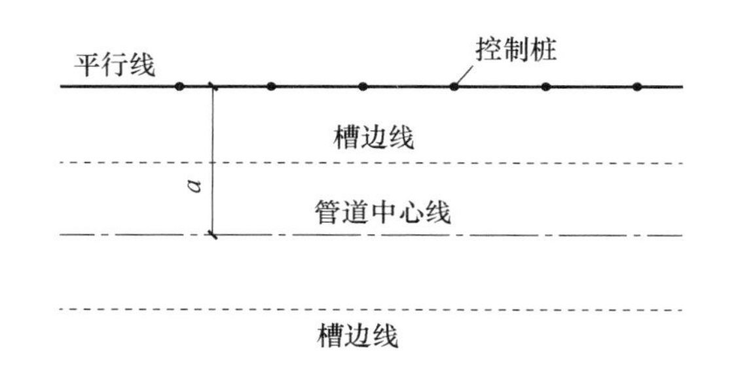

图 11-40　平行轴线桩测设（一）

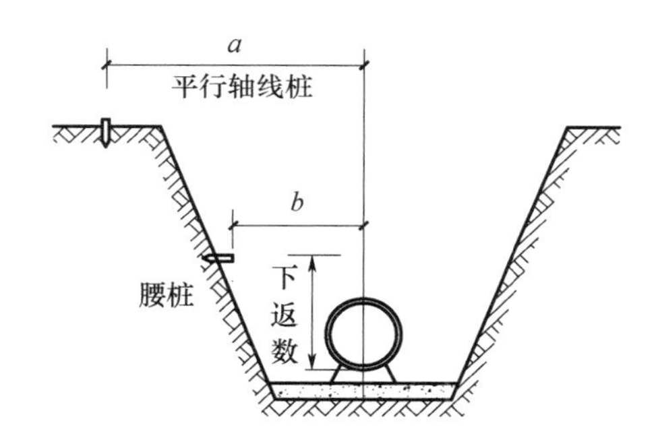

图 11-41　平行轴线桩测设（二）

思考题与习题

1. 施工测量的任务是什么？
2. 施工控制网有哪几种？各自的使用范围是什么？
3. 为什么要建立建筑施工控制网？常用的建筑基线有哪几种？
4. 建筑方格网布测应注意哪几点？
5. 在施工工地标定了轴线桩，为什么还要测设控制桩（引桩）？
6. 民用建筑多层和高层建筑施工中，如何将底层轴线投测到各层楼面上？
7. 试述高层建筑施工测设的主要工作。
8. 如何测设厂房的矩形控制网？

9. 在工业厂房施工测量中，为什么要建立厂房矩形控制网?

10. 吊车梁的安装测量应达到什么目的? 每项目的是怎样来实现的?

11. 管道施工测量的主要任务是什么?

12. 什么是下返数? 什么是调整数?

第 12 章　道路工程测量

道路工程是线状工程的一种，包括公路、铁路、桥梁、隧道、涵洞等构造物。为道路工程规划设计阶段、施工建设阶段、运营管理阶段所进行的“工程勘测”“施工测量”“变形监测”等测量工作称为道路工程测量。

12.1　中线测量

道路中线测量是把道路的设计中心线测设到实地的测量工作。中线线型一般由直线和曲线构成。测量工作内容包括：交点及转点测设、量距和钉桩、偏角测量、曲线主点及细部点测设等。

12.1.1　交点及转点测设

交点是指路线转向前后直线段延长相交的点，通常以 JD_i 表示，i 为数字序号。它是中线详细测设的控制点。转点是在相邻交点距离过长或通视困难的情况下，在交点连线或延长线上标定的点，作为测角、量距或延长直线瞄准之用，通常以 ZD_i 表示。测设交点之前一般在初测带状地形图上进行纸上定线，将中线位置标定在图上，然后到实地放线，把交点的位置在实地上标定下来。

1. 交点测设

（1）放点穿线法：

放点穿线法是纸上定线后放样时常用的方法，它是利用中线设计线附近的导线点测设交点。通过量算地形图上设计线与导线之间的夹角以及设计线上点与导线点之间的距离，在实地将路线中线的直线段测设出来；然后将相邻直线延长相交，标定出交点的点位。根据现场相应的初测导线点测设交点，比较简便且常用的方法有支距法和极坐标法两种。

如图 12-1 所示，以导线点 D_3 、D_4 、D_5 为垂足，在地形图上量取导线点至路线设计线的距离并计算实地距离。现场采用支距放样线路直线上的点 1、2、4。在导线点 D_4 点设站，或在图上量取 D_4 与 2 点距离以及 D_4-D_5 与 D_4-2 之间的夹角，采用极坐标放样直线上点 2，或采用距离直接放样导线与线路交点（如图中 D_4-D_5 方向上量取 D_4 至 3 的距离以测设 3 点）等。

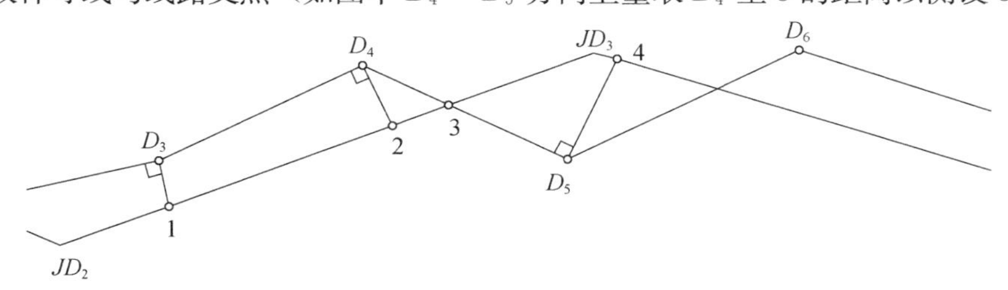

图 12-1　放点穿线法

由于图解数据和测量误差的影响，在图上同一直线上的各点测设到实地后，很难准确地位于同一直线上。需要采用目估或仪器穿线，从而定出一条直线，使之尽可能多地穿过或靠近放样的临时直线点，并在定出直线方向上打下两个或两个以上方向桩。确定该直线的工作称为穿线。如图 12-2 所示，点 1、2、3、4 为测设的直线临时点，ZD_A 和 ZD_B 为穿线后的方向桩点以标定直线方向。

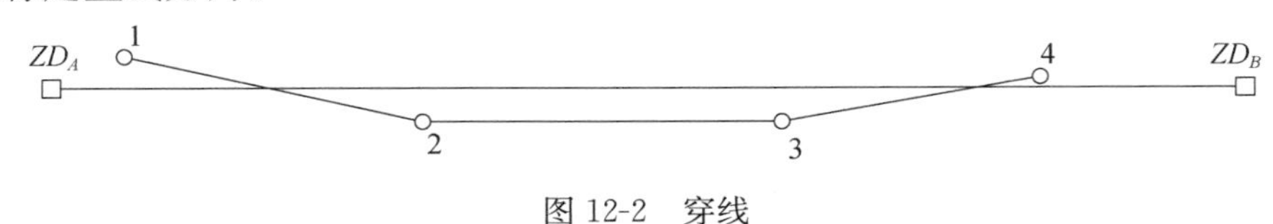

图 12-2　穿线

当相邻两直线在实地标定出以后，即可延长直线进行交会定出交点（JD）点位。如图 12-3所示，采用正倒镜分中法延长直线测设骑马桩，相交出交点。其具体方法：将经纬仪（或全站仪）安置于 ZD_B，盘左照准 ZD_A，倒转望远镜沿着视线方向在交点位置附近打下骑马桩，并在桩上视线方向用铅笔分别标定 a_1、b_1；变换至盘右，照准 ZD_A，倒转望远镜在骑马桩上标定 a_2、b_2；分别取 a_1a_2 和 b_1b_2 中点钉小钉并用细线相连得到线段 $a-b$。同理得到 $c-d$。$a-b$ 与 $c-d$ 细线相交得到的点即为交点，在所得点位上钉桩并在桩顶钉设小钉以标识交点位置。

（2）利用控制点测设交点：

利用控制点测设交点是根据平面控制点坐标以及路线交点坐标（已知或根据地形图量算）计算测设数据，采用极坐标、距离交会等方法测设交点。

如图 12-4 所示，先在地形图上量算出纸上所定路线的交点坐标，反算相邻交点间的直线长度、坐标方位角及转折角；然后在野外将仪器依次置于 D_1 及其他交点上，拨出转角，测设直线长度，依次定出各交点的位置。或根据控制点与交点解算偏角与距离（由 D_3、D_4、JD_2 的坐标计算 D_3 与 JD_2 的距离及角度 α），测设交点。

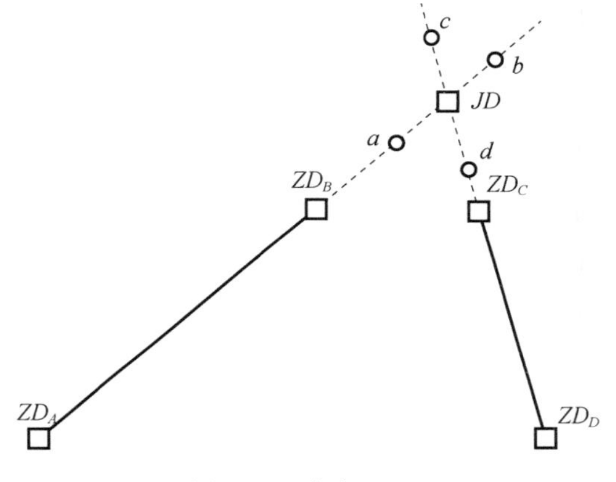

图 12-3　交点（一）

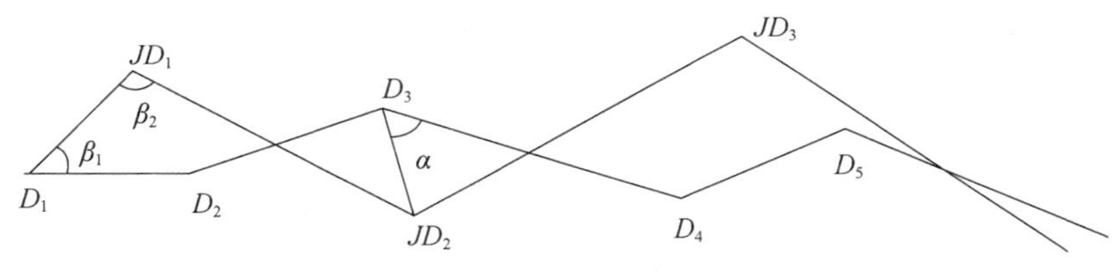

图 12-4　测设交点

（3）根据地物关系测设路线交点：

根据地物与路线交点关系，从地形图上量算测设数据，实地测设交点。如图 12-5 所示，在图上量取交点 JD_7 至建筑物角点距离，在现场采用距离交会法放样 JD_7。

2. 转点测设

当相邻的交点间距离较长或互不通视时，需要设置转点。可采用正倒镜分中法或其他方法进行测设。

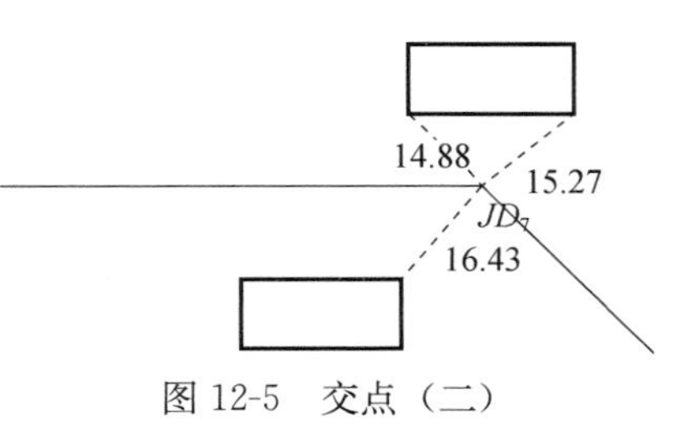

图 12-5　交点（二）

（1）在两交点间设转点：

如图 12-6 所示，JD_2、JD_3 互不通视，将经纬仪（或全站仪）架设在目估点 ZD' 上，用正倒镜分中法将直线延长至 JD'_3，若 JD'_3 和 JD_3 重合或偏差 f 在容许范围内，则将 ZD' 所在点位标定为转点 ZD，此时将 JD_3 移至 JD'_3 并在桩顶钉设小钉标定。当偏差 f 超出容许范围值或 JD_3 不许移动位置时，则自 ZD' 横向移动距离 e 重新安置仪器重复上述操作，直至满足要求为止。由图 12-6 可知：

$$e = \frac{a}{a+b}f \tag{12-1}$$

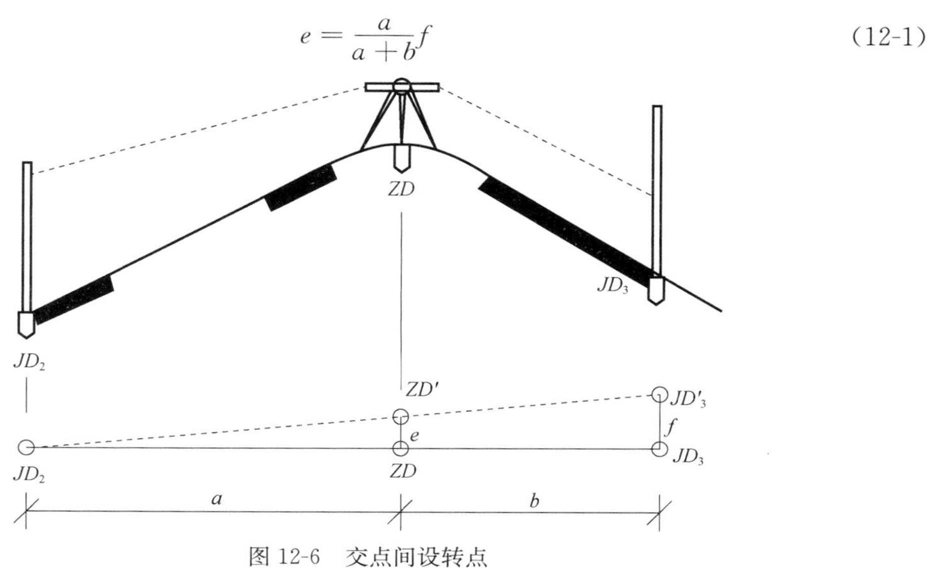

图 12-6　交点间设转点

（2）在两交点延长线设转点：

如图 12-7 所示，在延长线上设转点，将经纬仪（或全站仪）安置于目估点 ZD' 上，分别采用盘左和盘右照准 JD_4，并在 JD_5 附近选取其近似点，两次选取点的中点作为点 JD'_5，若 JD'_5 和 JD_5 重合或偏差值 f 在容许范围之内，则将 ZD' 所在点位标定为转点 ZD，此时将 JD_5 移至 JD'_5 并在桩顶钉设小钉标定。当偏差 f 超出容许范围或 JD_5 不许移动位置时，则自 ZD' 横向移动距离 e 重新安置仪器重复上述操作，直至满足要求为止。

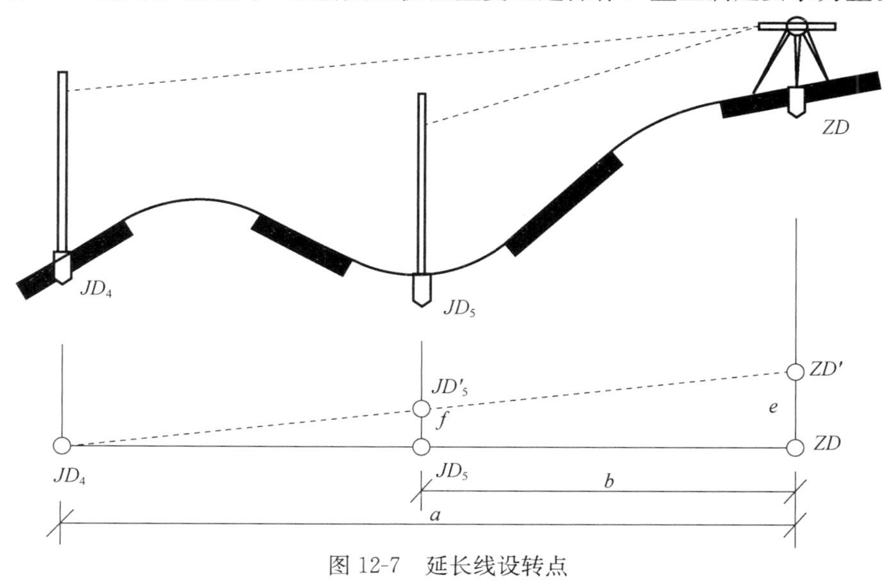

图 12-7　延长线设转点

由图 12-7 可知
$$e=\frac{a}{a-b}f \tag{12-2}$$

12.1.2 路线转角的测定

路线转角是指路线转向后方向与原方向之间的夹角，通常以 α 表示。转角有左右之分，偏转后方向在原方向左侧称为左转角，通常以 $\alpha_{左}$（α_Z）表示；反之，称为右转角，以 $\alpha_{右}$（α_Y）表示，如图 12-8 所示。转角通常通过观测线路前进方向右角计算求得，右角通常以 β 表示，当 $\beta>180°$ 时，为左转角；反之为右转角。因此：

$$\alpha_{左}=\beta-180° \tag{12-3}$$
$$\alpha_{右}=180°-\beta$$

为便于设置曲线中点桩，在测角的同时，需要将分角线方向标定出来。分角线水平度盘读数为两方向读数中间值。

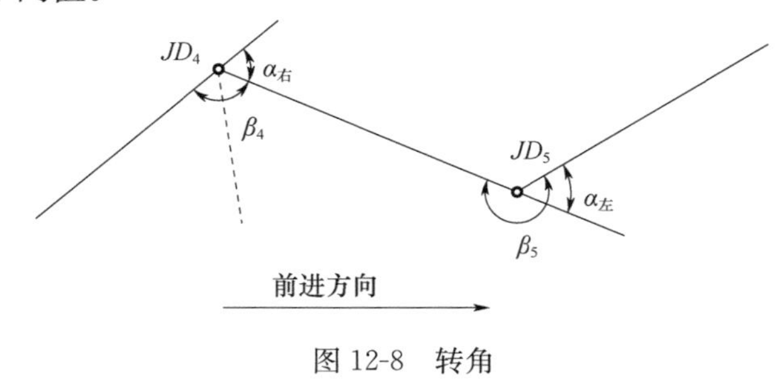

图 12-8 转角

12.1.3 里程桩的设置

在中线测量过程中，须由路线起始点开始每隔一段距离钉设木桩标志以标定路线中线具体位置以及路线长度，所设的桩即为里程桩。里程桩的正面写有桩号，背面写有编号。桩号表示该桩点至路线起点的里程数，如某桩点距路线起点的里程为 2456.257m，则桩号记为 $K2+456.257$。编号反映桩间的排列顺序，宜按 0～9 为一组循环标注，以避免后续工作里程桩漏测。因里程桩设在路线中线上，所以也称为中桩。

1. 里程桩的类型

里程桩可分为整桩和加桩两种。在公路中线中的直线段上和曲线段上，按相关规定要求桩距而设置的桩称为整桩。它的里程桩号均为整数，且为要求桩距的整倍数。在实测过程中，为了测设方便，里程桩号应尽量避免采用零数桩号，一般宜采用 20m 或 50m 及其倍数。当量距至每百米及每公里时要钉设百米桩及公里桩。

加桩可分为地形加桩、地物加桩、曲线加桩、地质加桩、断链加桩和行政区域加桩等。

（1）地形加桩：沿路线中线在地面起伏突变处、横向坡度变化处以及天然河沟处等均应设置的里程桩。

（2）地物加桩：沿路线中线在有人工构造物处（如拟建桥梁、涵洞、隧道、挡土墙等构造物处；路线与其他公路、铁路、渠道、高压线、地下管线等交叉处，拆迁建筑物处，占用耕地及经济林的起终点处），均应设置里程桩。

（3）曲线加桩：曲线上设置的起点、中点、终点桩等。

（4）地质加桩：沿路线在土质变化处及地质不良地段的起、终点处要设置的里程桩。

（5）断链加桩：由于局部改线或事后发现距离错误或分段测量中由于假设起点里程等原因，致使路线的里程不连续，桩号与路线的实际里程不一致，这种现象称为“断链”；为说明该情况而设置的桩，称为断链加桩。测量中应尽量避免出现“断链”现象。

（6）行政区域加桩：在省、地（市）、县级行政区分界处应加桩。

（7）改、扩建路加桩：在改、扩建公路地形特征点、构造物和路面面层类型变化处应加的桩。

加桩应取位至米，特殊情况下可取位至 0.1m。

2. 里程桩的书写及钉设

对于中线控制桩，如路线起（终）点桩、公里桩、转点桩、大中桥位桩以及隧道起（终）点等重要桩，一般采用尺寸为 5cm×5cm×30cm 的方桩；其余里程桩一般多用(1.5～2)cm×5cm×25cm 的板桩。

（1）里程桩的书写：

所有中桩均应写明桩号和编号，在桩号书写时，除百米桩、公里桩和桥位桩要写明公里数外，其余桩可不写。另外，对于交点桩、转点桩及曲线基本桩还应在桩号之前标明桩名（一般标其缩写名称）。桩志一般用红色油漆或记号笔书写（在干旱地区或马上施工的路线也可用墨汁书写），书写字迹应工整醒目，一般应写在桩顶以下 5cm 范围内，否则将被埋于地面以下无法判别里程桩号。

（2）里程桩的钉设：

新线桩志打桩，不要露出地面太高，一般以 5cm 左右能露出桩号为宜。钉设时将写有桩号的一面朝向路线起点方向。对起控制作用的交点桩、转点桩以及一些重要的地物加桩，如桥位桩、隧道定位桩等桩顶钉一小铁钉表示点位。在距方桩 20cm 左右设置指示桩，上面书写桩的名称和桩号，字面朝向方桩。

改建桩志位于旧路上时，由于路面坚硬，不宜采用木桩，此时常采用大帽钢钉。钉桩时一律打桩至与地面齐平，然后在路旁一侧打上指示桩，桩上注明距中线的横向距离及其桩号，并以箭头指示中桩位置。在直线上，指示桩应钉在路线的同一侧；交点桩的指示桩应在圆心和交点连线方向的外侧，字面朝向交点；曲线主点桩的指示桩均应钉在曲线的外侧，字面朝向圆心。

遇到岩石地段无法钉桩时，应在岩石上凿刻“⊕”标记，表示桩位并在其旁边写明桩号、编号等。在潮湿或有虫蚀地区，特别是近期不施工的路线，对重要桩位（如路线起终点、交点、转点等）可改埋混凝土桩，以利于桩的长期保存。

12.2　曲线测设

道路线形中曲线的设计是为了保证行车安全、舒适，且使得线路线形合理。曲线包括平曲线和竖曲线，平曲线主要在路线转向处使用，而竖曲线一般在坡度变化处使用。

12.2.1　平曲线测设

道路平曲线分为圆曲线和缓和曲线。圆曲线是固定半径 R 的圆弧，缓和曲线是半径由无穷大向固定半径 R 逐渐变化或由固定半径 R_1 向固定半径 R_2 逐渐变化的曲线。平曲线线型在路线转向处使用。圆曲线测设内容，参考 10.5“圆曲线的测设”一节。此处着重分析缓和曲线的测设。

缓和曲线一般在直线段过渡到圆曲线或圆曲线过渡到圆曲线时使用。我国道路工程上的缓和曲线一般采用螺旋线。

螺旋线具有的特性：曲线上任意一点的曲率半径 R' 与该点至起点的曲线长 L 成反比，即

$$R' \propto \frac{1}{L} \text{或} R' = \frac{c}{L} \tag{12-4}$$

式中，c 为常数，称为曲率半径变化率。

当 L 等于缓和曲线长 L_0 时，缓和曲线半径 R' 等于圆曲线半径 R ，因此

$$c = R \cdot L_0 \tag{12-5}$$

即得

$$R' = \frac{R \cdot L_0}{L} \tag{12-6}$$

当相邻两圆曲线半径差值超过一定值时，需要通过缓和曲线进行过渡，由半径 R_1 渐变为 R_2（设 $R_1 > R_2$ ），则

$$c = \frac{L'_0 \cdot R_1 \cdot R_2}{R_1 - R_2} \tag{12-7}$$

式中，L'_0 是连接圆曲线的缓和曲线的长度。

在缓和曲线上，任一点 p 处的切线与曲线起点或终点切线的交角 β 与缓和曲线上该点至曲线起点或终点的曲线长所对应的中心角相等，如图 12-9 所示：

则，

$$\mathrm{d}\beta = \frac{\mathrm{d}L}{\rho} = \frac{L}{c} \cdot \mathrm{d}L \tag{12-8}$$

式中，ρ 为微分点处曲率半径（ R' ）。

对上式进行积分得：

$$\beta = \frac{L^2}{2c} = \frac{L^2}{2RL_0} \tag{12-9}$$

当 $L = L_0$ 时，缓和曲线全长对应中心角即为缓和曲线切线角，亦称为缓和曲线角 β_0 ，由上式可知：

$$\beta_0 = \frac{L_0}{2R} \tag{12-10}$$

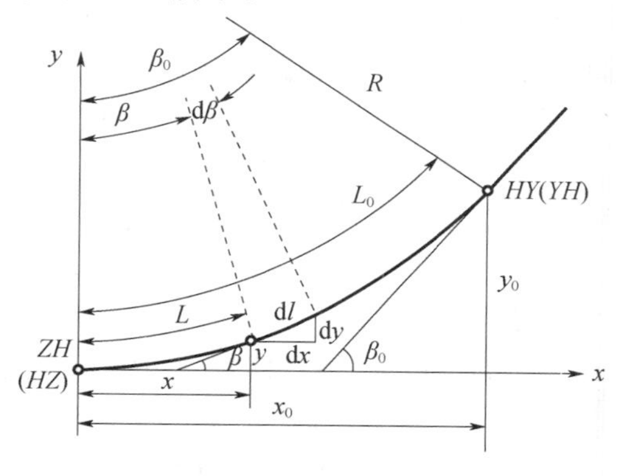

图 12-9　中心角相等

1. 带有缓和曲线的圆曲线要素及里程计算

带有缓和曲线的圆曲线主点包括：直缓（ ZH ）点、缓圆（ HY ）点、曲中（ QZ ）点、圆缓（ YH ）点、缓直（ HZ ）点（图 12-10）。直缓点为直线段与第一缓和曲线的衔接点；缓圆点为第一缓和曲线与圆曲线的衔接点；曲中点为圆曲线中点；圆缓点为圆曲线与第二缓和曲线的衔接点；缓直点为第二缓和曲线与直线段的衔接点。

在直线与圆曲线间嵌入缓和曲线后，圆曲线应内移一段距离，方能使缓和曲线和直线、圆曲线衔接。而内移圆曲线可以采用移动圆心和缩短半径的方法实现。我国铁路、公路一般采用内移圆心的方法。

加入缓和曲线后其曲线要素计算如下：

$$\begin{cases} T = m + (R + p) \cdot \tan\dfrac{\alpha}{2} \\ L_c = \dfrac{\pi \cdot (\alpha - 2\beta_0) \cdot R}{180^\circ} + 2L_0 \\ E = (R + p) \cdot \sec\dfrac{\alpha}{2} - R \\ D = 2T - L_c \end{cases} \tag{12-11}$$

式中，α 为偏角（线路转向角）；L_0 为缓和曲线长；m 为切线增长值；p 为内移；β_0 为 HY 或 YH 缓和曲线角度。

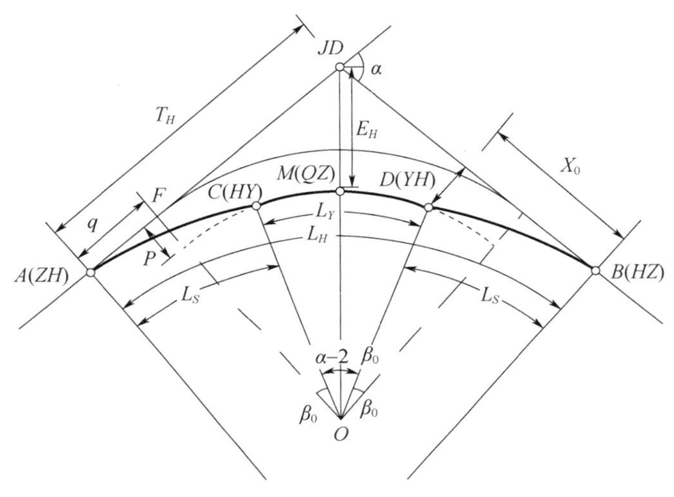

图 12-10　缓和曲线

由此，带缓和曲线的圆曲线的主点里程可以自 JD 的里程推算而得：

$$ZH\text{ 点里程} = JD\text{ 里程} - T$$

$$HY\text{ 点里程} = ZH\text{ 点里程} + L_0$$

$$QZ\text{ 点里程} = ZH\text{ 点里程} + \frac{L_c}{2}$$

$$HZ\text{ 点里程} = ZH\text{ 点里程} + L_c = JD\text{ 里程} + T - D$$

$$YH\text{ 点里程} = HZ\text{ 点里程} - L_0$$

2. 带缓和曲线圆曲线参数方程

（1）缓和曲线参数方程：

如图 12-9 所示，以 ZH 点为原点，过 ZH 点切线方向为 x 轴，对应半径方向为 y 轴。设缓和曲线上任意一点 p 的坐标为 x 、y ，在 p 点取微分弧 $\mathrm{d}l$，则有

$$\begin{cases} \mathrm{d}x = \mathrm{d}l \times \cos\beta \\ \mathrm{d}y = \mathrm{d}l \times \sin\beta \end{cases} \tag{12-12}$$

将三角函数级数展开得

$$\begin{cases} \cos\beta = 1 - \dfrac{\beta^2}{2!} - \dfrac{\beta^4}{4!} - LL \\ \sin\beta = \beta - \dfrac{\beta^3}{3!} + \dfrac{\beta^5}{5!} - LL \end{cases} \tag{12-13}$$

又 $\beta=\dfrac{L^2}{2RL_0}$，代入，积分后略去高次项，得：

$$\begin{cases} x=L-\dfrac{L^5}{40R^2L_0^2} \\ y=\dfrac{L^3}{6RL_0}-\dfrac{L^7}{336R^3L_0^3} \end{cases} \tag{12-14}$$

上式称为缓和曲线参数方程。

当 $L=L_0$ 时，得到 HY 点坐标为：

$$\begin{cases} x_0=L_0-\dfrac{L_0^3}{40R^2} \\ y_0=\dfrac{L_0^2}{6R}-\dfrac{L_0^4}{336R^3} \end{cases} \tag{12-15}$$

另外，由图 12-10 可知

$$\begin{cases} R+p=y_0+R\cdot\cos\beta_0 \\ m+R\cdot\sin\beta_0=x_0 \end{cases} \tag{12-16}$$

即

$$\begin{cases} p=y_0-R(1-\cos\beta_0) \\ m=x_0-R\cdot\sin\beta_0 \end{cases} \tag{12-17}$$

将参数方程代入得

$$\begin{cases} p=\dfrac{L_0^2}{24R} \\ m=\dfrac{L_0}{2}-\dfrac{L_0^3}{240R^2} \end{cases} \tag{12-18}$$

（2）有缓和曲线的圆曲线的参数方程：

对于两端设置缓和曲线的圆曲线而言，如图 12-11 所示，仍以上述方式建立坐标系，则圆曲线上任一点 i 的坐标为：

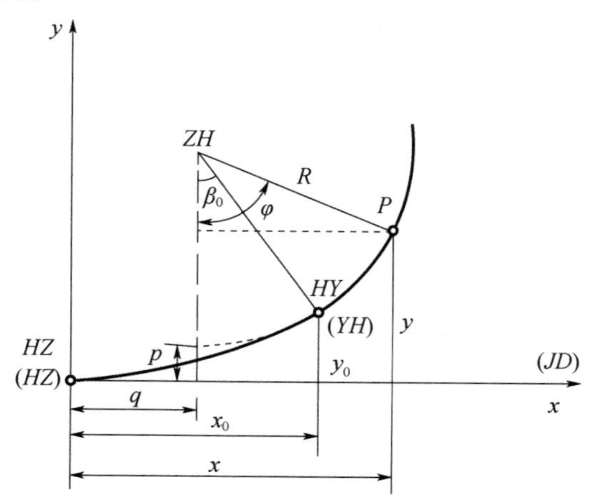

图 12-11　两端设置缓和曲线的圆曲线

$$\begin{cases} x_i=R\cdot\sin\alpha_i+m \\ y_i=R(1-\cos\alpha_i)+p \end{cases} \tag{12-19}$$

$$\alpha_i = \frac{L_i - L_0}{R} + \frac{L_0}{2R} = \frac{L_i - 0.5L_0}{R}\text{（弧度）} \quad (12\text{-}20)$$

式中，L_0 为缓和曲线长；L_i 为 i 点至 ZH 弧长。

将 α_i 代入，并用级数展开，略去高次项，化简后得到参数方程：

$$\begin{cases} x_i = L_i - 0.5L_0 - \dfrac{(L_i - 0.5L_0)^3}{6R^2} + \dfrac{(L_i - 0.5L_0)^5}{120R^4} - \cdots + m \\ y_i = \dfrac{(L_i - 0.5L_0)^2}{2R} - \dfrac{(L_i - 0.5L_0)^4}{24R^3} + \dfrac{(L_i - 0.5L_0)^6}{720R^5} - \cdots + p \end{cases} \quad (12\text{-}21)$$

由 α_i 可知，圆曲线上任意一点 i 的切线与 ZH 点切线的夹角为：

$$\beta = \frac{l_i - 0.5L_0}{R} \cdot \rho \quad (12\text{-}22)$$

（3）带缓和曲线的圆曲线测设：

带缓和曲线的圆曲线上，主点 ZH 点、HZ 点、QZ 点测设方法与圆曲线主点测设方法相同，HY 点与 YH 点可根据缓和曲线参数方程求得的坐标用切线支距法测设，如图 12-12 所示。带有缓和曲线的圆曲线的详细测设可采用切线支距法、偏角法等。切线支距法参考 10.5“圆曲线的测设”一节。

利用偏角法进行详细测设，首先需要分别计算缓和曲线点与圆曲线点偏角值。

缓和曲线部分自 ZH（或 HZ）等间隔设置细部点。曲线上任一点 j 与 ZH 点的连线相对于 ZH 切线的偏角 i_j，则 $\tan i_j = \dfrac{y_j}{x_j}$，在实际测设中，因偏角较小，一般取 $i_j \approx \tan i_j = \dfrac{y_j}{x_j}$。

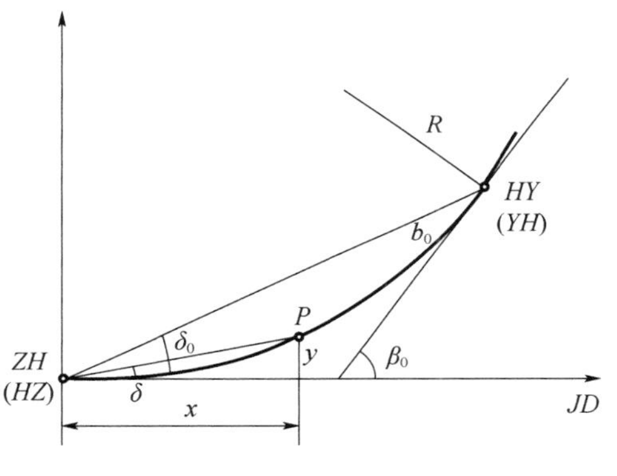

图 12-12　切线支距法

将参数方程取第一项代入，得：

$$i_j = \frac{L_j^2}{6Rl_0}\left(x \approx L_j, y \approx \frac{L_j^3}{6RL_0}\right) \quad (12\text{-}23)$$

因此可得到偏角关系：

$$i_1 : i_2 \cdots : i_0 = \frac{L_1^2}{6Rl_0} : \frac{L_2^2}{6Rl_0} \cdots : \frac{L_0^2}{6Rl_0} = L_1^2 : L_2^2 \cdots : L_0^2 \quad (12\text{-}24)$$

$$i_j : \beta_j = \frac{L_j^2}{6Rl_0} : \frac{L_j^2}{2Rl_0} = 1 : 3 \quad (12\text{-}25)$$

即

$$i_j = \frac{\beta_j}{3}$$

圆曲线上点的测设，以点与 HY 连线与 HY 点切线方向构成的偏角践行测设（或以 HY 切线方向与半径方向分别为坐标轴进行），那么，切线方向的确定是关键所在。

① i_0、β_0 可以计算得到。

② 在 HY 架设仪器，瞄准 ZH 桩点，偏转角度（$\beta_0 - i_0$），即是切线反向。

计算出偏角后，采用与偏角法测设圆曲线相同的步骤，将仪器起始位置分别架设在 ZH（HZ）点和 HY（YH）点测设带有缓和曲线的圆曲线。在采用短弦偏角法测设时，由于缓和曲线弦长近似等于相应的弧长，因此，一般采用弧长值代替弦长值进行测设。

12.2.2 竖曲线测设

路线纵断面是由许多坡度不同的坡段组成，在纵坡坡度变换处设置的竖向曲线称为竖曲线，纵断面上坡度变化点称为变坡点。竖曲线分为凸竖曲线和凹竖曲线。竖曲线可采用圆曲线，也可采用抛物线，我国多采用圆曲线。

如图 12-13 所示，由于坡度的数值不大，纵断面上的为转折角 α ，可以认为

$$\alpha = \Delta i = i_1 - i_2 = | i_1 | + | i_2 | \quad (12\text{-}26)$$

式中，Δi 是变坡点的坡度代数差；i_1 、i_2 认为自带正负。

由图可知竖曲线的切线长度：

$$T = R\tan\frac{\alpha}{2} \quad (12\text{-}27)$$

因为 α 很小，故 $\tan\frac{\alpha}{2} \approx \frac{\alpha}{2} = \frac{1}{2}(i_1 - i_2)$ ，所

以

$$T = \frac{1}{2}R(i_1 - i_2) = \frac{R\Delta i}{2} \quad (12\text{-}28)$$

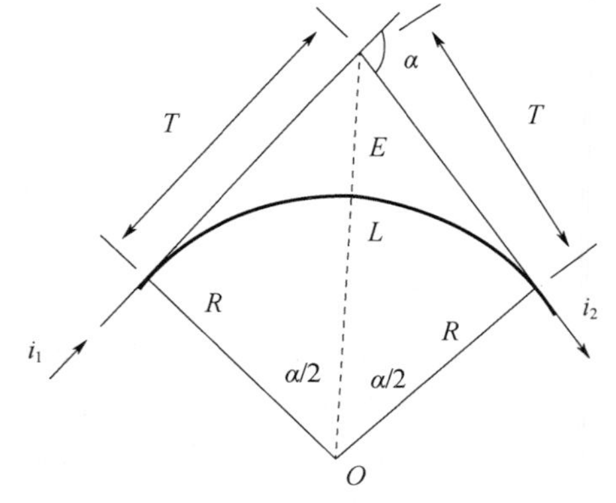

图 12-13 竖曲线测设

由于转折角 α 很小，所以竖曲线长：

$$L \approx 2T \quad (12\text{-}29)$$

如图 12-13 所示，以竖曲线起点（或终点）为原点，以坡度线方向为 x 轴、半径方向为 y 轴建立坐标系。因为 α 很小，所以可以认为曲线上各点的 y 坐标方向与半径方向一致，也认为各点的 y 坐标是切线上与曲线上的高程差，所以有 $(R+y)^2 = R^2 + x^2$ ，于是得 $2Ry = x^2 - y^2$。又因为 y^2 相较于 x^2 而言很小，可以忽略不计，故 $2Ry = x^2$ 即 $y = \frac{x^2}{2R}$ 算得高程 y，即可按坡度线上各点高程，计算各曲线点的高程。

由图可知，y 的最大值为 E ，故

$$E = \frac{T^2}{2R} \quad (12\text{-}30)$$

竖曲线上各点的放样，可以根据各点的里程及高程，以附近已经放样桩为依据，采用量距确定点位并钉桩标定，然后根据附近已知高程点放样设计高程。

12.3 路基、路面施工放样

12.3.1 路基施工与竣工测量

路基施工放样的主要任务是放样出指示路线中线位置的中线桩和指示路基施工边线的边桩，以此作为施工依据。

由于中线桩在线路定测时已经在实地标定，但经过一段时间之后，中线桩有可能已经损坏、丢失或移位；因此，在施工前需要进行线路复测以对中线进行恢复，并且对定测资料进

行可靠及完整性检查。其方法与内容和线路定测时基本相同。在复测开始之前，需要检核路线测量资料并与设计单位进行桩橛交接。

线路复测目的是为检查定测的质量以及恢复定测桩点，应当尽量按定测所设桩点进行。对于丢失、损坏或移位的桩点，则应予以恢复。若复测结果与定测成果的较差在容许范围之内，则沿用定测成果；若较差超出容许范围，则应查明原因，确认定测有误或桩点移位，则应当采用复测结果替代定测成果使用。

线路复测后，对中线上主要控制桩点需要设置护桩，如交点桩、转点桩、曲线主点桩等，目的是在施工中挖掉中桩点后方便中线桩的恢复。护桩应当选在施工范围以外不易被破坏的地方设置。一般在两根交叉的方向线上布设，每个方向设置护桩不少于 3 个，方向线夹角不小于 60°。可以绘制护桩位置草图及注释文字说明，方便后期使用。

1. 路基边线放样

路基的填方称为路堤，挖方称为路堑。路基边线放样即将路基的填挖边界线在实地标定出来，以作为施工依据。路堤需要放样坡脚线位置，而路堑则需要放样坡顶线位置，并用木桩标定。测设边桩可以用下列方法。

（1）利用横断面图求取边桩位置：

当测得路线横断面图精度较高时，可将设计路基断面绘制于图上，直接从图上量取线路中线桩至边桩的水平距离，并在实地利用中线桩对边桩进行桩点放样。

（2）平坦地面路基边桩位置的测设：

如图 12-14 所示，对于平坦地面而言，路基边桩到中线桩的水平距离 D_1 和 D_2 计算公式为：

$$D_1 = D_2 = \frac{b}{2} + m \cdot H \tag{12-31}$$

式中，b 为路堤的路基顶面宽度或路堑的路基顶面加侧沟和平台宽度；m 为边坡的坡度比例系数；H 为中桩的填挖高度。

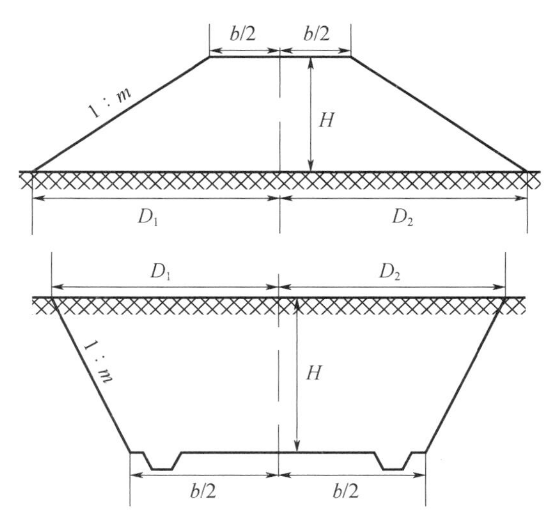

图 12-14　平坦地面路基边桩测设

（3）倾斜地面路基边桩位置的测设：

当在倾斜地面上测设路基边桩时，一般情况下路基两侧边桩距离不相等。此时，可以采用逐次试探的方法测设。如图 12-15 所示，对于路堤边桩测设，先假定边桩点位置并立尺，则坡下一侧可得：

$$\Delta D_1=\frac{b}{2}+(H-\Delta h)\cdot m-D'_1 \tag{12-32}$$

式中，Δh 为中桩点到立尺点高差（自带正负，此时下坡为负值），由水准测量测得；D'_1 为立尺点与中桩点水平距离；ΔD_1 为立尺点需要移动的水平距离，当 ΔD_1 小于允许值时，立尺点即可认为是边桩点，若不满足，则移动水准尺重复操作直至满足要求。

同理，可得上坡一侧：

$$\Delta D_2=\frac{b}{2}+(H-\Delta h)\cdot m-D'_2 \tag{12-33}$$

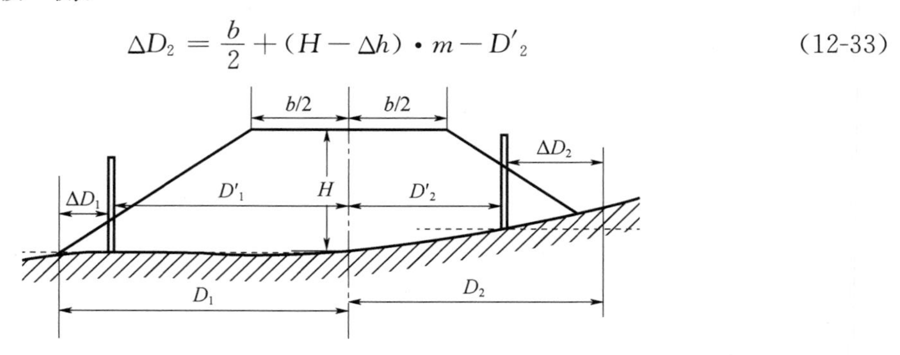

图 12-15　倾斜地面路基边桩测设

图 12-16 所示为路堑边桩测设。可知，上坡侧：

$$\Delta D_1=\frac{b}{2}+(H+\Delta h)\cdot m-D'_1 \tag{12-34}$$

下坡侧：

$$\Delta D_2=\frac{b}{2}+(H+\Delta h)\cdot m-D'_2 \tag{12-35}$$

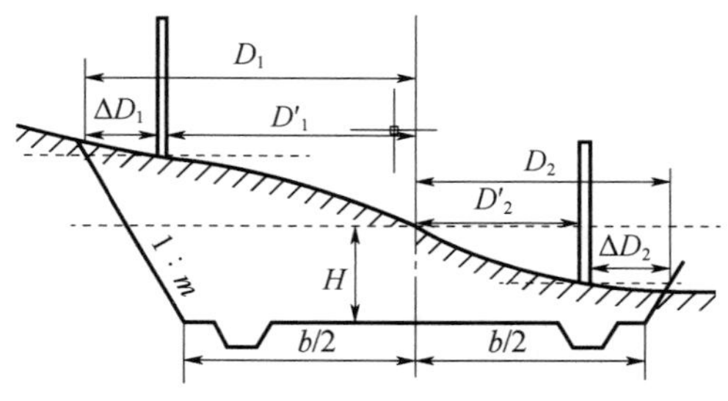

图 12-16　路堑边桩测设

（4）边坡样板法：

施工前按设计边坡坡度制作边坡样板，当地面坡度不大时，利用边坡样板放样路基边桩比较方便。如图 12-15 所示，路基下坡侧测设，计算 D'_1，然后实地用钢尺自中线桩测设 D'_1 得到桩点，并用水准仪在该桩上测设出中桩等高高程线，在该位置设置边坡样板，则斜边与地面交点即路基边线点。也可以在中线桩两侧均测设距离 $\frac{b}{2}$ 钉桩，然后利用水准仪在桩上测设路基坡顶高程线，设置边坡样板得到路基边线点。

2. 路基高程放样

路基高程的放样是通过中桩高程测量，在中桩和路肩边上竖立标杆，标杆上画出标记，表示需要填筑的高度。如果填土高度较大，标杆长度不够，可以在桩上先画出一标记，再注明填土高度到标记以上若干米。挖土时，在标杆上画一记号，再注明需要下挖的尺寸。待土方接近设计标高时，再用水准仪精确标出最后应达到的标高。对于高填方路堤或深挖路堑施工，应每施工一定的高度，就进行一次施工高度外边桩和高程的放样。

3. 路基边坡的测设

对于高填方或深挖方路基，施工中路基断面的控制非常重要，通常采用下面方法：

（1）路堤边坡与填高的控制方法：

路堤填土时，应按铺土厚度及边坡坡度往上填土。每填高 1m，应在填土高度处测设边桩，校对填筑面宽度，并将标杆移至填筑面边上，显示正确的边线位置。填至路堤顶面时，要重新测设一次中桩，检查路堤的宽度、横坡、边坡、纵坡。

（2）路堑边坡及挖深的控制方法：

路堑机械开挖过程中，一般都需配合人力同时进行整修边坡工作。每深挖 1～1.5m 应测设边坡，复核路基宽度，并将标杆向下移到挖土面的正确边线位置上。挖至路堑底面时，要重新测设一次中桩，检查路堤的宽度、横坡、边坡、纵坡。

为了保证填挖的边坡达到设计要求，有时还应实地标定设计边坡，以方便施工。可以采用下面方法：

① 用竹竿、绳索测设边坡。如图 12-17 所示，O 为中桩点，A、B 为边桩点，C、D 距中桩距离均为路基顶面宽度的一半，在 C、D 立竹竿并且用麻绳与边桩相连，竹竿上连接点位置的高度即为路基填土高度；麻绳所具有的坡度即为边坡坡度。若路堤较高，可采用分层挂线的方法控制边坡测设，如图 12-18 所示。

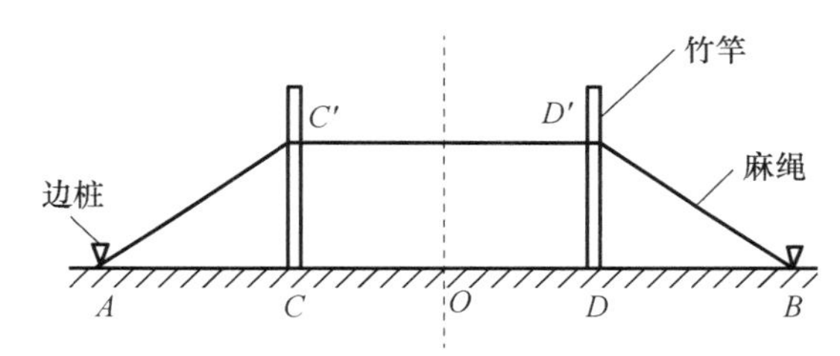

图 12-17　竹竿麻绳测设边坡

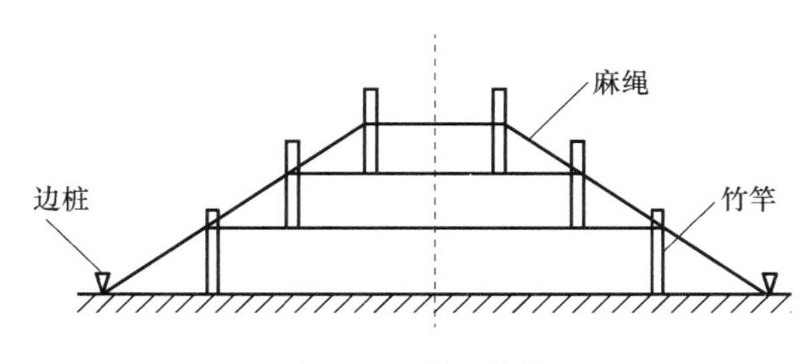

图 12-18　分层挂线

② 用边坡样板测设边坡。施工时，利用边坡样板测设与检核路堤与路堑的边坡，如图 12-19所示，在路堑开挖过程中，在边桩外侧立固定的边坡样板，可以方便控制边坡开挖。

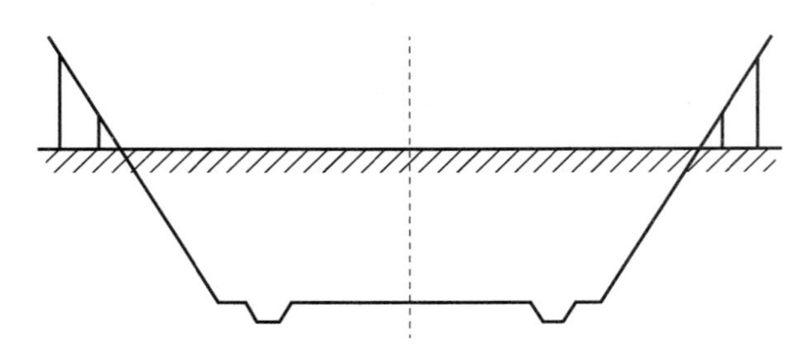

图 12-19 用边坡样板控制路堑边坡

4. 路基竣工测量

在路基土石方工程完工后，应进行竣工测量，其目的是最后确定中线位置，同时检查路基施工质量是否符合设计要求。这项工作的内容包括中线测量、高程测量和横断面测量。

（1）中线测量：

首先根据护桩将主要控制点恢复到路基上。在有桥梁、隧道的地段，进行线路中线贯通测量，应检查桥梁、隧道的中线是否与恢复的线路中线相符合。贯通测量后的中线位置应符合路基宽度和建筑物接近界限的要求，同时中线控制桩和交点桩应固桩。

在中线上，直线地段每 50m、曲线地段每 20m 测设一桩。道岔中心、变坡点、桥涵中心等处需钉设加桩。全线里程自起点连续计算，消除由于局部改线或假设起始里程而造成的里程“断链”。

（2）高程测量：

竣工时应将水准点引测到稳固建筑物上或埋设永久性混凝土水准点，其间距不应大于 2km，其精度与定测时要求相同，全线高程必须统一，消除因采用不同高程基准而产生的“断高”。然后对线路中桩进行高程测量，实测中桩高程与设计高程之差不应超过 5cm。

（3）横断面测量：

横断面测量主要检查路基横坡、宽度、边坡坡度、侧沟与天沟的深度和宽度，与设计值之差不得大于 5cm，路基护道宽度误差不得大于 10cm。若不符合要求或误差超限，应进行整修。

12.3.2 公路路面施工测量

公路路面施工是公路施工的最后一个环节，对施工放样的精度要求要比路基施工阶段高。为了保证精度、便于测量，通常在路面施工之前，将线路两侧的平面和高程点引测到路基上，一般设置在桥台上、涵洞的压顶石上等，这样高程点不易被破坏。引测的控制点，要进行附合闭合测量，精度应满足相关要求。

路面施工阶段的测量工作仍然包括恢复中线、放样高程、测量边线。

1. 路槽放样

图 12-20 所示为公路路面横断面结构示意图。路基竣工后，在顶面上进行中线恢复，每隔 10m 加密中桩，再沿中桩横断面方向通过距离测设路槽边桩、路肩边桩。然后采用高程放样方法使桩顶高程等于将要铺筑路面的高程。

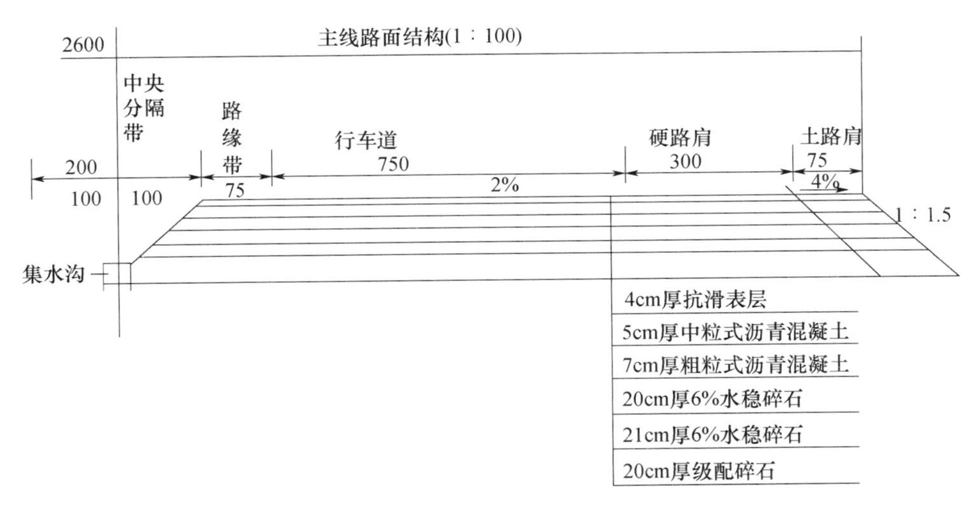

图 12-20　公路路面横断面结构示意图（单位：cm）

2. 路面放样

公路路面各结构层的放样仍然是先恢复中线，由其控制边线，再放样各结构层的高程。

公路路面边桩放样可以先放样中线，再根据中线位置和横断面尺寸用钢尺丈量放样边线，各结构层的高程放样可以采用水准测量的方法。在高等级公路路面施工中，常常直接利用全站仪或 GPSRTK 技术根据边桩的设计坐标和高程进行放样。

12.4　桥梁施工测量

12.4.1　中、小型桥梁施工测量

建造跨度较小的中、小型桥梁，一般用临时筑坝截断河流或选在枯水季节进行，以便于桥梁的墩台定位和施工。

1. 桥梁中轴线和施工控制桩测设

中、小型桥梁的中轴线一般由道路的中线来决定。如图 12-21 所示，先根据道路中线上的桥位施工控制桩 k_1、k_2、k_3、k_4，在道路中线上测设出桥台和桥墩的中心桩位 A、B、C、D 点，然后分别在 A、B、C、D 点上安置经纬仪或全站仪，在与桥梁中轴线垂直的方向上测设桥台和桥墩的施工控制桩位 a_1、a_2、a_3、a_4、…，每侧要有两个控制桩。测设时的量距要用经过检定的钢尺，加尺长、温度和高差改正，或用光电测距仪。测距相对精度应不低于 1∶5000，以保证桥梁上部结构安装时能正确定位。

2. 桥梁基础施工测量

根据桥台和桥墩的中心线定出基坑开挖边界线。基坑上口尺寸应根据坑深、边坡坡度、土质情况和施工方法而定。基坑挖到一定深度后，应根据水准点高程在坑壁测设距基底设计面为一定高差（例如 1m）的平水桩，作为控制挖深及基础施工的高程依据。

基础完工后，应根据上述的桥位控制桩和墩、台控制桩用经纬仪或全站仪在基础面上测设墩、台中心及其相互垂直的纵、横轴线，根据纵、横轴线即可放样桥台、桥墩的外廓线，

作为砌筑桥台和桥墩的依据。

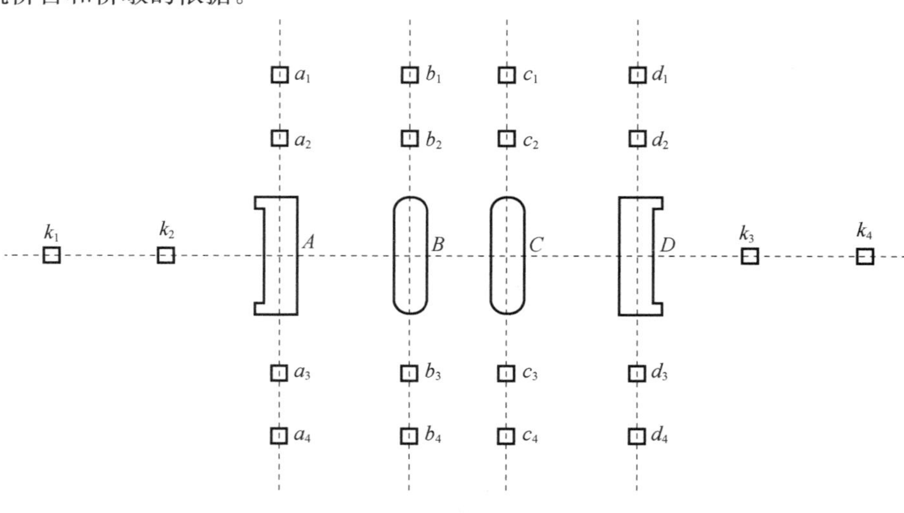

图 12-21　中、小型桥梁施工测设

12.4.2　大型桥梁施工测量

大型桥梁的施工必须布设平面控制网和高程控制网。控制网布设后，再用较精密的方法进行墩台定位和架设梁部结构的定位。

1. 桥梁墩台定位测量

桥梁墩台定位测量是桥梁施工测量中的关键性工作。水中桥墩的基础施工定位时，开始常采用方向交会法测设，这是由于水中桥墩基础一般采用浮运法施工，目标处于浮动中的不稳定状态，在其上无法架设测量仪器使其稳定。在已稳固的墩台基础上定位，可以采用方向交会法、距离交会法或极坐标法进行测设。同样，桥梁上层结构的施工放样也可以采用这些方法。

（1）方向交会法：

方向交会法是利用已知数据计算出交会角度，利用仪器架设在已知点进行交会测设。如图 12-22 所示，AB 为桥梁轴线，C、D 为已知控制点，若已知桥梁墩台中心点 p_1 的设计坐标，即可计算交会角。

由控制点坐标可计算象限角，如 CB 边象限角为：

$$R_{CB} = \arctan(\frac{y_B - y_C}{x_B - x_C})$$

由象限角大小及所在象限（利用坐标差正负值判断）可得坐标方位角。因此，可得 α_{CB}、α_{Cp_1}、α_{Dp_1}、α_{DB}。

$$\alpha = \alpha_{CB} - \alpha_{Cp_1} \tag{12-36}$$

$$\beta = \alpha_{Dp_1} - \alpha_{DB} \tag{12-37}$$

若已知轴线控制点 B 至桥梁墩台中心距离，且已知基线 BC、BD 与轴线夹角，也可以计算交会角进行测设。实测过程中一般在 C、B、D 三点架设仪器，分三个方向交会 p_1 点。从而三个方向在交会点附近形成误差三角形，在误差三角形内选一点作为墩台位置。

在交会测设墩台位置时，交会角应介于 30°～120°之间，且交会点顶角（ω）应接近

90°，否则需要在基线上布设辅助点以测设不满足要求的墩台点。

如图 12-23 所示，在控制点 C、B、D 分别架设仪器用交会法测设桥墩中心点，B 点仪器照准 A 确定桥轴线方向，C、D 点的仪器分别照准 B 点后测设 α 和 β。交会方向线可采用正倒镜分中法定出。由于误差的存在，形成交会误差三角形 $\triangle p_a p_b p_c$。若 $p_a p_b$ 距离在容许范围之内，则以 p_c 在桥轴线上的投影点 p_i 作为桥墩中心点。

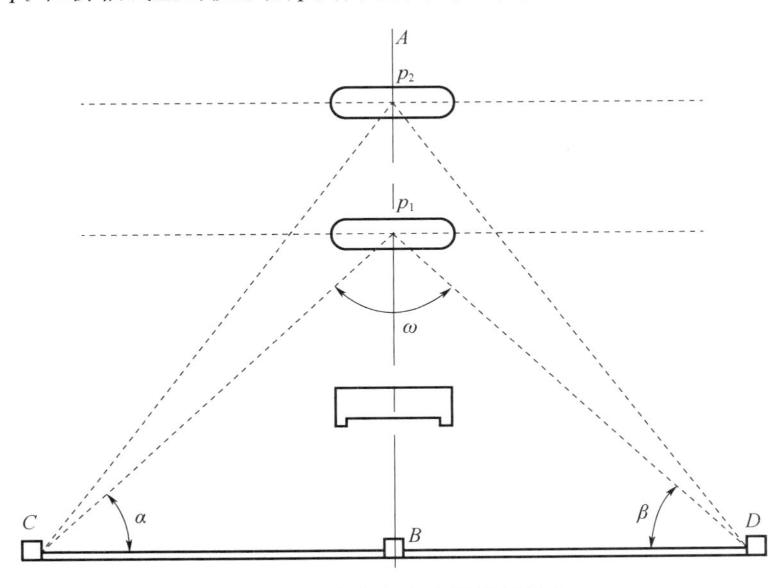

图 12-22　方向交会法测设桥墩台

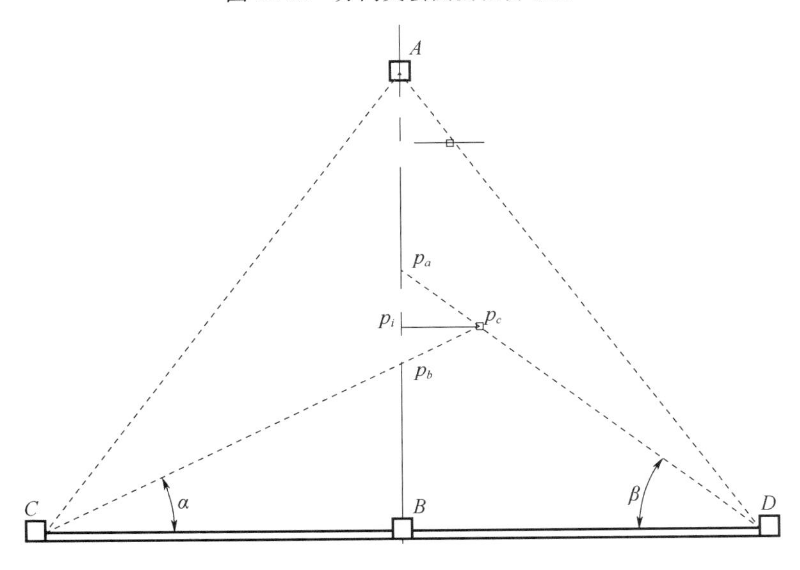

图 12-23　方向交会法误差三角形

由于在桥墩施工中，中心点测设需要重复进行，因此，在一次交会后将 Cp_i、Dp_i 延长至对岸设立对应观测点，之后重复测设可以直接照准对岸观测点进行交会，就可得到桥墩中心点位。

（2）极坐标法：

在使用全站仪进行桥梁墩台定位时，用极坐标法放样桥墩中心位置，则更为方便。对于极坐标法，原则上可以将仪器放于任何控制点上，按计算的放样数据（角度和距离）测设点位。但是，若是测设桥墩中心位置，最好是将仪器安置于桥轴线点 A 和 B 上，瞄准另一轴线点作为定向，然后指挥棱镜安置在该方向上测设 Ap_i 或 Bp_i 的距离，即可定出桥墩中心位置 p_i 点。

2. 桥梁架设施工测量

架梁是桥梁施工的最后一道工序。桥梁的梁部结构一般较为复杂，要求对墩台的方向、距离和高程用较高的精度测设，作为架梁的依据。

墩台施工时，对其中心点位、中线方向和垂直方向以及墩顶高程都应作精密测定，测定时是以各个墩台为单元进行的。架梁是要将相邻墩台联系起来，考虑其相关精度，使中心点间的方向、距离和高差符合设计要求。

桥梁中心线方向测定，在直线部分采用准直法，用经纬仪或全站仪正倒镜分中法进行观测，刻划方向线。如果跨距较大（>100m），应逐个桥墩观测左、右角。在曲线部分，则采用偏角法或极坐标法。

相邻桥墩中心点间距离用光电测距仪观测，适当调整中心点使之与设计里程完全一致。在中心标板上刻划里程线，与已经刻划的墩台方向线正交，形成代表墩台中心的十字线。

墩台顶面高程用精密水准测定，构成水准路线，附合到两岸基本水准点上。

大跨度钢桁架或连续梁采用悬臂或半悬臂安装架设，拼装开始前，应在横梁顶部和底部分中点作出标志，架梁时，用以测量钢梁中心线与桥梁中心线的偏差。

在梁的拼装开始后，应通过不断的测量以保证钢梁始终在正确的平面位置上。立面位置（高程）应符合设计的大节点挠度和整跨拱度的要求。如果梁的拼装系自两端悬臂、跨中合龙，则合龙前的测量重点应放在两端悬臂的相对关系上。中心线方向偏差、最近节点高程差和距离差要符合设计和施工要求。

全桥架通后，作一次方向、距离和高程的全面测量，其成果资料可作为桥梁整体纵、横移动和起落调整的施工依据，称为全桥贯通测量。

12.5 隧道施工测量

12.5.1 地面控制测量

1. 平面控制测量

平面控制测量的主要任务是测定各洞口控制点的相对位置，以便根据洞口控制点，按设计方向进行开挖，并能以规定的精度进行贯通。通常采用控制测量方法有以下几种：

（1）直接定线法：

对于长度较短的山区直线隧道，可以采用直接定线法。如图 12-24 所示，A、D 两点是设计选定的直线隧道的洞口点，直接定线法就是把直线隧道的中线方向在地面标定出来，即在地面测设位于 $A-D$ 直线方向上的 B、C 两点，作为洞口点 A、D 向洞内引测中线方向时的定向点。实际测设采用逐步趋近改正的方法使得 C、D 位于直线 $A-B$ 上。

（2）三角网法：

对于较长隧道且地形复杂的地区，地面平面控制一般采用三角网形式，隧道洞口点作为控制网点进行布设。如图 12-25 所示，隧道控制网可以利用仪器测角成为三角网也可以既测定边也测定角度成为边角网。图 12-25（a）为直线隧道控制网，图 12-25（b）为含有曲线隧道控制网。

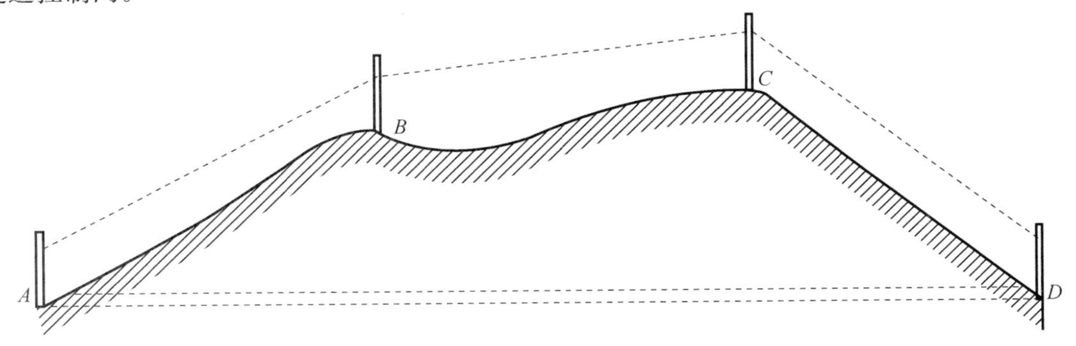

图 12-24　隧道直接定线法

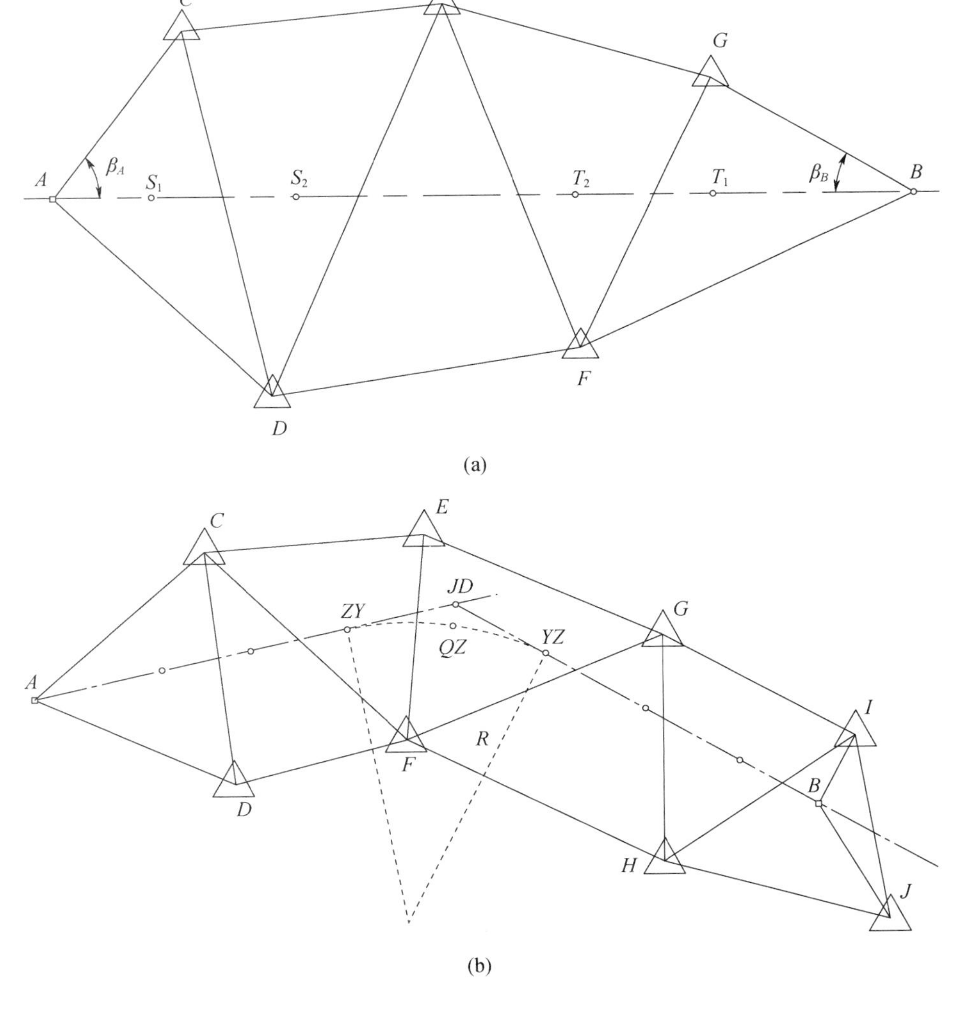

图 12-25　边角网平面控制

（3）全球导航卫星系统法：

用全球导航卫星系统（GNSS）定位技术作为地面平面控制时，只需要在洞口布设洞口控制点和定向点。除了洞口点及其定向点之间因需要作施工定向观测而应通视之外，洞口点与另外洞口点之间不需要通视，与国家控制点或城市控制点之间的联测也不需要通视。因此，地面控制点的布设灵活方便，且其定位精度目前已能超过常规的平面控制网，加上其他优点，GNSS 定位技术已在隧道地面控制测量中得到广泛应用。

2. 高程控制测量

高程控制测量的任务是按规定的精度施测隧道洞口（包括隧道的进出口、竖井口、斜井口和坑道口）附近水准点的高程，作为高程引测进洞内的依据。水准路线应选择连接洞口最平坦和最短的线路，以期达到设站少、观测快、精度高的要求。一般每一洞口埋设的水准点应不少于 3 个，且以能安置一次水准仪即可联测，便于检测其高程的稳定性。两端洞口之间的距离大于 1km 时，应在中间增设临时水准点。高程控制通常采用三、四等水准测量的方法，按往返或闭合水准路线施测。

12.5.2 联系测量

1. 隧道洞口联系测量

（1）掘进方向测设数据计算：

图 12-25（a）所示为一直线隧道的平面控制网，A、B、C、…、G 为地面平面控制点，其中 A 、B 为洞口点，S_1 、S_2 为 A 点洞口进洞后的隧道中线第一个和第二个里程桩。为了求得 A 点洞口隧道中线掘进方向及掘进后测设中线里程桩 S_1 ，计算下列极坐标法测设数据：

$$\alpha_{AC} = \arctan \frac{y_C - y_A}{x_C - x_A}$$

$$\alpha_{AB} = \arctan \frac{y_B - y_A}{x_B - x_A}$$

$$\beta_A = \alpha_{AB} - \alpha_{AC}$$

$$D_{AS_1} = \sqrt{(x_{S_1} - x_A)^2 + (y_{S_1} - y_A)^2}$$

对于 B 点洞口的掘进测设数据，可以作类似的计算。对于中间具有曲线的隧道，隧道中线交点 JD 的坐标和曲线半径 R 已由设计所指定，因此可以计算出测设两端进洞口隧道中线的方向和里程。掘进达到曲线段的里程以后，可以按照测设道路圆曲线的方法测设曲线上的里程桩。

（2）洞口掘进方向标定：

隧道贯通的横向误差主要由测设隧道中线方向的精度所决定，而进洞时的初始方向尤为重要。因此，在隧道洞口，要埋设若干个固定点，将中线方向标定于地面上，作为开始掘进及以后洞内控制点联测的依据。如图 12-26 所示，用 1、2、3、4 桩标定掘进方向，再在洞口点 A 处沿与中线垂直方向上埋 5、6、7、8 桩作为校核。所有标定方向桩应采用混凝土桩或石桩，埋设在施工中不被破坏的地方，并测定 A 点至 2、3、6、7 等桩位的距离。这样有了方向桩和相应数据，在施工过程中，可以随时检查或恢复进洞控制点的位置和进洞中线的方向和里程。有时在现场无法丈量距离，则可在各 45°方向再打下两对桩，成“米”字形控制，用 4 个方向线把进洞控制点的位置固定下来。

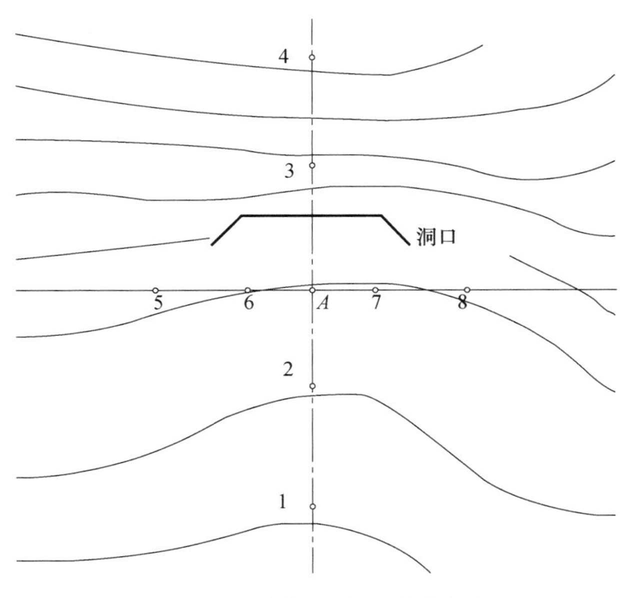

图 12-26　隧道洞口掘金方向标定

(3) 洞内施工点位高程测设：

对于平洞，根据洞口水准点，用一般水准测量方法，测设洞内施工点位高程。对于深洞，则采用深基坑传递高程的方法测设洞内施工点高程。

2. 竖井联系测量

在隧道施工中，可以用开挖竖井的方法来增加工作面，将整个隧道分成若干段，实行分段开挖，例如，城市地下铁道的建造，每个地下车站是一个大型竖井，在站与站之间用盾构进行掘进，施工可以不受城市地面密集建筑物和繁忙交通的影响。

为了保证地下各开挖面能准确贯通，必须将地面控制网中的点位坐标、方位角和高程经过竖井传递到地下，建立地面和井下统一的工程控制网坐标系统，这项工作称为“竖井联系测量”。

(1) 一井定向：

通过一个竖井口，用垂线投影法将地面控制点的坐标和方位角传递至井下隧道施工面，称为“一井定向”，如图 12-27 所示。在竖井口的井架上设 V_1、V_2 两个投影点，向井下投影的方法可以用垂球线法或用垂准仪法。下面介绍用高精度垂准仪进行一井定向以传递坐标和方位角的方法。在竖井上方的井架上 V_1 和 V_2 两个投影点上架设垂准仪，分别向井底 V'_1 和 V'_2 两个可以微动的投影点进行垂直投影。

进行联系测量时，如图 12-28 所示，在井口地面平面控制点 A 上安置全站仪，瞄准平面控制点 S 及投影点 V_1 和 V_2，观测水平方向，测定水平角 ω 和 α，同时测定井上联系三角形 $\triangle AV_1V_2$ 的三边长度 a，b，c。同时，在井下隧道口的洞内导线点 B 上也安置全站仪，瞄准另一洞内导线点 T 和投影点 V'_1 和 V'_2，测定水平角 ω' 和 α' 和井下联系三角形 $\triangle BV'_1V'_2$ 中的三边长度 a'，b'，c'。联系三角形应布置成直伸形状，α 和 α' 角应为很小的角度（$<3°$），b/a 的比值应大于 1.5，即 a 应尽可能大，这样有利于提高传递方位角的精度。

经过井上、下联系三角形的解算，将地面控制点的坐标和方位角通过投影点 V_1 和 V_2 传递至井下的洞内导线点。联系三角形的解算方法如下：

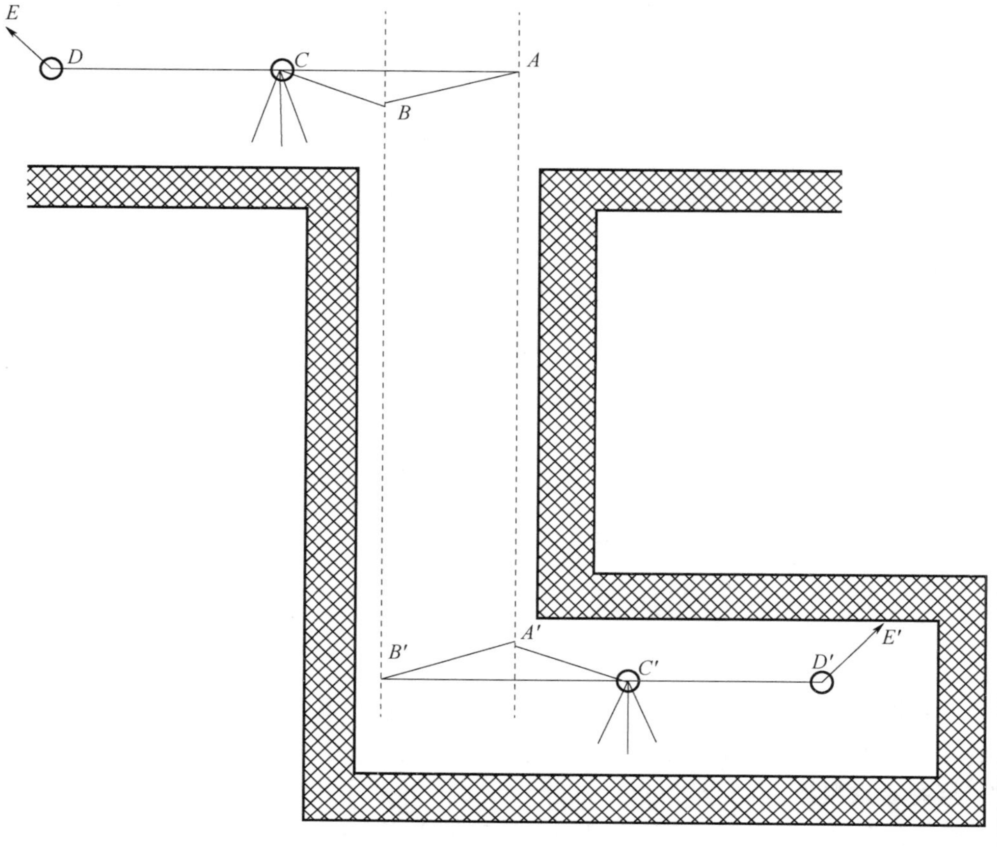

图 12-27　一井定向（一）

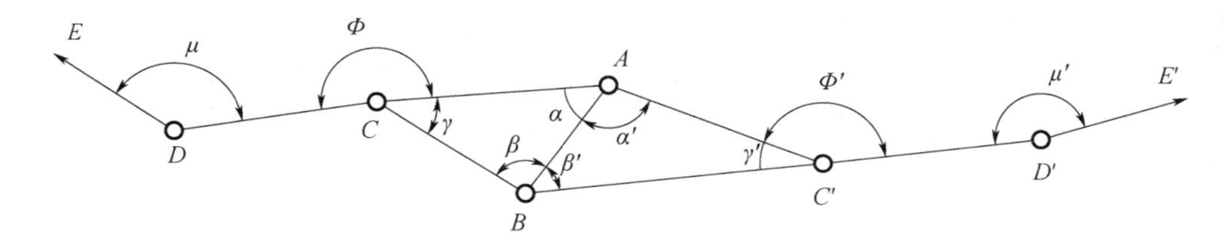

图 12-28　一井定向（二）

① 井上联系三角形解算，根据地面控制点 A 和 S 的坐标，反算 A—S 的方位角：

$$\alpha_{AS} = \arctan\left(\frac{y_S - y_A}{x_S - x_A}\right)$$

根据测得的水平角 α 和 ω，推算 b 边和 c 边的方位角：

$$\alpha_b = \alpha_{AS} - \omega$$

$$\alpha_c = \alpha_{AS} - (\omega + \alpha)$$

根据 b 边和 c 边的边长及方位角，由 A 点坐标推算 V_1 和 V_2 点坐标（x_1，y_1）和(x_2，y_2)：

$$x_1 = x_A + c \cdot \cos\alpha_c$$

$$y_1 = y_A + c \cdot \sin\alpha_c$$

$$x_2 = x_A + b \cdot \cos\alpha_b$$

$$y_2 = y_A + b \cdot \sin\alpha_b$$

算得的 V_1 和 V_2 点坐标应与测量而得的边长 a 按下式作检核：

$$a = \sqrt{(x_1 - x_2)^2 + (y_1 - y_2)^2}$$

根据 V_1 和 V_2 点的坐标，反算投影边 V_1-V_2 的方位角：

$$\alpha_{1,2} = \arctan\left(\frac{y_2 - y_1}{x_2 - x_1}\right)$$

② 井下联系三角形解算，根据井下观测的水平角 α' 和边长 a'、b'，用正弦定律计算水平角 β：

$$\frac{\sin\beta}{b'} = \frac{\sin\alpha'}{a'}$$

$$\beta = \arcsin\left(\frac{b'}{a'}\sin\alpha'\right)$$

根据投影边方位角 $\alpha_{1,2}$ 和 β 角，推算 c' 边的方位角：

$$\alpha'_c = \alpha_{1,2} + \beta \pm 180°$$

根据 c' 边的边长及方位角，由 V_2 点坐标推算洞内导线点 B 的坐标：

$$x_B = x_2 + c'\cos\alpha_{c'}$$

$$y_B = y_2 + c'\sin\alpha_{c'}$$

根据井下观测的水平角 α' 和 ω'，推算第一条洞内导线边的方位角：

$$\alpha_{BT} = \alpha_{c'} + (\alpha' + \omega') \pm 180°$$

洞内导线取得起始点 B 的坐标和起始边 B-T 的方位角以后，即可向隧道开挖方向延伸，测设隧道中线点。

（2）两井定向：

两井定向是在两个竖井中分别测设一根铅垂线（用垂准仪投影或挂大垂球），由于两垂线间的距离大大增加，因而减小了投影点误差对井下方位角推算的影响，有利于提高洞内导线的精度。

两井定向时，地面上采用导线测量方法测定两投影点的坐标。在井下，利用两竖井间的贯通巷道，在两垂直投影点之间布设无定向导线，以求得连接两投影点间的方位角和计算井下导线点的坐标。采用两井定向时的井上和井下联系测量控制网布设图形，如图 12-29 所示，A、B、C 为地面控制点，其中 A、B 为近井点（靠近井口的控制点），V_1、V_2 为两个竖井中的垂直投影点，V_1—E—F—V_2 组成井下无定向导线。通过无定向导线的计算，得到井下控制点 V_1、E、F、V_2 的坐标。

对于无连接角导线，首先假设导线第一条边的坐标方位角作为起始方向，依次推算出各导线边的假定坐标方位角，然后按支导线的计算方法推求各导线点的假定坐标。由于假定方向及测量误差，导致计算所得已知点坐标与真值不相等。可用导线固定边已知长度和已知方位角分别作为导线的尺度标准和定向标准对导线进行缩放和旋转。

如图 12-30 所示，设 δ 为导线旋转角，m 为缩放比，则有：

$$\frac{S_{AC}}{S'_{AC}} = \frac{S_{AD}}{S'_{AD}} = \frac{S_{AB}}{S'_{AB}} = m$$

$$\alpha_{AC} - \alpha'_{AC} = \alpha_{AD} - \alpha'_{AD} = \alpha_{AB} - \alpha'_{AB} = \delta$$

又

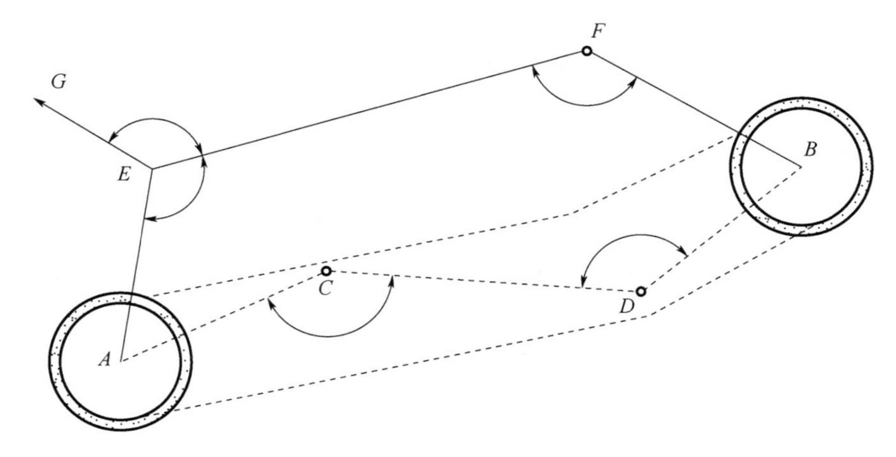

图 12-29　两井定向

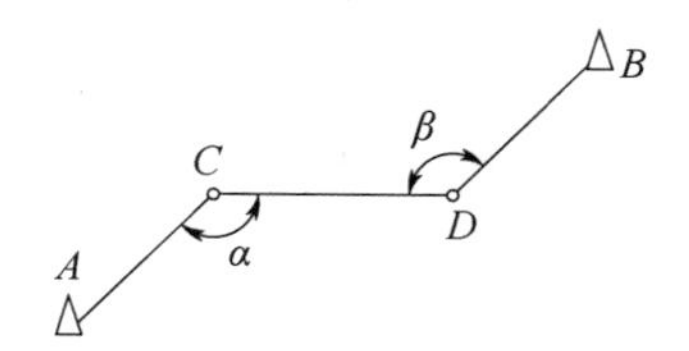

图 12-30　无定向导线

$$\begin{cases}\Delta x_{Ai}=x_i-x_A=S_{Ai}\cdot\cos\alpha_{Ai}\\ \Delta y_{Ai}=y_i-y_A=S_{Ai}\cdot\sin\alpha_{Ai}\end{cases}$$

因此

$$\begin{cases}\Delta x_{Ai}=m\cdot S'_{Ai}\cdot\cos(\alpha'_{Ai}+\delta)=m\cdot S'_{Ai}\cdot(\cos\alpha'_{Ai}\cdot\cos\delta-\sin\alpha'_{Ai}\cdot\sin\delta)\\ \Delta y_{Ai}=m\cdot S'_{Ai}\cdot\sin(\alpha'_{Ai}+\delta)=m\cdot S'_{Ai}\cdot(\sin\alpha'_{Ai}\cdot\cos\delta+\cos\alpha'_{Ai}\cdot\sin\delta)\end{cases}$$

令 $m_1=m\cdot\cos\delta$，$m_2=m\cdot\sin\delta$，则有

$$\begin{cases}\Delta x_{Ai}=m_1\cdot\Delta x'_{Ai}-m_2\cdot\Delta y'_{Ai}\\ \Delta y_{Ai}=m_1\cdot\Delta y'_{Ai}+m_2\cdot\Delta x'_{Ai}\end{cases}$$

当导线点 i 为终点 B 时，上式变为

$$\begin{cases}\Delta x_{AB}=m_1\cdot\Delta x'_{AB}-m_2\cdot\Delta y'_{AB}\\ \Delta y_{AB}=m_1\cdot\Delta y'_{AB}+m_2\cdot\Delta x'_{AB}\end{cases}$$

式中，Δx_{AB} 、Δy_{AB} 为已知值，$\Delta x'_{AB}$ 、$\Delta y'_{AB}$ 为坐标增量计算值，由此解算出 m_1 、m_2 ：

$$\begin{cases}m_1=\dfrac{\Delta x'_{AB}\cdot\Delta x_{AB}+\Delta y'_{AB}\cdot\Delta y_{AB}}{(\Delta x'_{AB})^2+(\Delta y'_{AB})^2}\\ m_2=\dfrac{\Delta x'_{AB}\cdot\Delta y_{AB}-\Delta y'_{AB}\cdot\Delta x_{AB}}{(\Delta x'_{AB})^2+(\Delta y'_{AB})^2}\end{cases}$$

将 m_1 、m_2 代入，可得计算导线点坐标的公式：

$$\begin{cases}x_i=x_A+m_1(x'_i-x_A)-m_2(y'_i-y_A)\\ y_i=y_A+m_1(y'_i-y_A)+m_2(x'_i-x_A)\end{cases}$$

其精度可采用固定边长相对闭合差 k 来评定，即

$$k = \frac{1}{(S_{AB}/|f_S|)}$$

式中，$f_S = S'_{AB} - S_{AB}$ 。

12.5.3　地下施工测量

1. 隧道内中线和腰线测设

（1）中线测设：

根据隧道洞口中线控制桩和中线方向桩，在洞口开挖面上测设开挖中线，并逐步往洞内引测隧道中线上的里程桩。一般情况为隧道每掘进 20m，要埋设一个中线里程桩。中线桩可以埋设在隧道的底部或顶部。

（2）腰线测设：

在隧道施工中，为了控制施工的标高和隧道横断面的放样，在隧道岩壁上，每隔一定距离（5～10m）测设出比洞底设计地坪高出 1m 的标高线，称为“腰线”。腰线的高程由引测入洞内的施工水准点进行测设。由于隧道的纵断面有一定的设计坡度，因此腰线的高程按设计坡度随中线的里程而变化，它与隧道底设计地坪高程线是平行的。

2. 隧道洞内施工导线测量和水准测量

（1）洞内导线测量：

测设隧道中线时，通常每掘进 20m 埋一中线桩。由于定线误差，所有中线桩不可能严格位于设计位置上。所以，隧道每掘进至一定长度（直线隧道每隔 100m 左右，曲线隧道按通视条件尽可能放长），就应布设一个导线点，也可以利用原来测设的中线桩作为导线点，组成洞内施工导线。洞内施工导线只能布置成支导线的形式，并随着隧道的掘进逐渐延伸。支导线缺少检核条件，观测时应特别注意，导线的转折角应观测左角和右角，导线边长应往返测量。为了防止施工中可能发生的点位变动，导线必须定期复测，进行检核。根据导线点的坐标来检查和调整中线桩的位置，随着隧道的掘进，导线测量必须及时跟上，以确保贯通精度。

（2）洞内水准：

用洞内水准测量控制隧道施工的高程。隧道向前掘进，每隔 50m 应设置一个洞内水准点，并据此测设腰线。通常情况下，可利用导线点位作为水准点，也可将水准点埋设在洞顶或洞壁上，但都应力求稳固和便于观测。洞内水准测量均为支水准路线，除应往返观测外，还须经常进行复测。

（3）掘进方向指示：

根据洞内施工导线和已经测设的中线桩，可以用经纬仪或全站仪指示出隧道的掘进方向。由于隧道洞内工作面狭小，光线暗淡，因此，在施工掘进的定向工作中，经常使用激光经纬仪或激光全站仪，以及专用的激光指示仪，用以指示掘进方向。激光指向具有直观、对其他工序影响小、便于实现自动控制等优点。例如，采用机械化掘进设备，用固定在一定位置上的激光指向仪，配以装在掘进机上的光电接收靶，在掘进机向前推进中，方向如果偏离了指向仪发出的激光束，则光电接收装置会自动指出偏移方向及偏移值，为掘进机提供自动控制的信息。

3. 盾构施工测量

盾构法隧道施工是一种先进的、综合性的施工技术，它是将隧道的定向掘进、土方和材料的运输、衬砌安装等各工种组合成一体的施工方法。其作业深度可以离地面很深，不受地面建筑和交通的影响；机械化和自动化程度很高，是一种先进的隧道施工方法，广泛用于城市地下铁道、越江隧道等的施工中。

思考题与习题

1. 什么是道路中线转点？与水准测量转点有何差异？

2. 什么是里程桩？什么地方应设置里程桩？

3. 什么叫缓和曲线？缓和曲线的作用是什么？

4. 已知设计中线平曲线中，圆曲线半径 $R=300$m，缓和曲线长 L_s 为 75m，交点的里程桩桩号为 K18＋325.58，转角 $\alpha_{左}=41°24'$。试计算该曲线的测设元素、主点里程，并说明主点的测设方法。

5. 已知线路某处相邻坡段的坡度分别为＋4/1000 和－6/1000，变坡点的里程为 K20＋340.16，变坡点的高程为 378.35m，该坡段以 $R=10000$m 的凸形竖曲线连接，并在曲线上每相距 10m 设置一曲线点，试计算其放样要素。

6. 试叙述路基边坡放样的方法及步骤。

7. 桥墩定位的方法有哪几种？

8. 什么是竖井联系测量？它包括哪些内容？

第 13 章　建筑物变形观测和竣工总平面图的编绘

13.1　建筑物变形观测概述

13.1.1　变形观测的意义

建筑物在施工过程和使用期间，因基础及其四周地层变形，建筑物外部荷载与内部应力的作用，导致建筑物随时间发生的垂直升降、水平位移、挠曲、倾斜、裂缝等，统称为变形。这种变形在一定范围内，可视为正常现象，但超过某一限度就会影响建筑物的正常使用，严重的还会危及建筑物的安全。为了建筑物的安全使用，研究变形的原因和规律，为建筑物的设计、施工、管理和科学研究提供可靠的资料，在建筑物的施工和运行管理期间需要进行建筑物的变形观测。

13.1.2　变形观测的内容

建筑物变形观测的主要内容有建筑物沉降观测、建筑物倾斜观测、建筑物裂缝观测和位移观测等，其中最基本的内容是建筑物的沉降观测。建筑物变形观测的任务是周期性地对设置在建筑物上的观测点进行重复观测，求得观测点位置的变化量。

13.1.3　变形观测的精度和频率

影响建筑物变形观测的主要因素是观测点的布设、观测的精度与频率。

建筑物变形观测的精度要求，取决于该建筑物变形值的大小和观测的目的。如果观测的目的是确保建筑物的安全，使变形值不超过某一允许的数值，则观测的中误差应小于允许变形值的 1/20～1/10。如果观测目的是研究其变形过程，则中误差应比这个数小得多，即观测精度还要更高。通常，从实用目的出发，对建筑物的观测应能反映 1～2mm 的沉降量。

变形观测的频率取决于变形值的大小和变形速度，以及观测目的。通常要求观测的次数既能反映出变化的过程，又不遗漏变化的时刻。一般在施工过程中观测频率应大些，周期可以是三天、七天、半月等，到了竣工投产以后，频率可小一些，一般有一个月、两个月、三个月、半年及一年等周期。除了按周期观测以外，在遇到特殊情况时，有时还要进行临时观测。

13.2　建筑物的沉降观测

建筑物沉降观测是用水准测量的方法，周期性地观测建筑物上的沉降观测点和水准基点之间的高差变化值。

13.2.1 水准基点和沉降观测点的布设

1. 水准基点的布设

水准基点是沉降观测的基准，因此水准基点的构造与埋设应满足以下要求：

（1）要有足够的稳定性。水准基点应埋设在建筑物沉降影响范围之外，距沉降观测点20～100m，观测方便，且不受施工影响的地方。

（2）要具备检核条件。为了互相检核，防止由于水准点的高程产生变化造成差错，水准基点最少应布设 3 个，以组成水准网。

（3）要满足一定的观测精度。对于拟测工程规模较大者，基点要统一布设在建筑物周围，便于缩短水准路线，提高观测精度。

（4）离开铁路、公路、地下管线和滑坡地带至少 5m。

（5）为防止冰冻影响，水准点埋设深度至少要在冰冻线以下 0.5m。

在有条件的情况下，基点可筑在基岩或永久稳固建筑物的墙角上。

城市地区的沉降观测水准基点可用二等水准与城市水准点联测。也可以采用假定高程。

2. 沉降观测点的布设

进行沉降观测的建筑物上应埋设沉降观测点，这项工作应由建筑设计部门提出布设方案，在施工期间进行埋设。观测点的数量和位置应能全面反映建筑物的沉降情况，这与建筑物或设备基础的结构、大小、荷载和地质条件有关。对于民用建筑，通常沿着建筑物的四周每隔 6～12m 布置一个观测点，在房屋转角、沉降缝或伸缩缝的两侧、基础形式改变处及地质条件改变处也应布设。当建筑物宽度大于 15m 时，还应在房屋内部纵轴线上和楼梯间布设观测点。工业厂房的观测点应布设在承重墙、厂房转角、柱子、伸缩缝两侧、设备基础上。烟囱、水塔、油罐、电视塔、高炉等构筑物，可在其基础的对称轴线上布设不少于 4 个观测点。

沉降观测点的埋设形式如图 13-1 所示。图 13-1（a）、（b）分别为承重墙和柱上的观测点，图 13-2 为基础上的观测点。

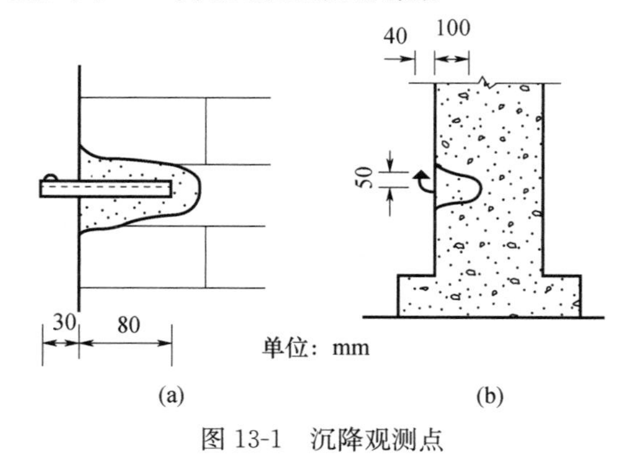

图 13-1 沉降观测点

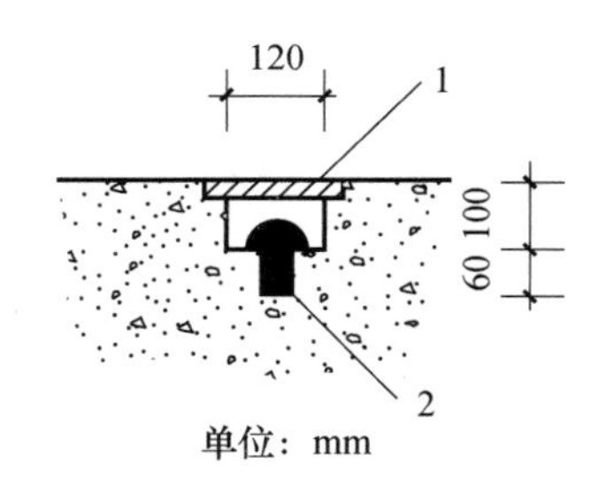

图 13-2 基础上的观测点

13.2.2 沉降观测的方法

1. 观测周期

沉降观测的时间和次数，应根据工程性质、工程进度、地基土质情况及基础荷载增加情况等决定。

当埋设的观测点稳固后，即可进行第一次观测。施工期间，一般建筑物每升高 1～2 层或每增加一次荷载，就要观测一次。如果中途停工时间较长，应在停工时和复工前各观测一次。发生大量沉降或严重裂缝时，应进行逐日或几天一次的连续观测。当基础附近地面荷载突然增加，周围大量积水或暴雨后，或周围大量挖方等，也应观测。竣工后应根据沉降量的大小及速度来确定观测周期。开始时可隔 1～2 月观测一次，以每次沉降量在 5～10mm 为限，否则要增加观测次数。以后随着沉降量的减少，再逐渐延长观测周期，可延长到 2～3 个月观测一次，直至沉降量稳定在每 100d 不超过 1mm 时，即可认为沉降稳定，方可停止观测。

2. 观测方法

对中、小型厂房和多层建筑物，可采用普通水准测量；对大型厂房和高层建筑，应采用精密水准测量方法。沉降观测的水准路线应形成闭合线路。与一般水准测量相比，不同的是视线长度较短，一般不大于 25m，一次安置仪器可以有几个前视点。为了提高观测精度，可采用“三固定”的方法（即固定人员，固定仪器和固定施测路线、镜位与转点）。观测时，前后视宜使用同一根水准尺，且保持前后视距大致相等。由于观测水准路线较短，其闭合差一般不会超过 1～2mm，闭合差可按测站平均分配。

13.2.3　沉降观测的成果整理

1. 整理原始记录

每次观测结束后，应检查记录的数据和计算是否正确，精度是否合格，然后调整闭合差，推算各沉降观测点的高程，列入成果表中。如果误差超限应重新观测。

2. 计算沉降量

计算各观测点本次沉降量（用各观测点本次观测所得的高程减去上次观测点高程）和累计沉降量（每次沉降量相加），并将观测日期和荷载情况一并记入沉降量统计表内（表 13-1）。

表 13-1　沉降量观测记录表

观测次数	观测时间	各观测点的沉降情况							施工进展情况	荷载情况（t/m²）
		1			2			…		
		高程（m）	本次下沉（mm）	累计下沉（mm）	高程（m）	本次下沉（mm）	累计下沉（mm）	…		
1	2005.01.10	70.454	0	0	70.473	0	0		一层平口	
2	2005.02.23	70.448	−6	−6	70.467	−6	−6		三层平口	40
3	2005.03.16	70.443	−5	−11	70.462	−5	−11		五层平口	60
4	2005.04.14	70.440	−3	−14	70.459	−3	−14		七层平口	70
5	2005.05.14	70.438	−2	−16	70.456	−3	−17		九层平口	80
6	2005.06.04	70.434	−4	−20	70.452	−4	−21		主体完	110
7	2005.08.30	70.429	−5	−25	70.447	−5	−26		竣工	
8	2005.11.06	70.425	−4	−29	70.445	−2	−28		使用	
9	2006.02.28	70.423	−2	−31	70.444	−1	−29			
10	2006.05.06	70.222	−1	−32	70.443	−1	−30			
11	2006.08.05	70.421	−1	−33	70.443	0	−30			
12	2006.12.25	70.421	0	−33	70.443	0	−30			

3. 绘制沉降曲线

为了更清楚地表示沉降量、荷载、时间三者之间的关系，并预估下一次观测点沉降的大约数值和沉降过程是否渐趋稳定或已经稳定，可分别绘制时间-沉降量关系曲线，以及时间-荷载关系曲线，如图 13-3 所示。

时间-沉降量关系曲线是以沉降量 s 为纵轴，时间 t 为横轴，根据每次观测日期和相应的沉降量按比例画出各点位置，然后将各点连接起来，并在曲线一端注明观测点号码，构成 s-t 曲线图。

同理，时间-荷载关系曲线是以荷载 p 为纵轴，时间 t 为横轴，构成 p-t 曲线图。

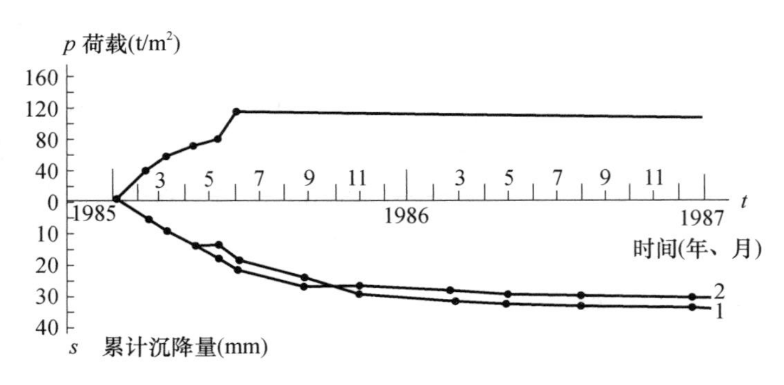

图 13-3 沉降曲线图

4. 沉降观测应提交的资料

（1）沉降观测（水准测量）记录手簿。

（2）沉降观测成果表。

（3）沉降量、地基荷载与延续时间三者的关系曲线图。

（4）编写沉降观测分析报告。

13.3 建筑物的倾斜观测

建筑物产生倾斜的原因主要是地基承载力不均匀、建筑物体型复杂形成不同荷载及受外力风荷载、地震等影响引起基础的不均匀沉降。测定建筑物倾斜度随时间而变化的工作称作倾斜观测。测定方法有两类：一类是直接测定法；另一类是通过测定建筑物基础的相对沉降确定其倾斜度。

13.3.1 一般建筑物的倾斜观测

对建筑物的倾斜观测应取互相垂直的两个墙面，同时观测其倾斜度。如图 13-4 所示，将经纬仪安置在离建筑物的距离大于其高度的 1.5 倍的固定测站上，瞄准上部的观测点 M，用盘左和盘右分中投点法定出下面的观测点 N。用同样方法，在与原观测方向垂直的另一方向，定出上观测点 P 与下观测点 Q。相隔一段时间后，在原固定测站上安置经纬仪，分别瞄准上观测点 M 与 P，仍用盘左和盘右分中投点法得

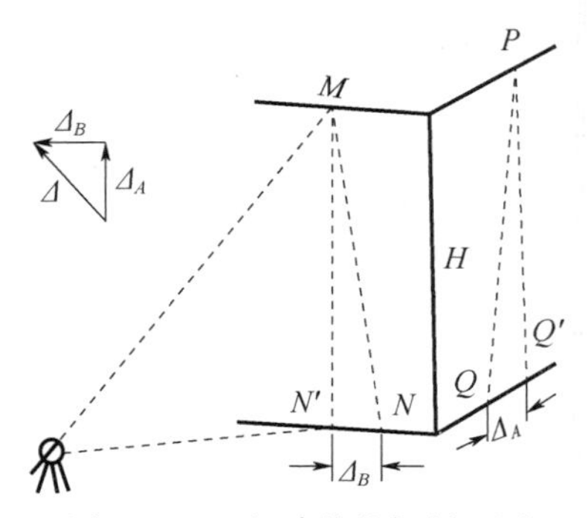

图 13-4 一般建筑物倾斜观测

N'与Q'，若N'与N、Q与Q'不重合，说明建筑物发生了倾斜。用尺量出倾斜位移分量Δ_A、Δ_B，然后求得建筑物的总倾斜位移量Δ，即：

$$\Delta=\sqrt{(\Delta_A)^2+(\Delta_B)^2} \tag{13-1}$$

建筑物的倾斜度i用下式表示：

$$i=\frac{\Delta}{H}=\tan\alpha \tag{13-2}$$

式中，H为建筑物高度；α为倾斜角。

13.3.2　圆形建筑物的倾斜观测

对于圆形构筑物如烟囱、水塔、电视塔等的倾斜观测，是在相互垂直的两个方向上测定其顶部中心对底部中心的偏心距。如图 13-5（a）所示，在烟囱底部横放一根水准尺，然后在水准尺的中垂线方向上安置经纬仪，经纬仪距烟囱的距离约为烟囱高度的 1.5 倍，用望远镜分别将烟囱顶部边缘两点A、A'及底部边缘B、B'分别投到水准尺上得到读数y_1、y'_1、y_2、y'_2，如图 13-5（b）所示。烟囱顶部中心O对底部中心O'在y方向上的偏心距为：

$$\Delta_y=\frac{y_1+y'_1}{2}-\frac{y_2+y'_2}{2} \tag{13-3}$$

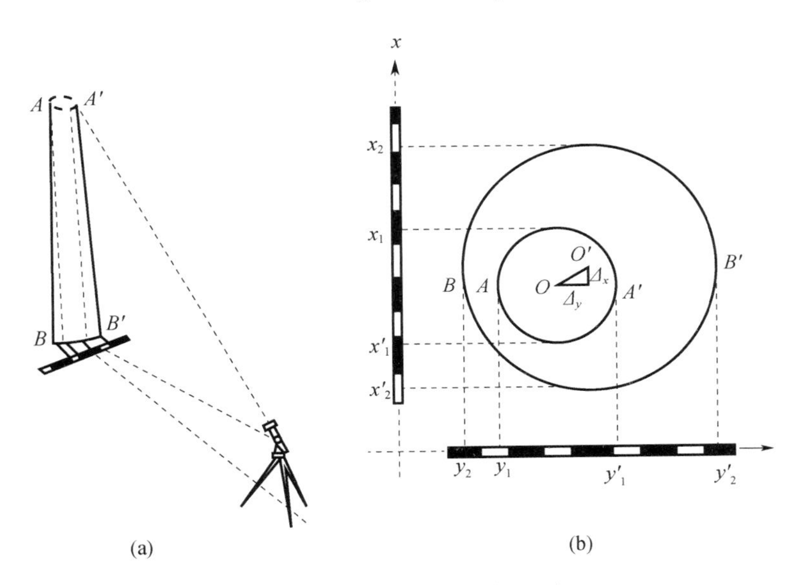

图 13-5　圆形建筑物倾斜观测

同法可测得在x方向上顶部中心O的偏心距为：

$$\Delta_x=\frac{x_1+x'_1}{2}-\frac{x_2+x'_2}{2} \tag{13-4}$$

顶部中心对底部中心的总偏心距Δ和倾斜度i可分别用式（13-1）和式（13-2）的方法计算。

13.3.3　建筑物的裂缝与位移观测

1. 裂缝观测

裂缝是在建筑物不均匀沉降情况下产生不容许应力及变形的结果。当建筑物中出现裂缝时，除了要增加沉降观测和倾斜观测次数外，还应立即进行裂缝变化的观测。同时，要根据沉降观测、倾斜观测和裂缝观测的资料研究和查明变形的特性及原因，以判定该建筑物是否安全。裂缝观测，应在代表性的裂缝两侧各设置一个固定观测标志，然后定期量取两标志的间距，即为裂缝变化的尺寸（包括长度、宽度和深度）。裂缝观测常用方法有以下几种：

（1）石膏板标志：

如图 13-6 所示，用厚 10mm、宽 50～80mm 的石膏板覆盖固定在裂缝的两侧。当裂缝继续开展与延伸时，裂缝上的标志即石膏板也随之开裂，从而观测裂缝继续发展的情况。

（2）白铁板标志：

如图 13-7 所示，用两块大小不同的矩形薄白铁板，分别钉在裂缝两侧，作为观测标志。固定时，使内外两块白铁板的边缘相互平行。将两铁板的端线相互投到另一块的表面上。用红油漆画成两个“▶”标记。如裂缝继续发展，则铁板端线与三角形边线逐渐离开，定期分别量取两组端线与边线之间的距离，取其平均值，即为裂缝扩大的宽度，连同观测时间一并记入手簿内。此外，还应观测裂缝的走向和长度等项目。

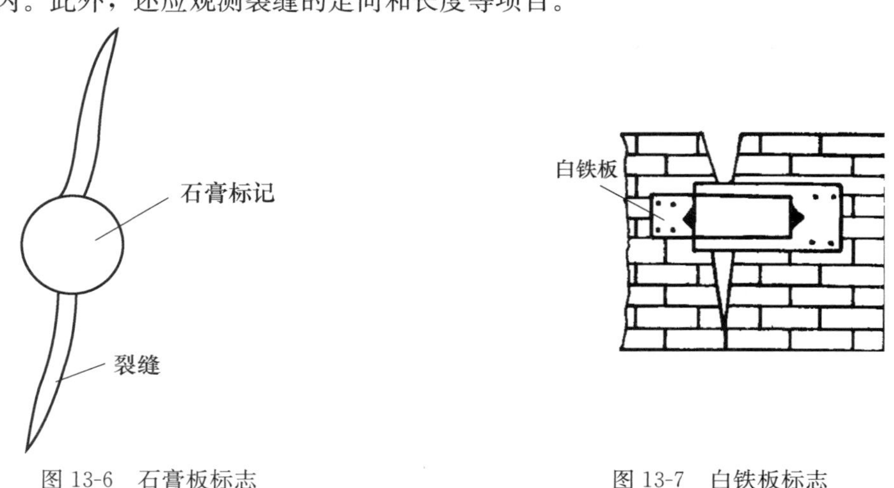

图 13-6　石膏板标志　　图 13-7　白铁板标志

（3）摄影测量：

对于重要部位的裂缝以及大面积的多条裂缝，应在固定距离及高度设站，进行近景摄影测量。通过对不同时期摄影照片的量测，可以确定裂缝变化的方向及尺寸。

2. 位移观测

位移观测是根据平面控制点测定建（构）筑物的平面位置随时间而移动的大小和方向。位移观测首先要在与建筑物位移方向的垂直方向上建立一条基准线，在建（构）筑物上埋设一些观测标志，定期测量各标志偏离基准线的距离，就可了解建（构）筑物随时间位移的情况。建筑物位移观测的方法有以下几种：

（1）基准线法：

如图 13-8 所示，A、B 为基线控制点，P 为观测点，当建筑物未产生位移时，P 点应位于基准线 AB 方向上。过一定时间观测，安置经纬仪于 A 点，采用盘左盘右取中法投点得 P'。若 P' 与 P 点不重合，说明建筑物已产生位移，可在建筑物上直接量出位移量 $\delta = P'P$。

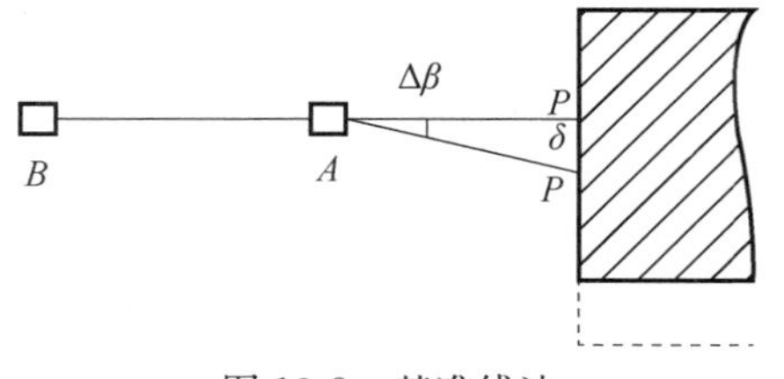

图 13-8　基准线法

也可采用视准线小角法用经纬仪精确测出观测点 P 与基准线 AB 的角度变化值 $\Delta\beta$，其位移量可按下式计算：

$$\delta = D_{AP} \cdot \frac{\Delta\beta}{\rho} \tag{13-5}$$

式中，D_{AP} 为 A、P 两点间的水平距离。

（2）角度前方交会法：

利用前方交会法对观测点进行角度观测，计算观测点的坐标，由两期之间的坐标值计算该点的水平位移。

13.4 竣工总平面图的编绘

13.4.1 编绘竣工总平面图的意义

竣工总平面图是对设计总平面图在施工结束后实际情况的全面反映。由于设计总平面图在施工过程中因各种原因需要进行变更，所以设计总平面图不能完全代替竣工总平面图。为此，施工结束后应及时编绘竣工总平面图，其意义在于：

（1）由于设计变更，建成后的建（构）筑物与原设计位置、尺寸或构造等有所不同，这种临时变更设计的情况必须通过测量反映到竣工总平面图上。

（2）便于日后进行各种设施的维修工作，特别是地下管道等隐蔽工程的检查和维修工作。

（3）为企业的扩建提供原有各项建筑物、地上和地下各种管线及测量控制点的坐标、高程等资料。

竣工总平面图一般应包括坐标系统，竣工建（构）筑物的位置和周围地形，主要地物点的解析数据，此外还应附必要的验收数据、说明、变更设计书及有关附图等资料。竣工总平面图的编绘包括竣工测量和资料编绘两方面内容。

13.4.2 竣工测量

在建筑施工过程中，每一个单项工程完成后，必须由施工单位进行竣工测量，提出工程的竣工测量成果，作为编绘竣工总平面图的依据。竣工测量的内容包括：

（1）工业厂房及一般建筑物：房角坐标、几何尺寸，各种管线进出口的位置和高程，地坪及房角标高，附注房屋编号、结构层数、面积和竣工时间等。

（2）地下管线：测定检修井、转折点、起终点的坐标，井盖、井底、沟槽和管顶等的高程，附注管道及检修井的编号、名称、管径、管材、间距、坡度和流向。

（3）架空管线：测定转折点、结点、交叉点和支点的坐标，支架间距、基础标高等。

（4）特种构筑物：测定沉淀池、烟囱、煤气罐等及其附属构筑物的外形和四角坐标，圆形构筑物的中心坐标，基础面标高，烟囱高度和沉淀池深度等。

（5）交通线路：测定线路起终点、交叉点和转折点坐标，曲线元素，桥涵等构筑物位置和高程，路面、人行道等。

（6）室外场地：测定围墙拐角点坐标，绿化地边界等。

竣工测量与地形图测量的方法相似，不同之处主要是竣工测量要测定许多细部点的坐标和高程，因此图根点的布设密度要大一些，细部点的测量精度要精确至厘米。

13.4.3 竣工总平面图的编绘

编绘竣工总平面图时需掌握的资料有设计总平面图、系统工程平面图、纵横断面图及变更设计的资料，施工放样资料，施工检查测量及竣工测量资料。编绘时，先在图纸上绘制坐标格网，再将设计总平面图上的图面内容，按其设计坐标用铅笔展绘在图纸上，以此作为底图，并用红色数字在图上表示出设计数据。每项工程竣工后，根据竣工测量成果用黑色线绘出该工程的实际形状，并将其坐标和高程注在图上。黑色与红色之差，即为施工与设计之差。随着施工的进展，逐步在底图上将铅笔线都绘成黑色线。经过整饰和清绘，即成为完整的竣工总平面图。

厂区地上和地下所有建筑物、构筑物如果都绘在一张竣工总平面图上，线条过于密集而不便于使用时，可以采用分类编图，如综合竣工总平面图、交通运输竣工总平面图、管线竣工总平面图等。比例尺一般采用 1∶1000。如不能清楚地表示某些特别密集的地区，也可局部采用 1∶500 的比例尺。

如果施工单位较多，多次转手，造成竣工测量资料不全，图面不完整或现场情况不符时，只好进行实地施测，再编绘竣工总平面图。

竣工总平面图的符号应与原设计图的符号一致。原设计图没有的图例符号，可使用新的图例符号，但应符合现行总平面设计的有关规定。在竣工总平面图上一般要用不同的颜色表示不同的工程对象。

竣工总平面图编绘完成后，应经原设计及施工单位技术负责人审核、会签。

13.4.4 竣工总平面图的附件

为了全面反映竣工成果，便于日后的管理、维修、扩建或改建，下列与竣工总平面图有关的一切资料，应分类装订成册，作为竣工总平面图的附件保存：

（1）建筑物场地及其附近的测量控制点布置图及坐标与高程一览表。

（2）建筑物或构筑物沉降及变形观测资料。

（3）地下管线竣工纵断面图。

（4）工程定位、放线检查及竣工测量的资料。

（5）设计变更文件及设计变更图。

（6）建设场地原始地形图等。

思考题与习题

1. 简述建筑物变形观测的目的以及变形观测的主要内容。

2. 试述建筑物的沉降观测方法。

3. 试述建筑物倾斜观测方法。

4. 烟囱经检测其顶部中心在两个互相垂直方向上各偏离底部中心 58mm 及 73mm，设烟囱的高度为 90m，试求烟囱的总倾斜度及其倾斜方向的倾角。

5. 为什么要编绘竣工总平面图？竣工总平面图包括哪些内容？

第 14 章　3S 技术简介

14.1　概述

14.1.1　什么是 3S 技术

“3S”技术主要包括：全球导航卫星系统 GNSS（Global Navigation Satellite System）、遥感 RS（Remote Sensing）、地理信息系统 GIS（Geographic Information System）。随着空间科学技术、计算机技术和信息通信以及互联网技术的发展，测绘学这一传统的学科在这些新技术的支撑和影响下，逐渐出现了以“3S”技术为代表的现代先进测绘科学技术，这也使测绘学科从理论到手段都发生了实质性的变化。目前这三种技术是空间系统中信息的获取、信息的存储管理、信息更新、分析和应用最主要的三种方式，是现代社会持续发展、资源合理开发和利用、城乡规划与管理决策、自然灾害的监测与预防、智慧城市和智能交通的重要技术手段。也是测绘学未来发展的趋势。

14.1.2　3S 技术的集成

最近几年，国际上对“3S”的研究和应用开始由最初的理论研究向集成化方向发展。目前的集成模式主要包括：

1. GNSS 和 GIS 的集成

利用 GIS 系统中的电子地图和 GNSS 接收机的实时定位技术，可以组成多种电子导航系统，目前最主要应用的是直接用 GPS 方法来对 GIS 进行实时的更新，该集成称为基于位置的服务（LBS）和移动定位服务（MLS），近几年 GNSS 和 GIS 的集成应用得比较广泛，如：智慧交通、灾场搜救、公安系统的案件侦破、无人驾驶等。

2. GIS 和 RS 的集成

RS 信息具有周期动态性、信息丰富、获取效率高等优势，而 GIS 具有空间数据的高效管理和灵活的空间数据综合分析能力，两者集成的目标在于充分利用 RS 和 GIS 各自的特点，快速、准确地实现遥感数据与地理信息数据集成和融合分析，为管理和决策提供服务，RS 普遍采集以像元为单位的栅格格式存储，而 GIS 主要以点、线、面（多边形）为单元的图形矢量格式存储，因此两者集成的关键是栅格数据和矢量数据的接口问题。目前 GIS 和 RS 的各种结合模式中主要分为 3 个阶段：（1）分散式集成模式（也称为平行的结合模式），即利用中间数据交换格式连接 GIS 和 RS 分析软件。（2）表面无缝集成模式，即两个软件模式具有共同的用户接口，同时显示，但实质上是分散的。（3）整体的集成模式，具有复合处理功能的软件体，栅格矢量数据一体化管理、高度集成（界面同一、数据库同一）的融合分析软件。

3. GNSS/INS 与 RS 的集成

RS 系统中的目标定位主要依赖于地面控制点，如果在没有地面控制点支撑的条件下要实时地完成遥感目标定位，则需要将遥感影像获取的瞬间空间三维位置（X，Y，Z）和传感器的姿态信息（φ，ω，k）用 GNSS/INS 同步记录下来。在精度要求不高的条件下，采用伪距法；对于高精度定位的需求，采用载波相位观测值进行差分定位。

目前 GNSS 动态差分定位的方法已用于航空/航天摄影测量进行无地面空中三角测量，利用该方法可以得到很高的定位精度，同时也可以提高作业效率，节省外业的工作时间和成本。

14.2 全球导航卫星系统

14.2.1 概述

卫星定位系统是利用在空间高速运动的卫星不断向地面以广播的形式发送某种频率的无线电信号，该信号中加载了可用于完成定位的测量信息，用户通过接收卫星播发的信息，完成三维位置的求解，从而来完成定位。卫星导航定位技术的本质是无线电定位技术，地面发射站将信号从地面注入空中的卫星，用卫星作发射信号源。全球卫星定位系统一般指 GPS 系统，主要由三部分构成：第一部分是空间部分（GPS 卫星）。GPS 卫星可以连续向空间内的用户播发可用于进行导航定位的测距信号和导航电文信息，同时接收来自地面监控系统的各种信息和命令以维持系统的正常运行。第二部分是地面控制部分。它的主要功能是：跟踪和监测 GPS 卫星，确定卫星的运行轨道及卫星钟的改正数，进行预报后，再按照规定的格式编制成导航电文，并通过注入站再送到卫星。地面监控系统还能通过注入站向卫星发布各种指令，用于调整卫星的运行轨道和时钟的读数，修复故障以及启用备用件等。第三部分是用户部分。它主要是利用 GPS 接收机来测定从接收机到 GPS 卫星的距离，同时根据卫星星历所给出的发射时刻和卫星在空间的位置信息来求解用户本身的三维位置、三维速度和接收机钟差等参数。从而实现定位和导航的目的。

目前，除之前在运行的美国的全球卫星定位系统（GPS）以及俄罗斯的全球卫星导航系统（GLONASS）之外，中国的北斗导航定位系统（BDS）已于 2020 年 6 月完成星座组网，成为第三个成熟的卫星导航定位系统。此外，处在发展研究阶段的有欧盟的 GALILEO 系统。我们把这种具有全球导航定位能力的卫星定位导航系统称为全球卫星导航系统，英文全称为 Global Navigation Satellite System，简称为 GNSS。

14.2.2 全球定位系统（GPS）

美国的全球定位系统（GPS）计划自 1973 年开始，经历了方案论证（1974—1978 年），系统论证（1979—1987 年），生产实验（1988—1993 年）三个阶段。1994 年完成 24 颗圆轨道（MEO）卫星组网，经过 16 年的时间，共耗资超过 200 亿美元。为了使得 GPS 导航系统能够发挥更大的作用，获取更多的效益，同时保持市场上的领导地位，美国 1998 年提出了 GPS 系统现代化的计划。为了进一步提高民用定位的精度，2005 年 5 月，美国政府取消了限制民用精度的“SA”政策，仅在局部或极少数卫星上实施 SA 技术。

整个 GPS 系统由空间部分、控制部分和监测站、用户部分三部分组成。

1. **空间部分（GPS 卫星星座）**

GPS 刚开始设计的星座包括 21 颗卫星和 3 颗备用卫星，目前实际在轨卫星数是 32 颗，如图 14-1 所示。这些卫星平均分布在 6 个轨道面上，每个轨道至少 4 颗卫星，轨道间倾角为 55°，卫星的运行的高度为 20200km，绕地球的运行周期为 11h58min。当卫星通过天体的时候，其可见的时间大约为 5h，在地球表面上任何地点任何时刻，至少可见 4 颗卫星，最多可达 9 颗。GPS 卫星码分多址（CDMA），不同的卫星的调制码不相同，这样便于用户区分不同的卫星。GPS 卫星的信号的包括三种不同的载波：分别是频率为 L1（1575.24MHz），L2（1227.6MHz），L3（1176.45MHz）信号。除了载波外，还有测距码 C/A 码（民用）伪距、P1、P2 码（军用）伪距信号以及用于计算卫星位置和确定系统参考时间的导航电文信号。

在轨 GPS 卫星的质量为 843.68kg，设计的寿命为 7.5 年，卫星上安装有太阳能电池和镉镍蓄电池可以给卫星运行时供电。卫星上还有推力系统，用于调整卫星在设计的轨道上正常运行，防止过多地偏离轨道（图 14-2）。同时 GPS 卫星上还安装有螺旋形天线、斜装惯性轮和喷气控制装置，以保证卫星运行过程中对准地面和姿态的保持。

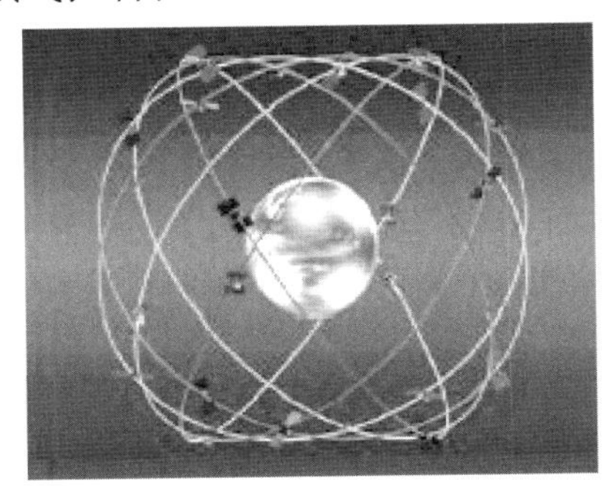

图 14-1　GPS 系统星座

图 14-2　空间运行的 GPS 卫星

2. **控制部分和监测站**

地面的控制部分主要包括：地面监控站、主控站以及注入站。

监控站（MS）分布在全球的各个地方，它们的主要工作是连续观测接收卫星下行信号，并将接收到的数据通过地面网发送给主控站，这样可以达到在地球上各个地方监控卫星的导航运行情况和服务的状态。

主控站（MCS）位于美国境内，主要负责协调和管理所有地面监控系统的工作，具体任务是：根据所有监测站的观测资料计算各个卫星的星历、钟差和大气修正参数等，并把各个分析得到的数据传送给地面站，同时负责管理和维护导航系统的正常运行。

注入站（GA）的主要任务是根据监控站和主控站对卫星数据经过处理和分析后，将计算出来的卫星轨道纠正信息、卫星的钟差纠正信息和调整卫星运行状态的控制指令通过上行注入给卫星。

3. **用户部分**

GPS 的用户部分主要指的是目前市场的各个常见生产的民用接收机、高精度定位 OEM 板卡。GPS 接收机集接收天线和信号处理、定位解算于一体，最后通过可视化界面显示自己的位置信息。国内在接收机方面比较强的公司有很多，比如：南方、华测、司南等。

军用的接收机由于涉密原因，这里不再列举。

14.2.3 GLONASS全球卫星导航定位系统

GLONASS的起步比GPS晚9年。是苏联从20世纪80年代初开始建设的与美国GPS系统相似的导航定位系统，从1982年10月12日完成第一颗卫星的发射开始，13年时间经历了苏联的解体，后来由俄罗斯全权接替部署，1995年年初的时候只有16颗卫星在轨运行，1995年成功发射了9颗卫星，完成了24颗卫星和1颗备用卫星的部署，于1996年1月18日正式投入运行，并由俄罗斯空间局管理。

GLONASS系统也由卫星星座、地面监测控制站和用户设备三部分组成，不同于GPS之处是在星座设计、信号载波频率和卫星识别方法方面。GPS采用码分多址，而GLONASS采用频分多址（FDMA），即根据载波频率来区分不同卫星。GLONASS卫星2013年5月以后，在轨运行数目达到29颗，分布在轨道高度为19100km的3个轨道面上，每个轨道面至少8颗卫星。轨道的倾角是64.8°。GLONASS系统的卫星导航信号类似于GPS系统，测距信号也分为民用码和军用码。载波频率是L1：1602.0000＋0.5625iMHz，L2：1246.0000＋0.4375iMHz，i表示卫星的编号。

为了提高GLONASS系统的定位精度、定位能力以及系统的可靠性，俄罗斯政府启动了GLONASS现代化，主要措施如下：

（1）2003年开始发射第二代卫星GLONASS-M，至今已完成发射36颗卫星，设计寿命比一代的长，为7～8年，搭载的原子钟精度优于第一代，同时增加了第二个民用频率。

（2）2011年2月起，开始发射GLONASS-K卫星，该卫星的寿命将提高到10年，同时卫星拟增设第三个导航定位信号，载波频率为1201.74～1208.51MHz。

（3）2015年开始发射新型的GLONASS-KM卫星，用以增强系统的整体性能，扩大系统的应用领域，提高系统的市场竞争力。

14.2.4 伽利略（GALILEO）全球卫星导航系统

GALILEO系统是欧洲自主研发的、独立的全球多模式卫星定位导航系统，不但可提供高精度、高可靠性的定位服务，而且可同时实现完全非军方的控制和管理。

GALILEO系统的建设道路比较坎坷，原定于2005年之前完成的计划，直到2008年4月26日才发射第二颗试验卫星，并计划2013年完成全系统的部署投入使用。GALILEO系统的优势在于，定位精度优于GPS，同时该系统为地面用户提供3种信号，其中包含免费的信号、加密且需交费使用的信号以及加密且需满足更高要求的信号。GALILEO系统由30颗卫星组成，其中27颗工作星，3颗备用星，如图14-3所示。卫星分布在3个中地球轨道（MEO）面上，其轨道高度为23616km，运行的周期是14h7min，轨道的倾角56°。每个轨道上部署9颗工作星和1颗备份星，某颗工作星失效后，备份星将迅速进入工作位置替代原来卫星的工作，同时失效卫星将被转移到高于正常轨道300km的轨道上。GALILEO系统同GPS卫星一样，采用码分多址（CDMA）来区分不同的卫星表示，每颗卫星搭载4个不同的载波频率，分别是E1：1278.75MHz，E5a：1176.45MHz，E5b：1207.14MHz，E6：1278.75MHz。

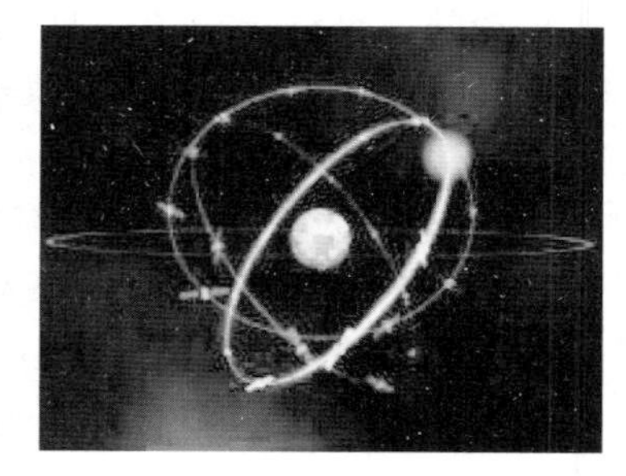

图14-3 GALILEO系统星座

GALILEO 系统计划耗资约 40 亿欧元。据分析该系统可与美国的 GPS 和俄罗斯的 GLONASS 兼容，但比后两者更安全、更准确，有助于欧洲太空业的发展。

14.2.5　BDS 全球导航卫星系统

北斗卫星导航系统（BeiDou Navigation Satelite System，BDS）简称北斗导航系统，是由中国自主研发、独立运行的全球卫星导航系统。BDS 系统的建设目标是：建成独立自主、开放兼容、技术先进、稳定可靠的覆盖全球的卫星导航系统，该系统由空间段、地面段以及用户段部分组成，空间段由三种不同高度的轨道卫星组成，包括 5 颗静止轨道（GEO）卫星，3 颗倾斜地球同步轨道（IGSO）卫星，27 颗中圆地球轨道（MEO）卫星；地面段包括主控站、注入站和监测站等很多个地面站，用户段包括北斗用户终端以及可以兼容其他卫星导航系统的终端。

北斗导航卫星系统（BDS）发展采用渐进式建设的方法，首先完成亚太地区的覆盖，然后扩展到全球的覆盖，发射计划分三步走：

1. 第一阶段：试验系统建设

1994 年国家批准建设，2000 年成功发射“北斗一号”两颗工作卫星（东经 70°～140°），形成区域有源资源服务的能力。北斗一代的星座包括两颗 GEO 卫星和 1 颗备用卫星，轨道高度是 35786km，发射的过程见表 14-1：

表 14-1　BDS 星座第一阶段卫星情况表

卫星编号	卫星类型	经度	发射时间
G01	GEO	140°E	2000.10.31
G02	GEO	80°E	2000.12.21
G03	GEO	110.5°E	2003.5.25

2. 第二阶段：北斗二代系统建设

2004 年国家启动北斗卫星导航系统建设，2012 年 12 月，在轨卫星 14 颗，覆盖亚太地区，在亚太地区可提供无源导航定位和授时以及短报文通信服务能力。可以正式提供服务。

该阶段设计的卫星星座为：5 颗 GEO（轨道高度是 35786km）卫星、5 颗 IGSO（轨道高度是 35786km，运行周期是 23h56min）卫星、4 颗 MEO 卫星（轨道高度是 21528km，运行周期是 12h53min），其中 IGSO/MEO 卫星的轨道倾角为 55°。系统的每颗卫星包含 3 个不同的载波频率：B1：1561.098MHz，B2：1207.14MHz，B3：1268.52MHz，与 GPS 卫星一样，采用码分多址来区分不同的卫星。BDS 星座第二阶段卫星情况见表 14-2。

表 14-2　BDS 星座第二阶段卫星情况表

卫星号	PRN	卫星类型	经度	发射时间
G01	C01	GEO	140°E	2010.1.17
G02	C02	GEO	不可用	2009.4.15
G03	C03	GEO	84°E	2010.6.2
G04	C04	GEO	160°E	2010.11.1
G05	C05	GEO	58.75°E	2012.2.25

续表

卫星号	PRN	卫星类型	经度	发射时间
G06	C02	GEO	110.5°E	2012.10.25
I01	C06	IGSO	122°E	2012.8.1
I02	C07	IGSO	119°E	2010.12.18
I03	C08	IGSO	120°E	2011.4.10
I04	C09	IGSO	96.5°E	2011.7.27
I05	C10	IGSO	92.5°E	2011.12.2
M01	C30	MEO	不可用	2007.4.14
M02	C11	MEO		2012.4.30
M03	C12	MEO		2012.4.30
M04	C13	MEO		2012.9.19
M05	C14	MEO		2012.9.19

3. 第三阶段：北斗全球系统的建设

2020 年 6 月建成全球无源导航系统，达到全球覆盖的目标，可以提供连续不断的服务能力。该阶段的卫星个数为 35 颗，包含 5 颗 GEO 卫星、3 颗 IGSO 卫星、27 颗 MEO 卫星，卫星分布在 3 个不同的轨道面，GEO 轨道面 1 个，轨道高度为 35786km，IGSO 轨道面 3 个，轨道高度为 35786km，MEO 轨道面 3 个，轨道高度为 21528km，其中 IGSO/MEO 卫星轨道的倾角是 55°。

2017 年，北斗系统正式迈入全球星座组网进程，预计年底前完成 6～8 颗北斗三号 MEO 卫星以及 1 颗北斗二号（图 14-4）备份卫星（G8）发射，北斗三号将具备基本导航、位置报告、星基增强三大服务，实现全球连续精确实时的定位、测速、授时与位置报告能力，成为我国第一个全球连续覆盖的多业务卫星系统。BDS 卫星导航系统致力于面向全球的用户提供高质量的定位、导航和授时服务，它提供两种模式的服务：开放式服务和授权服务，开放式服务可以向全球免费提供定位、测速和授时的服务，定位精度在 10m 以内，测速精度为 0.2m/s，授时精度在 20ns 左右。授权服务主要针对具有高精度、高可靠卫星导航需求的用户，为它们提供定位、测速、授时和通信服务以及系统完好性信息。同时北斗系统作为中国的自主系统，加密设计可以保证信息的安全、可靠稳定，适合中国的涉密部门应用（图 14-5）。

图 14-4 “北斗二号”系统星座图

图 14-5 “北斗全球”系统星座图

14.3　遥感科学与技术

14.3.1　遥感的概念

20 世纪开始人类逐渐脱离地球表面，发展成从太空观测地球，并将观测得到的数据和信息在计算机网络中以地理信息系统形式存储、管理、播发、交互和应用。通过航空航天遥感（包括可见光、红外、微波和合成孔径雷达）、声呐、地磁、重力、地震、深海机器人、卫星定位、激光测距和干涉测量等探测手段，获得了有关地球的大量数据，如：地形图、专题图、影像图和其他相关数据，对这些数据加以分析使得我们对地球形状及其物理化学特性的了解更加深入，同时使我们对固体地球、大气、海洋环流的动力学机理有所认识。利用对地观测的新技术，不仅可以开展气象预报、资源勘探、环境监测、农作物估产、土地利用等工作，而且对沙尘暴、旱涝、火山爆发、地震、泥石流等自然灾害的预测、预报和预防展开了科学研究，这一切有力地促进了全球的经济发展，为地球科学的研究和人类社会的可持续发展作出了贡献。

什么是遥感呢？20 世纪 60 年代随着航天技术的迅速发展，美国地理学家首先提出了“遥感”（Remote Sensing）这个名词，它泛指通过非接触传感器遥测物体的几何与物理特性的技术。这样来看，遥感来源于摄影测量。

遥感（图 14-6），顾名思义就是遥远感知事物的意思，也就是不直接接触目标物体，在距离地物几千米到几百千米甚至上千千米的飞机、飞艇、卫星上，使用光学仪器或电子光学仪器（统称为传感器）接收地面物体反射或发射的电磁波信号，并以图像胶片或数据磁带的方式把地面特征记录下来，然后传送回地面处理中心，经过信息处理、判读分析和野外实地验证，最终完成对地物地貌的测绘，并服务于资源勘探、动态监测和相关部门的规划决策。通常把这一接收、传输、处理、分析判读和应用遥感数据的全过程称为遥感技术。遥感之所以能够根据收集到的电磁波数据来判读地面目标物和有关现象，是因为一切物体，由于其种类、特征和环境条件的不同，对电磁波的反射或发射辐射具有完全不同的特征。所以，遥感技术主要是建立在物体反射或发射电磁波的原理基础之上。

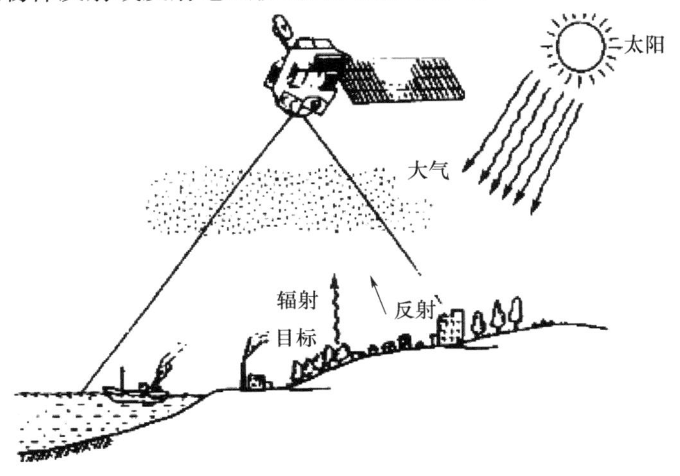

图 14-6　遥感的概念图

遥感技术的分类方法很多。按电磁波波段的工作区域，可分为可见光遥感、红外遥感、微波遥感和多波段遥感等。按被探测的目标对象领域不同，可分为农业遥感、林业遥感、地质遥感、测绘遥感、气象遥感、海洋遥感和水文遥感等。按传感器的运载工具的不同，可分为航空遥感和航天遥感两大系统。航空遥感以飞机、气球作为传感器的运载工具，航天遥感以卫星、飞船或火箭作为传感器的运载工具。目前，一般采用的遥感技术分类法是（图 14-7）：首先按传感器记录方式的不同，把遥感技术分为图像方式和非图像方式两大类；然后，根据传感器工作方式的不同，把图像方式和非图像方式再分为被动方式和主动方式两种。被动方式是指传感器本身不发射信号，而是直接接收目标物辐射和反射的太阳散射；主动方式是指传感器本身发射信号，然后接收从目标物反射回来的电磁波信号。

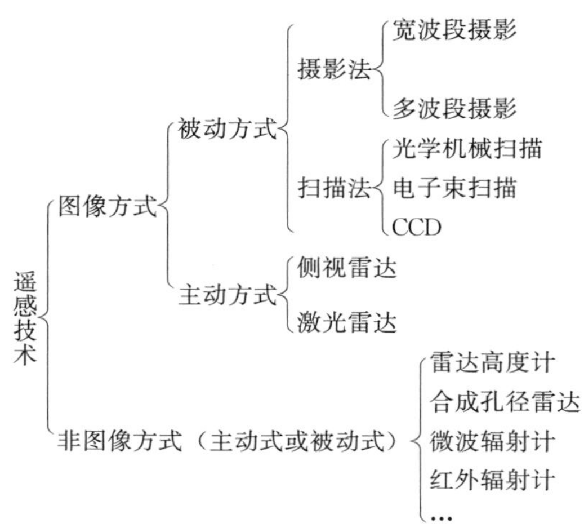

图 14-7　遥感的分类

14.3.2　遥感的电磁波谱

自然界中凡是温度高于−273℃的物体都可以发射电磁波。产生电磁波的方式有能级跃迁（即“发光”）、热辐射以及电磁振荡等，所以电磁波的波长变化范围很大，不同的波长的电磁波组成一个电磁波谱。

在遥感技术中，电磁波的特征一般用波长表示，其单位有 nm、μm、cm 等。目前遥感技术所应用的电磁波段仅占整个电磁波谱中的一小部分，主要集中在紫外、可见光、红外、微波波段。表 14-3 列举出电磁波分类名称和波长范围。表中虽然给波长段赋予不同的名称，但在两个光谱之间没有明显的界限，而且目前对波段的划分方法也各不相同。这里仅根据表中各波段分述其性质。

为什么卫星遥感不能使用所有的电磁波波段呢？这是因为电磁波在传播过程中必须透过大气层才能到达卫星遥感器并被接收和记录下来。众所周知，地球的表面被一层厚厚的大气层包围，由于地球大气中各种粒子与天体辐射的相互作用（吸收和反射），大部分波段范围内的天体辐射无法到达地面。人们把能到达地面的波段形象地称为“大气窗口”，这种“窗口”有三个。其中光学窗口是最重要的一个窗口，其波长在 300～700nm 之间，包括了可见光波段（400～700nm），光学望远镜一直是地面天文观测的主要工具和手段。第二个窗口是红外窗口，红外波段的范围在 0.76～1000μm 之间，由于地球大气中不同分子吸收红外线波长不一致，这使得红外波段的情况比较复杂。对于对地观测常用的有近红外、短波红外、中红外和远红外窗口。第三个窗口是微波窗口，微波波段是指波长大于 1mm 的电磁波。大气对该波段也有少量的吸收，但在 40mm～30m 的波段范围内，大气几乎是透明的，我们一般把 1mm～1m 的波段范围称为微波窗口。

表 14-3 遥感技术使用的电磁波分类名称和波长范围

名称		波长范围
紫外线		0.01～0.4μm
可见光		0.4～0.7μm
红外线	近红外	0.76～3μm
	中红外	3～6μm
	远红外	6～15μm
	超远红外	15～1000μm
微波	毫米波	1～10mm
	厘米波	1～10cm
	分米波	10cm～1m

→

紫 0.38～0.43μm
蓝 0.43～0.47μm
青 0.47～0.5μm
绿 0.5～0.56μm
黄 0.56～0.6μm
橙 0.6～0.63μm
红 0.63～0.76μm

14.3.3 遥感信息的获取

任何一个物体都具有三种属性，空间属性、辐射属性和光谱属性。其中任何地物在空间明确的位置、大小和几何形状构成其空间属性；对任一单波段成像而言，任何地物都有其辐射特征，反映为影像的灰度值；而任何地物对不同波段有不同的光谱反射强度，从而构成其光谱特征。

使用光谱细分的成像光谱仪可以获得图谱合一的记录，这种方法称为成像光谱仪或高光谱（超光谱）遥感。地物的上述特征决定了人们可以利用与第五特征相应的遥感传感器，将它们放在相应的遥感平台上去获取地物的遥感数据。利用这些数据实现对地观测，对地物的影像和光谱记录进行计算机处理，以测定其几何和物理属性，遥感的主要任务和主要功能就是 4W——何时（When）、何地（Where）、何种目标（What object）发生了何种变化（What change）。

1. 遥感传感器

地物发射或反射的电磁波信息，通过传感器收集、量化并记录在胶片或磁带上，然后进行光学或计算机处理，最终得到可用以几何定位和图像解译的遥感图像。

遥感信息获取的关键是传感器。由于电磁波随着波长的变化其性质有很大的差异，地物对不同波段电磁波的发射和反射特性也不大相同，因而接收电磁辐射的传感器的种类极为丰富。依据不同的分类标准，传感器有多种分类方法。按工作的波段可分为可见光传感器、红外传感器和微波传感器。按工作方式可分为主动式传感器和被动式传感器。被动式传感器接收目标自身的热辐射或反射的太阳辐射，如各种相机、扫描仪、辐射计等；主动式传感器能向目标发射强大电磁波，然后接收目标反射回波，主要指各种形式的雷达，其工作波段集中在微波区。按记录方式可分为成像方式和非成像方式两大类。非成像的传感器记录的是一些地物的物理参数。在成像系统中，按成像原理可分为摄影成像、扫描成像两大类。

目前最常见的成像传感器归纳为如下几种类型，如图 14-8 所示。

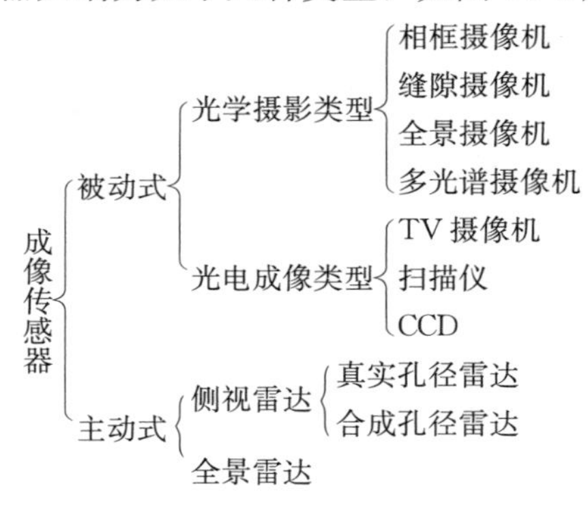

图 14-8　最常见的成像传感器

无论传感器种类有多少种，但它们都具有共同的结构。一般将传感器分成收集系统、探测系统、信号处理系统和记录系统四个部分（图 14-9）。只有摄影方式的传感器探测与记录同时在胶片上完成，无需在传感器内部进行信号处理。

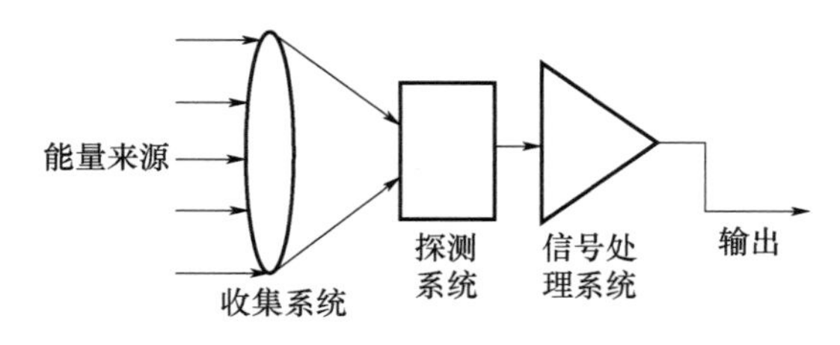

图 14-9　传感器的结构组成

2. 遥感平台

遥感中搭载传感器的工具统称为遥感平台（Platform）。遥感平台包括人造卫星、航天航空飞机乃至气球、地面测量车等。遥感平台中，高度最高的是气象卫星 GMS 风云 2 号等所代表的地球同步静止轨道卫星，它位于赤道上空 36000km 的高度上。其次是高度为 400～1000km 的地球观测卫星，Landsat、SPOT、CBERS1 以及 IKONOS Ⅱ、“快鸟”等高分辨率卫星，它们大多使用能在同一个地方同时观测的极地或近极地太阳同步轨道。其他按高度排列主要有航天飞机、探空仪、超高度喷气飞机、中低高度飞机、无线电遥探飞机乃至地面测量车等。

3. 遥感数据的特点

遥感数据的分辨率分为空间分辨率（地面分辨率）、光谱分辨率（波谱带数目）、时间分辨率（重复周期）和温度分辨率。

空间分辨率又称地面分辨率，指的是像素的地面大小。时间分辨率指的是重复获取某一地区卫星图像的周期。提高时间分辨率有几种方法：第一是利用地球同步静止卫星，可以实现对地面某一地区的多次、重复观测，可达到每小时、每半小时甚至更快的重复观测；第二是通过多个小卫星组建卫星星座，从而提高重复观测能力；第三是通过卫星上多个可以任意方向倾斜 45°的传感器，从而实现在不同的轨道位置上对某一感兴趣目标点的重复观测。此外，对于热红外遥感，还有一个温度分辨率，目前可以达到 0.5K，不久的将来可达到 0.1K，从而提高定量化遥感反演的水平。

14.4　地理信息系统

14.4.1　地理信息系统的概念

地球是人类赖以生存的家园，地球表层是人类和各种生物的主要活动空间。地球表层表现出来的各种地理现象代表了现实世界，将各种地理现象进行抽象和信息编码，就可以形成各种地理信息，也称为空间信息或地理空间信息。地理信息复杂多样，但总体来说可以分为：自然环境和社会经济信息，并且都与地理空间位置息息相关。地理信息系统即是人们通过对各种地理现象的观察、抽象、综合取舍，得到实体目标，然后对实体目标进行定义、编码、结构化和模型化，形成易于用计算机表达的空间对象，以数据形式存入计算机内。

人们首先对地理现象进行观察，如野外观察，这种地理现象可能是现实世界的直接表象，也可能通过航空摄影和遥感影像记录对“虚拟现实世界”进行观察。然后人们对它进行分析、归类、抽象与综合取舍。对于同一地区的地理现象，由于人们对事物的兴趣和关注点不同，观察视点和尺度不同，这样就造成分析和取舍的结果也不尽相同。例如一栋建筑物，在小比例尺的 GIS 中可能被忽略，跟整个城市一起作为一个点对象，而在大比例尺的 GIS 中则作为一个建筑物描述，在计算机中表现为一个面对象。在分析、归类和抽象过程中，为了便于计算机表达，人们总是要把它分成几种几何类型，如点、线、面、体空间对象，再根据它的属性特征赋予它的分类编码。最后根据一定的数据模型进行组织和存储。在抽象观察和描述地理现象时，人们通常将其划分为四种几何类型。

1. 呈点状分布的地理现象

呈点状分布的现象有水井、乡村居民地、交通枢纽、车站、工厂、学校、医院、机关、火山口、山峰、隘口、基地等。这种点状地物和地形特征部位，其实不能说它们全部都是分布在一个点位上，其中可区分出单个点位、集中连片和分散状态等不同状况。如果我们从较大的空间规模上来观测这些地物，就能把它们都归结为呈点状分布的地理现象，为此用一个点位的坐标（平面坐标或地理坐标）来表示其空间位置。而它们的属性可以有多个描述，不受限制。需要说明的是：如果我们从较小的空间尺度上来观察这些地理现象，或者说观察它们在实地上的真实状态，它们中的大多数对象将可以用线状或面状特征来描述。例如，作为一个点在小比例尺地图上描述的一个城市，在大比例尺地图上则需要用面来表示，甚至用一张地图表示城市道路和各种建筑物，此时，它们的空间位置数据将包括许多线状地物和面状地物。

2. 呈线状分布的地理现象

呈线状分布的地理现象有河流、海岸、铁路、公路、地下管网、行政边界等，它们有单线、双线和网状之分。在实际地面上，水面、路面都可能是狭长的线状目标或区域的面状目标，因此，命名是线状分布的地理现象，它们的空间位置数据可以是一线状坐标串，也可以是一封闭坐标串。

3. 呈面状分布的地理现象

呈面状分布的地理现象有土壤、耕地、森林、草原、沙漠等，它们具有大范围连续分布的特征。有些面状分布现象有确切的边界，如建筑物、水塘等；有些现象的分布范围从宏观上观察好像具有一条确切的边界，但是在实地上并没有明显的边界，如土壤类型的边界，只能由专家研究提供的结果来确定。显然，描述面状特征的空间数据一定是封闭坐标串。通常，面状地物也称为多边形。

4. 呈体状分布的地理现象

有许多地理现象从三维观测的角度，可以归结为体，如云、水体、矿体、地铁站、高层建筑等。它们除了平面大小以外，还有厚度或高度，目前由于对于三维的地理空间目标研究不够，又缺少实用的商品化系统进行处理和管理，人们通常将一些三维现象处理成二维对象进行研究。

空间现象异常复杂，它除了地表面的目标以外，还有地下和地表上空的目标需要处理和表达，其空间对象包括点、线、面、体等多种目标。

14.4.2 地理信息系统的含义与空间对象的计算机表达

地理信息系统（Geographical Information System，GIS）是一种以采集、存储、管理、分析和描述整个或部分地球表面（包括大气层在内）与空间和地理分布有关的数据的信息系统。它主要涉及测绘学、地理学、遥感科学与技术、计算机科学与技术等。特别是计算机制图、数据库管理、摄影测量与遥感和计量地理学形成了 GIS 的理论和技术基础。计算机制图偏重于图形处理与地图输出；数据库管理系统主要实现对图形和属性数据的存储、管理和查询检索；摄影测量与遥感技术是对遥感图像进行处理和分析以提取专题信息的技术；计量地理学主要利用 GIS 进行地理建模和地理分析。

地理信息系统的核心技术是如何利用计算机表达和管理地理空间对象及其特征。空间对象特征包含了空间特征和属性特征。空间特征又分为空间位置和拓扑关系。空间位置通常用坐标表示。拓扑关系是指空间对象相互之间的关联及邻近等关系，它就像一组被扎在一起的橡皮筋，几何形状可以改变，但前后左右的相互关系不变。空间拓扑关系在 GIS 中具有重要意义。空间对象的计算机表达即是用数据结构和数据模型表达空间对象的空间位置、拓扑关系和属性信息。空间对象的计算机表达有两种主要形式：一种是基于矢量的表达，另一种是基于栅格的表达。

矢量形式最适合空间对象的计算机表达。在现实世界中，抽象的线画通常用坐标串表示，坐标串即是一种矢量形式。图 14-10 所示是由地理现象抽象出来的点、线、面空间对象。在地理信息系统中，每个点、线、面空间对象直接跟随它的空间坐标以及属性，每个对象作为一条记录存储在空间数据库中。空间拓扑关系可能另用表格记录。

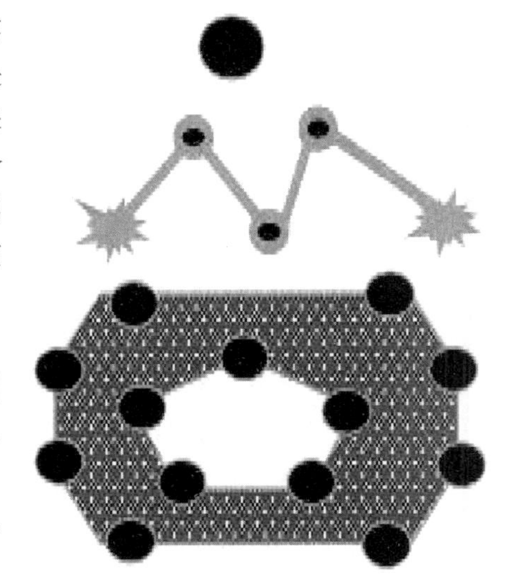

图 14-10　由地理现象抽象出来的点、线、面空间对象

空间对象矢量表达的基本形式如下：

点目标：[目标标识，地物编码，(x, y)，用途……]

线目标：[目标标识，地物编码，$(x1, y1)$，$(x2, y2)$，…，(xn, yn)，长度……]

面目标：[目标标识，地物编码，$(x1, y1)$，$(x2, y2)$，…，(xn, yn)，周长，面积……]

栅格数据结构是利用规则格网划分地理空间，形成地理覆盖层。每个空间对象根据地理位置映射到相

应的地理格网中，每个格网记录所包含的空间对象的标识或类型。图 14-11 所示为空间对象的栅格表达，多边形 A、B、C、D、G 等所包含区域对应的格网分别赋予了“A”“B”“C”“D”“G”的值。在计算机中用矩阵表示每个格网的值。

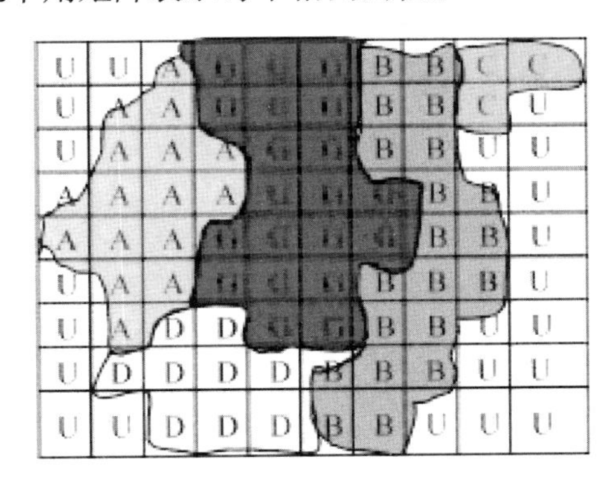

图 14-11　空间对象的栅格表达

矢量数据结构和栅格数据结构各有优缺点。矢量数据结构精度高但数据处理复杂，栅格数据精度低但空间分析方便。至于采用哪一种数据结构，要视地理信息系统的内部数据结构和地理信息系统的用途而定。

14.4.3　地理信息系统的硬件构成

地理信息系统包括硬件、软件、数据和系统使用者。硬件的配置根据应用的目的、经费状况、使用规模以及不同的地域分布可以分成单机、局域网、广域网模式。

1. 单机模式

单机模式包括：一台主机、输入、输出设备，如图 14-12 所示。

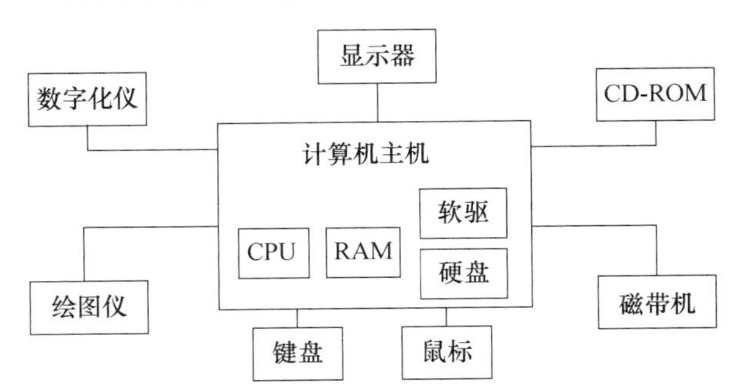

图 14-12　单机模式的硬件配置

如图 14-12 所示，计算机主机内包含了计算机的中央处理机（CPU）、内存（RAM）、软盘驱动器、硬盘以及 CD-ROM 等。显示器用来显示图形和属性及系统菜单等，可进行人机交互。键盘和鼠标用于输入命令、注记、属性、选择菜单或进行图表编辑。数字化工作站用来进行图形数字化，绘图仪用于输出图形，磁带机主要用来存储数据和程序。磁带机目前的用处已越来越小。

2. 局域网模式

单机模式只能进行一些小的 GIS 应用项目。当 GIS 的数据量比较大的时候，使用磁带机或 CD-ROM 传送数据太麻烦，所以一般的 GIS 应用工程都需要联网，以便于数据和硬软件资源共享。局域网模式是当前我国 GIS 应用中最为普遍的模式。一个部门或一个单位若在一座大楼内，可将若干计算机连接成一个局域网络，联网的每台计算机与服务器之间，或与计算机之间，或与外设之间可进行相互通信。

3. 广域网模式

如果 GIS 的用户地域分布较广，用户之间不能用局域网的专线进行连接，这时就需要借用公共通信网络。使用远程通信光缆、普通电话线或卫星信道进行数据传输，就需要将 GIS 的硬件环境设计成广域网模式。

4. 输入设备

GIS 图形数据输入需要借助一些输入设备来完成相应的功能，常见的输入设备包括：

（1）数字化仪：数字化仪使用方便，过去得到普遍应用，现在基本上被扫描仪代替。电子式坐标数字化仪利用电磁感应原理，在台板的 X、Y 方向上有许多平行的印刷线，每隔 200μm 一条，游标中装有一个线圈。当线圈中通有交流信号时，十字丝的中心便产生一个电磁场。当游标在台板上运动时，台板下的印刷线上就会产生感应电流。印刷板周围的多路开关等线路可以检测出最大的信号位置，即十字丝中心所在的位置，从而得到该点的坐标值。

（2）扫描仪：扫描仪目前是 GIS 图形及影像数据输入的一种最重要工具之一。随着地图的识别技术、栅格矢量化技术的发展和效率的提高，人们普遍希望将繁重、枯燥的手扶跟踪数字化交给扫描仪和软件完成。按照辐射分辨率划分，扫描仪分为二值扫描仪、灰度值扫描仪和彩色扫描仪。二值扫描仪每个像素 1Bit，取值 0 或 1，用于线画图和文字的扫描和数字化。灰度值扫描仪每个像素点 8Bit（8Bit＝1Byte），分 256 个灰度级（0～255），可扫描图形、影像和文字等。彩色扫描仪通过滤光片将彩色图件或像片分解成红、绿、蓝三个波段，分别各占 1Byte，所以加在一起每个像素占 3Byte，连同黑白图像每个像素占 4Byte。

按照扫描仪结构分为滚筒扫描仪、平板扫描仪和 CCD 摄像扫描仪。滚筒扫描仪是将扫描图件装在圆柱形滚筒上，然后用扫描头对它进行扫描。扫描头在 X 方向运转，滚筒在 Y 方向上转动。平板扫描仪的扫描部件上装有扫描头，可在 X、Y 两个方向上对平放在扫描桌上的图件进行扫描。CCD 摄像机是在摄像架上对图件进行中心投影摄影而取得数字影像。扫描仪又有透光扫描和反光扫描之分。对栅格扫描仪扫描得到的影像，需要进行目标识别和从栅格到矢量的转换。多年来，已有许多专家和公司研究人机交互的半自动地图扫描矢量化系统，将扫描得到的栅格地图，采用人机交互半自动化的方式得到矢量化的空间对象。该方法已得到广泛使用。

5. 输出设备

（1）矢量绘图机：矢量绘图机是早期最主要的图形输出设备。计算机控制绘图笔（或刻针），在图纸或膜片上绘制或刻绘出地图来。矢量绘图机也分滚筒式和平台式两种，目前矢量绘图仪已经基本上被淘汰。

（2）栅格式绘图设备：最简单的栅格绘图设备是行式打印机。虽然它的图形质量粗糙、精度低，但速度快，作为输出草图还是有用的。现在市场上常用的激光打印机是一种阵列式打印机。高分辨率阵列打印机源于静电复印原理，它的分辨率可达每英寸 600 点甚至 1200 点。它解决了行式打印机精度差的问题，具有速度快、精度高、图形美观等优点。某些阵列打印机带有三色色带，可打印出多色彩图。目前它未能作为主要输出设备的原因是幅面偏小。

（3）喷墨绘图仪：它由栅格数据的像元值控制喷到纸张上的墨滴大小，控制功能来自于静电电子数目。高质量的喷墨绘图仪具有每英寸 600 点至 1200 点甚至更高的分辨率，并且在彩色绘图时能产生几百种颜色，甚至真彩色。这种绘图仪能绘出高质量的彩色地图和遥感影像图。

14.4.4　地理信息系统的功能与软件构成

软件是 GIS 的核心，关系到 GIS 的功能。表 14-4 所列为 GIS 的软件层次。最下面两层为操作系统和系统库，它们是与硬件有关的，故称为系统软件。再上一层为软件库，以保证图形、数据库、窗口系统及 GIS 其他部分能够运行。这三层统称为基础软件。上面三层包含基本功能软件、应用软件和用户界面，代表了地理信息系统的能力和用途。

表 14-4　GIS 产品的软件层结构

GIS 基本功能与应用软件	跟用户的接口、通信软件
	应用软件包
	基本功能软件包
GIS 基础软件	标准软件（图形、数据库、计算机系统）
	系统库
	操作系统

GIS 是对数据进行采集、加工、管理、分析和表达的信息系统，因而可将 GIS 基础软件分为五大子系统（图 14-13），包括：数据输入与转换、图形与属性编辑、数据库存储与管理、空间查询与空间分析以及空间数据可视化与输出子系统。

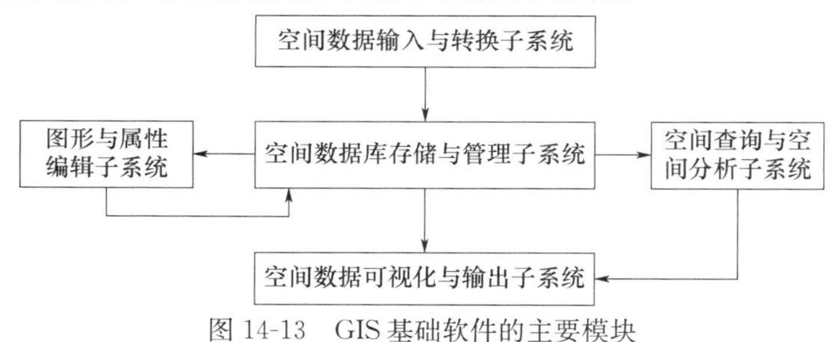

图 14-13　GIS 基础软件的主要模块

1. 数据输入子系统

数据输入子系统（图 14-14）是将现有地图、外业观测成果、航空像片、遥感数据、文本资料等转换成 GIS 能够接收的数据的各种处理及输入软件。许多计算机操纵的工具都可用于输入。例如人机交互终端、数字化仪、扫描仪、数字摄影测量仪器、磁带机、CD-ROM 和磁盘等。针对不同的仪器设备，系统配备相应的软件，保证将得到的数据转换后存入地理数据库中。

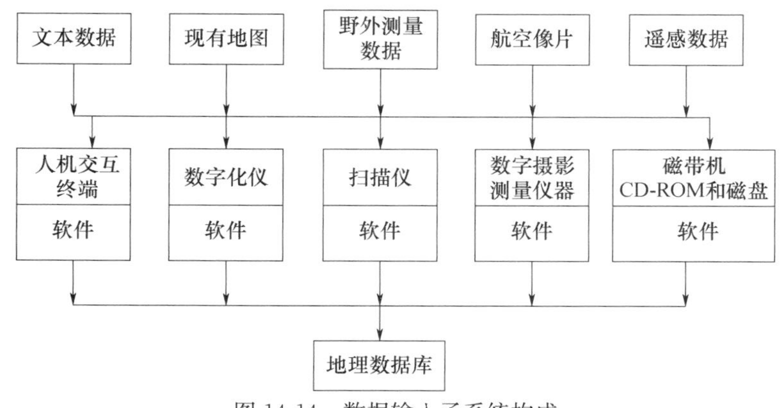

图 14-14　数据输入子系统构成

2. 图形及属性编辑子系统

由扫描矢量化或其他系统得到的数据往往不能满足地理信息系统的要求，许多数据存在误差，空间对象的拓扑关系还没有建立起来，所以需要图形及属性编辑子系统（图 14-15）对原始输入数据进行处理。现在的地理信息系统都具有很强的图形编辑功能。例如 ARC/INFO 的 ARCEDIT 子系统，GeoStar 的 GeoEdit 子模块等，除负责数字仪的数据输入外，主要功能是用于编辑。一方面原始输入数据有错误，需要编辑修改；另一方面需要修饰图形，设计线型、颜色、符号、注记等。另外，还要建立拓扑关系，进行图幅接边，输入属性数据等。

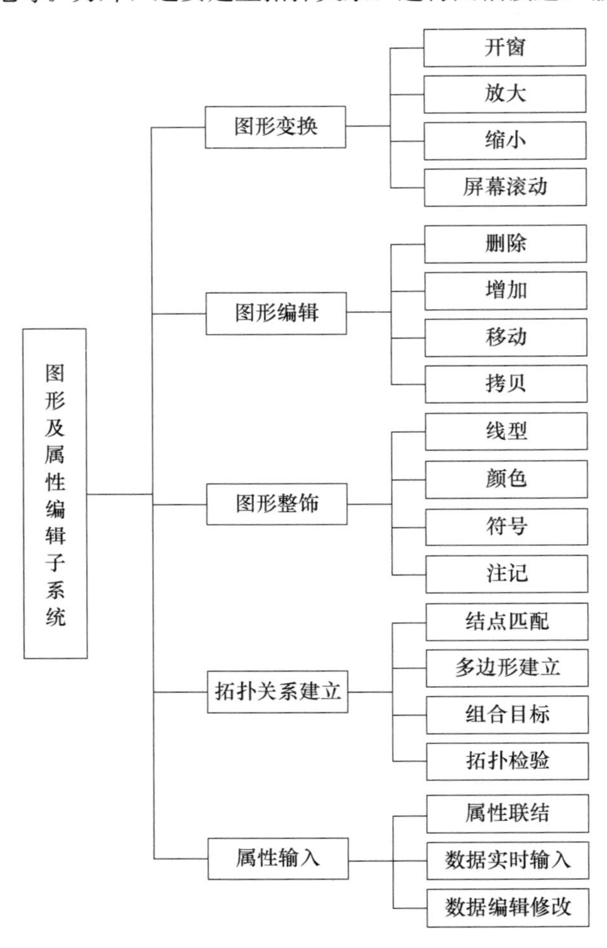

图 14-15　图形及属性编辑子系统

图形及属性编辑子系统包括图形显示、图形变换、图形编辑、图形整饰、拓扑关系建立、属性输入等功能。其中，图形编辑和拓扑关系建立是最重要的模块之一，它包括增加、删除、移动、修改图形、结点匹配、建立多边形等功能。

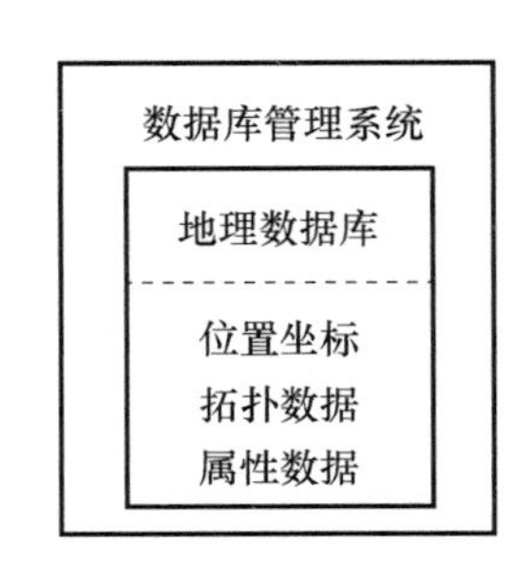

图 14-16　空间数据库管理系统

3. 空间数据库管理系统

数据存储和数据管理（图 14-16）涉及地理空间对象（地物的点、线、面）的位置、拓扑关系以及属性数据如何组织，使其便于计算机和系统理解。用于组织数据库的计算机程序称为数据库管理系统（DBMS）。数据模型决定了数据库管理系统的类型。关系数据库管理系统是目前最流行的商用数据库管理系统，然而关系模型在表达空间数据方面却存在许多缺陷。最近，一些扩展的关系数据库管理系统如 Oracle、Informix 和 Ingres 等增加了空间数据类型的管理功能，可用于管理 GIS 的图形、拓扑数据和属性数据。

4. 空间查询与空间分析子系统

虽然数据库管理一般提供了数据库查询语言，如 SQL 语言，但对于 GIS 而言，需要对通用数据库的查询语言进行补充和重新设计，使之支持空间查询。例如查询与某个乡相邻的乡镇，穿过一个城市的公路，某铁路周围 5km 的居民点等，这些查询问题是 GIS 所特有的。所以一个功能强的 GIS 软件，应该设计一些空间查询语言，满足常见的空间查询的要求。空间分析是比空间查询更深层的应用，内容更加广泛。空间分析的功能很多，主要包括地220 形分析（如两点间的通视分析等）、网络分析（如在城市道路中寻找最短行车路径等）、叠置分析（即将两层或多层的数据叠加在一起，例如将道路层与行政边界层叠置在一起，可以计算出某一行政区内的道路总长度）、缓冲区分析（给定距离某一空间对象一定范围的区域边界，计算该边界范围内其他的地理要素）等。随着 GIS 应用范围的扩大，GIS 软件的空间分析功能将不断增加。空间查询与空间分析模块，如图 14-17 所示。

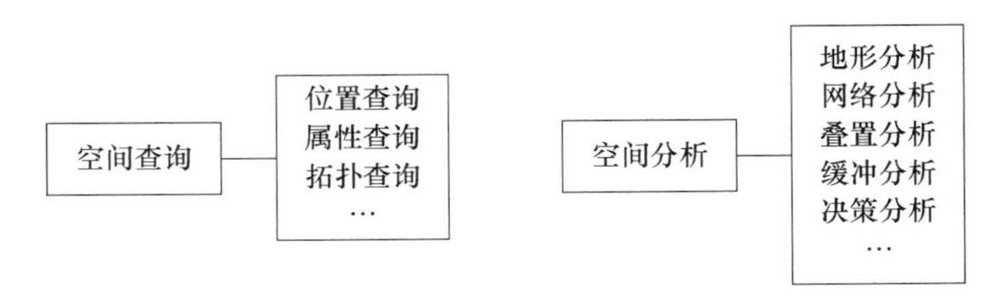

图 14-17　空间查询与空间分析子系统

5. 制图与输出子系统

地理信息系统的一个主要功能是计算机地图制图，它包括地图符号的设计、配置与符号化、地图注记、图框整饰、统计图表制作、图例与布局等项内容。此外，对属性数据也要设计报表输出，并且这些输出结果需要在显示器、打印机、绘图仪或数据文件中输出。软件也应具有驱动这些输出设备的能力。制图与输出子系统，如图 14-18 所示。

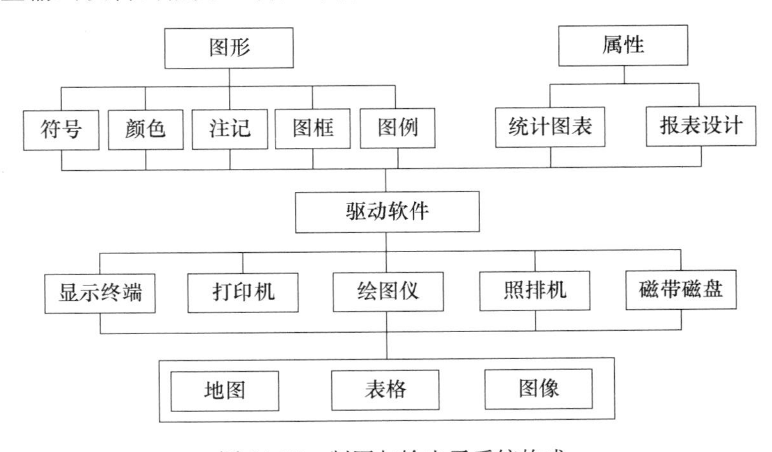

图 14-18　制图与输出子系统构成

思考题与习题

1. 全球定位导航系统有哪些？GPS全球定位系统组成部分有哪些？
2. 简述遥感技术及其发展趋势。
3. 试述地理信息系统的含义。

附录 1　测量常用的计量单位与换算

在测量中，常见有长度、面积和角度三种计量单位。

1. 长度单位

国际通用长度单位为 m（米），我国规定采用米制。

1m（米）＝100cm（厘米）＝1000mm（毫米）

1000m（米）＝1km（千米）

2. 面积单位

面积单位为 m^2（平方米），大面积用 km^2（平方千米）。

3. 角度单位

测量上常用到的角度单位有三种：60 进位制的度，100 进位制的新度和弧度。

60 进位制的度：

1 圆周角＝360°（度）　　1°（度）＝60′（分）　　1′（分）＝60″（秒）

100 进位制的新度：

1 圆周角＝400g（新度）　　1g（新度）＝100c（新分）　　1c（新分）＝100cc（新秒）

弧度：

角度按弧度计算等于弧长与半径之比。与半径相等的一段弧长所对的圆心角作为度量角度的单位，称为一弧度，用 ρ 表示。按度分秒计算的弧度为：

1 圆周角＝$2\pi\rho$（弧度）＝360°

$$\rho^{\circ}=\frac{360^{\circ}}{2\pi}=57.3^{\circ}$$

$$\rho'=\frac{180^{\circ}}{\pi}\times 60'=3438'$$

$$\rho''=\frac{180^{\circ}}{\pi}\times 60'\times 60''=206265''$$

附录2　测量实验和实习

第一部分　测量实验与实习须知

测量学是一门实践性很强的技术基础课。测量实验和实习是测量学教学中不可缺少的环节。通过实验和实习可以巩固课堂上所学的知识，另一方面，只有通过学生亲自动手操作仪器，才能熟悉测量仪器的构造和使用方法，真正掌握测量的基本方法和基本技能，使学到的理论与实践紧密结合。

一、测量实验与实习的一般规定

（1）在实验或实习之前，必须认真阅读教材中的有关内容，预习实验或实习指导书，明确目的、要求、方法、步骤和有关注意事项，以便按计划顺利完成实验和实习任务。

（2）实验或实习分小组进行，各班班长在指导教师的安排下，对所在班级进行分组（每4～5人为一个小组），并对所有小组进行编号，安排组长。组长负责组织协调工作，凭学生证办理所用仪器工具的借领和归还手续。以小组为单位到指定地点领取仪器、工具，领借时应当场清点检查，如有缺损可以报告实验管理员给予补领或更换。实验或实习结束时，应清点仪器工具，如数归还后取回证件。

（3）如果初次接触仪器，未经讲解，不得擅自开箱取用仪器，以免发生损坏。经指导教师讲授，明确仪器的构造、操作方法和注意事项后方可开箱进行操作。

（4）实验或实习应在规定的时间、地点进行，不得无故缺席、迟到或早退，不得擅自变更地点。每个人都必须听从教师的指导，严格按照要求认真、仔细地操作，培养独立工作能力和严谨的科学态度，按时独立地完成任务，同时要发扬互相协作精神。

（5）在实验或实习过程中，出现仪器故障、工具损坏或丢失等情况时，必须及时向指导教师报告，不可随意自行处理。同时要查明原因，根据情节轻重，给予适当赔偿和处理。

（6）实验或实习结束时，应把观测记录和实验报告或实习记录、图纸交指导教师审阅，经教师认可后方可交还仪器、工具，结束工作。

二、测量仪器使用规则和注意事项

（1）搬运仪器前必须检查仪器箱是否锁好，搬运时必须轻取轻放，避免剧烈振动和碰撞。

（2）开箱提取仪器：

① 先安置三脚架，将三脚架的三条腿侧面的螺旋逆时针旋松后，伸长至合适长度再拧紧，然后把各脚插入土中，用力踩实，使脚架放置稳妥，架头大致水平。若为坚实地面，应防止脚尖有滑动的可能性。

② 仪器箱应平放在地面或其他台子上才能开箱，不要托在手上或抱在怀里开箱，以免不小心将仪器摔坏。开箱取出仪器之前，应看清仪器在箱中的安放位置，以免装箱时发生困

难。在取出仪器前一定要先放松制动螺旋，以免取出仪器时因强行扭转而损坏制动、微动装置，甚至损坏轴系。

③ 从箱中取出仪器时不可握拿望远镜，应用双手分别握住仪器基座和望远镜的支架，轻轻安放到三脚架头上，保持一手握住仪器，一手拧紧螺旋，使仪器与三脚架牢固连接。取出仪器后，应将仪器箱盖随手关好，以防灰尘等杂物进入箱中。严禁箱上坐人。

（3）野外作业：

① 在阳光下或雨天作业时必须撑伞，防止日晒或雨淋。

② 任何时候仪器旁必须有人守护，禁止无关人员搬弄和防止行人、车辆碰撞。暂停观测时，仪器必须安放在稳妥的地方，由专人守护或将其收入仪器箱内，不得将其脚架收拢后倚靠在树枝或墙壁上，以防侧滑跌落。

③ 仪器镜头上的灰尘，应该用仪器箱中的软毛刷拂去或用镜头纸轻轻擦去。严禁用手指或手帕等擦拭，以免损坏镜头上的药膜。

④ 转动仪器时，应先松开制动螺旋，然后握住支架平稳转动。使用微动螺旋时，应先旋紧制动螺旋（但不可拧得过紧），微动螺旋和脚螺旋不要旋到顶端，宜使用中段螺旋。

⑤ 观测过程中，除正常操作仪器螺旋外，尽量不要用手扶仪器和脚架，以免碰动仪器，影响观测精度。

（4）搬移仪器：

① 近距离且平坦地区搬移仪器时，可将仪器连同脚架一同搬迁。先检查连接螺旋是否拧紧，然后松开各制动螺旋，使经纬仪望远镜物镜对向度盘中心，水准仪物镜向后，再收拢三脚架，一手托住仪器的支架或基座于胸前，一手抱住脚架放在肋下，稳步行走。严禁斜扛仪器，以防碰摔。当距离较远时，必须装箱搬移。

② 搬移仪器时，须带走仪器所有附件及工具等，防止遗失。

（5）仪器的装箱：

① 仪器使用完后，应及时清除仪器上的灰尘和仪器箱、脚架上的泥土，套上物镜盖。

② 仪器拆卸时，应先松开各制动螺旋，将脚螺旋旋至中段大致同高的地方，再一手握住照准部支架，另一手将中心连接螺旋旋开，双手将仪器取下装箱。

③ 仪器装箱时，使仪器就位正确，试合箱盖，确认放妥后，再拧紧各制动螺旋，检查仪器箱内的附件是否缺少，然后关箱上锁。若箱盖合不上，说明仪器位置未放置正确或未将脚螺旋旋至中段，应重放，切不可强压箱盖，以免压坏仪器。

④ 清点所有的仪器和工具，防止丢失。

（6）测量工具的使用：

① 钢尺使用时，应避免打结、扭曲，防止行人踩踏和车辆碾压，以免钢尺折断。携尺前进时，应将尺身离地提起，不得在地面上拖曳，以防钢尺的尺面刻划磨损。钢尺用毕后，应将其擦净并涂油防锈。钢尺收卷时，应一人拉持尺环，另一人将尺顺序卷入，防止绞结、扭断。

② 皮尺使用时，应均匀用力拉伸，避免强力拉拽而使皮尺断裂。如果皮尺浸水受潮，应及时晾干。皮尺收卷时，切忌扭转卷入。

③ 各种标尺和花杆的使用，应注意防水、防潮和防止横向受力。不用时安放稳妥，不得垫坐，不要将标尺和花杆随便往树上或墙上立靠，以防滑倒摔坏或磨损尺面。花杆不得用以抬东西或作标枪投掷。塔尺的使用，还应注意接口处的正确连接，用后及时收尺。

④ 测图板的使用，应注意保护板面，不准乱戳乱画，不能施以重压。

⑤ 小件工具如垂球、测钎和尺垫等，用完即收，防止遗失。

三、记录与计算规则

（1）观测数据，要求用 2H 或 3H 铅笔，直接填入指定的记录表格中，字迹应工整清晰，并随测随记录，不得用其他纸张记录再行誊写。观测者读数后，记录者应立即回报读数，经核实后再记录。

（2）记录数字的字脚靠近底线，字体大小一般应略大于格子的一半，以便留出空隙改错。记录错误时，不准用橡皮在原数字上涂改，应该在错误处用横画线划去，将正确数字写在原数字上方，并应在备注栏内注明原因。

（3）禁止连续更改数字，如水准测量的黑、红面的读数；角度测量中的盘左、盘右读数；距离丈量中的往、返测读数等，均不能同时更改，否则重测。

（4）数据的计算应根据所取的位数，按“4 舍 6 入，5 前单进双舍”的规则进行凑整。例如，若取至毫米单位，则 1.1084m、1.1076m、1.1085m、1.1075m 都记入为 1.108m。

（5）每测站观测结束后，必须在现场完成规定的计算和检核，确认无误后方可迁站。

（6）记录的数字应写齐规定的位数，规定的位数视精度的要求不同而不同。对普通测量一般规定如下表。

数据的位数

测量种类	数字的单位	记录位数
水准	米	小数点后三位
量距	米	小数点后三位
角度的分	分	二位
角度的秒	秒	二位

表示精度或占位的“0”均不能省略，如水准尺读数 1.45m，应记为 1.450m；角度读数 91°5′6″，应记为91°05′06″。

第二部分　测量实验项目

实验一　水准仪的认识与使用

一、目的与要求

（1）了解 DS 3级水准仪的基本构造和性能，认识其主要构件的名称及作用。

（2）练习水准仪的安置、瞄准、读数和高差计算。

（3）掌握水准仪的使用方法。

二、仪器和工具

（1）DS 3级水准仪 1 台，水准尺 2 根，记录板 1 块，测伞 1 把。

（2）安置若干台水准仪，供各小组轮流认识使用。

三、方法和步骤

1. 安置仪器

将三脚架张开，使其高度适当，架头大致水平，并将脚尖踩入土中。再开箱取出仪器，将其固连在三脚架上。

2. 认识仪器

指出仪器各部件的名称，了解其作用并熟悉其使用方法，同时弄清水准尺的分划与注记，掌握读尺方法。

3. 粗略整平

粗略整平就是旋转脚螺旋使圆水准器气泡居中，从而使仪器大致水平。先用双手同时向内（或向外）转动一对脚螺旋，使圆水准器气泡移动到中间，再转动另一只脚螺旋使圆气泡居中，通常须反复进行。注意气泡移动的方向与左手大拇指运动的方向一致。

4. 瞄准水准尺、精平与读数

（1）瞄准。转动目镜对光螺旋进行对光，使十字丝分划清晰；然后松开水平制动螺旋，转动望远镜，利用望远镜上部的准星和照门粗略瞄准水准尺，旋紧制动螺旋；再转动物镜对光螺旋，使水准尺分划成像清晰；转动水平微动螺旋，使十字丝纵丝靠近水准尺一侧，若存在视差，则应重新进行目镜对光和物镜对光予以消除。

（2）精平。转动微倾螺旋使符合水准器气泡两端的影像吻合成一圆弧抛物线形状，使视线在照准方向精确水平。

（3）读数。精平后，用十字丝中丝在水准尺上读取 4 位读数，即米、分米、厘米及毫米位。读数时应先估出毫米数，然后按米、分米、厘米及毫米，一次读出 4 位数。

5. 测定地面两点间的高差

（1）在地面选定 A、B 两个较坚固的点作后视点和前视点，分别立尺；

（2）在 A、B 两点之间安置水准仪，使仪器至 A、B 两点的距离大致相等；

（3）每人独立安置仪器、粗平、照准后视尺 A，精平后读数，此为后视读数，记入附表 1 中测点 A 一行的后视读数栏下；照准前视尺 B，精平后读数，此为前视读数，并记入附表 1 中测点 B 一行的前视读数栏下；

（4）计算 A、B 两点的高差 h_{AB} = 后视读数 − 前视读数；

（5）改变仪器高度，由同一小组其他成员再测。所测高差之差不应超过 ±5mm。

附表 1　水准测量记录表

班级________第____组　　姓名______　　日期____年____月____日

测站	测点	水准尺读数		高差（m）		高程（m）
		后视（m）	前视（m）	+	-	

四、注意事项

（1）仪器安放到三脚架头上，最后必须旋紧连接螺旋，使连接牢固。

（2）当水准仪瞄准、读数时，水准尺必须立直。尺子的左、右倾斜，观测者在望远镜中根据纵丝可以察觉，而尺子的前后倾斜则不易发觉，立尺者应注意。

（3）水准仪在读数前，必须使长水准管气泡严格居中（自动安平水准仪除外），照准目标必须消除误差。

（4）从水准尺上读数必须读 4 位数：米、分米、厘米、毫米。

实验二　普通水准测量

一、目的和要求

（1）掌握普通水准测量的施测、记录、计算、高差闭合差的调整及高程计算的方法。

（2）熟悉闭合水准路线的施测方法。

（3）由指导教师给出已知起点的高程。

二、仪器和工具

DS 3 级水准仪 1 台，水准尺 2 根，尺垫 2 个，记录板 1 块，测伞 1 把。

三、方法和步骤

（1）在地面选定 B、C、D 三个坚固点作为待定高程点，A 为已知高程点。安置仪器于点 A 和转点 TP_1（放置尺垫）之间，目估前、后视距离大致相等，按一个测站上的操作程序进行观测。测站编号为 1。

（2）后视 A 点上的水准尺，精平后读取后视读数，记入手簿；前视 TP_1 上的水准尺，精平后读取前视读数，记入手簿。计算两点间高差。

（3）升高（或降低）仪器 10cm 以上，重复 2 次。2 次仪器测得高差之差不大于 5mm 时，取其平均值作为平均高差。

（4）沿选定的路线，将仪器迁至 TP_1 和点 B 的中间，仍用第一站施测的方法进行观测，依次连续设站，经过点 C 和点 D 连续观测，最后仍回至起始点 A。

（5）计算检核：后视读数之和减前视读数之和应等于高差之和。

（6）高差闭合差的计算与调整；高差闭合差的容许值为

$$f_{h_{容}} = \pm 12\sqrt{n} \text{ mm}$$

或

$$f_{h_{容}} = \pm 40\sqrt{L} \text{ mm}$$

式中，n 为测站数；L 为水准路线的公里数。

（7）计算待定点高程：根据已知高程点 A 的高程和各点间改正后的高差计算 B、C、D、A 四个点的高程，最后算得的 A 点高程应与已知值相等，以资检核。

四、注意事项

（1）在每次读数之前，应使水准管气泡严格居中，并消除视差。

（2）应使前、后视距离大致相等。

（3）在已知高程点和待定高程点上不能放置尺垫。转点用尺垫时，应将水准尺置于尺垫半圆球的顶点上。

（4）尺垫应踏入土中或置于坚固地面上，在观测过程中不得碰动仪器或尺垫，迁站时应保护前视尺垫不得移动。

（5）水准尺必须扶直，不得前、后倾斜。

（6）同一测站，圆水准器只能整平一次。

五、记录与计算表

附表 2　水准测量记录计算表

班级__________第______组　　姓名________　　日期______年______月______日

测站	测点	后视读数（m）	前视读数（m）	高差（m）	高差改正数（m）	改正后高差（m）	高程（m）	备注
总和								
检核								

实验三　微倾式水准仪的检验与校正

一、目的和要求

（1）了解微倾式水准仪各轴线间应满足的几何条件。

（2）掌握微倾式水准仪检验与校正的方法。

（3）要求检校后的 i 角不得超过 $20''$，其他条件检校到无明显偏差为止。

二、仪器和工具

DS 3 级水准仪 1 台，水准尺 2 根，校正针 1 根，小改锥 1 把。

三、方法和步骤

1. 一般性检验

安置仪器后，首先检验：三脚架是否牢固，制动和微动螺旋、微倾螺旋、对光螺旋、脚螺旋等是否有效，望远镜成像是否清晰。

2. 圆水准器轴平行于仪器竖轴的检验与校正

检验：转动脚螺旋，使圆水准器气泡居中，将仪器绕竖轴旋转 180°，如果气泡仍居中，说明此条件满足，否则需要校正。

校正：用改锥先稍旋松圆水准器底部中央的固定螺旋，再用校正针拨动圆水准器底部的三个校正螺丝，使气泡返回偏离量的一半，然后转动脚螺旋使气泡居中，如此反复检校，直到圆水准器转到任何位置时，气泡都在分划圈内为止。最后拧紧固定螺旋。

3. 十字丝横丝垂直于仪器竖轴的检验与校正

检验：用十字丝横丝一端瞄准一个明显的固定点状目标，转动微动螺旋，若目标点始终不离开横丝，说明此条件满足，否则需校正。

校正：旋下十字丝分划板护罩，用小改锥旋松分划板的三个固定螺丝，转动分划板座，使目标点与横丝重合。反复检验与校正，直到条件满足为止。最后将固定螺丝旋紧，并旋上护罩。

4. 视准轴平行于水准管轴的检验与校正

检验：在地面上选 A、B 两点，相距 80m，各点钉木桩或放置尺垫，立水准尺。安置水准仪于距 A、B 两点等距离处，用变动仪器高（或双面尺）法准确测出 A、B 两点的高差。当两次测得高差之差不大于 3mm 时，取其平均值作为最后的正确高差，用 h_{AB} 表示。再安置仪器于点 A 附近的 3m 处，分别读取 A、B 两点的水准尺读数 a_2、b_2，应用公式 $b'_2=a_2-h_{AB}$，求得 B 点尺上的水平视线读数。若 $b'_2=b_2$，则说明水准管轴平行于视准轴；若 $b'_2\neq b_2$，应计算角 i，当 $i>20''$ 时需要校正。角 i 的计算公式为：

$$i=\frac{b'_2-b_2}{D_{AB}}\rho''$$

式中，$\rho''=206265''$，D_{AB} 为 A、B 两点间的距离。

校正：转动微倾螺旋，使十字丝的中横丝对准 B 点尺上正确读数 b'_2，这时水准管气泡必然不居中，用校正针拨动水准管一端上、下两个校正螺丝，使气泡居中。松紧上、下两个校正螺丝前，先稍微旋松左、右两个校正螺丝，校正完毕，再旋紧。反复检校，直到 $i\leqslant20''$ 为止。

四、注意事项

（1）检校仪器时必须按上述的规定顺序进行，不能颠倒。

（2）校正用的工具要配套，校正针的粗细与校正螺丝的孔径要相适应。

（3）拨动校正螺丝时，应先松后紧，松紧适当。

五、记录格式

附表 3　水准仪的检验与校正

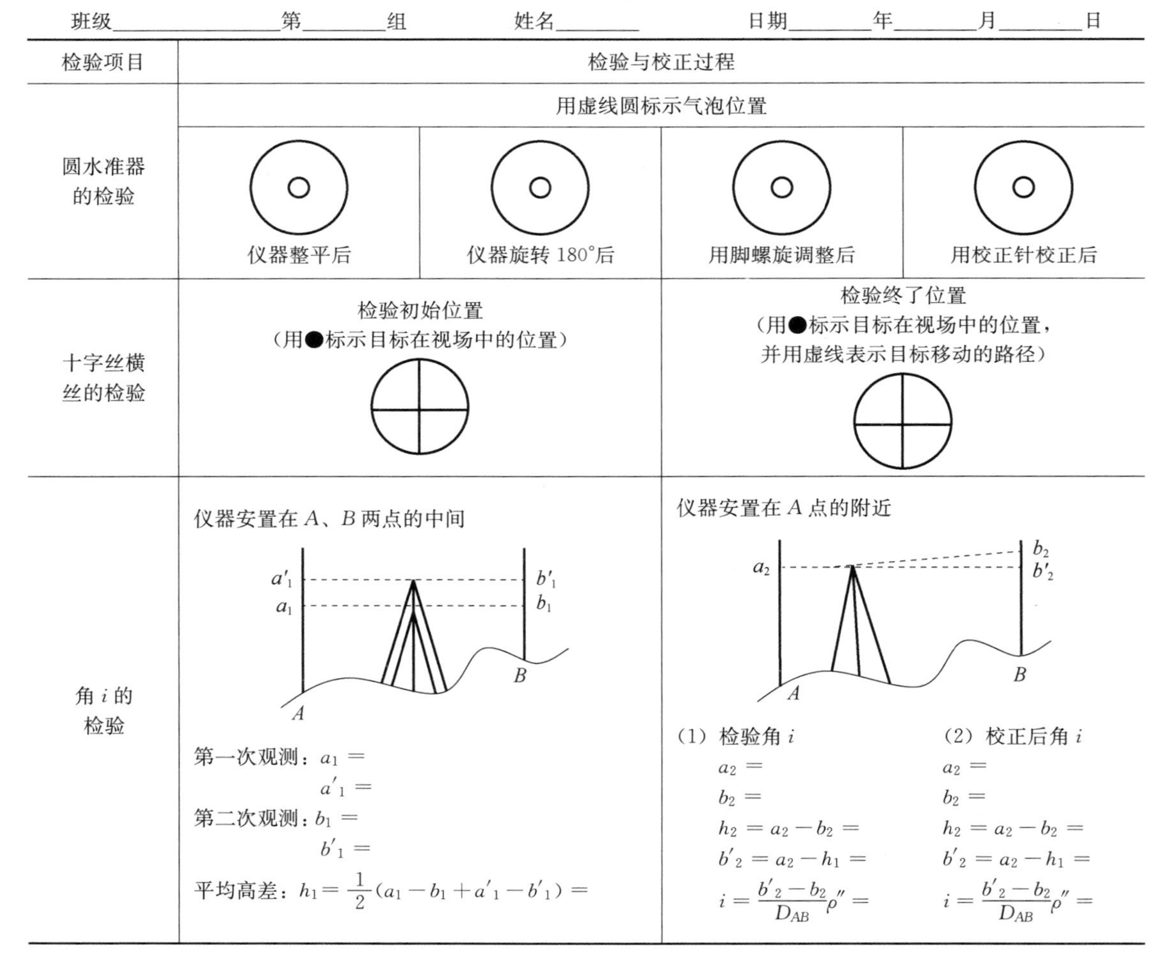

班级＿＿＿＿第＿＿＿＿组　　姓名＿＿＿＿　　日期＿＿＿＿年＿＿＿＿月＿＿＿＿日

检验项目	检验与校正过程			
圆水准器的检验	用虚线圆标示气泡位置			
	仪器整平后	仪器旋转 180°后	用脚螺旋调整后	用校正针校正后
十字丝横丝的检验	检验初始位置（用●标示目标在视场中的位置）		检验终了位置（用●标示目标在视场中的位置，并用虚线表示目标移动的路径）	
角 i 的检验	仪器安置在 A、B 两点的中间 第一次观测：$a_1=$ $a'_1=$ 第二次观测：$b_1=$ $b'_1=$ 平均高差：$h_1=\frac{1}{2}(a_1-b_1+a'_1-b'_1)=$		仪器安置在 A 点的附近 （1）检验角 i $a_2=$ $b_2=$ $h_2=a_2-b_2=$ $b'_2=a_2-h_1=$ $i=\frac{b'_2-b_2}{D_{AB}}\rho''=$	（2）校正后角 i $a_2=$ $b_2=$ $h_2=a_2-b_2=$ $b'_2=a_2-h_1=$ $i=\frac{b'_2-b_2}{D_{AB}}\rho''=$

实验四 DJ 6级光学经纬仪的使用

一、目的和要求

（1）了解 DJ 6级经纬仪的基本构造和主要部件的名称及作用。

（2）练习经纬仪对中、整平、瞄准与读数的方法，并掌握基本操作要领。

（3）要求对中误差小于 3mm，整平误差小于一格。

二、仪器和工具

DJ6 级经纬仪 1 台，记录板 1 块。

三、方法和步骤

1. 经纬仪的安置

（1）在地面打一木桩，桩顶钉一小钉或划十字作为测站点。

（2）松开三脚架，安置于测站上，使高度适当，架头大致水平。挂上垂球，移动三脚架，使垂球尖大致对准测站点，踩紧三脚架。打开仪器箱，双手握住仪器支架，将仪器取出，置于架头上。一手紧握支架，一手拧紧连接螺旋。

（3）对中。稍松连接螺旋，两手扶住基座，在架头上平移仪器，使垂球尖端准确对准测站点，再拧紧连接螺旋。

（4）整平。松开水平制动螺旋，转动照准部，使水准管平行于任意一对脚螺旋的连线，两手同时向内（或向外）转动这两只脚螺旋，使气泡居中。将仪器绕竖轴转动 90°，使水准管垂直于原来两脚螺旋的连线，转动第三只脚螺旋，使气泡居中。如此反复调试，直到仪器转到任何方向，气泡中心不偏离水准管零点一格为止。

2. 瞄准目标

（1）将望远镜对向天空（或白色墙面），转动目镜使十字丝清晰。

（2）用望远镜上的概略瞄准器瞄准目标，再从望远镜中观看，若目标位于视场内，可固定望远镜制动螺旋和水平制动螺旋。

（3）转动物镜对光螺旋使目标影像清晰，再调节望远镜和照准部微动螺旋，用十字丝的纵丝平分目标（或将目标夹在双丝中间）。瞄准目标时尽可能瞄准其底部。

（4）眼睛微微左右移动，检查有无视差，若有，转动物镜对光螺旋予以消除。

3. 读数

（1）调节反光镜使读数窗亮度适当。

（2）旋转读数显微镜的目镜，使度盘及分微尺的刻划清晰，并区别水平度盘与竖直度盘读数窗。

（3）根据使用的仪器用测微尺或单平板玻璃测微器读数，并记录。估读至 0.1 分（即 6 秒的整倍数）。盘左瞄准目标，读出水平度盘读数，纵转望远镜，盘右再瞄准该目标读数，两次读数之差约为 180°，以此检核瞄准和读数是否正确。

四、记录格式

附表 4　DJ 6级光学经纬仪的使用

班级________第______组　　姓名______　　日期______年______月______日

测站	目标	盘左读数	盘右读数	备注

实验五　测回法测量水平角

一、目的和要求

（1）掌握测回法测量水平角的方法、记录及计算。

（2）每人对同一角度观测一测回，上、下半测回角值之差不得超过±40″，各测回角值互差不得大于±24″。

二、仪器和工具

DJ 6经纬仪 1 台，记录板 1 块，测伞 1 把。

三、方法和步骤

1. 安置经纬仪

安置经纬仪于测站上，对中、整平。

2. 配置度盘

若共测 n 个测回，则第 i 个测回的度盘位置为略大于 $\frac{(i-1)\times 180°}{n}$ 。

复测经纬仪的度盘配置方法：盘左位置转动照准部使水平度盘读数稍大于 0°，将复测扳手扳下，瞄准 A 目标后，再将扳手扳上。

方向经纬仪的度盘配制方法：先瞄准 A 目标，转动度盘变换手轮，使水平度盘读数稍大于 0°。关闭度盘变换器盖。若只测一个测回则可不配置度盘。

3. 一测回观测

盘左：瞄准左目标 A，读取水平度盘的读数 a_1 ；顺时针方向转动照准部，瞄准右目标 B，读取水平度盘的读数 b_1 。计算上半测回角值：

$$\beta_{左} = b_1 - a_1$$

盘右：瞄准右目标 B，读取水平度盘读数 b_2 ；逆时针方向转动照准部，瞄准左目标 A，读取水平度盘的读数 a_2 。计算下半测回角值：

$$\beta_{右} = b_2 - a_2$$

检查上、下半测回角值互差是否超限，若在±40″范围内，计算一测回角值。

$$\beta = \frac{1}{2}(\beta_{左} + \beta_{右})$$

4. 计算各测回的平均角值

测站观测完毕后，检查各测回角值互差不超过±24″，计算各测回的平均角值。

附表 5　测回法观测水平角记录表

班级__________第______组　　姓名______　　日期______年______月______日

测站	目标	竖盘位置	水平度盘读数 (°　′　″)	半测回角值 (°　′　″)	一测回角值 (°　′　″)	备注

实验六　全圆方向观测法测量水平角

一、目的和要求

（1）掌握方向法观测水平角的方法、记录及计算。

（2）观测两个测回，半测回归零差不得超过±18″，各测回方向值互差不得超过±24″。

二、仪器和工具

经纬仪 1 台，记录板 1 块，测伞 1 把。

三、方法和步骤

（1）在测站点 O 安置仪器，对中、整平后，选定 A、B、C、D 四个目标。

（2）盘左瞄准起始目标 A，并使水平度盘读数略大于零，读数并记录。

（3）顺时针方向转动照准部，依次瞄准 B、C、D、A 各目标，分别读取水平度盘读数并记录，检查归零差是否超限。

（4）纵转望远镜，盘右逆时针方向依次瞄准 A、D、C、B、A 各目标，读数并记录，检查归零差是否超限。

（5）计算同一方向两倍视准误差 $2C$＝盘左读数－（盘右读数±180°）；各方向的平均读数＝1/2［盘左读数＋（盘右读数±180°）］；将各方向的平均读数减去起始方向的平均读数，即得各方向的归零方向值。

（6）同法观测第二测回，起始方向的度盘读数置于 90°附近。各测回同一方向归零方向值的互差不超过±24″，取其平均值，作为该方向的结果。

四、注意事项

（1）应选择远近适中，易于瞄准的清晰目标作为起始方向。

（2）如果方向数只有 3 个时，可以不归零。

五、记录格式

附表 6　方向观测法观测水平角记录表

班级________第______组　　姓名______　　日期______年______月______日

测站	测回数	目标	读数		2C=左－（右±180°）	平均读数=$\frac{1}{2}$［左+（右±180°）］	归零后方向值	各测回归零方向值的平均值
			盘左	盘右				
			(° ′ ″)	(° ′ ″)	(″)	(° ′ ″)	(° ′ ″)	(° ′ ″)
O	1							

实验七　竖直角测量与竖盘指标差的检验

一、目的和要求

(1) 掌握竖直角观测、记录及计算的方法。

(2) 了解竖盘指标差的计算方法。

(3) 同一组所测得的各测回竖盘指标差互差应小于± 25″。

二、仪器和工具

DJ 6经纬仪 1 台，记录板 1 块，测伞一把。

三、方法和步骤

(1) 在测站点 O 上安置仪器，对中、整平后，选定 A、B 两个目标。

(2) 先观察一下竖盘注记形式并写出竖直角的计算公式：盘左将望远镜大致放平，观察竖盘读数，然后将望远镜慢慢上仰，观察读数变化情况。若读数减小，则竖直角等于视线水平时的读数减去瞄准目标时的读数；反之，则相反。

(3) 盘左：用十字丝中横丝切于 A 目标顶端，转动竖盘指标水准管微动螺旋，使竖盘指标水准管气泡居中，读取竖盘读数 L，记入手簿并算出竖直角 α_L。

(4) 盘右：同法观测 A 目标，读取盘右读数 R，记录并算出竖直角 α_R。

(5) 计算竖盘指标差 $x=\frac{1}{2}(\alpha_R-\alpha_L)$ 或 $x=\frac{1}{2}(L+R-360°)$

(6) 计算竖直角平均值 $\alpha=\frac{1}{2}(\alpha_L+\alpha_R)$ 或 $\alpha=\frac{1}{2}(R-L-180°)$

(7) 同法测定 B 目标的竖直角并计算出竖盘指标差。检查指标差的互差是否超限。

四、注意事项

(1) 盘左、盘右瞄准目标时，应用横丝对准同一位置。

(2) 每次读数前应使竖盘指标水准管气泡居中。

(3) 计算竖直角和指标差时，应注意正、负号。

五、记录格式

附表 7　竖直角观测记录表

班级＿＿＿＿＿＿＿＿第＿＿＿＿组　　姓名＿＿＿＿＿　　　日期＿＿＿＿年＿＿＿＿月＿＿＿＿日

测站	目标	竖直度盘位置	竖直度盘读数	半测回竖直角	指标差	一测回竖直角
			(°　′　″)	(°　′　″)	(″)	(°　′　″)

实验八　经纬仪的检验与校正

一、目的和要求

(1) 掌握 DJ6 级经纬仪的主要轴线之间应满足的几何条件。

(2) 熟悉 DJ6 级经纬仪的检验与校正。

二、仪器和工具

经纬仪 1 台，校正针 1 根，螺丝刀 1 把，记录板 1 块，测伞一把。

三、方法与步骤

1. 一般性检验

安置仪器后，首先检验：三脚架是否牢固，架腿伸缩是否灵活，各种制动螺旋微动螺旋、对光螺旋以及脚螺旋是否有效，望远镜及读数显微镜成像是否清晰。

2. 照准部水准管轴垂直于仪器竖轴的检验与校正

检验：将仪器大致整平，转动照准部使水准管平行于一对脚螺旋连线，转动该对脚螺旋使气泡严格居中；将照准部旋转 180°若气泡仍居中，说明条件满足，否则需校正。

校正：用校正针拨动水准管一端的上、下两个校正螺丝，使气泡退回偏离量的一半，再转动脚螺旋使气泡居中。如此反复检校，直到水准管在任何位置时气泡偏离量都不超过半格为止。

3. 十字丝竖丝垂直于仪器横轴的检验与校正

检验：用十字丝上端或下端瞄准一个清晰的点状目标 P，转动望远镜微动螺旋，若目标点始终不离开竖丝，该条件满足，否则需校正。

校正：旋下目镜端分划板护盖，松开 4 个压环螺丝，转动十字丝分划板座，使竖丝与目标点重合。反复检校，直到该条件满足为止。校正完毕，应旋紧压环螺丝，并旋上护盖。

4. 视准轴垂直于横轴的检验与校正

检验：在 O 点安置经纬仪，从该点向两侧量取 30～50m，定出等距离的 A、B 两点。在 A 点立标杆，B 点横置一根有毫米刻划的钢尺，尺身与 AB 方向垂直并与仪器大致同高。盘左瞄准 A 目标，固定照准部，纵转望远镜在尺上定出 B_1 点；盘右同法定出 B_2 点。若 B_1，B_2 点重合，该条件满足。否则需要校正。

校正：先在 B 点尺上定出一点 B_3，使 $|B_2-B_3|=\frac{|B_1-B_2|}{4}$，用校正针拨动十字丝

左、右两个校正螺丝，一松一紧，使十字丝交点与 B_3 点重合。反复检校，直到 $|B_1-B_2|\leqslant 20mm$ 为止。

5. 横轴垂直于仪器竖轴的检验与校正

检验：在距建筑物约 30m 处安置仪器，盘左，瞄准墙上一高处标志点 P，观测并计算出竖直角 α，再将望远镜大致放平，将十字丝交点投在墙上定出 P_1 点；纵转望远镜，盘右，同法又在墙上定出 P_2 点，若 P_1、P_2 重合，该条件满足。否则，按下式计算出横轴误差：

$$i''=\frac{\overline{P_1P_2}\times\cot\alpha}{2D}\times\rho''$$

当 $i''>20''$ 时，则需校正。

校正：使十字丝交点瞄准 $\overline{P_1P_2}$ 的中点 P_m，固定照准部；向上转动望远镜至 P 点附近，这时十字丝交点必然偏离 P 点。调整横轴的校正螺丝使横轴的一端升高或降低，直到十字丝交点瞄准 P 点为止。反复检校，直到 i 角小于 $20''$。

四、注意事项

（1）必须按实验步骤进行检验、校正，顺序不能颠倒。

（2）第 5 项校正因需要取下支架盖板，故该项校正应由专业维修人员进行。

五、记录格式

附表 8　经纬仪的检验与校正

班级________第____组　　姓名______　　日期____年____月____日

1. 一般性检验结果：三脚架________，水平制动与微动螺旋________，望远镜制动与微动螺旋________，照准部转动________，望远镜转动________，望远镜成像________，脚螺旋________。

2. 照准部水准管检验与校正

检验次数	1	2	3	4	5
气泡偏离格数					

3. 十字丝竖丝的检验与校正

检验次数	1	2	3	4	5
偏离情况					

4. 视准轴的检验与校正

检验次数	尺上读数		$\frac{B_2-B_1}{4}$	正确读数 $B_3=B_2-\frac{B_2-B_1}{4}$
	盘左：B_1	盘右：B_2		

5. 横轴的检验与校正

检验次数	水平距离 D（mm）	$\overline{P_1P_2}$（mm）	竖直角 α（° ′ ″）	横轴误差 i（″）

实验九　电子经纬仪的认识与使用

一、目的与要求

（1）了解电子经纬仪的构造与性能。

（2）熟悉电子经纬仪的使用方法。

二、仪器与工具

电子经纬仪1台，配套脚架1个，标杆2根，记录板1块，测伞一把。

三、方法与步骤

1. 电子经纬仪的认识

电子经纬仪与光学经纬仪一样是由照准部、基座、水平度盘等部分组成，所不同的是电子经纬仪采用编码度盘或光栅度盘，读数方式为电子显示。电子经纬仪有功能操作键及电源，还配有数据通信接口，可与测距仪组成电子速测仪。电子经纬仪有许多型号，其外形、体积、质量、性能各不相同。

2. 电子经纬仪的使用

（1）在场地上选择一点O，作为测站，另外选择两个目标点A、B，在A、B上竖立标杆。

（2）将电子经纬仪安置于O点，对中、整平。

（3）打开电源开关，进行自检，纵转望远镜，设置竖直度盘指标。

（4）盘左瞄准左目标A，按置零键，使水平度盘读数显示为$0°00'00''$，顺时针旋转照准部，瞄准右目标B，读取显示读数。

（5）同样方法可以进行盘右观测。

（6）如果测竖直角，可在读取水平度盘的同时读取竖盘的显示读数。

四、注意事项

（1）光学对中误差应小于1mm，整平误差应小于1格，同一角度各测回互差应小于$24''$。

（2）装卸电池时必须关闭电源开关。

（3）观测前应先进行有关初始设置。

（4）迁站时应关机。

五、记录格式（参见附表5）

实验十　钢尺量距与磁方位角的测定

一、目的和要求

（1）掌握钢尺量距的一般方法。

（2）学会使用罗盘仪测定直线的磁方位角。

（3）要求往、返丈量距离，相对误差不大于1/3000。往、返测定磁方位角，误差不大于1°。

二、仪器和工具

钢尺1把，罗盘仪1台，标杆3根，测钎6根，记录板1块。

三、方法和步骤

（1）钢尺量距一般采用边定线边丈量的方法进行。在地面选择相距约100m的A、B两点，打下木桩，桩顶钉一小钉或画十字作为点位，在 A、B 两点的外侧竖立标杆。

（2）前尺手持标杆立于距 A 点约 30m 处，另一人站立于 A 点标杆后约 1m 处，指挥手持标杆者左右移动，使此标杆与 A、B 点标杆三点处于同一直线上。

后尺手执尺零端将尺零点对准点 A，前尺手持尺把携带测钎向 B 方向前进，行至一尺段处停下，使钢尺紧靠直线定线点拉紧钢尺，在尺末端刻线处竖直地插下测钎，这样便量完一个尺段。两尺手共同举尺前进，同法继续丈量其余尺段。最后，不足一整尺段时，前尺手将某一整数分划对准 B 点，后尺手在尺的零端读出厘米及毫米数，两数相减求得余长。往测全长 $D_{往}=nl+q$（n 为整尺段数，l 为钢尺长度，q 为余长）。

（3）同法由 B 向 A 进行返测，但必须重新进行直线定线，计算往、返丈量结果的平均值及相对误差，检查是否超限。

（4）安置罗盘仪于 A 点，对中、整平后，旋松磁针固定螺丝，放下磁针；用罗盘仪上的望远镜瞄准 B 点标杆，待磁针静止后，读取磁针北端在刻度盘上的读数，即为 AB 直线的磁方位角。同法测定 BA 直线的磁方位角。两者之差与 180°相比较，其误差不超过 1°时，取平均值作为最后结果。

四、注意事项

（1）钢尺拉出或卷入时不应过快，不得握住尺盒来拉紧钢尺。

（2）钢尺必须经过检定后才能使用。

（3）测磁方位角时，应避开铁器干扰。搬迁罗盘仪时要固定磁针。

五、记录格式

附表 9　距离丈量和磁方位角的测定

班级________第______组　　姓名______　　日期______年______月______日

测线	磁方位角（°　′　″）	往测长度（m）	返测长度（m）	往返之差（m）	往返测平均值（m）	相对误差

实验十一　视距测量

一、目的和要求

（1）练习用视距法测定地面两点间的水平距离和高差。

（2）水平距离和高差要往、返测量，往返测得水平距离的相对误差不大于 1/300，高差之差应不大于 5cm。

二、仪器和工具

经纬仪 1 台，视距尺 1 把，木桩 2 个，测伞 1 把，记录板 1 块，皮尺 1 把。

三、方法和步骤

（1）在地面任意选择 A、B 两点，相距约 100m，各打一木桩。

（2）安置仪器于 A 点，用皮尺量出仪器高 i（自桩顶量至仪器横轴，精确到厘米），在 B 点竖立视距尺。

（3）盘左，用中横丝对准视距尺上仪器高 i 附近，再使上丝对准尺上整分米处，设读数为 b，然后读取下丝读数 a（精确到毫米）并记录，立即算出视距间隔 $l_L = a - b$。

（4）转动望远镜微动螺旋使中横丝对准尺上的仪器高 i 处；转动竖盘指标水准管微动螺旋，使竖盘指标水准管气泡居中，读竖盘读数并记录，算出竖直角 α_L。

（5）盘右，重复步骤（3）与步骤（4），测得视距间隔 l_R 与竖直角 α_R。

（6）用盘左、盘右观测的视距间隔平均值和竖直角的平均值，计算 A、B 两点的水平距离和高差：

水平距离 $D = kl\cos^2\alpha$　　　（取至 0.1m）

高差 $h_{AB} = D\tan\alpha$　　　（取至 0.01m）

（7）将仪器安置于 B 点，重新量取仪器高 i，在 A 点竖立视距尺，由另一观测者于盘左、盘右两个位置，使中丝对准尺上高度 v 处，读记上、中、下三丝读数（上、下丝均读至毫米）和竖盘读数。计算出水平距离和高差。这时，高差 $h_{BA} = D\tan\alpha + (i - v)$。检查往、返测得水平距离和高差是否超限。

四、记录格式

附表 10　视距测量手簿

班级________第____组　　姓名____　　日期____年____月____日

仪器高 i＝____测站点高程____

测站	目标	竖盘位置	尺上读数			视距间隔 $l=a-b$	竖盘读数 (° ′ ″)	竖直角 α (° ′ ″)	水平距离 D (m)	初算高差 h' (m)	改正数 $i-v$ (m)	高差 h (m)	高程 (m)
			中丝 v	下丝 a	上丝 b								

实验十二　量角器配合经纬仪测绘地形图

一、目的和要求

（1）练习用量角器配合经纬仪测图法测绘地形图。

（2）掌握选择立尺点的方法。

二、仪器和工具

经纬仪 1 台，视距尺 1 把，皮尺 1 把，比例尺 1 支，量角器 1 个，小针 1 根，测图板 1 块，记录板 1 块，测图纸 1 张。

三、方法和步骤

（1）将经纬仪安置在测站点 A 上，对中整平后，量取仪器高。盘左瞄准相邻控制点 B 并将水平度盘配置为 0°00′00″。

（2）在绘图纸上定出 a 点，画出 ab 方向线，用小针将量角器中心钉在 a 点。

（3）测图前，根据测站位置、地形情况和立尺的范围，大致安排好立尺路线。立尺顺序要连贯，并考虑立尺线路逆时针旋转。

（4）按商定路线将视距尺立于各碎部点，观测记录上丝、中丝、下丝、竖直度盘、水平度盘读数，计算水平距离、高程和水平角。

(5) 根据计算出的水平角和水平距离用专用量角器将碎部点展绘于图纸上，并注记高程。及时绘出地物，勾绘等高线，最后对照实地检查有无遗漏。

(6) 搬迁测站，同法测绘，直到指定范围的地形、地物均已展绘为止，最后依图式符号进行整饰。

四、记录格式

由实验教师按要求自定。

实验十三　测设水平角与水平距离

一、目的和要求

(1) 练习用精确法测设已知水平角，要求角度误差不超过$\pm 40''$。

(2) 练习测设已知水平距离，测设精度要求相对误差不应大于1/5000。

二、仪器和工具

经纬仪1台，钢尺1把，木桩5个，测钎6个，测伞1把，记录板1块，水准仪1台，水准尺1把，温度计1个，弹簧秤1个。

三、方法和步骤

1. 测设角值为β的水平角

(1) 在地面选A、B两点打桩，作为已知方向，安置经纬仪于B点，瞄准A点并使水平度盘读数为$0°00'00''$。

(2) 顺时针方向转动照准部，使度盘读数为β，在此方向打桩为C点，在桩顶标出视线方向和C点的点位，并量出BC距离。用测回法观测$\angle ABC$两个测回，取其平均值为β_1。

(3) 计算改正数$CC_1 = D_{BC} \cdot \frac{(\beta - \beta_1)''}{\rho''} = D_{BC} \cdot \frac{\Delta\beta''}{\rho''}$(m)。过$C$点作$BC$的垂线，沿垂线向外（$\beta > \beta_1$）或向内（$\beta < \beta_1$）量取$CC_1$定出$C_1$点，则$\angle ABC_1$即为要测设的$\beta$角。再次检测改正，直到满足精度要求为止。

2. 测设长度为D的水平距离

利用测设水平角的桩点，沿BC_1方向测设水平距离为D的线段BE。

(1) 安置经纬仪于B点，用钢尺沿BC_1方向概量长度D，并钉出各尺段桩，用检定过的钢尺按精密量距的方法往、返测定距离，并记下丈量时的温度（估读至0.5℃）。

(2) 用水准仪往、返测量各桩顶间的高差，两次测得高差之差不超过10mm时，取其平均值作为成果。

(3) 将往、返测得的距离分别加尺长、温度和倾斜改正后，取其平均值为D'，与要测设的长度D相比较求出改正数$\Delta D = D - D'$。

(4) 若ΔD为负，则应由E点向B点改正；若ΔD为正，则以相反的方向改正。最后检测BE的距离，它与设计的距离之差的相对误差不得大于1/5000。

四、记录格式

由实验教师按要求自定。

实验十四　测设已知高程和坡度线

一、目的和要求

(1) 练习测设已知高程点，要求误差不大于± 8mm。

（2）练习测设坡度线。

二、仪器和工具

水准仪1台，水准尺1把，木桩6个，斧1把，测伞1把，记录板1块，皮尺1把。

三、方法和步骤

1. 测设已知高程 $H_{设}$

（1）在水准点 A 与待测高程点 B（打一木桩）之间安置水准仪，读取 A 点的后视读数 α，根据水准点高程 H_A 和待测设高程 $H_{设}$，计算出 B 点的前视读数 $b=H_A+a-H_{设}$。

（2）使水准尺紧贴 B 点木桩侧面上、下移动，当视线水平，中丝对准尺上读数为 b 时，沿尺底在木桩上画线，即为测设的高程位置。

（3）重新测定上述尺底线的高程，检查误差是否超限。

2. 测设坡度线

欲从 A 至 B 测设距离为 D、坡度为 i 的坡度线，规定每隔10m打一木桩。

（1）从 A 点开始，沿 AB 方向量距、打桩并依次编号。

（2）起点 A 位于坡度线上，其高程为 H_A，根据设计坡度及 AB 两点的距离，计算出点 B 的设计高程，并用测设已知高程点的方法将点 B 测设出来。

（3）安置经纬仪于 A 点，量取仪器高 i。

（4）用望远镜瞄准点 B 上的水准尺，制动望远镜，调整微动螺旋使中丝对准尺上读数 i 处。

（5）不改变视线，依次立尺于各桩顶，轻轻打桩，待尺上读数为 i 时，桩顶即位于坡度线上。

四、记录格式

附表11　测设已知高程和坡度线

班级________第______组　　姓名______　　日期______年______月______日

1. 测设高程

水准点高程（m）	后视读数（m）	视线高程（m）	设计高程（m）	前视应读数（m）

2. 高程检测

点　号	后视读数	前视读数	高差（m）	高程（m）	备　注

3. 测设已知坡度线

坡线全长　　设计坡度　　起点高程　　终点高程

桩　　号	仪器高（m）	尺上读数（m）	备　　注

实验十五　全站仪的认识和使用

一、目的和要求

（1）了解全站仪的构造。

（2）熟悉全站仪的操作界面及作用。

（3）掌握全站仪的基本使用。

二、仪器和工具

全站仪 1 台，棱镜 1 块，测伞 1 把，自备 2H 铅笔。

三、方法和步骤

1. 全站仪的认识

全站仪由照准部、基座、水平度盘等部分组成，采用编码度盘或光栅度盘，读数方式为电子显示。有功能操作键及电源，还配有数据通信接口。全站仪的功能键比较复杂，它不仅能测角度，还能测出距离，并能显示坐标以及一些更复杂的数据。

2. 全站仪的使用

（1）测量前的准备工作：

① 电池的安装（注意：测量前电池需充足电）。a. 把电池盒底部的导块插入装电池的导孔。b. 按电池盒的顶部直至听到“咯嚓”响声。c. 向下按解锁钮，取出电池。

② 仪器的安置。a. 在实验场地上选择一点 O，作为测站，另外两点 A、B 作为观测点。b. 将全站仪安置于 O 点，对中、整平。c. 在 A、B 两点分别安置棱镜。

③ 竖直度盘和水平度盘指标的设置。a. 竖直度盘指标设置，松开竖直度盘制动钮，将望远镜纵转一周（望远镜处于盘左，当物镜穿过水平面时），竖直度盘指标即已设置。随即听见一声鸣响，并显示出竖直角 V。b. 水平度盘指标设置，松开水平制动螺旋，旋转照准部 $360°$（当照准部水准器经过水平度盘安置圈上的标记时），水平度盘指标即已设置。随即听见一声鸣响，同时显示水平角 HR。至此，竖直度盘和水平度盘指标已设置完成。注意：每当打开仪器电源时，必须重新设置 H 和 V 的指标。

④ 调焦与照准目标。操作步骤与一般经纬仪相同，注意消除视差。

（2）角度测量：

① 从显示屏上确定是否处于角度测量模式，如果不是则按操作键转换为角度模式。

② 盘左瞄准左目标 A，按置零键，使水平度盘读数显示为 $0°00'00''$，顺时针旋转照准部，瞄准右目标 B，读取显示读数。

③ 同样方法可以进行盘右观测。

④ 如要测竖直角，可在读取水平度盘的同时读取竖盘的显示读数。

（3）距离测量：

① 从显示屏上确定是否处于距离测量模式，如果不是，则按操作键转换为距离模式。

② 照准棱镜中心，这时显示屏上能显示箭头前进的动画，前进结束则完成测量，得出距离，HD 为水平距离，VD 为倾斜距离。

（4）坐标测量：

① 从显示屏上确定是否处于坐标测量模式，如果不是，则按操作键转换为坐标模式。

② 输入本站点 O 点及后视点坐标，以及仪器高、棱镜高。

③ 瞄准棱镜中心，这时显示屏上能显示箭头前进的动画，前进结束则完成坐标测量，得出点的坐标。

四、注意事项

（1）近距离将仪器和脚架一起搬动，应保持仪器竖直向上。

（2）在测量过程中，若拔出插头，则可能丢失数据。拔出插头之前应先关机。换电池前必须关机。

五、记录格式

附表 12　全站仪测量记录表

班级＿＿＿＿＿＿第＿＿＿＿组　　姓名＿＿＿＿　　日期＿＿＿＿年＿＿＿＿月＿＿＿＿日

测站	测回	仪器高（m）	棱镜高（m）	竖盘位置	水平角观测		竖直角观测		距离高程测量			坐标测量		
					水平度盘读数（° ′ ″）	方向值或角值（° ′ ″）	竖直度盘读数（° ′ ″）	竖直角（° ′ ″）	斜距（m）	平距（m）	高程（m）	*X*（m）	*Y*（m）	*H*（m）

第三部分　测量教学实习

一、任务和要求

（1）测绘图幅为 40cm×40cm，比例尺为 1∶500 的地形图一张。

（2）在本组所测的地形图上布设一幢建筑物，并根据建筑物的平面位置设计一条建筑基线，要求计算出测设建筑基线和建筑物外廓轴线交点的数据，将它们测设于实地，并作必要的检核。

（3）完成 400～600m 管道纵、横断面测量工作，掌握其全过程。

（4）识读和应用地形图；在地形图上绘纵断面图；进行场地平整，求填、挖土方量。

（5）各校、各专业根据实际情况选做，实习时间为 1～2 周。

二、实习组织

实习期间的组织工作应由主讲教师全面负责，每班除主讲教师外，还应配备一位辅导教师，共同担任实习期间的辅导工作。

实习工作按小组进行，每组 4～5 人，选组长一人，负责组内实习分工和仪器管理。

三、实习的仪器和工具

经纬仪 1 台，水准仪 1 台，平板仪 1 台，钢尺 1 盘，皮尺 1 盘，水准尺 2 根，尺垫 2

个，花杆3根，测钎1组，记录板1块，背包1个，比例尺1支，量角器1个，三角板1副，手斧1把，木桩若干，测伞1把，红漆1瓶，绘图纸1张，以及有关记录手簿、计算纸、胶带纸、计算器、橡皮及铅笔等。

四、实习内容

1. 大比例尺地形图的测绘

本项实习包括：布设平面和高程控制网，测定图根控制点；进行碎部测量，测绘地形特征点，并依比例尺和图式符号进行描绘，最后拼接整饰成地形图。

（1）平面控制测量。在测区实地踏勘，进行布网选点。平坦地区，一般布设闭合导线，丘陵地区通常布设单三角锁、大地四边形、中点多边形等三角网，对于带状地形可布设附合导线或线形锁。

① 踏勘选点。每组在指定测区进行踏勘，了解测区地形条件，根据测区范围及测图要求确定布网方案进行选点。点的密度，应能均匀地覆盖整个测区，便于碎部测量。控制点应选在土质坚实、便于保存标志和安置仪器的地方，相邻导线点间应通视良好，便于测角量距，边长60～100m。布设三角网（锁）时，三角形内角应大于30°。如果测区内有已知点，所选图根控制点应包括已知点。点位选定之后，立即打桩，桩顶钉一小钉或画一十字作为标志，并编写桩号。

② 水平角观测。用测回法观测导线内角一测回，要求上、下半测回角值之差不得大于±40″，闭合导线角度闭合差不得大于$\pm 40''\sqrt{n}$，n为导线观测角数。三角网用全圆方向观测法，三角形角度闭合差的限差为±60″。

③ 边长测量。用检定过的钢尺往、返丈量导线各边边长，其相对误差不得大于1/3000，特殊困难地区限差可放宽为1/1000。三角网至少量测一条基线边，采取精密量距的方法，基线全长相对误差不得大于1/10000。

④ 联测。为了使控制点的坐标纳入本校或本地区的统一坐标系统，尽量与测区内外已知高级控制点进行联测。对于独立测区可用罗盘仪测定控制网一边的磁方位角，并假定一点的坐标作为起算数据。

⑤ 平面坐标计算。首先校核外业观测数据，在观测成果合格的情况下进行闭合差调整，然后由起算数据推算各控制点的平面坐标。计算方法可根据布网形式查阅教材有关章节。计算中角度取至秒，边长和坐标值取至厘米。

（2）高程控制测量。在踏勘的同时布设高程控制网，高程控制点可设在平面控制点上，网内应包括原有水准点，采用四等水准测量的方法和精度进行观测。布网形式可为附合路线、闭合路线或结点网。图根点的高程，平坦地区采用等外水准测量；丘陵地区采用三角高程测量。

① 水准测量。等外水准测量，用DS 3水准仪沿路线设站单程施测，可采用双面尺法或变动仪器高法进行观测，视线长度小于100m，同测站两次高差的差数不大于6mm，路线容许高差闭合差为$\pm 40\sqrt{L}$ mm（或$\pm 12\sqrt{n}$ mm）。式中，L为路线长度的公里数，n为测站数。

② 三角高程测量。用DJ 6级经纬仪中丝法观测竖直角一测回，每边对向观测，仪器高和觇标高量至0.5cm。同一边往、返测高差之差不得超过$4D$cm，式中D为以百米为单位的边长；路线高差闭合差的限差为$\pm \frac{4\sum D}{\sqrt{n}}$cm，$n$为边数。

③ 高程计算。对路线闭合差进行调整后，由已知点高程推算各图根点高程。观测和计算取至毫米，最后成果取至厘米。

（3）碎部测量。首先进行测图前的准备工作，在各图根点设站测定碎部点，同时描绘地物与地貌。

① 准备工作。选择较好的图纸，用对角线法（或坐标格网尺法）绘制坐标格网，格网边长 10cm，并进行检查。展绘控制点。最后用比例尺量出各控制点之间的距离，与实地水平距离之差不得大于图上 0.3mm；否则，应检查展点是否有误。

② 地形测图。测图比例尺为 1∶500，等高距采用 1m，平坦地区也可采用高程注记法。测图方法可选用经纬仪测绘法、光电测距仪测绘法、经纬仪与小平板仪联合测绘法。

设站时平板仪对中偏差应小于 25mm。以较远点作为定向点并在测图过程中随时检查，再依其他图根点作定向检查时，该点在图上偏差应小于 0.3mm。

经纬仪测绘法测图时，对中偏差应小于 5mm，归零差应小于 4′，对另一图根点高程检测的较差应小于 0.2 基本等高距。

跑尺选点方法可由近及远，再由远及近，顺时针方向行进。所有地物和地貌特征点都应立尺。地形点间距为 30m 左右，视距长度一般不超过 80m。高程注记至分米，记在测点右侧或下方，字头朝北。所有地物地貌应在现场绘制完成。

③ 地形图的拼接、检查和整饰。a. 拼接：每幅地形图应测出图框外 0.5～1.0cm。与相邻图幅接边时的容许误差为：主要地物不应大于 1.2mm，次要地物不应大于 1.6mm；对丘陵地区或山区的等高线不应超过 1～1.5 根。如果该项实习属无图拼接，则可不进行此项工作。b. 检查：自检是保证测图质量的重要环节，当一幅地形图测完后，每个实习小组必须对地形图进行严格自检。首先进行图面检查，查看图面上接边是否正确、连线是否矛盾、符号是否正确、名称注记有无遗漏、等高线与高程点有无矛盾，发现问题应记下，便于野外检查时核对。野外检查时应对照地形图全面核对，查看图上地物形状与位置是否与实地一致，地物是否遗漏，注记是否正确齐全，等高线的形状、走向是否正确，若发现问题，应设站检查或补测。c. 整饰：整饰则是对图上所测绘的地物、地貌、控制点、坐标格网、图廓及其内外的注记，按地形图图式所规定的符号和规格进行描绘，提供一张完美的铅笔原图，要求图面整洁，线条清晰，质量合格。d. 整饰顺序：首先绘内图廓及坐标格网交叉点（格网顶点绘长 1cm 的交叉线，图廓线上则绘 5mm 的短线）；再绘控制点、地形点符号及高程注记，独立地物和居民地，各种道路、线路、水系、植被、等高线及各种地貌符号，最后绘外图廓并填写图廓外注记。

2. 地形图的应用

测图结束后，每组在自绘地形图上进行设计。

（1）在图上布设民用建筑物一幢，并注出四周外墙轴线交点的设计坐标及室内地坪标高。

（2）为了测设建筑物的平面位置，需要在图上平行于建筑物的主要轴线布设一条三点一字形的建筑基线，用图解法求出其中一点的坐标，另外两点的坐标根据设计距离和坐标方位角推算出来。

（3）在自绘的地形图或另外选定的地形图上绘纵断面图一张，要求水平距离比例尺与地形图比例尺相同，高程比例尺可放大 5～10 倍。

（4）在自绘的地形图或另外选定的地形图上进行场地平整，要求按土方平衡的原则分别算出图上某一格网（10cm×10cm）内填、挖土方工程量。

3. 测设

（1）测设建筑基线：

① 根据建筑基线 A、O、B 三点的设计坐标和控制点坐标算出所需要的测设数据，并绘测设略图。

② 安置经纬仪于控制点上，根据选定的测设点位的方法将 A、O、B 三点标定于地面上。

③ 检查：在 O 点安置仪器，观测 $\angle AOB$，与 180°之差不得超过±24″。再丈量 AO 及 OB 距离，与设计值之差的相对误差不得大于 1/10000；否则，应进行改正。

（2）测设民用建筑物：

① 根据已测设的建筑基线以及基线与欲测设的建筑物之间的相互关系，即可采用直角坐标法将建筑物外墙轴线的交点测设到地面上。

② 检查：建筑物的边长相对误差不得大于 1/5000，角度误差不得大于±1′；否则，应改正。

4. 管道纵、横断面测量

（1）管道中线测量：

① 在地面选定总长为 200～400m 的 A、B、C 三点，各打一木桩，作为管道的起点、转向点和终点。

② 从 A 点（桩号为 0+000）开始，沿中线每隔 20m 打一里程桩，各里程桩的桩号分别为 0+020、0+040…，并在沿线坡度变化较大及有重要地物的地方增钉加桩。

③ 在 B 点用测回法观测转向角一测回，盘左、盘右测得角值之差不得超过±40″。

（2）纵断面水准测量：

① 将水准仪安置于已知高程点 A 与转向点 B 之间进行水准测量，用高差法求出点 B 的高程，再用仪高法计算出各中间点的高程。

② 搬站后，同法测定 C 点高程及 B、C 两点间中间点的高程，最后附合到另一已知高程点（或闭合于 A 点）。高差闭合差不得超过 $\pm 40\sqrt{L}$ mm。

（3）横断面水准测量。横断面水准测量可与纵断面水准测量同时进行，分别记录。

① 将欲测横断面的中线桩的桩号、高程和该站对中线桩的后视读数与算得的视线高程均转记于横断面测量手簿中的相应栏内。

② 量出横断面上地形变化点至中线桩的距离并注明该点在中线桩左、右的位置。

③ 用纵断面水准测量时的水平视线分别读取横断面上各点水准尺上的中间视读数，用视线高程减各点中间视读数得横断面上各点高程。

（4）纵横断面图的绘制。在方格纸上绘制纵、横断面图。纵断面图的比例尺：水平距离为 1∶1000，高程为 1∶100；横断面图的水平距离和高程比例尺均为 1∶100。

5. 考查

教师根据学生实习中的表现，对测量知识的掌握程度，实际作业技术的熟练程度，分析问题和解决问题的能力，所交成果资料以及对仪器工具爱护的情况等，评定成绩。

参考文献

[1] 合肥工业大学，等．测量学［M］．4 版．北京：中国建筑工业出版社，1995.

[2] 王龙洋，魏仁国．建筑工程测量与实训［M］．天津：天津科学技术出版社，2013.

[3] 过静珺，饶云刚．土木工程测量［M］．4 版．武汉：武汉理工大学出版社，2011.

[4] 朱爱民，郭宗河．土木工程测量［M］．北京：机械工业出版社，2005.